U0260321

新疆蜜粉源植物与图谱

刘世东　编著

中国农业出版社

北　京

图书在版编目（CIP）数据

新疆蜜粉源植物与图谱 / 刘世东编著 . -- 北京 ： 中国农业出版社，2022.6
ISBN 978-7-109-26497-7

Ⅰ．①新… Ⅱ．①刘… Ⅲ．①蜜粉源植物－新疆－图谱 Ⅳ．①S897-64

中国版本图书馆CIP数据核字 (2020) 第017475号

新疆蜜粉源植物与图谱
XINJIANG MIFENYUAN ZHIWU YU TUPU

中国农业出版社出版
地址：北京市朝阳区麦子店街 18 号楼
邮编：100125
策划编辑：刘博浩　程燕　　　责任编辑：刘昊阳
文字编辑：赵世元　谢志新　　责任校对：吴丽婷
印刷：北京中科印刷有限公司
版次：2022 年 6 月第 1 版
印次：2022 年 6 月北京第 1 次印刷
发行：新华书店北京发行所
开本：889mm×1194mm　1/16
印张：32.25
字数：500 千字
定价：288.00 元

版权所有 · 侵权必究
凡购买本社图书，如有印装质量问题，我社负责调换。
服务电话：010-59195115　010-59194918

《新疆蜜粉源植物与图谱》
编委会

主　任：候　洪

副主任：刘世东　阿布力克木·阿不都克里木　春　风　陈宝新

编　者：（按姓氏拼音为序）

阿布力克木·阿不都克里木　阿吉·买买提　陈宝新　春　风

蔡继红　董道瑞　候　洪　胡彦召　刘春梅　蔺彩霞　刘　娟

刘世东　刘旭东　马高亚·托呼达生　马建军　孟旭疆　牟莹莹

史秀丽　王　婷　薛　虎　袁豆豆　叶力波利·达吾力　余晓雅

张峻豪　赵志礼

　　我与刘世东同志工作交往已有10多年了。记得2011年7月在乌鲁木齐市召开国家蜂产业技术体系上半年工作总结会的时候，刘世东同志找我汇报新疆蜂业发展情况，他说从2008年1月调任新疆维吾尔自治区蜂业发展中心主任起，他就开始研究新疆蜜粉源植物，并开始拍摄蜜粉源植物照片，并筹划出版一本《新疆蜜粉源植物与图谱》，打算把这本书作为国家蜂产业技术体系的研究成果献给新疆养蜂事业。我当即表示赞同。今天，他的愿望终于实现了！刘世东同志从一个不懂养蜂的门外汉到今天完成了这本专业著作，我打心眼里佩服他的决心和毅力！刘世东同志带领团队成员通过十几个春秋的不懈努力，利用出差和节假日休息时间拍摄了十几万张蜜粉源植物照片，将蜜粉源植物开花泌蜜及蜜蜂采集的瞬间实时拍摄了下来，同时还记录了30多万字的蜜粉源植物生境分布情况，终于初步弄清了新疆维吾尔自治区的蜜粉源植物资源的家底。

　　《新疆蜜粉源植物与图谱》虽然只收录了1600多张蜜粉源植物照片，但这些照片涉及80科，300属，600种野生和种植的蜜粉源植物，非常有价值。我细心阅读了这本图谱，觉得这本书内容丰富，图文并茂，全面系统，科学性强，文中对蜜源植物泌蜜生理、开花泌蜜规律、影响开花泌蜜的因素、蜜蜂为植物特别是为农作物授粉的过程等都做出了科学的论述。是一本朴素而专业的图书，具有很强的可读性和实用性。

　　新疆是个好地方，我也深爱着新疆。2011年，国家蜂产业技术体系在新疆设立了乌鲁木齐综合试验站后，我几乎每年都去新疆参加专业会议或参加养蜂培训班授课。新疆幅员辽阔，有166万平方公里，"三山夹两盆"的地理构造将新疆分隔为自然特征明显的南疆和北疆，也造就了其独特的地域环境，有一望无际的大草原，也有浩瀚的大沙漠，有绿洲粮田，也有荒漠戈壁，有高山森林，也有河流湖泊。独特的地理环境造就了独特的生物多样性，南北疆特殊地域种植与野生植物种类繁多，为新疆养蜂业提供了丰富的蜜粉源。特别是新疆大面积栽培的苹果、香梨、巴丹姆、红枣等林果和大面积种植的油菜、向日葵、南瓜、打瓜等经济作物都要靠昆虫授粉来提升品质和产量,大力发展养蜂业,利用蜜蜂来为农作物授粉无疑是生态农业必不可少的组成部分,蜜蜂在生态系统和农业生产中都具有不可替代的、独特的重要地位及作用。

《新疆蜜粉源植物与图谱》的问世,必将把新疆的蜜粉源植物研究与利用和蜜蜂为农作物授粉工作推向一个新的阶段;对开发、利用、保护新疆蜜粉源植物资源,保护优势蜂种,促进新疆养蜂业高质量、可持续发展等起到积极的作用。

国家蜂产业技术体系首席科学家

中国养蜂学会理事长

中国农业科学院蜜蜂研究所原所长、研究员

吴杰

2021年11月25日

前　言

Preface

　　新疆维吾尔自治区地处中国的西北部，总面积166万平方公里，约占国土总面积的1/6，是中国面积最大的一个省级行政区。新疆远离海洋，具有典型的大陆性干旱气候，在得天独厚的水、土、光热自然环境下，孕育了丰富多样的植物资源。新疆野生和引种栽培的维管束植物达4 000余种，是中国西部重要的植物资源宝库。其中，可发掘利用的蜜粉源植物有600多种。新疆是中国重要的商品蜜生产基地，养蜂业的发展潜力很大。自"一带一路"倡议提出以来，我国致力于打造向西开放新优势，按照建设和平之路、繁荣之路、开放之路、创新之路、文明之路的要求，加快推进丝绸之路经济带核心区建设，这需要我们了解自然资源，合理利用自然资源，保护生态环境，实现可持续发展。牢固树立"保护生态环境就是保护生产力""绿水青山就是金山银山"的理念。为此，国家蜂产业技术体系乌鲁木齐综合试验站团队成员利用10余年时间，对全疆野生和种植蜜粉源植物资源进行调查并收集了大量资料，拍摄了大量蜜粉源植物照片，选择了80科、300属、600种野生和种植蜜粉源植物，选入蜜粉源植物照片1600余幅，编著了《新疆蜜粉源植物与图谱》。本书以图片和文字的形式介绍了新疆的蜜粉源植物资源，全书分5部分。第一部分介绍了新疆的蜜粉源植物资源概况，其中包括新疆的地理位置和气候条件、新疆蜜粉源植物资源的养蜂价值、新疆蜜粉源植物资源的利用现状等。第二、第三、第四部分介绍了新疆的主要蜜源植物、主要粉源植物和辅助蜜粉源植物，从形态特征、生境分布、养蜂价值、其他用途等方面进行了介绍；第五部分介绍了有毒蜜粉源植物，从形态特征、生境分布、花期与毒素性质、其他用途等方面进行了介绍。本书旨在为养蜂生产者、科技人员及有关大专院校师生提供参考，特别是对新疆蜜粉源植物的保护、开发和利用提供重要参考。

　　本书在编著和审稿过程中，得到了新疆维吾尔自治区农业农村厅、国家蜂产业技术体系乌鲁木齐综合试验站、新疆维吾尔自治区蜂业技术指导站的大力支持和帮助，国家蜂产业技术体系乌鲁木齐综合试验站还对本书的出版经费给予了全额资助。本书既是国家蜂产业技术体系建设研究成果，成功入选"中国养蜂学会精品科技丛书"，也是新时代自治区蜂业工作者践行初心使命、服务基层群众的成果。中科院新疆生态与地理研究所的尹林克研究员和云南农业大学的董霞教授在本书的编著和审稿中给予了大力的帮助和精心的指导，在此表示衷心的感谢！

由于编者水平有限，本书还会存在不少缺点和错误，希望广大同仁、读者批评指正。

编委会

2021 年 11 月 26 日

目 录

Contents

三　新疆主要粉源植物

四 新疆辅助蜜粉源植物

五 新疆有毒蜜粉源植物

新疆蜜粉源植物资源
与新疆养蜂业概述

（一）新疆蜜粉源植物资源概况

1 新疆的地理条件和气候条件

（1）新疆的地理条件

新疆地处亚欧大陆中部，位于中国的西北部，北纬34°22′—49°33′，东经73°41′—96°18′，南北最宽1 650千米，东西最长2 000千米，总面积166万平方千米。东部和南部与甘肃、青海、西藏连接；周边与蒙古、俄罗斯、哈萨克斯坦、吉尔吉斯斯坦、塔吉克斯坦、阿富汗和克什米尔等国家和地区接壤；陆地边境线长达5 600千米以上，是我国行政面积最大、陆地边境线最长、毗邻国家最多和对外口岸也最多的省份。在历史上新疆是丝绸之路的重要通道，现在是第二座"亚欧大陆桥"的桥头堡，战略地位十分重要。省会城市为乌鲁木齐市。

新疆远离海洋，周围高山环绕，内部高山与盆地相间，这是新疆地貌的基本轮廓，地形地貌通常概括为"三山夹两盆"。新疆自南向北依次分为昆仑山脉、塔里木盆地、天山山脉、准噶尔盆地以及阿尔泰山脉。习惯上称天山以北为北疆，天山以南为南疆。

昆仑山地，包括中国境内的帕米尔高原、喀喇昆仑山、昆仑山脉和阿尔金山，环绕于塔里木盆地南缘。东西长约1 800千米，南北宽60～300千米，地势西高东低，平均山脊线海拔超过5 000米，高山冰川发达，整个高原被冰雪覆盖，冰雪融化成为山前绿洲灌溉的大部分水源。

塔里木盆地，位于昆仑山以北，阿尔金山以西，天山以南，为山地环抱的内陆盆地，也是中国面积最大的内陆封闭式盆地。盆地东西长约为1 400千米，南北宽约为550千米，海拔高度800～1 300米，面积为56万平方千米，占新疆面积的1/3。盆地中部为塔克拉玛干沙漠，面积33.76万平方千米，是我国面积最大、世界第二大流动沙漠。主要为新月形流动沙丘，自然景色呈环状分布。盆地的西部，由南向北，分布着宽60～80千米的现代冲积平原。绿洲分布于盆地的周边，呈弧形和串珠状散布。盆地内主要河流是塔里木河，长约2 137千米，是我国最长的内陆河。

天山山地，绵延于准噶尔盆地和塔里木盆地之间，由数列东西走向的平行山脉以及其间的盆地、谷地组成。山脊海拔4 000～5 000米。雪线高度，北坡为3 500～3 800米，南坡为2 000～4 200米。山涧河谷、峡谷水分条件好，生长着榆树林、杨树林、灌木和林下草甸。山脉间谷地、盆地较多，有哈密盆地、吐鲁番盆地、焉耆盆地、拜城盆地以及伊犁、乌什等谷地。这些山涧盆地、谷地是该农牧业生产的主要场所，也是人们生活居住的主要场所。

准噶尔盆地位于天山山脉与阿尔泰山脉之间。西边是准噶尔西部山地，由南向北包括阿拉套山、塔尔巴哈台山、萨吾尔山，由东至北塔山麓，大致呈三角形的封闭式内陆盆地。南北最宽约800千米，东西长约1 100千米，面积约38万平方千米。古尔班通古特沙漠位于盆地中央，面积约4.88万平方千米，为中国第二大沙漠，同时也是中国面积最大的固定和半固定沙漠，流动沙漠极少，覆盖着大面积的荒漠植被；盆地西部有玛纳斯湖、艾比湖、布伦托海湖等湖泊洼地；西南部有玛纳斯河、奎屯河；盆地北部，自阿尔泰山南麓至沙漠北缘，为北部平原，风蚀作用明显，有大片风蚀洼地；盆地南部平原，北起沙漠南部边缘，南至天山北麓，为北疆主要农业区。准噶尔盆地西部由于山地海拔较低，又有阿拉山口和额尔齐斯河口，大西洋的水汽可由此进入北疆，因此准噶尔盆地的降水量明显高于塔里木盆地。

阿尔泰山山地位于新疆最北部，呈西北-东南走向，全长2 000多千米，在我国境内的属阿尔泰山脉的中段南坡，山体长500余千米，海拔高度1 000～3 000米，主要山脊高度3 000米以上。北部的最高峰为友谊峰，海拔4 373米。山体东窄西宽，东南宽约80千米，西北宽约150千米。阿尔泰山山地由于受到北冰洋气流的影响，气候比较湿润，植被比较茂密。海拔2 000米左右的山地是新疆重要的牧区草场。在新疆东部有吐鲁番盆地，最低点为−154米，是中国海拔最低的地方。

(2) 新疆的气候条件

新疆降水稀少，很少有云层覆盖，因而全年日照时数比较长，达2 550~3 500小时，居全国第二；太阳能理论蕴藏量1 450~1 720千瓦时／（米²·年），昼夜温差为15~30℃，无霜期183天左右；北疆南部及伊犁河谷地区无霜期约160天，南疆大部地区200~220天，吐鲁番223天。新疆气温变化幅度一般南疆大于北疆，随山地垂直递减明显。从平均气温看，塔里木盆地在10℃以上，准噶尔盆地为5~7℃。冬季严寒，1月平均气温，准噶尔盆地多在−17℃以下，塔里木盆地多在−10℃左右；最低气温，南疆为−30~−20℃，北疆几乎都低于−35℃，准噶尔盆地北缘的富蕴县最低气温曾达到−50.15℃；7月最热，平均气温，北疆为20~25℃，南疆为25~27℃，有"火洲"之称的吐鲁番盆地为33℃，最高气温曾达到49.6℃，居全国之冠。在不同区域温差变化存在差异，一般沙漠大于山区，新疆地区的日较差也明显高于全国同纬度的其他地区，在塔里木盆地年平均气温日较差达16℃，在吐鲁番盆地极端昼夜温差可达40℃以上。北疆由于西部山地海拔较低，降水较多，年平均降水量为200~250毫米，阿尔泰山和天山的中高山区域降水量可达500~600毫米，天山西段最大降水带海拔1 500~1 800米，降水量约为800毫米，伊犁的巩乃斯河区域年降水量可达900~1 000毫米，但在准噶尔盆地中部年降水量仅为100毫米；南疆由于周围高山环绕，气候干燥，降水极少，平原区年平均不足100毫米，盆地边缘降水量一般在20~40毫米，塔克拉玛干沙漠中央地带降水量仅为10毫米；吐鲁番盆地也是降水低值区。与降水相比，新疆地区的蒸发量特别大，准噶尔盆地一般在1 500~2 000毫米，塔里木盆地一般在2 000~3 000毫米，吐鲁番-哈密盆地一般在3 000毫米。由此可见，新疆气候的主要特征是日照时间长，积温高，蒸发量大，昼夜温差大，降水稀少，气候干燥，无霜期长，年太阳能辐射量仅次于西藏。"早穿棉袄午穿纱，围着火炉吃西瓜"形象地描述了新疆气温的变化特征。这种气候特征为新疆植物的生存和发展提供了多种多样的生态环境，使新疆植物种类的组成与国内其他省份相比有明显的差异，非常适合粮食、棉花、油料、糖料、蔬菜、瓜类、果树、牧草、林木、观赏植物、药材以及其他野生作物的生长，且植物的花期长，蜜粉源丰富，非常适合发展养蜂业。

2 新疆蜜粉源植物的资源价值

(1) 蜜粉源植物

凡是能为蜜蜂提供花蜜等甜液的植物称为蜜源植物；能为蜜蜂提供花粉的植物称为粉源植物；能同时提供甜液和花粉的植物称为蜜粉源植物。蜜粉源植物是生物资源的重要组成部分，也是发展养蜂业的物质基础。这些植物主要属于果树、蔬菜、瓜类、牧草、林木、绿肥、观赏植物、药材、油料、香料等农业、林业、野生植物资源。大多数蜜源植物能产生花粉；粉源植物也能分泌甜液。

蜜蜂靠蜜粉源植物生存、繁衍和发展，人类也靠它生产蜂蜜、蜂蜡、蜂王浆、花粉和蜂胶等各种蜂产品，因此，蜜粉源植物是养蜂的前提条件，更是发展养蜂业的物质基础。以其对养蜂生产的价值，能获得商品蜂蜜（花粉）的为主要蜜粉源植物；不能获得商品蜂蜜，但能维持蜂群生活和供蜂群繁殖的为辅助蜜粉源植物。

不同的蜜粉源植物需要采用不同的蜂群管理技术措施。全年蜂群的管理都是围绕蜜粉源这个中心，保护蜂群，繁殖蜂群，准备蜂群，利用蜂群，达到加速蜂群繁殖，获得稳产、高产的蜂产品。

在新疆这片辽阔的土地上生长着许多蜜粉源植物，具有花期长、泌蜜多、蜜蜂工作时间长、蜂产品产量高的特点。蜜粉源植物是养蜂的物质基础，它影响着蜜蜂的生活，左右着蜂群的恢复、繁殖、生产和越冬周期，支配着蜜蜂群体的消长规律。因此，加强蜜粉源植物的研究，在养蜂生产上具有十分重要的意义。

蜜粉源植物是新疆经济植物资源的主要组成部分。新疆地大物博，有着得天独厚的自然条件，蜜粉源植物数量大，分布广，种类繁多。据资料记载和作者多年的实地调查，新疆有蜜粉源植物80科，

300属，620种（其中有300多种常用中药材）。

在新疆466万公顷耕地上约有作物蜜粉源320万公顷。其中棉花蜜源面积约266.7万公顷，是新疆面积和产蜜量最大的蜜源之一，主要分布在南疆和吐鲁番盆地，昌吉回族自治州（简称"昌吉州"）的阜康、昌吉、呼图壁、玛纳斯，石河子垦区，塔城地区的沙湾和乌苏，博尔塔拉蒙古自治州（简称"博州"）的精河、博乐等地。油菜蜜源约有13万公顷，主要分布在北疆地区和拜城盆地、焉耆盆地等地，其分布集中，流蜜量大，花粉丰富。向日葵蜜源约有13万公顷，主要分布在昌吉回族自治州、伊犁哈萨克自治州的塔城地区、石河子垦区、北屯垦区、阿勒泰地区等地，向日葵蜜多粉多，蜜蜂喜欢采食。

果树也是非常好的蜜粉源，新疆林果面积123.7万公顷，其中环塔里木盆地以红枣、梨、苹果、石榴和胡桃等为主，拥有面积超过86.7万公顷的特色林果主产区，吐哈盆地、伊犁河谷及天山北坡一带形成以葡萄、红枣、枸杞为主的高效林果基地。其中，红枣蜜源约40万公顷，主要分布在哈密地区、巴音郭楞蒙古自治州（简称"巴州"）、阿克苏地区、喀什地区、和田地区，昌吉回族自治州、石河子垦区也有栽培。打瓜蜜源约有20万公顷，主要分在昌吉回族自治州、塔城地区、阿勒泰地区等地。南瓜蜜源约有20万公顷，主要分布在昌吉回族自治州、阿勒泰地区、石河子垦区等地。此外，新疆还有亚麻、苜蓿、草木樨、红花、豆类等作物，也是较好的蜜源植物，约22万公顷。新疆还有66万公顷的玉米，2万公顷的高粱，是重要的粉源植物。

新疆有林地3.2亿亩*，森林1.2亿亩，森林蓄积量3.9亿立方米，森林覆盖率4.87%，绿洲森林覆盖率28%。山区天然林、荒漠河谷天然林与草原相重合。林区生长的云杉、新疆落叶松、樟子松、柳、榆、垂枝桦、花楸、山楂、杨、异果小檗、黑茶藨子、新疆忍冬、锦鸡儿、宽刺蔷薇、疏花蔷薇、腺齿蔷薇、黑果悬钩子、覆盆子等，荒漠河谷生长的沙枣、天山桦、沙棘、梭梭、胡杨、柽柳、白刺、枸杞、沙拐枣等蜜源植物，能给蜜蜂提供大量的优质花蜜和花粉。

新疆有80多万平方千米的山区草原和平原荒漠草原，生长着数百种野生蜜源植物。天山中西部山区、阿尔泰山区和准噶尔西部山地广泛分布天山囊吾、大叶囊吾、阿勒泰囊吾、牛至、硬尖神香草、草地老鹳草、密花香薷、党参、薄荷、块茎香豌豆、新塔花、百里香、一枝黄花、草原糙苏、毛头牛蒡、柳兰、新疆白藓、无髭毛建草、垂花青兰、大花荆芥、荆芥、准噶尔阿魏、当归、蓍、车轴草、高山蓼、欧亚旋覆花、天山缬草、短柄野芝麻；天山山区和准噶尔西部山区的直齿荆芥、大翅蓟、天山蓟、准噶尔蓟、蒲公英、亚洲薄荷、总状土木香、益母草、菊苣、野胡萝卜等都是优良的夏秋季蜜粉源植物。塔里木河、孔雀河、喀什噶尔河、叶尔羌河流域连片分布的罗布麻、大叶白麻、骆驼刺和刺山柑也是很好的优良蜜粉源植物。

在新疆蜜粉源植物中，数量较多、面积较大、分布集中、花期长、利用价值较高的种类有500多种，其中主要蜜粉源植物近80种，辅助蜜粉源植物400多种。

（2）蜜粉源植物的分类

①根据蜜粉源植物生活方式分类

野生蜜粉源植物：在野生环境下自我繁衍生存，并且未经人为农业措施干扰和管护的蜜粉源植物。主要的野生蜜粉源植物有罗布麻、大叶白麻、苦豆子、驴食草、块茎香豌豆、广布野豌豆、山岩黄耆、直齿荆芥、草原糙苏、无髭毛建草、大花青兰、益母草、柳兰、密花香薷、牛至、党参、甘草、刺儿菜、大翅蓟、翼蓟、天山蓟、林荫千里光、旋覆花、百里香、黄花蒿、大籽蒿、蒲公英、芳香新塔花、一枝黄花、毛头牛蒡、土木香、天山蓍、蓝刺头、锯齿莴苣、大叶囊吾、阿勒泰囊吾、高山囊吾、高山紫菀、阿尔泰狗娃花、亚洲薄荷、车前、串珠老鹳草、草地老鹳草、宽苞韭、当归、多伞阿魏、准噶尔阿魏、野胡萝卜、短柄野芝麻、草莓车轴草、戟叶鹅绒藤、高山蓼、水蓼、刺山柑、骆驼刺、缬草、聚花风铃草、柳叶菜、鼠尾草、新疆白藓、蓝蓟、离子芥、大蒜芥、荠蒠、群心菜、蚓果芥、地榆、千屈菜、铃铛刺、石生悬钩子、覆盆子、黑果枸子、水枸子、宽刺蔷薇、黄刺玫、疏花蔷薇、腺齿蔷薇、新疆忍冬、白皮锦鸡儿、刺叶锦鸡儿、树锦鸡儿、尖果沙枣、黄花柳、白榆、天山桦、垂枝

---

* 亩为非法定计量单位，1亩＝1/15公顷。——编者注

桦、花楸、阿尔泰山楂、准噶尔山楂、欧洲山杨、胡杨、沙拐枣、沙棘、异果小檗、梭梭、柽柳、黑果枸杞和白刺等80多种。

栽培蜜粉源植物：由人工栽培与管理的各种可作为蜜粉源的农作物、经济果木及观赏植物。新疆主要的栽培蜜粉源植物有油菜、陆地棉、海岛棉、向日葵、打瓜、南瓜、玉米、高粱、水稻、胡麻、芝麻、荞麦、红花、薰衣草、豌豆、紫苏、紫苜蓿、黄花草木樨、白花草木樨、红车轴草、白车轴草、雪菊、茴香、红枣、葡萄、苹果、西府海棠、梨、桃、杏、扁桃、李、樱桃、胡桃、石榴、枸杞、尖果沙枣、大果沙枣、桑、白柳、垂柳、银白杨、钻天杨、欧洲白榆、楞叶槭、天山楞、尖叶白楞、刺槐、香花槐、槐、紫穗槐、辽宁山楂、白花泡桐、合欢、金银忍冬、新疆忍冬、文冠果、山桃、稠李、红瑞木、暴马丁香、紫丁香、柠条锦鸡儿、水蜡树和榆叶梅等60余种。

②依据蜜粉源提供的采集物的性质分类

蜜源植物：凡是能分泌花蜜并被蜜蜂采集食用的植物称为蜜源植物，如荞麦、直齿荆芥、车轴草、亚洲薄荷和柳兰等。

粉源植物：能产生花粉并被蜜蜂采集食用的植物称为粉源植物，如蒲公英、玉米、高粱、柽柳、榆、杨和柳等。

蜜粉源植物：既能分泌花蜜又能产生花粉并被蜜蜂采集食用的植物称为蜜粉源植物，如油菜、向日葵、沙枣、南瓜和翼蓟等。

有毒蜜粉源植物：能产花蜜或花粉，但花蜜或花粉内含有毒素，如乌头、天仙子、龙葵和毒芹等。

③依据蜜源植物泌蜜量及花粉产量分类

主要蜜源植物：指数量多，分布广，花期长，泌蜜丰富，蜜蜂喜采，并能生产商品蜂蜜的植物，如棉花、油菜、向日葵、党参、草原糙苏、红枣、罗布麻、沙枣等。

主要粉源植物：指数量多、分布广、花期长，产生花粉较多，对维持蜜蜂生活与繁殖起到重要作用，并能采集商品花粉的植物，如油菜、柳、榆、蒲公英、玉米和南瓜等。

辅助蜜粉源植物：指数量较多，能分泌花蜜、产生花粉，为蜜蜂采集利用，对维持蜜蜂生活与繁殖起作用的植物，如桃、桑、樱桃、蓬子菜、毛蕊花、车前、款冬及各种蔬菜等。辅助蜜粉源植物具有种类繁多、零星分散、交错开花的特点。

④依据蜜粉源植物分布范围分类

广布性蜜粉源植物：指自然分布或栽培范围广，数量多的蜜粉源植物，如棉花、苹果、红枣、杏、油菜、沙枣、向日葵、骆驼刺等。

区域性蜜粉源植物：自然分布或栽培范围只限定于某一区域的蜜粉源植物，如阿尔泰百里香、薰衣草、榅桲、阿月浑子、新源蒲公英等。

依据蜜粉源植物开花时间又可分为春季、夏季和秋季蜜粉源植物；依据蜜腺在植物体上的位置可分为花蜜腺植物和花外蜜腺植物等。

（二）新疆养蜂业概况

1 新疆养蜂业的历史和现状

据记载，新疆养蜂有100多年历史。自1900年，俄罗斯帝国入侵新疆后，将高加索蜂引入新疆，在伊犁谷地、阿尔泰山区饲养。当时由于养蜂技术落后，产蜜量很低，养蜂发展比较缓慢。中华人民共和国成立初期，新疆有蜂2 000余群，均为新疆黑蜂，单产20千克。1955年新疆维吾尔自治区成立时，明确养蜂业归口农业部门管理，各级农业部门十分重视养蜂业，大量引进蜂种，普及养蜂技术及知识，到1957年，有蜂9 100群，蜂蜜有少量销售。1958—1959年，新疆投资数百万元，由农业厅先后多次从湖北、浙江、江西、福建、吉林等省份引进上万群意大利蜂（简称意蜂），分别在地方各县（市）、兵团各团场以及外贸和商业系统的有关单位放养，从而改变了过去只限于伊犁哈萨克自治州（简称"伊犁州"）养蜂和蜂种单一的局面。1959年新疆养蜂达到2.16万群，产蜜382吨，平均每群年产蜂蜜31.5千克。1958—1960年新疆维吾尔自治区农业厅先后在尼勒克、库尔勒、喀什、库车、吐鲁番、鄯善等地建立了区级和地州级种蜂场。1965年在乌鲁木齐安宁渠建立养蜂试验站，1965年新疆养蜂3.4万群，产蜜870吨，比1957年增长了3.7倍。

1966—1973年，新疆农业厅配备专人抓养蜂生产，并召开了新疆养蜂生产和蜂产品收购工作会议，还通过成立养蜂培训班和组织人员参观学习，供应蜂机具、引进新蜂种、建立养蜂场、发放贷款等措施促进养蜂业的发展。国家也陆续进口了美国意大利蜂、澳大利亚蜂、喀尔巴阡蜂等良种，分配到新疆35头蜂王，促进了新疆蜜蜂育种工作和养蜂生产的发展。

1977年，为了加强新疆蜜蜂育种工作和保护新疆地方优势蜂种，新疆农业厅在乌鲁木齐县成立了农业厅蜜蜂原种场，负责新疆蜜蜂原种的保种、育种和蜂产品的研发工作。养蜂技术和科研工作有所加强，多箱体养蜂、笼蜂、人工授精、蜂产品加工等科研工作获得初步成果。

自中共十一届三中全会以来，党的政策调动了养蜂员的积极性，大大促进了养蜂业的发展。据1983年统计，新疆共有68个县养蜂，有蜂4.5万群，其中北疆占72%，南疆占28%；伊犁州直养蜂最多，达1.6万群，占新疆蜂群总数的36%，其次是吐鲁番市、巴音郭楞蒙古自治州、喀什地区等，蜂群都在2 500群以上。新疆总产蜜量2 000吨，平均单产30千克以上，其中收购商品蜜1 273吨，比中华人民共和国成立初期的蜂群数和产蜜量增长了20倍。1988年，养蜂3.8万群，产蜜量1 668吨。到1993年底，新疆养蜂场发展到900多个，养蜂9.2万群，养蜂队伍发展到3 500多人，新疆蜂产品产量已达4 000吨。2000年底，新疆养蜂场达1 200多个，养蜂12.5万群，养蜂人员4 500多人，蜂蜜产量已达7 000多吨。

进入21世纪，新疆蜂业得到迅猛发展，为了适应发展的需要，在农业厅蜜蜂原种场的基础上，成立了新疆维吾尔自治区蜂业发展中心，职能上也作了调整，负责新疆蜜蜂品种、蜜源植物调查、保护、管理工作，开展新疆优势蜂种的保纯、应用、推广和先进养蜂技术的试验、示范、推广等。至此，新疆有了负责新疆的蜂业技术服务机构。到2009年，新疆蜂群41万群，较1959年新疆养蜂2.16万群增长了18倍，年产蜂蜜3.12万吨；蜂王浆40吨，蜂花粉近500吨，蜂蜡340吨，蜂胶12吨，新疆蜂产品直接产值达3.32亿元。2011年底，新疆蜂群数已达到64万群，较1959年增长了28.6倍；蜂产品产量达到4万多吨，其中蜂蜜3.8万吨，蜂王浆40多吨，蜂花粉800多吨，蜂蜡800多吨，蜂胶20多吨，蜂产品产值达4亿多元；新疆有蜜蜂千群以上规模的蜂场达20多个。2012年底，新疆蜂群数已达到72万群，较上年增加了12.5%，较1959年增长了29.6倍。2016年，新疆蜜蜂饲养量已突破94万群，蜂产品产量达到4.48万吨，蜂产品原产值已达4.6亿元。蜂产品企业已发展至65家，蜂业专业合作社已达100余家，标准化规模化高效养蜂示范蜂场也已达30家，新疆养蜂规模在2万群以上的县有12个，新疆养蜂户达4 600户。2020年，受疫情影响，新疆蜜蜂饲养量增速放缓，达94.6万群，蜂产品产量4.1万吨；乌鲁木齐综合试验站指导的10个示范蜂场蜂群数达2.5万群，人均饲养量280～460群，生产的蜂蜜都是自然成熟，质量较高，生产效益也比普通蜂场提高30%以上；自治区级规模化健康高效饲养生产示范基地已增加到40个，生产效益和质量安全水平逐年提高。

天山横亘新疆中部，使得新疆北部与南部在气温、降水、土壤、植被等方面存在很大差异。新疆养蜂者利用蜜源的方式有定地饲养、定地结合小转地饲养、长途转地饲养。本地养蜂者多选择定地饲养。外地养蜂者多选择长途转地饲养。东南、西北长途转地饲养的蜜蜂，每年有10多万群，冬南夏北，往返转地1万多千米，沿途采几个大蜜源，周而复始，坚持常年生产，好的单产蜂蜜80～100千克，蜂王浆1～2千克，蜂花粉3～10千克。新疆蜂群转地规模之大，运输里程之远，堪称世界之最。

每年冬季乌鲁木齐市、石河子市、昌吉回族自治州、塔城地区、阿勒泰地区等的大部分蜜蜂都要在吐鲁番市的高昌区、托克逊县、鄯善县等地越冬度春，春季2—3月气温为10～25℃，蜜蜂在此地2月就可进行春季繁殖。到了3月底，新疆各地气温上升（25～37℃），各类植物相继开花，则进行小转地放蜂。新疆养蜂者在长期养蜂生产实践中，对蜜粉源植物调查、蜂群安全运输、培育和组织强群、维持和利用强群、夺取蜂蜜和蜂王浆优质高产等方面，积累了许多宝贵经验。

新疆养蜂生产在利用蜜源方面存在的主要问题：交通方便的蜜源场地多数蜜源超载，交通不便的蜜源场地尚未充分利用；栽培的蜜源植物利用管理较差，野生的蜜源植物破坏较严重；蜂产品生产不稳定，蜂群管理水平低。应加强蜜源区划利用和蜜源场地管理，做到蜜源和蜂群相适应；合理充分利用蜜源；加强蜜源遥感预测研究，增强蜜源利用预见性；改革蜂群饲养技术，全面提高蜂群质量，把养蜂生产提高到一个新的水平。

新疆的蜜粉源植物资源能养蜂200万群以上。随着现代化建设事业的发展，农业生态结构的改善，对森林资源的保护，将一些不适应耕作的农田退耕还林、退耕还草，经济作物面积不断增大，新疆的蜜粉源植物资源更加丰富，养蜂业将兴旺发达。

2 新疆黑蜂的发展与保护

新疆黑蜂（*Apis mellifera mellifera*），又称伊犁黑蜂，主要分布于伊犁哈萨克自治州直、巴音郭楞蒙古自治州、塔城地区和阿勒泰地区的尼勒克县、新源县、巩留县、特克斯县、昭苏县、伊宁市、霍城县、布尔津县、哈巴河县、吉木乃县、和静县等地。20世纪80年代初，新疆有黑蜂2.5万群，伊犁哈萨克自治州直有黑蜂1.8万群左右，以尼勒克县和新源县数量最多。

新疆黑蜂具有体型大、采蜜能力强、抗病抗寒性好、善于利用零星蜜源和大宗蜜源等优良特性，因此，新疆黑蜂的抗逆性能和产蜜量均超过其他养殖蜂品种。据记载，1974年，尼勒克种蜂场蜂蜜产量平均群产达到250千克。同时，新疆黑蜂的活动范围为无污染的草原和山区，以野生植物为蜜源，使得其采集的蜂蜜品质极高，从而使新疆黑蜂及蜂产品在全国享有很高的知名度，尽管其市场价格高于其他养殖蜂蜂蜜，但新疆黑蜂蜂蜜依然供不应求。为了保护新疆黑蜂，在尼勒克县和特克斯县建立了黑蜂保种场。为了保护新疆黑蜂这一生物资源，1980年5月27日，新疆维吾尔自治区人民政府发布公告，将伊犁河谷，即西至霍城县五台，东至和静县八伦台建立为新疆黑蜂保护区。伊犁河谷独特的气候和优良的土壤条件，孕育了大片茂密的森林及天然草场，草原上的野生山花面积达40多万公顷，有中世纪遗留下来的原生态野果林，尤其是尼勒克的唐布拉草原，是新疆黑蜂的主要蜜源地。该地也是新疆黑蜂的核心保护区域。

尽管新疆黑蜂具有许多优良特性，但其蜂王浆产量不如意蜂，且黑蜂凶暴，不如饲养意蜂方便。在20世纪80年代后期，蜂蜜价格处于低谷，蜂王浆价格走高，当地蜂农开始大量引进意蜂，随着意蜂数量的不断扩大，使得新疆黑蜂杂化严重，新疆黑蜂的数量锐减，纯种新疆黑蜂的数量急剧下降。据记载，20世纪70年代伊犁处于黑蜂、意蜂混养阶段；20世纪80年代黑蜂分布范围越来越小，20世纪90年代以意蜂为主，新疆黑蜂为辅。2000年后，已很难见到纯种新疆黑蜂了。

为了进一步保护新疆黑蜂，2002年9月，根据农业部的安排，时任吉林省蜜蜂研究所所长葛凤晨研究员一行2人前来新疆开展保护工作。他们将收集到的新疆黑蜂素材带回到吉林长白山区，有计划、有目的地应用人工授精技术进行单群繁育和集团繁育，已繁殖几代，纯度逐年提高，初步形成了一个黑蜂素材繁育体系。2006年，农业部将新疆黑蜂列入《中国国家级畜禽遗传资源保护名录》。2006—2007年，《蜜蜂杂志》连载了葛凤晨研究员《抢救新疆黑蜂纪行（一）》至《抢救新疆黑蜂纪行（九）》九篇文章，介绍了抢救新疆黑蜂的全过程。2008年新疆黑蜂写入《中国畜禽遗传资源志·蜜蜂志》，为我国4个蜜蜂地方品种遗传资源之一。

2002—2011年，新疆黑蜂在吉林省蜜蜂研究所基因库中已繁殖6~7代，纯选优选已基本完成，已进入保种繁育阶段，并将基因库中繁育的新疆黑蜂返回新疆进行试养，表现很好，在新疆气候和蜜粉源条件下取得了高产。2011年，农业部开展了"送良种惠百姓"活动，决定将在吉林省蜜蜂研究所基因库繁育的新疆黑蜂种蜂王送返新疆伊犁哈萨克自治州尼勒克县，6月，在全国畜牧总站的组织下，将40只新疆黑蜂种蜂王赠送给了尼勒克县种蜂场，黑蜂开始恢复发展。

2010年底，国家蜂产业技术体系将新疆纳入体系之中，设立乌鲁木齐综合试验站，并将新疆黑蜂的保护发展作为试验站的主要任务之一进行考核。经过几年的努力，国家蜂产业技术体系乌鲁木齐综合试验站在尼勒克种蜂场发展2家新疆黑蜂规模化饲养示范蜂场，发展新疆黑蜂500群，并指导尼勒克县种蜂场建立了新疆黑蜂保种场。2015年底，新疆黑蜂已恢复发展到8 000群。2016年6月初，"国家级新疆黑蜂畜禽资源保种场"在伊犁哈萨克自治州尼勒克县种蜂场挂牌，标志着新疆黑蜂保护繁育工作迈上了一个新台阶。

3　新疆西域黑蜂的发现与保护

历史典故中对蜜蜂以及蜂蜜都有相应的记载，在哈萨克语中会有"巴勒卡伊马克"这一词汇，直译即指蜂蜜和奶油，"巴勒卡伊马克"也常用于形容美味和美好的生活。而产生于公元3—4世纪，国家第一批非物质文化遗产，中国三大史诗之一的《玛纳斯》中也对蜜蜂和蜂蜜有着极其生动的描述。在公元3—4世纪，柯尔克孜族的祖先就已经对蜜蜂及其酿造的蜂蜜有了详细的了解，当时最好的饮品是

蜂蜜和马奶相搭配，欢庆富足的生活离不开蜂蜜，餐桌摆放蜂蜜是对贵客最好的礼遇。蜜蜂以蜜为生，蜜是蜜蜂力量的源泉，通过这些生动详尽的描述，充分说明了新疆自古就是野生蜜蜂栖息生息之地。

西域黑蜂（*Apis mellifera sinisxinyuan*）系在新疆伊犁河谷地区发现的野生蜂种，至今已有1 700多年的历史。通过形态学、分子生物学、全基因组重测序等技术鉴定该蜂种是西方蜜蜂新亚种。西域黑蜂与欧洲黑蜂同属西方蜜蜂M系分支，与欧洲黑蜂分化的时间为13.2万年前。2008年中国农业科学院蜜蜂研究所科学家与新疆维吾尔自治区蜂业技术管理总站专家开始对该地区蜜蜂资源进行调查，经过多年多次地深入山区采集样品，检测鉴定，明确了西域黑蜂的进化地位，Chen等（2016）的相关研究内容已经发表在国际分子生物进化权威杂志 *Molecular Biology and Evolution* 上。

西域黑蜂的发现区域位于新疆伊犁哈萨克自治州新源县东南部，恰普河上游，那拉提山脉河谷地带。周围环境为高山、森林、灌木、草原植被，有草原灌木蜜源分布。发现地点属高山峡谷区域，平均海拔1 569米，远离人畜活动区，离最近的居民区直线距离也不少于70千米，道路异常崎岖，十分闭塞。经调查，没有发现人工饲养的蜂群进入该区域。

自2010年起，国家畜禽遗传资源委员会委员、国家蜂产业技术体系遗传改良研究室主任、中国农业科学院蜜蜂研究所蜜蜂种质资源与遗传育种研究室主任等与国家蜂产业技术体系乌鲁木齐综合试验站、新疆维吾尔自治区蜂业技术管理总站专家，多次前往恰普河上游西域黑蜂原始野生蜂群发现地及交尾场地，现场采集新蜂种的原始标本，带回中国农业科学院作了大量的鉴定评价、比对分析等工作。通过形态指标、线粒体DNA及全基因组重测序技术，多样性评价、系统进化等综合分析后，发现该蜜蜂种群是西方蜜蜂在我国的野生种群，是西方蜜蜂M系分支中的一个亚种。同时，还将新发现蜂种原始标本送往德国黑森州蜜蜂研究所，进行检测结果的复核鉴定，最终也证实这是一种以前尚未被发现的西方蜜蜂亚种。

2015年3月6日，中国农学会受中国农业科学院蜜蜂研究所委托，在北京召开"中国蜜蜂种质资源的收集、评价、保护与利用"项目成果专家评议会，对该项目的实施及完成成果进行了专家评议。中国工程院副院长、工程院院士刘旭、中国科学院院士黄路生、中国农业大学教授李胜利等11位国内动植物资源方面的权威专家、学者参加了该项目评议。会上，项目成果被评为优秀，新发现的蜂种获得初步确认，并被暂时命名为西域黑蜂。

通过近几年的自然交尾，隔离繁育，现有西域黑蜂原种群160余群，饲养种群5 000群以上。西域黑蜂目前主要饲养在伊犁哈萨克自治州新源县则克台镇、阿勒玛勒镇、吐尔根乡等地。

2017年11月22日，西域黑蜂通过国家畜禽遗传资源委员会鉴定，被列入《国家畜禽遗传资源目录》。这是我国首个通过国家审定的蜜蜂遗传资源，也是我国特有的蜜蜂遗传资源，是我国首次发现西方蜜蜂的原生种群，证明中国也是西方蜜蜂的原产地，结束了我国没有西方蜜蜂的历史，这在畜禽资源研究方面具有重大的突破性意义。

与意蜂相比，西域黑蜂个体较大，初生重120毫克左右。蜂王头、胸部黑灰色，口器较短，腹部主要为黑色，部分蜂王腹节相接处带暗褐色环；工蜂、雄蜂通体黑灰色，被灰褐色绒毛。西域黑蜂产卵力强，早春开产温度低，产卵时间长，产卵集中，虫龄整齐，蛹房密实度高，子脾干净整齐，育虫节律调节能力强，容易维持强群。西域黑蜂分蜂性弱，最大可以维持14框左右，在大流蜜期间，个别蜂群可以达到22框足蜂而不发生自然分蜂。西域黑蜂抗逆性强，抗病虫害能力强，如发生病害，只采取换王结合换箱、换脾的方法即可治愈，无须药物治疗。抗螨力强，加强预防，一般不会发生螨害。西域黑蜂越冬性好，一般在冬季寒冷天气下可以在室外安全越冬，可节约越冬饲料。早春温度较低情况下即开始采集花粉回巢。在大流蜜期，即使温度较低仍可以出巢。西域黑蜂工蜂寿命较长，一般春季最长寿命47天，采蜜季节最长33天，越冬期最长可以达到204天。蜜蜂巢房封盖为中间型。西域黑蜂蜂群畏光，检查蜂群时不安静，性情暴躁，爱蜇人。外界缺乏蜜源时，有盗性。

西域黑蜂是西方蜜蜂的优良蜂种，具有独特、良好的生物学特性和生产性能，具有适应性强，抗病性强，抗逆性强，性情暴躁等特点，应合理开发并突出西域黑蜂的生产性能，选育选配适宜用于生

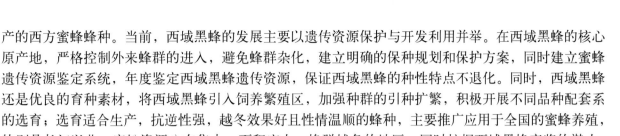

产的西方蜜蜂蜂种。当前，西域黑蜂的发展主要以遗传资源保护与开发利用并举。在西域黑蜂的核心原产地，严格控制外来蜂群的进入，避免蜂群杂化，建立明确的保种规划和保护方案，同时建立蜜蜂遗传资源鉴定系统，年度鉴定西域黑蜂遗传资源，保证西域黑蜂的种性特点不退化。同时，西域黑蜂还是优良的育种素材，将西域黑蜂引入饲养繁殖区，加强种群的引种扩繁，积极开展不同品种配套系的选育；选育适合生产，抗逆性强，越冬效果好且性情温顺的蜂种，主要推广应用于全国的蜜蜂养殖，特别是长江以北，蜜粉资源分布集中、面积庞大、蜂群越冬的地区。同时挖掘西域黑蜂产浆的潜力，总结西域黑蜂高产的饲养技术措施，推广先进的技术方案，采取饲养强群，人工分群等技术手段，为大流蜜期的产蜜、产浆作准备。随着人们生活水平的提高，对优质蜂产品的需求量剧增，且我国蜂产品在国际市场的份额逐年扩大，高端产品消费群体扩大，发展西域黑蜂必将为我们创造巨大的社会效益、生态效益和经济效益。

4 养蜂业是现代农业的重要组成部分

养蜂业是现代农业的重要组成部分，其成长壮大对现代农业的发展进步起着巨大的促进与推动作用，是迅速实现农业增产、农民增收、促进农业农村经济发展的有效途径，是一项利国利民的事业。发展和壮大养蜂业，不仅能够提供大量营养丰富、滋补保健的蜂产品，促进人民身体健康，而且可大大增加从事养蜂业农民的收入，加快贫困地区农牧民脱贫致富的步伐，更为重要的是，利用蜜蜂的授粉作用，可显著提高作物的产量、改善产品品质，增加产品的附加值和竞争优势，创造新的、更多的经济效益，从而促进农业农村经济的发展。同时，养蜂业还是维持生态平衡不可缺少的链环，对维护生态平衡具有十分重要的作用。

（1）利用蜜蜂为农作物授粉的必要性

一是随着我国农业现代化的迈进，农业向集约化、规模化、产业化发展已呈必然趋势。随着大规模农田的过度利用，生态环境受到严重破坏，生物多样性受到严重影响，野生授粉昆虫数量逐年锐减。近几年来，随着新疆果树和南瓜、向日葵等经济作物面积的迅速增加，造成一定区域内授粉昆虫数量相对不足，从而不能满足作物授粉的需要，影响了果树和经济作物的产量和果品质量，成为制约经济作物产业发展的重要因素。二是杀虫剂、除草剂的广泛使用以及环境污染，造成大量蜜蜂被毒杀，致使授粉昆虫数量急剧下降，需要授粉的虫媒花作物对人为引入授粉昆虫的依赖性增大；耕作面积的不断扩大、原始森林的破坏、原有生态环境的改变，使得蜜蜂生存空间越来越小。所以，运用蜜蜂授粉，在现代农业的发展和生态平衡中将显示越来越重要的作用。三是随着种植业结构的调整，设施农业迅速发展，越来越多的果蔬植物在温室大棚内广泛栽培。由于温室是一个相对独立的小环境，几乎没有自然授粉昆虫，作物的授粉受到了影响，无法自行授精，只能采用人工涂抹激素来保花保果。但这种方法所生产的畸形果多、口感差，而且劳动成本高，同时也容易造成化学激素污染。把蜜蜂引入温室授粉，不仅可以降低人工辅助授粉的费用，而且可以大幅度提高坐果率和产量。四是任何增产技术都不能替代蜜蜂授粉的作用。蜜粉与植物在长期的协同进化中，植物的花器与蜜蜂的形态结构及生理的相互高度适应，在遗传上形成了他们之间的内在联系。如果没有花粉、花蜜，蜜蜂就不能繁衍；反之，如果没有传粉昆虫，有些显花植物就不能传授花粉，也就不能繁殖。蜜蜂授粉及时、完全和充分，因此，可明显提高作物的坐果率、结实率，在提高作物产量和改善品质方面的效果更加显著，所以蜜蜂授粉在现代农业生产中具有不可替代的作用。

（2）利用蜜蜂为农作物授粉的重要性

一是蜜蜂是授粉的主力军。地球上目前已经发现的显花植物约有25万种，其中有21万种属于虫媒花植物。蜜蜂作为传粉昆虫的优势种是最理想的授粉昆虫。能为人类直接或间接提供食物的1 300多种作物中，有1 000多种需要蜜蜂授粉，如粮食作物、油料作物、园艺作物、牧草等。蜜蜂占授粉昆虫的85%以上。二是蜜蜂是农业增产的重要媒介。世界上与人类食品密切相关的作物1/3为上述虫媒植物，需要进行授粉才能繁殖和发展。蜜蜂分布广泛，遍及世界各个农业区，蜜蜂在与植物协同进化中，为适应生存产生了特殊的形态结构，周身密被绒毛，后足具有专门携带花粉的花粉筐，这是其他昆虫所不具备的也是无法比拟的。蜜蜂还具有群居习性，可以迁移。经过人类的长期驯化和饲养管理，蜜蜂已具有高效的授粉作用。因而蜜蜂成为受人类控制、为农作物授粉的最理想授粉者。实践证明，通过蜜蜂授粉可以使农作物的产量得到不同程度的提高。例如，通过蜜蜂授粉可使向日葵增产45%～50%，使苹果和梨增产40%～50%，油菜增产19%～37%，苜蓿增产50%～75%，棉花增产5%～12%，温室油桃增产41.5%～64.6%，西瓜增产29.3%～32.8%，草莓增产65.6%～74.3%等。经过蜜蜂授粉可以提高作物种子发芽率、产品质量，改善作物内含物的含量，增加油料作物的含油量等。

国家蜂产业技术体系乌鲁木齐综合试验站和原自治区蜂业技术管理总站2011—2015年进行了利用蜜蜂为油菜授粉的试验，效果非常明显，油菜增产18%～27.1%，千粒重增加14%，出油率提高10%；扁桃增产300%；香梨增产30%；温室大棚草莓增产27.08%，畸形果率降低40%。

（3）蜜蜂授粉对生态保护具有重要作用

生态平衡的核心是植物，植物群落成为昆虫群落存在的一个重要条件，在长期的进化过程中，显花植物与传粉昆虫相互高度适应，植物为昆虫提供食物，昆虫帮助植物繁殖。因此，蜜蜂在生态系统中具有重要作用，养蜂业是生态农业必不可少的部分。在农业生产中，无论是增施肥料还是改善耕作条件，都不能替代蜜蜂授粉的作用。蜜蜂授粉有效地协调了农作物的生殖生长和营养生长，在提高作物产量和质量上，特别是在绿色食品和有机食品的开发生产中具有不可替代的作用（表1、表2）。

表1　美国每年蜜蜂授粉增产的价值

作物名称	出租蜂群数（群）	授粉增产值（万美元）
扁桃	650 000	36 060
苹果	250 000	82 400
甜瓜	250 000	25 460
苜蓿	220 000	6 890
李	145 000	12 120
鳄梨	100 000	15 880
乌饭树	75 000	9 410
樱桃	70 000	13 270
梨	50 000	12 660
蔬菜	50 000	4 400
黄瓜	40 000	16 700
向日葵	40 000	610
酸果蔓	30 000	17 090
猕猴桃	15 000	1 350
欧洲黑梅		3 730

（续）

作物名称	出租蜂群数（群）	授粉增产值（万美元）
豆荚		2 460
油桃		14 760
番瓜		4 880
桃		14 760
油菜		160
草莓		14 430
其他	50 000	6 590
总计	2 035 000	316 070

表2　蜜蜂为农作物授粉的增产效果

作物名称	增产效果（%）	试验国家	作物名称	增产效果（%）	试验国家
油菜	19～37	中国	杏	600	美国
向日葵	20～64	加拿大	黑莓	200	瑞典
荞麦	25～64	中国	洋葱	800～1 000	罗马尼亚
大豆	14～15	美国	蚕豆	15～20	原民主德国
棉花	18～41	美国	番瓜	200	澳大利亚
柑橘	25～30	中国	萝卜	22	美国
李	20	匈牙利	亚麻	23	苏联
苹果	32～52	苏联	芜菁	10～25	联邦德国
梨	107	意大利	野豌豆	74～229	美国
荔枝	290	中国	苜蓿	200～400	美国
樱桃	200～400	联邦德国	苜蓿	100	捷克斯洛伐克
醋栗	700	美国	紫云英	6.4	中国
酥梨	10～20	中国	三叶草	400	苏联
甜瓜	200～500	匈牙利	红三叶草	80	匈牙利
西瓜	170	美国	沙打旺	900～1 000	中国
黄瓜	70	美国	油茶	100	中国

　　总之，在现代农业发展中，由于环境、生物进化等因素的改变，打破了生态平衡，蜜蜂授粉就显得更为重要。蜜蜂授粉技术的应用产生了一定的经济效益、生态效益和社会效益，蜂产业在发达国家已成为一项独具特色的产业，实现了商品化、规模化，并纳入了农业增产的技术措施之中。

5 新疆维吾尔自治区蜂业管理服务机构的建设

新疆维吾尔自治区农业厅在1975年成立了农业厅蜜蜂原种场，2002年，在原种场的基础上，成立了新疆维吾尔自治区蜂业发展中心。2009年，新疆维吾尔自治区党委编办新机编办〔2009〕121号文件批复，将新疆维吾尔自治区蜂业发展中心升格为正处级事业单位，内设4个科室。2014年，在事业单位分类改革中，将新疆维吾尔自治区蜂业发展中心核定为一类事业单位，并更名为新疆维吾尔自治区蜂业技术管理总站，2019年在事业单位进一步改革中，又将新疆维吾尔自治区蜂业技术管理总站更名为新疆维吾尔自治区蜂业技术指导站，主要职能为负责为新疆维吾尔自治区养蜂管理技术提供服务保障，负责新疆维吾尔自治区蜜蜂品种、蜜粉源植物资源的调查、保护、管理工作，开展新疆优势蜂种的保纯、应用、推广和先进养蜂技术的试验、示范、推广等工作。全站在职人员20人，其中正高1人，副高7人，中级职称10人，初级职称2人。新疆维吾尔自治区蜂业技术指导站具有从事养蜂、科研、试验、示范和技术推广的专业技术人才，这些人才均具有丰富的实践工作经验及较强的工作能力。

长期以来，新疆养蜂管理工作由各地（州、市）农业局负责管理。有些养蜂州、县（市）还专门设立领导机构，如伊犁哈萨克自治州成立了养蜂工作领导小组，办公室设在农业农村局，喀什地区成立喀什种蜂管理站，巴州种蜂场全权管理全州蜂业，新源县、尼勒克县、特克斯县、巩留县、莎车县、若羌县、尉犁县、沙雅县、托克逊县、高昌区等16个县（市、区）农业农村局，设立了养蜂工作管理办公室，配有专职或兼职人员。新疆其余县级农业农村局都指定专人或由农业技术推广部门统一负责养蜂管理、技术服务等工作。部分地方在相关部门的指导下还建立了养蜂农民专业合作社、养蜂协会等团体，蜂农的组织化程度进一步提高。

6 新疆维吾尔自治区养蜂业存在的问题

（1）新疆蜂业管理体制不健全，养蜂管理、服务机构不完善

在新疆地（州、市）、县（市）级业务主管部门中，蜂业管理体制不健全，建立有养蜂管理、服务机构的部门很少，管理、服务相对滞后。新疆农业院校无养蜂专业，且其他地区学校毕业的蜂学专业学生来新疆工作的很少，无法满足工作的需要。

（2）新疆地方蜂种的保护和优势蜂种繁育工作乏力

20世纪80年代前，新疆先后成立了13家种蜂场，其中有农业厅蜜蜂原种场1个；地（州）辖种蜂场3个；县（市）辖种蜂场9个。这些种蜂场在新疆开展了多项科研活动，取得了多项科研成果，对当时新疆蜂业的发展起到了积极作用，但后来由于种种原因，有的被撤并，有的名存实亡，目前尚存的有尼勒克县种蜂场、巴音郭楞蒙古自治州种蜂场、哈密市种蜂场、喀什地区种蜂场（喀什蜂业管理站）。但是，近年来，随着新疆蜂业的不断发展壮大，现存的种蜂场项目支持少，工作经费和专业技术人员严重不足，新疆地方蜂种的保护和优良蜂种的繁育工作开展力度不够。

（3）蜂农组织化程度不高

当前新疆范围内养蜂业的蜂农专业经济组织比较少，与广大蜂农的需求尚有一定的差距，服务还显得相对滞后，蜂农利益得不到有效保护，蜂产品市场的质量存在一定问题，初级蜂产品没有严格按照标准要求生产。

（4）对蜂业在现代农业发展中发挥的重要作用认识不到位

蜂产业是现代特色农业的重要组成部分，也是集经济效益、社会效益、生态效益于一体的绿色产业，对现代农牧业更好、更快地发展具有重大的助推作用。蜜蜂对农作物的授粉增产作用日益显现，但从新疆来看专业授粉覆盖面积比例还比较低，只占近20%，远远没有充分发挥蜜蜂授粉的效能，发展提升的空间非常大，已完全具备条件发展成为现代农业的新经济增长点。

（三）蜜粉源植物分布情况及放蜂路线

1 各地区蜜粉源植物分布情况

（1）乌鲁木齐市蜜粉源植物分布情况

①基本概况

乌鲁木齐市位于新疆维吾尔自治区北部居中，天山中段北麓，准噶尔盆地南缘，地理位置东经86°37′33″—88°58′24″，北纬42°45′32″—44°08′00″。西北和东北与昌吉州接壤，南部与巴音郭楞蒙古自治州相邻，东南部与吐鲁番市交界，北与阿勒泰地区交界。辖天山区、沙依巴克区、新市区、水磨沟区、头屯河区、达坂城区、米东区、乌鲁木齐县7区1县。2017年底，常住人口350.4万人，总面积为14 216平方千米。乌鲁木齐市三面环山，北部像一个朝着准噶尔盆地开放的喇叭口。南部、东北部高，中部、北部低，自然坡度1.2%～1.5%，海拔680～920米，平均海拔800米。乌鲁木齐市是世界上离海洋最远的城市，属中温带大陆性干旱气候，寒暑变化剧烈，春、秋两季较短，冬、夏两季较长，昼夜温差大。降水少，年平均降水量为265毫米，最热的7—8月平均气温为25.7℃，最冷的1月平均气温为−15.2℃。全年无霜期为168天，日照时数为2 700小时。耕地面积占总面积的5.55%；园地占总面积的0.09%；林地占总面积的4.89%；牧草地占总面积的68.23%；城镇、村庄及工矿占总面积的2.6%；水域占总面积的3.07%；未利用土地占总面积的15.13%。农牧业以种植业、设施农业、畜牧业、渔业为主。

乌鲁木齐市是新疆维吾尔自治区首府，新疆的政治、经济、文化、科教和交通中心，是中国国家园林城市、全国双拥模范城市、中国优秀旅游城市、全国民族团结进步模范城市、全国文明城市。该市的森林资源在新疆相对较优，相当于新疆平均森林覆盖率的3倍，森林资源主要为天然林和人工林。树种资源90余种，主要有雪岭云杉、天山桦、密叶杨和白榆等。野生蜜源植物有100多种；供开发利用的野生食用植物有40余种，其中野蔷薇、沙棘、野苜蓿等在国内外已被开发利用，作为饮料和保健品；野生油料植物有50余种；野生饲用植物有240余种。农作物主要有小麦、玉米、水稻、棉花、蔬菜及油料作物等；林果有桃、葡萄、李、红枣、海棠、桑和杏等。饲养蜜蜂4 100余群，为定地和小转地饲养。蜂种以意蜂和喀尔巴阡蜂（简称"喀蜂"）为主。部分蜂群就地越冬；部分蜂群11月中旬去吐鲁番越冬。就地越冬蜂群，翌年春季利用当地蜜粉源进行繁殖；去吐鲁番市越冬蜂群3月下旬可前往阿克苏地区参与苹果授粉或是前往巴音郭楞蒙古自治州的库尔勒市等地参与梨树授粉；5月中旬回当地采沙枣、沙棘、锦鸡儿和油菜等的花蜜；6月采南瓜、打瓜、驴食草、油菜的花蜜；7月中旬采山花的花蜜或就地采向日葵的花蜜并授粉；8月下旬就地采向日葵和棉花的花蜜。

②蜜粉源植物种类

主要蜜粉源植物：驴食草、向日葵、玉米、杨、榆、蒲公英、宽刺蔷薇、油菜、打瓜、天山蓟、刺儿藻、黄花草木樨、甘草、芳香新塔花、牛草、密花香薷、芝麻、党参、老鹳草、群心菜、蚓果芥、刺山柑和金银忍冬。

辅助蜜粉源植物：苹果、弯花蔷薇、疏花蔷薇、红枣、辽宁山楂、阿尔泰山楂、紫穗槐、槐、油菜、天山梣、尖叶白蜡、椴叶槭、暴马丁香、紫丁香、雪岭云杉、天山桦、密叶杨、骆驼刺、白车轴草、红车轴草、紫苜蓿、天蓝苜蓿、白皮锦鸡儿、刺叶锦鸡儿、沙棘、大蓟、雪菊、菊苣、粉苞菊、厚叶翅膜菊、贝母、红花、薪蓂、新疆大蒜芥、异果小檗、铁线莲以及蔬菜和瓜果等。

③蜜粉源植物特点

一是分布利用上区域性比较明显。种植的蜜粉源植物和野生的蜜粉源植物都具有面积大、数量多、比较集中的特点，且花期蜜粉丰富。如向日葵、榆、金银忍冬和玉米等蜜粉源主要分布在头屯河区、米东区、新市区、安宁区的北部平原地区；油菜、驴食草、杨、蒲公英、宽刺蔷薇、甘草、老鹳草、群心菜、蚓果芥等蜜粉源主要分布在南部的水磨沟区、达坂城区和乌鲁木齐县。

二是多数蜜粉源集中于夏、秋两季，而春季的辅助蜜粉源相对来说不多，春季开花的观赏植物多集中在市区，满足不了蜂群在春季繁殖的需要。

三是物候区的差异性。本区南部为沙漠戈壁、中部为平原绿洲、北部为山区，地形复杂，相对温差较大，温度受纬度与海拔的影响差异悬殊，小气候明显，形成蜜粉源物候期的差异性，由南到北逐渐推迟。

四是乌鲁木齐市位于天山以北，自然环境比较复杂，有着丰富的野生植物资源，特别是南山山区生长着多种优良野生蜜粉源植物，但因气候限制、交通不便等，还未充分利用。

(2) 克拉玛依市蜜粉源植物分布情况

① 基本概况

克拉玛依市位于新疆维吾尔自治区西北部，东邻准噶尔盆地和古尔班通古特沙漠，地理位置东经80°44′—86°1′，北纬44°7′—46°8′。东北部与和布克赛尔蒙古自治县（简称"和布克赛尔县"）相邻，东南与沙湾县接壤，西部与托里县和乌苏市相接；南边的独山子区则被奎屯市隔开，成为一块距市区150千米的"飞地"。辖克拉玛依、独山子、白碱滩、乌尔禾4个区。人口44.3万人，面积7 735平方千米。克拉玛依市南北长，东西窄，地形呈斜条状，中东部地势开阔，比较平坦，逐步向准噶尔盆地中心延伸，绝大部分地区为戈壁滩，海拔高度270～500米。克拉玛依市属于典型的温带大陆性气候，其特点是寒暑差异悬殊，干旱少雨，换季不明显，春秋季较短，且多风，冬季寒冷，夏季炎热，冬、夏两季漫长，且温差大。年平均气温8.6℃，一年中7月气温最高，平均气温27.9℃，1月气温最低，平均为−15.4℃。全年无霜期225天，年平均日照时数为2 705.6小时。年平均降水量108.9毫米，年平均蒸发量达3 000毫米。全境大部分为荒漠戈壁，境内有自然林地42万余亩，天然草地157万余亩。农业以农作物种植和牛羊育肥为主。

克拉玛依市是国家重要的石油石化基地、新疆重点建设的新型工业化城市，曾荣获国家园林城市、中国优秀旅游城市、中国优秀生态文化旅游城市等称号。农作物主要有棉花、玉米、向日葵、南瓜、西瓜、甜瓜等；林果有红枣等；野生植物主要有胡杨、榆、沙枣、铃铛刺等。克拉玛依市有200群蜜蜂，为定地饲养和小转地饲养。蜂群就地越冬，翌年春季利用本地蜜粉源繁殖；5月在本地采沙枣、铃铛刺、红枣的花蜜；6月在本地采骆驼刺、南瓜的花蜜；6月下旬至7月底采向日葵的花蜜；7月下旬在本地采棉花等的花蜜。蜂种为意蜂。

② 蜜粉源植物种类

主要蜜粉源植物：棉花、玉米、沙枣、骆驼刺、胡杨、榆、白刺和铃铛刺等。

辅助蜜粉源植物：洋槐、白花泡桐、紫苜蓿、梭梭、红柳、枸杞、天山桦、沙拐枣、芨芨草、补血草、苦豆子、郁金香、甘草、肉苁蓉、蒲公英、粉苞菊、弯花黄耆、地肤、大翅蓟、准噶尔蓟、牛蒡、西瓜和蔬菜等。

③ 蜜粉源植物特点

一是分布利用上区域性比较明显。该市种植和野生的蜜粉源植物有棉花、玉米、向日葵、南瓜、西瓜、甜瓜、胡杨、榆、柽柳、白刺和骆驼刺等，主要分布在克拉玛依区和乌尔禾区，沙枣、蒲公英、甘草、补血草、粉苞菊等蜜粉源植物主要分布在独山子区。

二是物候区的差异性。该市白碱滩区和乌尔禾区的大部分地区为荒漠戈壁，独山子区靠近山区，地形复杂，相对温差较大，温度受纬度与海拔的影响差异悬殊，小气候明显，形成蜜粉源物候期的差异性，由北向南逐渐推迟。

(3) 吐鲁番市蜜粉源植物分布情况

① 基本概况

吐鲁番市位于新疆维吾尔自治区东部，天山南麓。位于东经87°16′—91°55′，北纬41°12′—43°40′。东临哈密市，南部、西部与巴音郭楞蒙古自治州的若羌县、尉犁县、和硕县、和静县相接，北隔天山西边与乌鲁木齐市北边及昌吉回族自治州的吉木萨尔县、奇台县、木垒哈萨克自治县毗连。辖高昌区、鄯善县、托克逊县1区2县。人口63.73万人，面积69 731平方千米。吐鲁番市四面环山，地势北高南低中间凹，火焰山横贯盆地中部，山前是戈壁滩，中部是低洼的平原，南部山丘、戈壁、荒漠三种类型兼有。属典型的暖温带极端干旱气候。光热资源十分丰富，具有日照时间长，气温高，昼夜温差大，降水少，风力强五大特点，素有"火洲""风库"之称。全年日照时数为3 000～3 200小时，全年10℃以上的有效积温5 300℃以上，年均气温13.9℃，年均降水量17.3毫米，年均蒸发量达2 741.9毫米以上，年无霜期达262天，是中国长城以北无霜期最长的地方。春季短暂，平均61天，开春早，升温快；夏季漫长，平均152天，高温酷热；秋季短，平均为57天，降温急促；冬季较短，平均95天。农业以林果业、种植业、设施农业、农区畜牧业为主。林果业以生产杏、苹果、梨、桃为主；种植业以葡萄、哈密瓜、长绒棉、玉米、油菜、茴香、西瓜等为主；设施农业以哈密瓜、反季节蔬菜为主；农区畜牧业以黑羊、斗鸡、吐鲁番驴为主。

该市养蜂业始于20世纪50年代，1959年在吐鲁番县成立了自治区级种蜂场，在鄯善县成立了地区级种蜂场，负责种蜂的供应和养蜂示范。改革开放后养蜂业发展较快，特别是北疆地区蜂群在吐鲁番市越冬春繁，带动了当地蜂业发展，再加上种植业结构调整，大面积栽培梨、红枣、苹果等林果，南瓜、向日葵等经济作物，需要蜜蜂授粉，加速了该市蜂业的发展。现有蜂群16.16万余群，为定地和小转地饲养。蜂群就地室外越冬。翌年2月底至3月利用榆、榉叶槭、天山榉、杏、杨和柳等开花期就地繁殖。3月下旬至4月中旬在莎车、阿克苏、库尔勒等地参与扁桃、苹果和梨授粉；5月上旬返回吐鲁番采集沙枣蜜粉；5月下旬赴乌鲁木齐南山和呼图壁县、昌吉市、五家渠市、阜康市等地采集沙枣等植物的蜜粉或到农区参与向日葵、南瓜等作物授粉。9月返回吐鲁番采集骆驼刺的花蜜。该市饲养的蜜蜂以美国意大利蜂和喀尔巴阡蜂为主。

② 蜜粉源植物种类

主要蜜粉源植物：棉花、葡萄、骆驼刺、红枣、刺山柑、杨、榆、柳、杏、葡萄和沙枣等。

辅助蜜粉源植物：玉米、向日葵、紫苜蓿、桃、苹果、梨、胡桃、锦鸡儿、西瓜、甜瓜、茴香、天山榉、尖叶白蜡、榉叶槭、桑、刺槐、高粱、蒲公英、雪岭云杉、落叶松、胡杨、锦鸡儿、蔬菜类以及山区野生花草蜜粉源等。

③ 蜜粉源植物特点

一是优越的光热条件和独特的气候，使这里盛产葡萄、棉花、瓜果、反季节蔬菜等经济作物，被誉为"葡萄和瓜果之乡"，为养蜂提供了丰富的蜜粉源。

二是返春早，2月下旬气温已达10℃以上，榆、柳、杏、桃、杨、复叶槭、天山榉、梨等林木蜜粉源植物陆续开始开花。这个时候，新疆其他地区还地冻冰封，这里已春暖花开，蜂群已进入春繁时期。

三是骆驼刺、刺山柑等蜜粉源植物开花泌蜜季节，蜂群大部分已转入其他区域，致使本地蜜粉源植物没有得到充分利用。

(4) 哈密市蜜粉源植物分布情况

① 基本概况

哈密市地处新疆维吾尔自治区最东端，地跨天山南北，位于东经91°06′33″—96°23′00″，北纬40°52′47″—45°05′33″。东部、东南部与甘肃省酒泉市的肃北蒙古族自治县、瓜州县、敦煌市相邻；南部与巴音郭楞蒙古自治州若羌县连接；西部、西南部与昌吉回族自治州的木垒县、吐鲁番市的鄯善县毗连；北部、东北部与蒙古国接壤，边境线长586.663千米。辖伊州区、巴里坤哈萨克自治县（简称"巴里坤县"）、伊吾县1区2县（自治县）。截至2014年人口61.69万人，面积142 100平方千米。哈密市干燥少雨，昼夜温差大，属温带大陆性干旱气候，年均气温5.2℃，年均降水量121毫米，年均蒸发量2 124.7毫米，年均日照时数为3 358小时，年均无霜期163天。天山山脉横贯哈密市，把该市分为山南山北。山南的哈密盆地是冲积平原上的一块绿洲，周边戈壁大漠环抱。山北则是冰川、雪山、森林、草原浑然一体。以开发利用的耕地、草场、林地、水面占总面积的29.35%，未被利用的戈壁、沙漠、高山占总面积的70.65%。农业以畜牧业、林果业、种植业、设施农业为主，以养殖优质肉羊、天山草鸡、奶牛，种植哈密瓜、枣、葡萄、苹果、梨、桃、棉花、玉米、油菜、小麦等为主。

哈密市养蜂业始于20世纪60年代，现有蜂群3 200余群，以定地和小转地饲养为主，蜂群就地越冬。巴里坤县蜂群11月中旬在伊州区越冬；春季2月底至3月利用柳、杨、榆、杏、梣叶槭和天山梣等植物的花就地繁殖；4月上旬参与伊州区苹果授粉；5月上旬在伊州区采沙枣、油菜的花蜜；5月下旬至6月采大枣、南瓜、打瓜的花蜜并授粉；6月巴里坤县蜂群可返回本地参与南瓜、油菜、苜蓿的授粉；7月中旬上山采山花或就地采向日葵的花蜜；8月采棉花或荞麦、向日葵的花蜜。

② 蜜粉源植物种类

主要蜜粉源植物：棉花、油菜、玉米、红枣、沙枣、柳、榆、杨、宽刺蔷薇、白皮锦鸡儿、紫苜蓿、益母草、枸杞、甘草、荞麦、牛至、百里香、蓍、翼蓟和草地老鹳草等。

辅助蜜粉源植物：葡萄、杏、苹果、梨、桃、梭梭、红柳、黑果枸杞、锦鸡儿、胡杨、云杉、落叶松、异果小檗、蔷薇、哈密瓜、西瓜、豌豆、新疆党参、黄花蒿、白车轴草、蒲公英、广布野豌豆、柳兰、大蓟、新疆鼠尾草、短柄野芝麻、垂花青兰、深裂叶黄芩、草原勿忘草、野胡萝卜、刺儿菜、聚花风铃草、草原糙苏、骆驼刺、车前、野胡麻、大叶补血草、草麻黄、中麻黄、柴胡、贝母、甜瓜和蔬菜等。

③ 蜜粉源植物特点

一是分布利用上区域性比较明显。哈密市地跨天山南北，山南的哈密盆地种植植物以及野生植物为养蜂生产提供了春、夏季蜜粉源，天山北坡种植和野生植物为养蜂生产提供了夏、秋季蜜粉源。

二是山区及戈壁野生蜜粉源植物远离工矿企业，可生产绿色蜂产品。

三是物候区的差异性。哈密市由于地跨天山南北，南部为沙漠戈壁，中部为平原绿洲，北部为山区，地形复杂，相对温差较大，温度受纬度与海拔的影响，差异悬殊，小气候明显，所以形成蜜粉源物候期的差异性，由南北逐渐向中部推迟。

(5) 和田地区蜜粉源植物分布情况

① 基本概况

和田地区地处新疆维吾尔自治区最南端。南越昆仑山抵西藏高原北部；东部与巴音郭楞蒙古自治州相邻；北部进入塔克拉玛干沙漠腹地，与阿克苏地区毗连；西部与喀什地区接壤；西南跨喀喇昆仑山与印度、巴基斯坦在克什米尔实际控制区相连接，有边境线210千米。辖和田市、和田县、墨玉县、皮山县、洛浦县、策勒县、于田县、民丰县1市7县。截至2017年末，人口252.28万人，面积247 800平方千米，占新疆总面积近1/6。和田地区四季分明，夏季炎热，冬季冷而不寒，春季升温快但不稳定，常会发生倒春寒，浮尘天气多，秋季降温快，昼夜温差大，属暖温带干旱荒漠性气候。全年降水少，平原区年降水量为13.1~48.2毫米，年蒸发量达2 450~3 137毫米；光照充足，热量丰富，太阳年总辐射量为578.2~634.3千焦/厘米^2，仅次于青藏高原；全年日照时数2 470~3 000小时，年平均日照率为58%~60%，最高可达84%。和田是新疆最温暖的地区之一，其中10℃的年积温为4 200℃，对该地区农业生产极为有利，无霜期195~222天。和田地区山地占总面积的44.5%，平原占总面积的55.5%。山地面积中，除草场、冰川、耕地、林地外，42%为难以利用的裸岩、石砾地。平原面积中，沙漠占总面积的74.6%；戈壁占总面积的15%；绿洲面积仅占3.96%，且被沙漠和戈壁分割成大小不等的300多块。农牧业以种植业、设施农业、畜牧业、渔业为主。种植业以水稻、小麦、玉米、棉花、籽用油菜及蔬菜、瓜果类等作物为主；设施农业以蔬菜生产为主；畜牧业以牛羊养殖、牛奶、禽蛋生产为主；渔业以水产养殖为主。

和田地区养蜂业始于20世纪70年代，养蜂技术较为落后，改革开放后，农民养蜂积极性较高，养蜂业发展较快，现已发展蜂群2.11万余群，为定地和小转地饲养，蜂群就地越冬。但蜜蜂越冬成活率较低，翌年需要到吐鲁番、库尔勒等地购买蜂群进行补充。春季3—4月利用本地花草、

林果蜜源繁殖；3月下旬至4月上旬参与莎车等地扁桃授粉；4月上旬末前往阿克苏参与苹果授粉。5月返回和田采沙枣、石榴及瓜类的花蜜；6月参与红枣授粉和采油菜、苜蓿、红柳、铃铛刺、胡麻等的花蜜；7—8月一部分蜂群在本地采大叶白麻、棉花的花蜜；一部分蜂群可前往阿拉尔等地采棉花花蜜。该地区饲养蜂种主要是意大利蜜蜂。

② 蜜粉源植物种类

主要蜜粉源植物：玉米、棉花、油菜、向日葵、红枣、沙枣、大叶白麻、罗布麻、骆驼刺、刺山柑、甘草、党参、柽柳和管花肉苁蓉等。

辅助蜜粉源植物：紫苜蓿、苦豆子、石榴、胡桃、苹果、胡杨、月季、大黄、雪菊、沙拐枣、驼绒藜、骆驼蓬、弯花黄耆、草麻黄、柳、杨、枸杞、茇茇草、蒲公英及蔬菜类和瓜果类植物等。

③ 蜜粉源植物特点

一是该地适宜管花肉苁蓉生长的灌丛面积有10.5万公顷。人工种植的管花肉苁蓉面积达1万公顷；玉龙喀什河与喀拉喀什河流域生长的大叶白麻、骆驼刺、柽柳等野生蜜粉源植物分布比较集中；种植和野生的沙枣、红枣、石榴、甘草、党参等中药材分布面积也很大，这些特色蜜粉源植物具有花期长、蜜粉丰富、诱蜂力强的特点，可为特色蜜的生产提供保障。

二是沙枣、红枣、大叶白麻、罗布麻、刺山柑、甘草、柽柳、管花肉苁蓉等蜜粉源植物远离工矿企业，无污染，生产的蜂产品质量高、品质好。

三是由于和田地区蜜粉源植物在流蜜期，浮尘天气较多，干旱少雨、空气湿度较低，对一些空气湿度要求高、雨水充沛时才能泌蜜的蜜粉源植物的泌蜜非常不利，因此，这些蜜粉源植物的面积虽大，但在养蜂生产上的利用率却不高。

(6) 阿克苏地区蜜粉源植物分布情况

① 基本概况

阿克苏地区地处新疆维吾尔自治区西部，天山山脉中段南麓，塔里木盆地北缘，位于东经78°03′—84°07′，北纬39°30′—42°41′。东面与巴音郭楞蒙古自治州相邻，西面与克孜勒苏柯尔克孜自治州连接，西南与喀什地区毗连，南面与和田地区相望，北面与伊犁哈萨克自治州交界；西北以天山山脉中梁与吉尔吉斯斯坦、哈萨克斯坦两国接壤，边境线长235千米。辖阿克苏市、阿瓦提县、拜城县、库车县、柯坪县、新和县、沙雅县、温宿县、乌什县1市8县。2017年人口251万人，面积132 500平方千米。地形为北高南低，北部是众多山峰，南部是塔克拉玛干沙漠，中部是山麓、冲积平原、戈壁、绿洲相间。阿克苏地区属暖温带大陆性气候，具有气候干燥，降水量少，蒸发量大，日照时间长，光热资源丰富，昼夜温差大，冬季干冷，夏季干热的特点。平均年降水量53.2～120.6毫米，年蒸发量1 980～2 602毫米。年平均气温7.9～13.7℃，无霜期168～225天，年太阳总辐射量平均为544.3～590.3千焦/厘米^2，年日照时数2 670～3 022小时。阿克苏地区山地占总面积的29.4%，平原占总面积的39.8%，沙漠占总面积的31%。拥有耕地783.9万亩，园林地277.5万亩，牧草地7 016.85万亩，荒地及荒山地11 683.35万亩。农牧业以种植业、林果业、畜牧业、渔业为主。种植业以棉花、水稻、小麦、玉米、大豆、小茴香、啤酒花、白甜瓜、西瓜及油料、糖料和蔬菜作物等为主；林果业以苹果、梨、葡萄、红枣、胡桃、桃、桑和杏生产为主；畜牧业以牛羊养殖、生猪、牛奶、禽蛋生产为主；渔业以水产养殖为主。

阿克苏地区养蜂历史较短，始于20世纪60年代初。改革开放后发展较快，其他地区蜂农前来放蜂，带动了本地蜂业发展，特别是阿克苏地区大面积栽培苹果、梨、红枣等林果，需要蜜蜂授粉，加速了本地区蜂业的发展。现有蜂群6.55万余群。为定地和小转地饲养。春季大部分蜂群参与本地苹果、梨等林果和农作物授粉，夏、秋季在本地区小转地采集油菜、红枣、罗布麻、大叶白麻和棉花等的蜜粉。饲养蜂种主要是意蜂。

② 蜜粉源植物种类

主要蜜粉源植物：棉花、玉米、苹果、红枣、油菜、罗布麻、大叶白麻、沙枣、紫苜蓿、杨和刺山柑等。

　　辅助蜜粉源植物：向日葵、胡麻、水稻、杏、梨、桃、甜瓜、西瓜、葡萄、柳、胡杨、刺槐、国槐、桑、二球悬铃木、胡桃、榆、毛泡桐、蒲公英、沙棘、甘草、新疆党参、管花肉苁蓉、草麻黄、蓝麻黄、黄耆、古当归、天山大黄及豆类和蔬菜类植物等。

　　③蜜粉源植物特点

　　一是分布利用上区域性比较明显。种植和野生的蜜粉源植物都具有面积大、数量多、比较集中的特点，且花期蜜粉丰富。苹果、红枣、梨主要分布在阿克苏市、温宿县，油菜、沙枣主要分布在拜城县、乌什县，棉花、红枣、胡杨以及罗布麻主要分布在阿瓦提县、沙雅县、新和县和库车县。

　　二是罗布麻等大宗野生蜜粉源植物，远离工矿企业和居民区，无污染、品质好，可生产有机、绿色蜂产品。

　　三是物候区的差异性。本地区地形复杂，相对温差较大，温度受纬度与海拔的影响，差异悬殊，小气候明显，所以形成蜜粉源物候期的差异性，表现为同一蜜粉源植物开花时间由东到西逐渐推迟。

　　(7) 喀什地区蜜粉源植物分布情况

　　①基本概况

　　喀什地区位于新疆维吾尔自治区西南部。地处东经73°20′—79°57′，北纬35°20′—40°18′。东部与和田地区的皮山县相交，东北部与阿克苏地区的柯坪县、阿瓦提县相连，西北部与克孜勒苏柯尔克孜自治州的阿图什市、乌恰县和阿克陶县相邻，西部与塔吉克斯坦交界，西南部与阿富汗交界，南与克什米尔接壤，边境线长888千米。辖喀什市、疏附县、疏勒县、英吉沙县、泽普县、莎车县、叶城县、麦盖提县、岳普湖县、伽师县、巴楚县和塔什库尔干塔吉克自治县1市11县（自治县）。2017年总人口464.97万人，面积162 000平方千米。喀什地区在塔里木盆地西端，地势由西南向东北倾斜，西部、南部为喀喇昆仑山，北部为喀什噶尔河冲积平原，东部是塔克拉玛干沙漠。属暖温带大陆性干旱气候，年平均气温山区2～10℃，平原为11℃以上。境内四季分明、光照时间长、气温变化大、降水稀少、蒸发强。年平均降水量山区为100毫米，平原为40～60毫米。年日照时数2 650小时，无霜期220天，年均蒸发量2 100毫米。夏季炎热，酷暑期短，冬无严寒，但低温期长；春、夏大风、沙暴、浮尘天气多。有耕地57.5万公顷，园地3.3万公顷，牧草地161万公顷，水域面积79.9万公顷，林地面积35.53万公顷，其中天然林22.93万公顷，森林覆盖率2.75%。农牧业以种植业、林果业、畜牧业、渔业为主。种植业以棉花、水稻、小麦、玉米及油料、糖料、瓜类、蔬菜等作物为主；林果业以苹果、梨、葡萄、红枣、胡桃、杏、扁桃、石榴、樱桃、桃、阿月浑子等生产为主；畜牧业以羊、牛、马、驴养殖，牛奶、禽蛋生产为主；渔业以水产养殖为主。

　　喀什地区养蜂业始于20世纪50年代末，1959年成立了喀什地区种蜂场，负责喀什地区种蜂的供应和技术示范，隶属当地农业农村局管理。改革开放后养蜂业发展较快，特别是莎车县、叶城县、疏附县、岳普湖县、疏勒县等地大面积栽培扁桃、梨、红枣、苹果等林果，需要蜜蜂授粉，加速了本地区蜂业的发展。喀什地区蜜蜂饲养量10.35万余群，为定地和小转地饲养。蜂群就地越冬。翌年春季利用本地花草、林果等蜜粉源繁殖；3月下旬至4月上旬，参与莎车县、疏勒县、疏附县、喀什市等地扁桃授粉；4月上旬，部分蜂群参与泽普县、喀什市等地苹果授粉；5月，在本地以沙枣、洋槐、红枣为蜜粉源；6月，前往拜城县以油菜为蜜粉源；7月，一部分蜜蜂以山区油菜等为蜜粉源繁殖，一部分前往图木舒克市、巴楚县等地以罗布麻、向日葵等为蜜粉源；7月下旬，飞回本地或在阿瓦提县、阿拉尔市、图木舒克市等地以棉花和向日葵等为蜜粉源。

　　②蜜粉源植物种类

　　主要蜜粉源植物：玉米、棉花、向日葵、紫苜蓿、红枣、沙枣、柳、杨、洋槐、榆、扁桃、罗布麻、大叶白麻、沙棘、甘草、刺山柑、杏和高粱等。

　　辅助蜜粉源植物：梨、苹果、榆、桃、葡萄、石榴、樱桃、阿月浑子、胡桃、桑、国槐、红柳、落叶松、雪岭云杉、锦鸡儿、胡杨、灰杨、二球悬铃木、蒲公英、新疆党参、草麻黄、雪菊、胡麻、水稻、芝麻、花生、甜瓜、西瓜及豆类和蔬菜类植物等。

③蜜粉源植物特点

一是春季蜜粉源丰富。种植的苹果、梨、扁桃、杏、沙枣、洋槐、杨、柳、胡桃、石榴、樱桃以及野生胡杨、梭梭、沙棘、蒲公英等蜜粉源植物，都具有春季开花，花期长，蜜粉十分丰富的特点，为春季繁蜂提供了蜜粉源保障。

二是可生产特色蜂产品。种植和野生的蜜粉源植物都具有面积大、数量多、比较集中的特点，且花期蜜粉丰富，如扁桃、洋槐、石榴、沙枣、红枣、红柳等均可采集到一定数量的蜂蜜和花粉。

三是夏、秋季蜜源相对短缺。由于气候以及种植的植物品种等原因，一些大宗蜜粉源植物流蜜差，如棉花、紫苜蓿等。

(8) 克孜勒苏柯尔克孜自治州蜜粉源植物分布情况

①基本概况

克孜勒苏柯尔克孜自治州位于新疆维吾尔自治区西南部，地处东经73°26′05″—78°59′02″，北纬37°41′28″—41°49′41″。东部与阿克苏地区的乌什、柯坪两县相连，南部与喀什地区的喀什市、巴楚县、伽师县、莎车县、英吉沙县、疏附县及塔什库尔干塔吉克自治县毗邻；北部和西部与吉尔吉斯斯坦、塔吉克斯坦两个国家接壤，边境线长1 195千米，东西长500多千米，南北宽约140多千米。辖阿图什市、阿合奇县、乌恰县、阿克陶县。2017年全州人口62.06万人，面积72 500平方千米。东北及北部处于天山山区，西南部处于昆仑山北坡，西北及西部地处帕米尔高原崇山峻岭之中，东南部是塔里木盆地边缘的喀什噶尔绿洲。属温带、暖温带干旱气候。平原地区日照充足，四季分明，干旱少雨，温差较大。春季升温快，天气多变，且风多，浮尘天气多；夏季炎热；秋季凉爽，降温迅速；冬季寒冷，多晴日。山区气候寒冷，热量不足，降水不均，积雪不稳，四季不明，冬季漫长，一年内仅有冷暖之分。海拔最低处1 197米，最高处7 719米，绝对高差达6 522米。由于地形复杂，气候垂直反应迅速，地带性明显。年均气温9.4℃，年平均降水量235.5毫米，无霜期190天，具有发展种植业和林果业、园艺业的特殊优势。草场广阔，牧草资源丰富，种类繁多，发展山区草原畜牧业有很大的潜力。全州平原占10%，山地占90%，有耕地61.61万亩，林地面积193.8万亩。农牧业以畜牧业、种植业、林果业为主。畜牧业以羊、牛、马、骆驼等养殖，以及奶类、禽蛋生产为主；种植业以棉花、水稻、小麦、玉米、甜瓜、西瓜及油料、糖料作物等为主；林果业以无花果、葡萄、杏、石榴、桃、梨、沙枣、扁桃、苹果和樱桃等生产为主；园艺以蔬菜、观赏植物生产为主。

克孜勒苏柯尔克孜自治州养蜂业始于20世纪70年代初，全州现有蜂群0.26万余群。为定地和小转地饲养，蜂群就地越冬，翌年春季利用本地蜜粉源繁殖；3月下旬至4月，参与本地扁桃等农作物授粉；5月，在本地以沙枣、沙棘、红枣等为蜜粉源；6月，在本地以甘草、油菜等为蜜粉源；6月下旬至7月底，前往巴楚县、图木舒克市等地以罗布麻和向日葵等为蜜粉源；7月下旬，在阿瓦提县、图木舒克市等地以棉花等为蜜粉源。该州饲养蜂种主要是意蜂。

②蜜粉源植物种类

主要蜜粉源植物：玉米、棉花、红枣、榆、葡萄、紫苜蓿、蒲公英、沙棘和骆驼刺等。

辅助蜜粉源植物：杏、梨、沙枣、扁桃、桃、石榴、胡桃、白皮锦鸡儿、甘草、紫草、疏齿千里光、中亚苦蒿、飞廉、刺山柑、骆驼蓬、多伞阿魏、草麻黄、甜瓜、西瓜、茴香及蔬菜类植物等。

③蜜粉源植物特点

一是春季蜜粉源丰富。种植的杏、梨、扁桃、沙枣、杨、榆、胡桃、石榴以及野生胡杨、梭梭、沙棘、锦鸡儿、蒲公英等蜜粉源植物，都具有春季开花，花期长，蜜粉十分丰富的特点，为春季繁蜂提供了蜜粉源保障。

二是由于交通不便，蜂群数量不多等，很多分布在山区等地的野生蜜粉源植物没能充分利用。

(9) 巴音郭楞蒙古自治州蜜粉源植物分布情况

① 基本概况

巴音郭楞蒙古自治州地处新疆维吾尔自治区东南部，位于东经82°38′—93°45′，北纬35°33′—42°26′。东邻甘肃省、青海省，南倚昆仑山与西藏自治区接壤；西连和田地区、阿克苏地区，北以天山为界与伊犁哈萨克自治州、塔城地区、昌吉回族自治州、乌鲁木齐市、吐鲁番市、哈密市交界。东西和南北最大长度为800余千米。辖库尔勒市、轮台县、尉犁县、若羌县、且末县、焉耆回族自治县（简称"焉耆县"）、和静县、和硕县、博湖县1市8县（自治县）。2017年末全州人口127.93万人，面积471 500平方千米。巴音郭楞蒙古自治州地域辽阔，北面是天山南坡，中间是塔里木盆地东部，南为昆仑山北坡，东面是阿尔金山，山地面积23.61万平方千米，占其总面积的48.9%；平原面积24.66万平方千米，占其总面积的51.1%；其中沙漠面积14.3万平方千米，占全州面积的29.6%。属中温带和暖温带大陆性气候，年均气温8.5℃，年均降水量157.8毫米，全年无霜期175～200天。气候特点是四季分明，昼夜温差大，春季升温快且不稳，秋季短暂且降温迅速，多晴天，光照充足，降水少，空气干燥，风沙天气较多。其中，南5县（市）即库尔勒、尉犁、轮台、且末和若羌属塔里木盆地东部暖温带干旱区，≥10℃积温3 870～4 300℃，无霜期175～200天，非常适宜棉花、梨、杏、红枣及蔬菜作物等的生长。北4县（自治县）即焉耆、和静、和硕、博湖属焉耆盆地中温带区，≥10℃积温3 420～3 580℃，无霜期平均175天左右，非常适宜小麦、玉米、甜菜、工业番茄、色素辣椒、打瓜、向日葵、啤酒花、茴香、葡萄等作物的生长。全州耕地面积551.23万亩，森林总面积1 399万亩，覆盖率达1.97%，绿洲森林覆盖率20.3%，林果面积205.72万亩。农牧业以种植业、林果业、畜牧业、渔业为主。种植业以棉花、水稻、小麦、玉米、工业辣椒、工业番茄及油料、糖料、瓜类和蔬菜作物等为主；林果业以梨、红枣、葡萄、杏、苹果和桃等生产为主；畜牧业以羊、牛、马、猪养殖，以及牛奶和禽蛋生产为主；渔业以水产养殖为主。

该州养蜂业始于20世纪50年代初，1959年成立了种蜂场，负责全州种蜂的供应，隶属当地农业局管理。改革开放后养蜂业发展较快，特别是库尔勒市、铁门关市、尉犁县等地大面积栽培梨、红枣、苹果等林果，需要蜜蜂授粉，加速了本地区蜂业的发展。全州现有蜂群57 400余群，为定地和小转地饲养。每年蜂群就地越冬，翌年春季3—4月利用本地花草、林果蜜粉源繁殖；4月中旬参与库尔勒市、铁门关市、尉犁县等地梨、苹果授粉；5月中下旬以沙枣、洋槐等为蜜粉源；6月在若羌县、尉犁县、库尔勒市等地参与红枣授粉和采集红枣蜜，一部分前往焉耆回族自治县、和硕县、博湖县、和静县等地参与南瓜、打瓜、向日葵授粉和采蜜；7月一部分蜂群前往天山山区采集杂花，一部分蜂群到野云沟等地采集骆驼刺蜜粉或到尉犁县等地采集罗布麻蜜粉，一部分蜂群前往博湖县、和静县参与向日葵制种授粉；7月下旬至8月底前往轮台县、若羌县、尉犁县等农区采棉花蜜粉。每年春季一部分北疆蜂群也会前来库尔勒等地参与梨、苹果授粉。巴州饲养蜂种主要是意大利蜜蜂。

② 蜜粉源植物种类

主要蜜粉源植物：梨、玉米、棉花、向日葵、油菜、紫苜蓿、红枣、罗布麻、胡杨及山区杂花等。

辅助蜜粉源植物：蒲公英、西瓜、甜瓜、杏、桃、葡萄、番茄、打瓜、荞麦、榆、洋槐、天山楂、刺山柑、骆驼刺、甘草、紫草、党参、柽柳、梭梭、柳兰、串珠老鹳草以及蔬菜类植物等。

③ 蜜粉源植物特点

一是春季蜜粉源丰富。全州种植的梨、杏、沙枣、洋槐、杨、榆、天山楂、葡萄以及野生胡杨、梭梭、沙棘、锦鸡儿、蒲公英等蜜粉源植物，都具有春季开花，花期长，蜜粉十分丰富的特点，为春季繁蜂提供了蜜粉源保障。

二是分布利用上区域性比较明显，如梨、洋槐主要分布在库尔勒市周边的广大区域，葡萄、油菜、向日葵主要分布在焉耆、和硕、和静，杏主要分布在轮台，红枣主要分布在若羌、尉犁。

三是可生产特色蜂产品。种植和野生的蜜粉源植物都具有面积大、数量多、比较集中的特点，且花期蜜粉丰富，可以采集特色蜂产品。如罗布麻、骆驼刺、沙枣、红枣等均可采集到一定数量的蜂蜜和花粉。

四是由于交通不便，环境条件较差等，很多分布在山区等地的野生蜜粉源植物没能充分利用。

（10）昌吉回族自治州蜜粉源植物分布情况

①基本概况

昌吉回族自治州地处新疆维吾尔自治区北部，天山北麓，准噶尔盆地东南缘，中部由乌鲁木齐市米东区和五家渠市将州境分为东、西两部分，位于东经85°34′～91°32′，北纬43°06′～45°20′。东邻哈密市，西接石河子市，南与乌鲁木齐市、吐鲁番市、巴音郭楞蒙古自治州毗连，北与塔城、阿勒泰地区相连，东北与蒙古国接壤，边境线长227.3千米。辖昌吉市、阜康市、呼图壁县、玛纳斯县、奇台县、吉木萨尔县、木垒哈萨克自治县2市5县（自治区）。全州人口160万人，面积73 900平方千米。东西长541千米，南北宽285千米，地势南高北低，由东南向西北倾斜，南部是富庶的天山山地，中部为广袤的绿洲平原，北部为沙漠盆地，东部为将军戈壁、北塔山。属温带大陆性干旱气候，具有冬季寒冷，夏季炎热、昼夜温差大的特点。由于受地形条件的影响，由南向北气候差异较大，南部地区夏季降水较多，北部地区降水稀少。年日照时数为2 700小时，≥10℃积温为3 450℃，年平均气温6～7℃，1月平均气温为−15.6℃，7月平均气温为24.5℃；年均降水量170～200毫米，年均蒸发量1 988.5毫米。年无霜期150～180天。光照强，昼夜温差大，非常适于西瓜、棉花、粮食及糖料、油料、水果作物的生产。全州草场面积6 880万亩；常年播种面积450多万亩；森林面积575.7万亩，森林覆盖率4.1%。农牧业以种植业、林果业、畜牧业、渔业为主。种植业以小麦、玉米、棉花、西瓜及糖料、油料和蔬菜作物等为主；林果业以杏、苹果、桃、李、枣和葡萄等为主；畜牧业以羊、牛、马、猪和骆驼养殖，牛奶、禽蛋生产为主；渔业以水产养殖为主。

昌吉回族自治州养蜂业始于20世纪50年代，改革开放后发展较快，全州现有蜂群6.36万余群。以定地和小转地饲养为主。部分蜂群就地越冬；部分蜂群11月中旬去吐鲁番市越冬。就地越冬蜂群，翌年2月中旬去吐鲁番市高昌区排泄、繁殖；4月上旬前往莎车县、阿克苏市、库尔勒市等地参与林果授粉；5月底回当地采沙枣、油菜蜜粉；6月采南瓜、打瓜蜜粉并授粉。7月中旬上山采山花蜜粉或就地采向日葵蜜粉并授粉。8月下旬就地采荞麦或向日葵蜜粉。

②蜜粉源植物种类

主要蜜粉源植物：向日葵、南瓜、天山蓟、棉花、油菜、玉米、榆、杨、柳、沙枣、宽刺蔷薇、白皮锦鸡儿、阿尔泰山楂、蒲公英、党参、紫苜蓿、短柄野芝麻、黄花草木樨、白车轴草、翼蓟、百里香、牛至、密花香薷、蓍、林荫千里光、草地老鹳草和新疆鼠尾草等。

辅助蜜粉源植物：杏、辽宁山楂、天山桦、白花泡桐、沙棘、腺齿蔷薇、疏花蔷薇、刺叶锦鸡儿、马尾松、樟子松、雪岭云杉、天山桦、垂枝桦、异果小檗、柽柳、梭梭、芳香新塔花、芍药、草莓、夏至草、蓝刺头、新疆大蒜芥、无毛大蒜芥、薤蒉、打瓜、荆芥、牛蒡、骆驼刺、柳兰、大蓟、土木香、草原糙苏、块根糙苏、苦苣菜、苣荬菜、准噶尔铁线莲、骆驼刺、北方拉拉藤、多伞阿魏、准噶尔阿魏、骆驼蓬、芨芨草、啤酒花、贝母、红花、豌豆、番茄、水稻、西瓜、甜瓜以及蔬菜和各类野花等。

③蜜粉源植物特点

一是农区春、夏季蜜粉源丰富。栽培的杏、沙枣、杨、榆、天山桦、葡萄、棉花、油菜、向日葵、打瓜、南瓜、玉米、红花、豌豆及花卉和蔬菜，野生的胡杨、梭梭、沙棘、锦鸡儿、蒲公英、大蒜芥、薤蒉、群心菜和蚓果芥等蜜粉源植物，都具有春、夏季开花，花期长，蜜粉十分丰富的特点，为春季繁蜂和夏季采蜜提供了蜜粉源保障。

二是山区野生蜜粉源丰富。昌吉回族自治州位于天山北坡，自然环境较好，有着丰富的野生植物资源，特别是南部的天山山区和山区缓冲部位的丘陵区域，生长着多种优良野生蜜粉源植物，目前，还未充分开发利用。

三是天山山区远离工矿企业和居民区，可生产有机、绿色蜂产品。

（11）博尔塔拉蒙古自治州蜜粉源植物分布情况

①基本概况

博尔塔拉蒙古自治州，简称博州，位于新疆维吾尔自治区西北部，地理位置处于东经

79°53′—83°53′，北纬44°02′—45°23′。东部与塔城地区相连，南部与伊犁哈萨克自治州毗邻，西北部与哈萨克斯坦接壤，边界长达380千米，有"中国西部第一门户"之称。辖博乐市、阿拉山口市、精河市、温泉县2市2县。全州人口50万人，面积27 200平方千米。自治州地形为西、北、南三面环山，北部是阿拉套山，南部是博罗科努山和科古尔琴山，呈簸箕状，地势南北高、中间低，自西向东倾斜，海拔自西向东逐步降低，西部为2 300多米，东部为400~600米，山前为洪积平原、坡积平原，中部为冲积平原。博州属温带大陆性气候，日照时间长，昼夜温差大，年平均气温3.7~7.4℃，年均降水量170.8毫米，年均蒸发量1 562.4毫米。极端最高气温44℃，极端最低气温−36℃。≥10℃的积温3 137.9℃，年平均日照时数2 815.8小时，无霜期153~195天。耕地面积179.85万亩，草场面积2 436.3万亩，森林资源面积275.4万亩，宜农宜牧，宜林宜草。农牧业以种植业、畜牧业、渔业为主。种植业以棉花、枸杞、小麦、玉米、油葵、甜菜及各类瓜果等为主；畜牧业以羊、牛、马养殖，牛奶、禽蛋生产为主；渔业以水产养殖为主。

博州养蜂业始于20世纪60年代初，改革开放后养蜂业发展较快，现有蜂群7 400余群。为定地和小转地饲养，蜂群就地越冬。春季3—5月利用本地花草、林果蜜源繁殖；5月底至6月初部分蜂群前往精河县采枸杞蜜粉；一部分采打瓜、南瓜的蜜粉并授粉；6—7月采油菜、向日葵的蜜粉；7月一部分蜂群上山采山花蜜粉，9月下山准备越冬；一部分蜂群以棉花等作物为蜜源。该州饲养蜂种主要是意蜂。

②蜜粉源植物种类

主要蜜粉源植物：玉米、棉花、枸杞、向日葵、草原老鹳草、大叶橐吾、蒲公英、芳香新塔花、百里香、罗布麻、柳兰和益母草等。

辅助蜜粉源植物：紫苜蓿、沙枣、番茄、西瓜、亚麻、肉苁蓉、贝母、党参、当归、新疆元胡、草麻黄、紫草、勿忘草、甘草、青兰、草原糙苏、短柄野芝麻、瞿麦、阿尔泰金莲花、一枝黄花、蓝刺头、白车轴草、牛蒡、大果琉璃草、阿尔泰狗娃花、骆驼刺、驼蹄瓣、沙棘、榆、柽柳、梭梭、白皮锦鸡儿、柠条锦鸡儿和树锦鸡儿等。

③蜜粉源植物特点

一是分布利用上区域性比较明显。博州草原面积大，且大部分分布于海拔1 800~2 500米的中山草原带，生长着多种蜜粉源植物。如大叶橐吾、蒲公英、芳香新塔花、百里香、党参、当归、勿忘草、甘草、青兰、草原糙苏、短柄野芝麻、柳兰和益母草等蜜粉源，主要分布在温泉县和博乐市北部山区；向日葵、玉米、棉花、枸杞、紫苜蓿、沙枣、番茄、西瓜、亚麻等蜜粉源则主要分布在博乐市南部和精河县。

二是可生产特色蜂产品。种植和野生的蜜粉源植物具有分布面积大、数量多、比较集中的特点，且花期蜜粉丰富，可以生产特色蜂产品，如枸杞等。

三是博州山区远离工矿企业和居民区，蜂产品无污染、品质好，可生产有机、绿色蜂产品。

四是山区蜜粉源受气候条件的影响较大。当山区雨水充沛、气温适中、空气湿度大时，蜜粉源植物的生长发育好，蜜粉丰富；反之则泌蜜吐粉减少或停止泌蜜。另外，由于自然环境、交通等，很大一部分山区蜜粉源还未开发利用。

（12）塔城地区蜜粉源植物分布情况

①基本概况

塔城地区位于新疆维吾尔自治区的西北部，伊犁哈萨克自治州的中部，地处东经82°16′—87°21′，北纬43°25′—47°15′。东北与阿勒泰地区相邻，东部以玛纳斯河为界与昌吉回族自治州、石河子市相连，南以依连哈比尔尕山和博罗科努山为界与巴音郭楞蒙古自治州和伊犁哈萨克自治州直为邻，西南毗邻博尔塔拉蒙古自治州，西北部与哈萨克斯坦共和国接壤，边境线长480千米。辖塔城市、乌苏市、额敏县、沙湾县、托里县、裕民县、和布克赛尔蒙古自治县2市5县（自治县）。人口135万人，面积105 400平方千米。塔城地区南半部1市1县在天山北坡至准噶尔盆地南缘，北半部1市4县在准噶尔西部山地范围内。地势南北高，中间低，南部为天山北坡冲积平原，东部是古尔班通古特沙漠，北部是塔尔巴合台山区及塔额盆地，西部是巴尔鲁克山区。属于中温带干旱和半干旱气候区，春季升温快、冷暖波动大。年均气温5~7℃，年极端最高气温40℃，极端最低气温−40℃。年均降水量200~400毫米，年蒸发量1 600毫米。年均日照时数2 800~2 975小时，无霜期150~180天。耕地面积约700万亩，天然草场面积10 550万亩，森林资源面积275.4万亩，宜农宜牧，宜林宜草。农牧业以种植业、畜牧业、渔业为主。种植业以大麦、小麦、玉米、水稻、甜菜、棉花、油菜、黄豆、胡麻、红花、打瓜、苹果、葡萄及各类瓜果等为主；畜牧业以羊、牛、马、骆驼养殖，牛奶、禽蛋生产为主；渔业以水产养殖为主。

塔城地区是新疆维吾尔自治区的粮油基地之一，也是优质细毛羊养殖重点基地之一。该地区养蜂业起步晚，发展慢，20世纪80年代初只有400群，目前蜜蜂饲养量达1.05万余群，为定地和小转地饲养。蜂群就地室内越冬，也有前往吐鲁番市在室外越冬。春季3—5月利用本地花草、林果蜜源繁殖；在吐鲁番地区越冬蜂群，4月上旬前往阿克苏地区参与苹果授粉或是前往巴州的库尔勒市等地参与梨树授粉。5月中旬返回塔城地区利用沙枣、沙棘、矮扁桃等蜜粉源繁蜂。6—8月一部分蜂群采蔷薇等的蜜粉，9月下山准备越冬；一部分蜂群以打瓜、红花、向日葵、棉花等作为蜜源。

②蜜粉源植物种类

主要蜜粉源植物：玉米、油菜、榆、柳、杨、沙枣、蒲公英、打瓜、红花、棉花、紫苜蓿、党参、芳香新塔花、百里香、密花香薷、牛蒡、牛至、山地糙苏、大叶橐吾、柳兰、白花老鹳草和疏花蔷薇等。

辅助蜜粉源植物：胡麻、苹果、葡萄、贝母、肉苁蓉、甘草、向日葵、芍药、沼生蔊菜、补血草、欧亚矢车菊、突厥益母草、全缘叶青兰、欧洲菘蓝、披针叶黄华、棘豆、野豌豆、地榆、石生悬钩子、覆盆子、小叶柳叶菜、新疆忍冬、新疆鼠尾草、矮扁桃、阿尔泰金莲花、西伯利亚松、山楂、石生茶䕶子、新疆白藓、白刺、骆驼蓬、密刺蔷薇及瓜果和蔬菜等。

③蜜粉源植物特点

一是分布利用上区域性比较明显，如红花主要分布在额敏县周边地区，而棉花、油菜、玉米以乌苏市、沙湾县分布集中且利用较好。

二是可生产特色蜂产品。种植和野生的蜜粉源植物都具有面积大、数量多、比较集中的特点，且花期蜜粉丰富，可以生产特色蜂产品。

三是塔城地区山区蜜粉源植物丰富，可生产绿色蜂产品。

四是由于自然环境、交通等，很大一部分山区蜜粉源还未开发利用。

（13）伊犁哈萨克自治州蜜粉源植物分布情况

①基本概况

伊犁哈萨克自治州，位于新疆维吾尔自治区的西北部，地处东经80°9′42″—91°01′45″，北纬40°14′16″—49°10′45″。西北与哈萨克斯坦相接，北与俄罗斯接壤、东与蒙古国交界，南与阿克苏地区、巴音郭楞蒙古自治州、昌吉回族自治州、石河子市相连，西与博尔塔拉蒙古自治州为邻。辖塔城地区、阿勒泰地区，直辖伊宁、奎屯、霍尔果斯3市和伊宁、霍城、尼勒克、新源、巩留、特克斯、昭苏7县及察布查尔锡伯自治县（简称"察布查尔县"），伊犁哈萨克自治州人民政府驻伊宁市。

伊犁哈萨克自治州直属县市（简称"伊犁州直"），位于新疆维吾尔自治区西部，东面与巴音郭楞蒙古自治州相邻，南面与阿克苏地区相接，西部与哈萨克斯坦交界，北面与博尔塔拉蒙古自治州相连。2018年伊犁州直人口293.06万人，面积56 500平方千米。伊犁州直位于天山西部，三面环山，有科古琴山、博罗科努山、哈尔克塔乌山和那拉提山，其间有伊犁谷地、昭苏盆地等河谷盆地；伊犁河谷谷底呈三角形，地势东窄西宽，东高西低，由东向西倾斜，伊犁河两岸为洪积冲积平原。伊犁河谷属温带大陆性气候，年平均气温−0.2~9.1℃，年平均降水量200~300毫米，山区600毫米左右；年平均日照时数2 898.4小时，年均蒸发量1 200~2 300毫米，年均无霜期103~191天。耕地面积800余万亩，拥有天然草场5 100多万亩，森林资源面积1 097万亩，是新疆重要的农牧业生产基地。农牧业以种植业、畜牧业、渔业为主。种植业以小麦、玉米、水稻、甜菜、油菜、亚麻、胡麻、大麦、杏、桃、苹果、红枣、胡桃、葡萄、薰衣草及蔬菜、观赏植物、药材和各类瓜果作物等为主；畜牧业以伊犁马、羊、牛、黑蜂养殖、牛奶、禽蛋生产为主；渔业以冷水鱼等水产养殖为主。

据记载，伊犁州直是新疆养蜂最早的地区，有100多年的历史。改革开放后，伊犁州直蜂业飞跃发展，伊犁州将养蜂业作为特色产业加大扶持力度，成立了伊犁州蜂产业发展领导小组，办公室设在了伊犁州农业局。目前，伊犁州直蜜蜂饲养量达22.66万群。大部分为定地和小转地饲养，也有长途转地饲养的。山区蜂群特别是尼勒克、新源、巩留饲养的新疆黑蜂就地越冬、繁殖、采蜜；4—5月利用本地蒲公英等蜜粉源繁蜂；6—8月采山花。伊宁、霍城等平原地区蜂群就地越冬。3月底至5月利用本地花草、林果蜜源繁殖；6月部分蜂群到霍城、新源等地采薰衣草花蜜。7月部分蜂群上山采山花花蜜，10月下山准备越冬；部分蜂群在农区以油菜、葵花、南瓜等作物为蜜粉源。

②伊犁哈萨克自治州蜜粉源植物种类

主要蜜粉源植物：蒲公英、向日葵、林荫千里光、天山蓟、翼蓟、蓍、紫苜蓿、益母草、薄荷、薰衣草、直齿荆芥、牛至、百里香、草原糙苏、密花香薷、白车轴草、林地水苏、柳、榆、杨、杏、新疆野苹果、天山楂、党参、胡麻、玉米、油菜、荞麦和蓝花老鹳草等。

辅助蜜粉源植物：块茎香豌豆、广布野豌豆、短柄野芝麻、柳叶旋覆花、柳兰、黄花草木樨、白花草木樨、红车轴草、中天山黄耆、百脉根、野火球、新塔花、聚花风铃草、沙棘、沙枣、西伯利亚松、雪岭云杉、刺槐、天山花楸、异果小檗、无髭毛建草、全缘叶青兰、垂花青兰、羽叶枝子花、大花青兰、美丽沙穗、地榆、黑果悬钩子、阿尔泰山楂、樱桃李、欧洲李、水枸子、欧亚绣线菊、野草莓、亚洲薄荷、新疆鼠尾草、夏枯草、金露梅、野胡萝卜、群心菜、防风、独活、塔什克羊角芹、宽叶羊角芹、香雪球、二节荠、离子芥、高山离子芥、西伯利亚离子芥、裸花蜀葵、欧亚花葵、丝瓜、瓠子、狭叶红景天、天山囊吾、大叶囊吾、大蓟、大籽蒿、薄叶蓝刺头、飞廉、麻花头蓟、菊苣、苣荬菜、一枝黄花、暗苞风毛菊、新疆千里光、婆罗门参、矢车菊、厚叶翅膜菊、薄叶翅膜菊、火绒草、新源蒲公英、顶冰花、长叶碱毛茛、亚欧唐松草、块根芍药、阿尔泰独尾草、新疆黄精、红花疆罂粟、虞美人、伊贝母和伊犁郁金香等。

③伊犁州直蜜粉源植物特点

一是分布利用上区域性比较明显。如薰衣草主要分布在霍城县、伊宁市周边地区，油菜、紫苏等主要分布在昭苏县，而天山蓟、翼蓟、益母草、党参、直齿荆芥等野生蜜粉源则主要分布在伊宁县、尼勒克县、新源县、巩留县、特克斯县山区且利用较好。

二是可生产特色蜂产品。种植和野生的蜜粉源植物都具有面积大、数量多、比较集中的特点，且花期蜜粉丰富，可以采集特色蜂产品。伊犁州直是全国最大的天然香料薰衣草生产基地，被誉为"中国薰衣草之乡"，每年可生产一定数量的蜂蜜；此外，党参、益母草、蒲公英、天山蓟、直齿荆芥、林地水苏等也可生产一定数量的蜂蜜、花粉等蜂产品。

三是伊犁州直山区野生蜜粉源植物非常丰富，且主要分布在伊犁河上游海拔1 500～2 500米的中山逆温带区，生产的蜂产品无污染、品质好，可作为有机、绿色蜂产品。

四是伊犁州直山区逆温带的存在，非常有利于蜜粉源植物的生长，春、秋季蜜粉源丰富，为当地区蜂群的安全越冬和春季繁蜂提供了优越条件。

（14）阿勒泰地区蜜粉源植物分布情况

①基本概况

阿勒泰地区位于新疆北端，阿尔泰山南麓，准噶尔盆地北缘，地处东经85°31′73″—91°01′15″，北纬45°00′00″—49°10′46″。南与昌吉回族自治州、乌鲁木齐市相交，西南与塔城地区相接，内交北屯市，西北与哈萨克斯坦交界，北与俄罗斯相连，东与蒙古国接壤，边境线长1 205千米。辖阿勒泰市、布尔津县、富蕴县、福海县、哈巴河县、吉木乃县、青河县1市6县。2017年末，人口67.16万人，总面积

118 000平方千米。阿勒泰地区地势北高南地，向西倾斜。北部是阿尔泰山脉南坡，中部是冲积平原，南部是准噶尔盆地，西南部是古尔班通古特沙漠。属中温带大陆性气候，山地和平原气候差异较大。春季多风，夏季短、多雨，气温平和，秋季凉爽，冬季寒冷而漫长。最冷月为1月，平均气温－16℃；最热月为7月，平均气温21℃；平原年均气温3.5～4℃。年平均降水量130～250毫米，山地年均降水量400～700毫米。无霜期120～150天。阿勒泰地区山地占总面积的32%，丘陵河谷平原占22%，戈壁荒漠占46%。耕地面积279万亩，园地面积4万亩，森林面积2 341万亩。有四季草场1.4亿亩，是新疆畜牧业大区之一。农牧业以种植业、畜牧业、渔业为主。种植业以小麦、玉米、甜菜、油菜、向日葵、豌豆、大豆、葡萄、西瓜、甜瓜及蔬菜、药材和瓜果作物等为主；畜牧业以阿勒泰羊、青格里绒山羊、沙吾尔牛及马、骆驼、蜜蜂饲养，牛奶、禽蛋生产为主；渔业以冷水鱼等养殖为主。

阿勒泰地区养蜂业历史较长，1949年前就有哈萨克族牧民养蜂。改革开放后发展较快，现有蜂群45 700余群。以转地饲养为主，冬季大部分蜂群前往吐鲁番市越冬，这部分蜂群翌年2月中下旬至3月下旬在吐鲁番市繁殖，3月底前往莎车县、阿克苏市、库尔勒市为扁桃、苹果、梨等林果授粉，5月底返回阿勒泰地区，为当地向日葵、南瓜、打瓜等农作物授粉，7月上山采集山区杂花蜜；部分蜂群前往云南、四川等地越冬，翌年3月底至4月底回新疆，回来早的可前往莎车等地参与林果授粉，回来较晚的直接回阿勒泰地区，可参与当地农作物授粉和采集沙枣、铃铛刺、苦豆子、甘草、杨、柳、红柳等的蜜粉。阿勒泰地区的阿勒泰市、福海县、布尔津县、哈巴河县等地向日葵、南瓜、打瓜等蜜蜂专项授粉面积达20万亩。阿勒泰地区的气候、蜜粉源植物、人文等优越条件，非常适合规模化健康高效蜂群饲养，也适宜生产高浓度蜂蜜和巢蜜。蜂种主要有意蜂、喀尔巴阡蜂、新疆黑蜂。

②蜜粉源植物种类

主要蜜粉源植物：向日葵、蒲公英、一枝黄花、短柄野芝麻、草地老鹳草、芳香新塔花、柳兰、翼蓟、紫苜蓿、沙枣、南瓜、玉米、甘草、打瓜、高山蓼、铃铛刺、苦豆子、罗布麻、榆、柳和额河杨等。

辅助蜜粉源植物：弯花蔷薇、疏齿蔷薇、密刺蔷薇、水栒子、覆盆子、石生悬钩子、高山地榆、金丝桃叶绣线菊、阿尔泰山楂、辽宁山楂、新疆花楸、阿尔泰蓟、翼蓟、大蓟、薄叶蓟、草麻黄、顶羽菊、柳叶旋覆花、阿勒泰橐吾、大叶橐吾、黄花蒿、牛蒡、蓍、白茎蓝刺头、阿尔泰狗娃花、新疆风毛菊、飞蓬、阿尔泰多榔菊、花花柴、百里香、牛至、新塔花、新疆鼠尾草、高山黄耆、天蓝苜蓿、黄花草木樨、野苜蓿、百脉根、野火球、草莓车轴草、红车轴草、广布野豌豆、森林当归、下延叶古当归、新疆阿魏、野胡萝卜、茴香、防风、新疆白藓、欧洲山杨、新疆落叶松、樟子松、新疆云杉、戟叶鹅绒藤、打瓜、垂枝桦、小叶桦、新疆忍冬、水蓼、阿尔泰大黄、酸模、沙拐枣、梭梭、柽柳、全缘铁线莲、党参、二色补血草、贝母和新疆百合等。

③蜜粉源植物特点

一是分布利用上区域性比较明显。如紫苜蓿、向日葵、铃铛刺、罗布麻、打瓜、南瓜主要分布在阿勒泰市、布尔津县、福海县、哈巴河县、富蕴县、青河县的中部河谷平原地区；野生蜜粉源则主要分布在北部山区。

二是阿勒泰地区南部植被稀少，中部以栽培蜜源植物为主，北部阿尔泰山南坡的额尔齐斯河、乌伦古河两岸及上游海拔1 500～2 500米的山区，森林茂密，植被良好，野生蜜粉源植物非常丰富。

三是物候区的差异性。本区南部为沙漠戈壁、中部为平原绿洲，北部为山区，地形复杂，相对温差较大，温度受纬度与海拔的影响，差异悬殊，小气候特征明显。

四是可生产特色蜂产品。种植和野生的蜜粉源植物都具有面积大、数量多、比较集中的特点，且花期蜜粉丰富，可以采集特色蜂产品。如紫苜蓿、铃铛刺等均可生产一定数量的蜂蜜、花粉等蜂产品。山区蜜粉源还具有无污染、品质好的特点，可生产绿色蜂产品。

(15) 石河子市蜜粉源植物分布情况

①基本概况

石河子市是新疆维吾尔自治区直辖县级行政单位，实行"师市合一"的管理体制，是新疆生产建设兵团第八师师部所在地。地处新疆维吾尔自治区北部居中，玛纳斯河中游冲积平原，准噶尔盆地南缘，位于东经84°45′—86°40′，北纬43°20′—45°20′。东部紧邻昌吉回族自治州玛纳斯县，其余三面与塔城地区沙湾县相连。面积460平方千米。石河子属温带大陆性气候，地势平坦，海拔高度420～520米。冬季长而严寒，夏季短而炎热，年平均气温在6.5～7.2℃，年降水量为125.0～207.7毫米。日照充足，年日照时数为2 721～2 818小时，≥10℃的积温3 570～3 729℃。年均无霜期168～171天。耕地面积367万亩，园地14.8万亩，林地35.7万亩，草地104万亩。垦区生物资源比较丰富，发展农林牧条件较好。农牧业以种植业、林果业、畜牧业、渔业为主。种植业以小麦、棉花、向日葵、玉米、甜菜、油菜、大豆、葡萄、西瓜、甜瓜及蔬菜、药材作物等为主；林果业以红枣、桃、苹果等经济林和杨、沙枣、榆、天山楂等用材林为主；畜牧业以牛、羊、猪饲养，牛奶、禽蛋生产为主；渔业以水产养殖为主。

该市素以"戈壁明珠"的美誉著称于世。野生牧草有567种，其中药用植物有草麻黄、益母草、薄荷、荆芥、防风、甘草、枸杞、柴胡等140种。该市所辖垦区饲养蜜蜂81 600余群，为定地和小转地饲养。部分蜂群就地越冬；部分蜂群11月中旬在吐鲁番市越冬。就地越冬蜂群，翌年2月中旬到吐鲁番排泄、繁殖，有些蜂群排泄后返回本地繁殖。其他蜂群4月上旬前往阿克苏地区或巴音郭楞蒙古自治州参与苹果、梨树授粉；5月中旬返回本地利用当地蜜源继续繁蜂；6月部分蜂群赴乌苏市、玛纳斯县、沙湾县采油菜花蜜；部分蜂群采红枣、南瓜花蜜并授粉；7月采向日葵花蜜；部分蜂群上山采山花花蜜；8月采向日葵和棉花花蜜，或赴乌苏市、玛纳斯县、沙湾县等地采荞麦花蜜。

② 蜜粉源植物种类

主要蜜粉源植物：棉花、玉米、向日葵、南瓜、杨、沙枣、红枣、榆、柳、打瓜、紫苜蓿、蒲公英、黄花草木樨、白车轴草、刺儿草和驴食草等。

辅助蜜粉源植物：桃、杏、李、葡萄、沙地旋覆花、碱菀、白花泡桐、刺槐、紫穗槐、天山楂、草麻黄、甘草、弯花黄耆、薄荷、异翅独尾草、簇花芹、防风、车前、益母草、肉苁蓉、荆芥、柴胡、枸杞、蒺藜、群心菜、播娘蒿、蚓果芥、离子芥、大蒜芥、瓠子、丝瓜、粉苞菊、荠菜、锦鸡儿、驼蹄瓣、扁豆、酸模、甘青铁线莲、梭梭、柽柳、胡杨及蔬菜、瓜果类作物等。

③ 蜜粉源植物特点

一是垦区春、夏季蜜粉源丰富。种植的农作物和栽培的林木、花卉、蔬菜以及野生的林木、花草等蜜粉源植物，都具有春、夏、秋季开花，花期长，蜜粉十分丰富的特点，为春季繁蜂和夏、秋季采蜜提供了蜜粉源保障。

二是野生蜜粉源植物种类虽较多，但分布较散。

(16) 阿拉尔市蜜粉源植物分布情况

① 基本概况

阿拉尔市为新疆维吾尔自治区直辖的县级市，实行"师市合一"的管理体制，是新疆生产建设兵团第一师师部所在地。地处新疆维吾尔自治区西南部，天山中端南麓，塔克拉玛干沙漠北缘，阿克苏河与和田河、叶尔羌三河交汇之处的塔里木河上游，位于东经80°30′—81°58′，北纬40°22′—40°57′。东邻沙雅县，西依阿瓦提县，南、北靠阿克苏市，东北接新和县。2016年末人口32.68万人，总面积6 256平方千米。阿拉尔市属塔里木河冲积细土平原，地势由西北向东南倾斜。属暖温带极端大陆性干旱荒漠气候，年均气温10.7℃，极端最高气温35℃，极端最低气温−28℃。垦区雨量稀少，冬季少雪，日照时间长，年均日照时数2 556.3～2 991.8小时，≥10℃积温4 113℃，年均降水量40.1～82.5毫米，年均蒸发量1 876.6～2 558.9毫米，无霜期220天。阿拉尔市水土资源充沛，现有耕地205.5万亩，林地60.9万亩，水域127.5万亩，草场41.55万亩。农牧业以种植业、林果业、畜牧业、渔业为主。种植业以棉花、水稻、小麦、向日葵、玉米、甜菜、葡萄、西瓜、甜瓜及蔬菜和药材作物等为主；林果业以红枣、苹果、梨、杏、桃、胡桃等经济林和杨、沙枣、榆、胡杨、白花泡桐、天山楂等用材林为主；畜牧业以牛、羊、猪、马、鹿饲养，牛奶、禽蛋生产为主；渔业以水产养殖为主。

该市水土光热资源丰富，适宜粮、棉、果、蔬、畜、禽等特色产品生产，已逐渐成为农副产品转化增值的示范基地。中长绒棉出口占全国棉花出口总量的65%，成为全国重要的细绒棉和最大的长绒棉生产基地。是中国人均绿地第一的绿色生态旅游城市。该市所辖垦区饲养蜜蜂13 000余群，为定地和小转地饲养，蜂群就地越冬。春季3—4月利用本地花草、林果蜜粉源繁殖；4月上旬参与本地的苹果授粉并采蜜；6月参与本地红枣授粉并采蜜或前往拜城采油菜花蜜；7月采罗布麻花蜜；8月本地采棉花花蜜。

② 蜜粉源植物种类

主要蜜粉源植物：玉米、棉花、向日葵、红枣、沙枣、罗布麻、大叶白麻、骆驼刺、甘草、草木樨、胡杨和杨等。

辅助蜜粉源植物：苹果、梨、柳、栾叶槭、胡桃、葡萄、石榴、桑、油桃、蒲公英、柽柳、梭梭、沙棘、刺山柑、铃铛刺、乳苣、紫苜蓿、肉苁蓉、车前、芨芨草、野西瓜苗和苦豆子等。

③ 蜜粉源植物特点

一是垦区春、夏季蜜粉源丰富。种植的农作物和栽培的林木、观赏植物、蔬菜以及野生的林木、花草等蜜粉源植物，都具有春、夏、秋季开花，花期长，蜜粉十分丰富的特点，为春季繁蜂和夏、秋季采蜜提供了蜜粉源保障。特别是棉花种植面积大，开花时间长，泌蜜丰富，每年夏、秋季喀什、和田地区的大批蜂群来此采蜜。

二是可生产特色、绿色蜂产品。罗布麻等大宗野生蜜粉源植物，远离工矿企业和居民区，蜂产品无污染、品质好，可生产特色、绿色蜂产品。

(17) 图木舒克市蜜粉源植物分布情况

① 基本概况

图木舒克是新疆维吾尔自治区直辖县级市，实行"师市合一"的管理体制，是新疆生产建设兵团第三师师部所在地。地处新疆维吾尔自治区西南部，塔里木盆地西北边缘，天山西段南麓，塔克拉玛干沙漠边缘，叶尔羌河下游冲积平原上，四周与喀什地区巴楚县相连。地理坐标位于东经78°38′—79°50′，北纬39°36′—40°04′。2017年图木舒克市总人口17万人，面积2 000平方千米。地势由西北向东南微微倾斜，地貌特征表现为平原、沙丘等。属温带干旱荒漠气候，光热资源丰富，日照时间长，干燥少雨，昼夜温差大，年平均气温11.6℃。最热月为7月，平均气温25～26.7℃；最冷月为1月，平均气温−7.3～−6.6℃；年降水量38.3毫米，年均蒸发量2 030.8毫米。年平均无霜期212～225天。图木舒克市水土资源丰富，现有耕地110万亩，林地及草场120万亩。农牧业以种植业、林果业、畜牧业、渔业为主。种植业以棉花、水稻、小麦、向日葵、玉米、葡萄、西瓜、甜瓜及蔬菜作物等为主；林果业以红枣、苹果、梨、杏、桃、胡桃和新疆杨等栽培为主；畜牧业以牛、羊、猪饲养，牛奶、禽蛋生产为主；渔业以水产养殖为主。

该市市域大漠、山脉、原始胡杨林浓缩了西域自然风光，也是刀郎文化的发源地之一。这里水、土、光、热资源丰富，适宜棉花、粮食、水果等多种农作物生长，是国家批准的优质商品棉基地。生长有丰富的原始胡杨林、柽柳、新疆杨、甘草、罗布麻、苦豆子、野西瓜苗等120万亩。该市所辖垦区饲养蜜蜂10 000余群，为定地和小转地饲养。蜂群就地越冬，翌年春季利用本地蜜粉源繁殖。3月下旬部分蜂群前往莎车县参与扁桃授粉，部分参与本地林果等农作物授粉；5月在本地采沙枣、洋槐等的花蜜；6月在本地采甘草、红枣花蜜或前往拜城采油菜花蜜；6月下旬至7月底在本地采罗布麻和向日葵花蜜；7月下旬在本地采棉花和向日葵花蜜。

② 蜜粉源植物种类

主要蜜粉源植物：棉花、玉米、向日葵、骆驼刺、罗布麻、胡杨和新疆杨等。

辅助蜜粉源植物：梭梭、柽柳、乳苣、苦豆子、野西瓜苗、甘草、肉苁蓉、柳和蒲公英等。

③ 蜜粉源植物特点

一是垦区春、夏季蜜粉源丰富。种植的农作物和栽培的林木、观赏植物、蔬菜以及野生的林木、花草等蜜粉源植物，都具有春、夏、秋季开花，花期长，蜜粉十分丰富的特点，为春季繁蜂和夏、秋季采蜜提供了蜜粉源保障。这里是长绒棉种植区之一，开花时间长，泌蜜丰富，每年夏、秋季的喀什、和田地区大批蜂群前来采蜜。

二是可生产特色、绿色蜂产品。罗布麻等大宗野生蜜粉源植物，远离工矿区和居民区，蜂产品无污染、品质好，可作为特色、绿色蜂产品。

(18) 五家渠市蜜粉源植物分布情况

① 基本概况

五家渠市为新疆维吾尔自治区直辖的县级市，实行"师市合一"的体制管理，是新疆生产建设兵团第六师师部所在地。地处新疆维吾尔自治区北部居中，天山博格达峰西北麓，准噶尔盆地东南缘。东与乌鲁木齐市米东区相邻，南与乌鲁木齐市新市区相接，西北与昌吉市相连。2015年总人口12.56万人，面积742平方千米。五家渠为冲积洪积平原和北部沙漠地貌，地势平坦，南高北低。海拔420～530米。属中温带大陆性气候，昼夜温差大，冬季干燥而寒冷；夏季干燥而酷热。年均气温6～7℃，1月平均气温－17.5℃，7月平均气温24.6℃。日照时间长，年均日照时数为2 800～3 000小时。年平均降水量为190毫米。无霜期158天。垦区现有耕地面积258万亩，草场549万亩，林地30万亩。农牧业以种植业、林果业、畜牧业、渔业为主。五家渠周边团场以生产水稻、玉米、甜瓜、西瓜为主，尤以103团哈密瓜驰名疆内外，被誉为"中国甜瓜之乡"；西部以芳新垦区为中心的棉花经济区，年产棉量位居全国农垦企业第一；东部以奇台垦区为中心的粮草畜经济区，年产粮位居兵团第一。种植业以小麦、棉花、水稻、向日葵、玉米、西瓜、甜瓜、油菜及蔬菜和观赏植物等为主；林果业以红枣、桃、苹果等经济林和杨、沙枣、柳树、榆树、暴马丁香、白花泡桐、新疆忍冬、天山桦等用材林及景观林为主；畜牧业以牛、羊、猪饲养，牛奶、禽蛋生产为主；渔业以水产养殖为主。

该市处于天山北坡经济腹心地带，也是从乌鲁木齐市通往古尔班通古特沙漠最近的绿色通道。曾荣获"全国休闲农业与乡村旅游示范县"称号。境内野生药用植物主要有枸杞、沙棘、甘草和肉苁蓉等上百种。该市所辖垦区饲养蜜蜂10 000余群，以定地饲养为主。

② 蜜粉源植物种类

主要蜜粉源植物：棉花、向日葵、南瓜、油菜、牛至、玉米、锦鸡儿、紫苜蓿、沙枣、榆、杨、柳、弯花蔷薇、苦豆子和蒲公英等。

辅助蜜粉源植物：杏、辽宁山楂、刺叶锦鸡儿、疏齿蔷薇、白车轴草、翼蓟、暴马丁香、白花泡桐、新疆忍冬、天山桦、胡杨、梭梭、柽柳、豌豆、黄花草木樨、驴食草、芳香新塔花、准噶尔铁线莲、骆驼刺、北方拉拉藤、阿魏、骆驼蓬、芨芨草、新疆鼠尾草、串珠老鹳草、啤酒花、郁金香、新疆大蒜芥、薪蓂、大蓟、水蜡树、蒙古韭、肉苁蓉、甘草、大翅蛇蹄瓣、打瓜、莲、番茄、红花、水稻以及蔬菜作物等。

③ 蜜粉源植物特点

一是蜜粉源植物分布利用上区域性比较明显。垦区盛产小麦、玉米、棉花、南瓜及蔬菜、瓜果等。西部芳新垦区以棉花、沙枣、向日葵蜜粉源为主；中部以蔬菜、瓜果蜜粉源为主；东部奇台垦区以向日葵、油菜、南瓜、红花和各类野花蜜粉源为主。

二是垦区春、夏季蜜粉源丰富。种植的农作物和栽培的林木、观赏植物、蔬菜以及野生的林木、花草等蜜粉源植物都具有春、夏、秋季开花，花期长，蜜粉十分丰富的特点，为春季繁蜂和夏、秋季采蜜提供了蜜粉源保障。每年夏、秋季吐鲁番市的大批蜂群来此采蜜。

三是固定月份有大面积观赏植物开花。如五家渠市4月下旬至5月中旬有大面积的郁金香开花泌蜜。

2 新疆境内主要放蜂路线

放蜂路线是转地放蜂的战略举措，制定放蜂路线要以蜜粉源植物分布和授粉需求为前提，以繁殖强群蜜蜂为重点，以增加经济效益为目的。就新疆蜜粉源植物分布和授粉需求，多采用定地加小转地放蜂。新疆区内蜂群虽然不会转移到其他地区，但繁殖及采蜜花期相对集中，在区内通常流动性很大。受气候与种植结构的影响，在新疆会出现蜂群大量聚集分布的情形。

(1) 蜂群密集地及时期

根据多年饲养的习惯，目前新疆本地蜂群已形成固定的几个密集聚集的区域及时期。

① 春季吐鲁番繁殖期

吐鲁番市与北疆其他地区相比冬季气温相对较高，气候干燥，在此越冬的蜂群越冬期发病的概率低，饲料消耗相对较少，安全越冬相对容易，而且吐鲁番市开春早、气温回升快，有利于蜂群提早开始春季繁殖，所以长期以来已形成了北疆地区（除伊犁州直外）大量蜂群在吐鲁番市越冬的传统，即使一些蜂群不在吐鲁番市越冬，也会在翌年的2月初北疆地区气温还较低的情况下，将蜂群转到吐鲁番市提早进行春繁，这样春繁开始能比北疆其他地区提早45～60天。

② 以油菜为蜜粉源的采蜜、繁殖期

新疆是全国少数春播油菜区之一。油菜既是一种重要的油料作物，又是新疆春末夏初主要蜜粉源植物，作为大宗作物栽培蜜源，近几年其种植面积有所减少。

每年5—6月，新疆三个较大的油菜种植区会积聚大量的蜂群。一是伊犁州的昭苏县，当地的水、土、光、热条件较好，是适宜油菜种植的几个地区之一，油菜种植较为集中。目前，昭苏县（包括周边团场）每年油菜面积接近100万亩，每年前往该地采蜜的蜂群超过25万群以上。二是塔城、额敏、裕民地区，油菜栽培面积也在20万亩左右，每年前往该地采蜜的蜂群也有将近20万群，而且此处由其他省份转地来疆的蜂群聚集较多。三是南疆的拜城县，年栽培油菜也达7万亩，油菜花期也是春季蜂群的聚居区。

③ 棉花流蜜期

新疆大部分地区的棉花均在7—9月开花，花期约2个月，其中泌蜜期为7月中旬至8月下旬，泌蜜盛期35天左右。目前棉花采蜜期主要集中地为南疆地区及兵团石河子垦区所属团场和五家渠垦区个别团场。近几年，石河子垦区团场棉花种植面积都在200万亩左右，采蜜期聚集蜂群20万群左右，可产蜂蜜5 000～6 000吨。

(2) 各区域放蜂路线

① 吐鲁番市

蜂群可就地室外越冬。春季2月底至3月利用榆、桦叶槭、天山槭、杏、杨、柳等开花期就地繁殖；3月下旬可前往莎车县参与扁桃授粉；4月上旬赶往阿克苏市参与苹果授粉；5月上旬返回吐鲁番采沙枣花蜜；5月下旬赴乌鲁木齐南山和呼图壁县、昌吉市、五家渠市、阜康市等地采集沙枣及山花花蜜，或到农区参与向日葵、南瓜等作物授粉并采蜜；9月返回吐鲁番市采集骆驼刺。

② 巴音郭楞蒙古自治州

蜂群就地越冬。春季3—4月利用本地花草、林果蜜粉源繁殖；4月中旬参与库尔勒市、铁门关市、尉犁县梨授粉；5月在若羌县、尉犁县、库尔勒市等地参与红枣授粉和采集红枣蜜；6月前往焉耆、和硕、博湖、和静等地参与南瓜、打瓜、向日葵授粉并采蜜；7月部分蜂群上山采山花蜜，部分蜂群到野云沟等地采骆驼刺蜜，一部分蜂群前往博湖、和静参与向日葵制种授粉；7月下旬至8月底前往轮台、若羌、尉犁等农区采棉花蜜。

③ 阿克苏地区

蜂群就地越冬。春季3—4月利用本地花草、林果蜜源繁殖；4月上旬参与阿克苏市、温宿县等地的苹果授粉并采蜜；5月参与本地红枣授粉并采蜜；6月前往拜城采油菜蜜；7月前往沙雅等地采罗布麻蜜。8月回阿瓦提、阿拉尔等地采棉花蜜。

④喀什地区

蜂群就地越冬。春季3—4月利用本地花草、林果蜜源繁殖；3月下旬至4月上旬参与莎车、疏勒、疏附、喀什等地扁桃授粉；4月上旬部分蜂群参与泽普、喀什等地苹果授粉；5月在本地采沙枣、红枣、刺槐蜜；6月前往拜城采油菜蜜；7月部分蜂群上山采山区油菜蜜；部分前往图木舒克、巴楚等地采向日葵蜜；7月下旬回本地或在阿瓦提、阿拉尔、图木舒克采棉花和向日葵蜜。

⑤和田地区

蜂群就地越冬。春季3—4月利用本地花草、林果蜜源繁殖；3月下旬至4月上旬参与莎车等地扁桃授粉；4月上旬可前往阿克苏参与苹果授粉；5月返回和田地区参与红枣授粉和采红枣、沙枣、石榴及瓜类的花蜜；6月采油菜、苜蓿、红柳、铃铛刺和胡麻等的花蜜；7—8月部分蜂群在本地采大叶白麻、棉花蜜，部分蜂群可前往阿拉尔等地采棉花蜜。

⑥伊犁州直

山区蜂群特别是尼勒克、新源、巩留饲养的新疆黑蜂必须就地越冬、繁殖、采蜜，不得转地放蜂。4—5月利用本地蒲公英等山花蜜粉源繁蜂；6—8月采山花蜜。伊宁、霍城等平原地区蜂群就地越冬。3月底至5月利用本地花草、林果蜜源繁殖；6月部分蜂群到霍城、新源等地采薰衣草蜜；7月部分蜂群前往昭苏等地采油菜蜜；部分蜂群上山采山花蜜；10月下山准备越冬，部分蜂群在农区采油菜、向日葵、南瓜等作物的花蜜。

⑦博尔塔拉蒙古自治州

蜂群就地越冬。春季3—5月利用本地花草、林果蜜源繁殖；5月底至6月初部分蜂群前往精河县采枸杞蜜；部分采打瓜、南瓜蜜并授粉；6—7月采油菜、向日葵蜜；7月部分蜂群上山采山花蜜，9月下山准备越冬，部分蜂群以棉花等作物为蜜源。

⑧塔城地区

蜂群可就地室内越冬，也可前往吐鲁番市室外越冬。春季3—5月利用本地花草、林果蜜源繁殖；在吐鲁番市越冬蜂群，4月上旬可前往阿克苏地区参与苹果授粉或前往库尔勒市等地参与梨授粉。5月中旬返回塔城地区利用沙枣、沙棘等山花蜜粉源繁蜂；6—8月部分蜂群采山花蜜，9月下山准备越冬，部分蜂群以打瓜、南瓜、红花、向日葵等作物为蜜源。

⑨阿勒泰地区

山区蜂群特别是布尔津饲养的新疆黑蜂必须就地越冬、繁殖、采蜜，不得转地放蜂。其他蜂群可就地室内越冬，也可前往吐鲁番市的高昌区、托克逊县室外越冬。春季3—5月利用本地花草、林果蜜源繁殖；在吐鲁番市越冬蜂群，4月上旬可前往阿克苏地区参与苹果授粉或前往库尔勒市等地参与梨授粉；5月中旬返回阿勒泰地区利用沙枣、蒲公英、苣荬菜等蜜粉源繁蜂；5月下旬至6月底可采铃铛刺、戟叶鹅绒藤、苦豆子；7—8月部分蜂群上山采山花蜜；9月下山准备越冬，部分蜂群采罗布麻蜜，部分蜂群采打瓜、南瓜、向日葵蜜并授粉。

⑩石河子市、奎屯市

部分蜂群就地越冬；部分蜂群11月中旬去吐鲁番市越冬。就地越冬蜂群，翌年2月中旬到吐鲁番排泄、繁殖，有些蜂群排泄后及时返回本地繁殖。其他蜂群4月上旬可前往阿克苏地区参与苹果授粉或前往库尔勒市等地参与梨授粉；5月中旬返回石河子、奎屯利用当地蜜源继续繁殖；6月部分蜂群赴玛纳斯、沙湾、乌苏采油菜蜜，部分蜂群采红枣、南瓜蜜并授粉；7月采向日葵蜜，部分蜂群上山采山花蜜；8月采向日葵和棉花蜜，或赴乌苏、沙湾、玛纳斯等地采荞麦蜜。

⑪昌吉回族自治州

昌吉市、呼图壁县：部分蜂群就地越冬，部分蜂群11月中旬去吐鲁番越冬。就地越冬蜂群，翌年2月中旬到吐鲁番市高昌区排泄、繁殖；4月上旬可前往阿克苏地区参与苹果授粉或前往库尔勒市等地参与梨授粉；5月中旬回昌吉、呼图壁、五家渠采油菜蜜；6月采南瓜、打瓜蜜并授粉；7月中旬上山采山花蜜或就地采向日葵蜜并授粉；8月下旬就地采向日葵蜜。

奇台县、吉木萨尔县：部分蜂群就地越冬，部分蜂群11月中旬到吐鲁番越冬。就地越冬蜂群，翌年2月中旬去吐鲁番市高昌区排泄、繁殖；4月上旬可前往阿克苏地区参与苹果授粉或前往库尔勒市等地参与梨授粉；5月中旬赴吉木萨尔采油菜蜜；6月下旬赴奇台采南瓜、油菜蜜并授粉；7月中旬上山采山花蜜或就地采向日葵蜜；8月下旬就地采荞麦或向日葵蜜。

⑫哈密市

巴里坤县蜂群可前往伊州区室外越冬。春季2月底至3月利用柳、杨、榆、杏、梣叶槭和天山梣等蜜粉源就地繁殖；4月上旬参与伊州区苹果授粉；5月上旬在伊州区采沙枣蜜；5月下旬参与红枣授粉并采蜜；6月巴里坤县蜂群可返回本地参与南瓜、油菜、苜蓿授粉并采蜜；7月中旬上山采山花蜜或就地采向日葵蜜；8月下旬就地采荞麦或向日葵蜜。

新疆主要
蜜源植物

（一）新疆春夏季主要蜜源植物

● **尖果沙枣** *ELaeagnus oxycarpa* Schlechtend.

新疆蜜粉源植物与图谱

别　　名 ｜ 沙枣、黄果沙枣、小果沙枣

科　　属 ｜ 胡颓子科胡颓子属

形态特征 ｜ 落叶乔木。高5～13米，树干分叉弯曲，枝条稠密，具枝刺。叶纸质，单叶互生，椭圆状披针形至线状披针形，长3～7厘米，宽0.6～1.8厘米，先端尖或钝，基部楔形，两面被银白色鳞片，背面较密，呈银白色。叶柄纤细，长6～10毫米，上面有浅沟。花两性，花冠钟形，黄色，芳香，雄蕊4枚，花丝淡白色，花药长椭圆形，花柱圆柱形，上部扭曲，具蜜腺，基部为筒状花盘包围，花常1～3朵簇生于小枝叶腋。果实矩圆形或近圆形，熟时黄色或红色，果肉粉质。

生境分布 ｜ 生于海拔300～1 000米的荒坡、沙漠潮湿地方和田边，具有耐风沙、耐严寒、耐干旱、耐盐碱的特点。在塔里木盆地、准噶尔盆地、吐鲁番盆地边缘有零散天然分布。新疆各地均有栽培，以阿克苏、喀什、和田、石河子、沙湾、奎屯、乌苏、北屯等地较为集中，南疆尤多。新疆各地农村、农场的农田林带、绿洲平原的荒地、沙漠边缘和村宅旁、路渠边广为栽培。

养蜂价值 ｜ 沙枣定植后4～5年开花，10年后进入开花盛期。始花期南疆为5月上中旬，北疆为5月下旬，花期15天左右。一般每朵花开1～2天，全天开放；在降水稀少的沙区，以灌溉或土质较湿润处的沙枣泌蜜较多。沙枣花香味浓郁，花多，蜜粉丰富，诱蜂力特别强，对繁蜂、取蜜都好，是新疆的主要蜜源植物。常年每群可取蜜15～20千克。沙枣蜜为琥珀色，质地浓稠，结晶细腻，气味芳香，食之甘甜，堪为蜜中上品。沙枣花粉为黄色，花粉粒椭圆形。

其他用途 ｜ 沙枣枝叶繁茂，防风固沙作用大，为防沙造林的优良树种。木材可制农具、家具等。果实可制酒、熬糖。花、果、枝、叶均可入药，可治烧伤等。

新疆还有一种沙枣，即新疆大沙枣（*E. moorcroftii* Wall.），又称大果沙枣、大沙枣，果实较大，属晚熟干果。新疆大沙枣，主要分布在塔里木河上游，叶尔羌河及喀什噶尔河流域，南疆和田、喀什、阿克苏广为栽培。新疆大沙枣开花略比尖果沙枣早，泌蜜丰富，在集中栽培区域可采集商品蜜。

● 油菜 *Brassica campestris* L.

别　　名 ｜ 芸薹、菜苔

科　　属 ｜ 十字花科芸薹属

形态特征 ｜ 一年或二年生草本，高35～120厘米。茎直立，单生或分枝，微被粉霜。叶互生，基生叶较大，椭圆形，长10～20厘米，头羽状分裂，顶生裂片圆形或卵形，侧生裂片5对，呈卵形；下部茎生叶羽状半裂，基部扩展抱茎，两面有缘毛；上部茎生叶提琴形或披针形，基部心形抱茎，有垂耳，全缘或有波状细齿。总状无限花序，着生于主茎或分枝顶端，花冠黄色，直径7～10毫米；花瓣4枚，雄蕊6枚。花有4个蜜腺，圆形、绿色。果长角条形，种子球形紫褐色或黄色。油菜因品种不同，形态特征各有不同。

生境分布 ｜ 油菜适应性强，耐寒、耐旱，新疆各地均可栽培，北疆山间谷地较为集中。新疆2011年油菜种植面积为200万亩，主要分布在奇台、木垒、吉木萨尔、昌吉、玛纳斯、伊宁、新源、昭苏、尼勒克、塔城、额敏、乌苏、沙湾、裕民、和布克赛尔、拜城、库车、沙雅、新和、温宿、焉耆、和静、和硕等地，新疆生产建设兵团的第一师、第三师、第四师、第六师、第九师的各个团场也有大量种植。

养蜂价值 ｜ 新疆的春播油菜大多数在5月底和6月初开花泌蜜，部分地区在7月初开花泌蜜，复播的油菜均在8月中旬至9月中旬开花泌蜜。新疆是油菜主产区之一，栽培面积大且集中，蜜粉丰富，是蜂群繁殖、采蜜的

优良蜜源，每群可产蜂蜜30～40千克。油菜蜜浅琥珀色，略混浊，有香气，极易结晶，结晶后呈粒状或油脂状。一般不宜作蜂群越冬饲料。油菜花粉为黄色，花粉粒长球形。

其他用途　油菜是新疆主要油料作物之一，经济价值很高。菜籽油是主要食用油之一。菜籽油渣则是优良的饲料和肥料。

● 枣 *Ziziphus jujuba* Mill.

别　　名　红枣、大枣、美枣、良枣

科　　属　鼠李科枣属

形态特征　落叶乔木或灌木，高1～3米。树皮灰褐色，剥落；枝红褐色，光滑，具两种托叶刺，一种直立，另一种为反钩状。单叶互生，纸质，长圆状卵形至卵状披针形，长3～6厘米，宽2～4厘米，顶端钝尖，基部偏斜，边缘有细锯齿，3条主脉由基部分出；叶柄长1～6毫米。花单生或2～9朵簇生于叶腋成聚伞花序，花梗长2～3毫米；花两性，黄绿色；萼片卵状三角形；花瓣倒卵形，基部有爪，与雄蕊等长；花盘厚，肉质，圆形，5裂；子房基部与花盘合生，2室，蜜腺分布于花盘上。核果近球形或长圆形，熟后由红色变为暗红色。

生境分布　枣树适应性强，耐寒、耐旱。哈密市、和田地区、喀什地区、阿克苏地区、巴音郭楞蒙古自治州、伊犁州直、昌吉回族自治州等地均有栽培。新疆生产建设兵团第一师、第二师、第三师、第八师、第十三师、第十四师的各个团场也有大量栽培。

养蜂价值　花期5—6月，约30天。数量多，分布广，泌蜜涌，是新疆的主要蜜源植物。常年每群可取蜜15～30千克。枣树花蜜为深琥珀色，味道甜腻，具浓郁的枣花香味，质地浓稠，结晶后呈粗粒状。花粉为淡黄色，花粉粒长球形。

其他用途　枣树是新疆主要果树之一，果实酸甜，富含维生素C，营养十分丰富；木材质地坚韧，可制造家具或用于雕刻。

● **罗布麻** *Apocynum venetum* L.

别　　名｜红麻、茶叶花、红柳子、羊肚拉角

科　　属｜夹竹桃科罗布麻属

形态特征｜多年生直立半灌木，高1.5～3米。枝条对生或互生，圆筒形，光滑无毛，紫红色或淡红色。叶对生，叶片椭圆状披针形至卵圆状长圆形，长1～5厘米，宽0.5～1.5厘米，叶缘具细齿，两面无毛；叶柄长3～6毫米。圆锥状聚伞花序顶生，有时腋生，花梗长4毫米；苞片膜质，披针形，花萼5深裂，裂片披针形或卵圆状披针形，两面被短柔毛；花冠圆筒状钟形，紫红色或粉红色，两面密被颗粒状突起；花冠筒长6～8毫米，直径2～3毫米；雄蕊着生在花冠筒基部，与副花冠裂片互生；花药箭头状，顶端渐尖，花柱短，柱头基部盘状，顶端钝，2裂；子房由2枚离生心皮所组成，被白色茸毛，每心皮有胚珠多数，着生在子房的腹缝线侧膜胎座上；花盘环状，肉质，顶端不规则5裂，基部合生，环绕子房，着生在花托上。蓇葖果2个，圆柱形，黄褐色；种子多数，卵圆状长圆形，黄褐色，顶生一簇白色细长毛。

生境分布 | 罗布麻耐旱、耐寒，抗盐碱能力极强，生于盐碱地、荒地、沙漠边缘、河岸边。新疆约有54万公顷，主要分布于塔里木河、孔雀河、叶尔羌河、玉龙喀什河、和田河两岸；北疆主要分布在哈巴河及乌伦古湖南岸，额尔齐斯河北岸，塔城、额敏两地，玛纳斯河流域、伊犁河流域以及哈密等地。

养蜂价值 | 花期5月中旬至8月下旬，主要流蜜期6月中旬至7月下旬。5月底可以开始繁蜂，强群蜂在罗布麻花期每群可生产30~40千克蜂蜜。蜜浅琥珀色，浓度高，气味芬芳，有很好的医疗保健作用。花粉土黄色，花粉粒椭圆形。

其他用途 | 茎皮是一种良好的纤维原料，可作为纺织、造纸原料；叶汁可作饮料；根茎枝叶所含乳胶液可提炼橡胶。

● 大叶白麻 *Poacynum hendersonii* (Hook. f.) Woodson

别　名 | 大花罗布麻、野麻、罗布白麻、夹竹桃麻

科　属 | 夹竹桃科白麻属

形态特征 | 多年生直立半灌木，高0.8~2.5米。全株含有黏稠的白色乳汁。叶互生，坚纸质，椭圆形至卵状椭圆形，顶端急尖或钝，具短尖头，基部楔形或浑圆，无毛，长3~4厘米，宽1~1.5厘米，叶具颗粒状突起，边缘具细齿。圆锥状聚伞花序1至多歧，顶生；总花梗长2.5~9厘米；花梗长0.3~1厘米；总花梗、花梗、苞片及花萼外面均被白色短柔毛；苞片披针形，长1~4毫米，反折；花萼5裂，梅花式排列，裂片卵状三角形；花冠下垂，外面粉红色，内面稍带紫色；花冠筒长2.5~7毫米，直径1~1.5厘米，两面均具颗粒状突起，宽钟质；雄蕊5枚，着生在花冠筒基部，与副花冠裂片互生，花药箭头状，顶端渐尖，隐藏在花喉内，基部具耳，背部隆起，腹部粘生在柱头的基部；花丝短，被白色茸毛；雌蕊1枚，花柱短，柱头顶端钝，2裂，基部盘状；花盘肉质，环状。蓇葖果双生，倒垂；种子细小，顶端有白色绢毛。

生境分布 | 生于盐碱荒地、沙漠边缘及河流、渠

道沿岸，常与罗布麻混生。南疆各地均有分布，尤以塔里木河、孔雀河、叶尔羌河、玉龙喀什河及和田河两岸最集中。

养蜂价值 ｜ 花期6月下旬至9月上旬。数量多，分布广，花期长，主要开花泌蜜期为7月下旬至8月中下旬，流蜜近40天，是很好的蜜源植物。在温度高、湿度大的条件下，泌蜜多，常年每群蜂可生产20～30千克商品蜜。蜜琥珀色，味纯正，不易结晶。花粉淡黄色，花粉粒长球形。

其他用途 ｜ 嫩枝条和叶可作牧草；茎秆含纤维，可作为纺织、造纸原料；叶可制药、卷烟。

● 白麻 *Poacynum pictum* (Schrenk.) Baill.

科　属 ｜ 夹竹桃科白麻属

形态特征 ｜ 直立半灌木，高0.5～2米，具乳汁；基部木质化，茎黄绿色。叶互生或在茎上对生，条状披针形，叶缘有细锯齿，叶面有颗粒状突起；花粉红色；花萼5裂；花冠宽钟状，花冠裂片5枚，宽三角形，有3条深紫色条纹；雄蕊5枚，花药近箭头状；花丝短，雌蕊1枚，花柱短，柱头顶端钝，2裂，花盘肉质，环状。果双生，倒垂；种子红褐色，顶端具白绢质种毛。

生境分布 ｜ 生于盐碱荒地、河流两岸冲积地及沙漠边缘等地。新疆各地均有分布，南疆塔里木河、叶尔羌河、喀拉喀什河等两岸最为集中。

养蜂价值 ｜ 花期5—9月，盛花期6月下旬至8月上旬，30天左右。数量多，分布广，花期长，泌蜜多，有利于蜂群繁殖和生产商品蜜，是良好的蜜源植物。花粉黄色，花粉粒长圆形。

其他用途 ｜ 优质的纤维植物；叶可制药，具有清热泻火、降血压之功效；叶亦可作保健茶。

● 紫苜蓿 *Medicago sativa* L.

别　名 ｜ 紫花苜蓿、牧蓿、苜蓿、路蒸

科　属 ｜ 豆科苜蓿属

形状特征 ｜ 多年生草本植物，高50～100厘米。根系发达。茎秆斜上或直立，光滑，四棱形，

多分枝。叶为羽状三出复叶，托叶大，卵状披针形；小叶长圆形或卵圆形，先端有锯齿，中叶略大，长10～25毫米，宽3～10毫米，纸质，先端圆钝，上面无毛，深绿色，下面被伏柔毛，侧脉8～10对。总状花序簇生，长1～2.5厘米，每簇有小花20～30朵；总花梗挺直，比叶长；苞片线状锥形，花长6～12毫米；萼钟形，长3～5毫米，萼齿线状锥形，比萼筒长，被伏柔毛；花冠暗紫色，花瓣具长瓣柄，旗瓣长圆形，先端微凹，翼瓣较龙骨瓣长；子房线形，具柔毛，花柱短阔，柱头点状，胚珠多数；雄蕊10枚，1离9合，组成联合雄蕊管；雌蕊1枚。荚果螺旋形，

二至四回，幼嫩时淡绿色，成熟后呈黑褐色，每荚含种子2～9粒。种子肾形，黄色或淡黄褐色。

　　生境分布　｜　抗逆性强，适应范围广，能生长在多种类型的气候、土壤环境下。性喜干燥、温暖、多晴天、少雨天的气候和高燥、疏松、富含钙质的土壤。新疆各地均有栽培。

　　养蜂价值　｜　花期，北疆6月下旬至7月下旬，南疆5月下旬至7月中旬，35天左右。数量多，分布广，花期长，蜜粉丰富，蜜蜂喜采，有利于生产商品蜜，每群蜂可产商品蜜20～30千克。蜜色泽因产地不同，白色至琥珀色，半透明，气息芳香，味甜润适口，易结晶，颗粒较粗。花粉土黄色，花粉粒长圆形。

　　其他用途　｜　优质牧草；嫩芽可作为蔬菜食用。

● 刺槐　*Robinia pseudoacacia* L.

　　别　　名　｜　洋槐、刺儿槐
　　科　　属　｜　豆科刺槐属
　　形态特征　｜　落叶乔木，高10～25米。树皮灰褐色至黑褐色，浅裂至深纵裂。小枝灰褐色，羽状复叶长10～25厘米；叶轴上面具沟槽；小叶2～12对，常对生，椭圆形或卵形，长2～5厘米，宽1.5～2.2厘米，先端圆，微凹，具小尖头，基部圆至阔楔形，全缘；小叶柄长1～3毫米；小托叶针芒状。总状花序腋生，长10～20厘米，下垂；花多数，芳香；苞片早落；花梗长7～8毫米；花萼斜钟状，长7～9毫米，萼齿5裂；花冠白色，各瓣均具瓣柄，旗瓣近圆形，先端凹缺，基部圆，反折，内

有黄斑，翼瓣斜倒卵形，与旗瓣几乎等长，基部一侧具圆耳，龙骨瓣镰状，三角形，与翼瓣等长或稍短，前缘合生，先端钝尖；子房线形，无毛，花柱钻形，上弯，顶端具毛，柱头顶生。荚果褐色。

生境分布 | 适应性强，耐干旱瘠薄，喜光。在沙土、沙壤土和黏土上都能生长。喀什、和田、阿克苏、库尔勒、吐鲁番、哈密、伊犁等地广泛栽培。

养蜂价值 | 花期在南疆为4月下旬至5月中下旬；北疆则为5月中旬至6月上中旬。数量多，花朵数多，泌蜜吐粉均多，有利于蜂群繁殖和采蜜，在喀什等栽培较集中的区域每群蜂可生产商品蜜10千克，是优良的蜜源植物。刺槐花蜜色白而透明，味芳香，深受消费者欢迎。花粉淡黄色，花粉粒近球形。

其他用途 | 木材坚硬，耐水湿，可作矿柱、枕木、车辆、农业用材；叶含粗蛋白，可作家畜饲料；嫩叶、花可食，现已成为城市居民的绿色蔬菜；种子榨油供制作肥皂及油漆原料。

● **铃铛刺** *Halimodendron halodendron* (Pall.) Voss

别　　名 ｜ 盐豆木、耐碱树

科　　属 ｜ 豆科铃铛刺属

形态特征 ｜ 多年生灌木，高 0.8～2 米，全株光滑无毛。老枝灰褐色。偶数羽状复叶，小叶 2～6 枚，倒披针形，长 1.5～2.3 厘米，宽 6～9 毫米，顶端圆或微凹，有小刺尖，基部楔形，两面密生银白色平伏柔毛；托叶针刺状，叶轴硬化成刺，宿存，长 1～1.5 厘米，小叶 2～6 枚，倒披针形，先端圆钝，具小尖头，基部楔形，两面无毛。总状花序，具花 3～5 朵，花长 1～1.4 厘米，每朵花有 1～2 枚长约 1 毫米的膜质苞片；总花梗

长 1.4～4 厘米；萼筒钟状，萼齿 5 裂，宽三角形；花冠蝶形，淡紫色，少为白色，旗瓣宽卵形，翼瓣矩圆形，与旗瓣近等长；子房无毛，具柄。荚果矩圆状倒卵形；种子多数，肾形。

生境分布 ｜ 生于沙地，耐旱、耐寒、耐盐碱。新疆各地均有分布，富蕴县、福海县、布尔津县、阿勒泰市等地有成片分布。

养蜂价值 ｜ 花期 5—6 月上旬。数量多，分布广，流蜜丰富，蜜蜂特喜采集。成片集中分布，每群可取蜜 15～20 千克。铃铛刺蜜白色，香气浓郁，味甜而不腻，晶莹剔透，乃蜜中之佳品。蜂蜜药用有润肺理气、健胃祛风之功效。花粉淡黄色，花粉粒圆球形。

其他用途 ｜ 具有防风固沙及改良土壤的作用；可作薪炭。

● 薰衣草 *Lavandula angustifolia* Mill.

科　　属 ｜ 唇形科薰衣草属

形态特征 ｜ 多年生草本或矮小灌木。茎直立，高 40～100 厘米，被星状茸毛，老枝灰褐色，具条状剥落的皮层。叶条形或披针状条形，长 3～5 厘米，宽 0.3～0.5 厘米，被疏或密的灰色星状茸毛，干时灰白色或橄榄绿色，全缘而外卷。轮伞花序具 6～10 花，多数，通常在枝顶聚集成间断或近连续的的穗状花序，长 15～25 厘米；苞片菱状卵圆形，具脉 5～7 条，小苞片不明显；花萼卵状筒形或近筒形，长 4～5 毫米，上唇仅 1 齿，较长，下唇具 4 个相等的齿；花冠长约为萼

的 2 倍，筒直伸，在喉部内被腺状毛，上唇较大，2 裂，下唇 3 裂。雄蕊 4 枚，二强，均内藏。小坚果椭圆形，光滑。

生境分布 ｜ 耐旱性强，适生于温度、光热条件较好的沙壤土上。伊犁州、乌鲁木齐市、石河子市等地有栽培，新源县、伊宁市、霍城县及新疆生产建设兵团的 65 团、66 团、71 团栽培面积较大。

养蜂价值 ｜ 一年开花两次，第一次在 5 月中旬至 7 月上旬，约 50 天；第二次在 8 月中旬至 10 月上旬，约 40 天。花期较长，花序密集，花色鲜艳芳香，蜜粉丰富，诱蜂力强，蜜蜂喜采，为优良的蜜源植物。薰衣草集中栽培区域，每群蜂可生产 15～20 千克商品蜜。薰衣草蜜淡琥珀色，具薰衣草清香味，质佳味美，结晶颗粒细腻，乳白色。花粉土黄色，花粉粒长球形。

其他用途 ｜ 重要的香料经济植物；具有很高的观赏价值，是营造花坛、花被、花海等园林景观的植物材料；亦可作干花；还兼具良好的药用、保健、化工等价值。

● **甘草** *Glycyrrhiza uralensis* Fisch.

别　　名 ｜ 乌拉尔甘草、甜草根、红甘草、粉甘草

科　　属 ｜ 豆科甘草属

形态特征 ｜ 多年生草本，高40～120厘米。茎直立，多分枝，被鳞片状腺点、刺毛状腺体和短茸毛。托叶披针形，早脱落；羽状复叶奇数，5～19枚，长6～25厘米；小叶椭圆形、卵圆形和矩圆形，长1.5～5.5厘米，宽0.8～3厘米，先端钝或渐尖，具芒尖，基部圆，两面被短柔毛及黏胶性腺体，背面尤甚；叶缘全缘，稍背卷。总状花序腋生，小花排列稠密，呈头状，长为叶的1/3～1/2，短于叶，

密被腺点及短茸毛；小苞片披针形，被短腺毛，边缘膜质，短于萼；小花大，长1～2.5厘米；花萼钟状，5裂齿，上2齿短于其他，萼筒稍膨胀；花冠紫色，中下部淡黄或白色；旗瓣长圆形或椭圆形，长1～2厘米，宽5～8毫米，先端钝、渐尖或微凹陷，基部具短柄；子房密被腺体及刺毛，胚珠8～11枚。果穗球状，荚果长圆形，镰状弯曲，有种子3～11枚；种子长圆形或肾形，绿色或褐色。

生境分布 | 具有喜光、耐旱、耐热、耐盐碱和耐寒的特性。生于山坡灌丛、山谷溪边、河滩草地、平原绿洲盐渍化土壤中、绿洲林下、垦区农田荒地、渠道边。生于海拔400～1 700米的地区。新疆各地都有分布，南疆喀什地区、阿克苏地区、巴州等地较多；北疆伊犁州、阿勒泰地区、塔城地区较多。

养蜂价值 | 花期南疆为5—6月，北疆为6—7月。数量多，分布广，花期长，蜜粉丰富，诱蜂力强，有利于生产商品蜜、蜂群繁殖和修脾。每群蜂可采25～30千克甘草蜜。甘草蜜颜色为深琥珀色，不易结晶。花粉黄色，花粉粒长圆形、椭圆状。

其他用途 | 根及根状茎入药；作为园林绿化植物。

● 粗毛甘草 *Glycyrrhiza aspera* Pall.

别　　名 | 念珠甘草
科　　属 | 豆科甘草属
形态特征 | 多年生草本，茎直立或铺散，多分枝，高10～30厘米，疏被短柔毛。叶长2.5～10厘米；托叶卵状三角形，长4～6厘米，宽2～4毫米，叶柄疏被短柔毛与刺毛状腺体；小叶7～9枚，卵形、宽卵形或椭圆形，长1～3厘米，宽3～18毫米，上面深灰绿色，无毛，下面灰绿色。总状花序腋生，具多数花；总花梗长于叶，疏被短柔毛和刺毛状腺体；苞片线状披针形，膜质，长3～6毫米；花萼筒状，长7～12毫米，疏被短柔毛，无腺点，萼齿5裂，线状披针形，与萼筒近等长，上部的2齿微连合；花冠淡紫色或紫色，基部带绿色，旗瓣长圆形，顶端圆，基部渐狭成瓣柄，翼瓣长12～14毫米，龙骨瓣长10～11毫米；子房几乎无毛。荚果念珠状，常弯曲成环状或镰刀状，无毛，成熟时褐色，种子2～10枚，近圆形，黑褐色。

生境分布 | 具有喜光、耐旱、耐热、耐盐碱和耐寒的特性。常生于田边、沟边和荒地中。北疆

各地均有分布，奇台、阜康、乌鲁木齐和乌苏等地较多。

养蜂价值 | 花期5月中旬至6月上旬，约20天。数量多，分布广，花期长，蜜粉丰富，诱蜂力强，蜜蜂喜采，非常有利于蜂群繁殖和修脾。花粉黄褐色，花粉粒长圆形。

其他用途 | 根及根状茎入药。

本属还有无腺毛甘草（*G. eglandulosa* X. Y. Li）、洋甘草（*G. glabra* L.）、胀果甘草（*G. inflata* Batal.）等，分布于新疆各地，均为很好的蜜粉源植物。

● **新疆党参** *Codonopsis clematidea* (Schrenk) C. B. C.

别　　名｜党参、野党参、台参
科　　属｜桔梗科党参属
形态特征｜多年生草本植物。根长圆柱形，肉质，上端有皱纹。茎直立，高0.5～1米，多分枝，下部疏被白色粗糙硬毛；上部光滑或近光滑。叶互生；叶片卵形，先端钝或尖，基部截形或浅心形，全缘或微波状，上面绿色，被粗伏毛，下面粉绿色，被疏柔毛。花单生，花梗细；花萼绿色，幼时如灯笼，裂片5枚，长圆状披针形，先端钝，光滑或稍被茸毛；花冠阔钟形，直径2～2.5厘米，蓝白色，先端5裂，裂片三角形，直立；雄蕊5枚，花丝中部以下扩大；子房下位，3室，花柱短，花药矩圆形，长5～6毫米。蒴果圆锥形；种子卵形，褐色，有光泽。

生境分布｜生于海拔1 500～2 000米的山地草原、灌木丛中及林缘潮湿处。新疆各地均有分布，以天山东部的奇台、乌鲁木齐南山，天山西部的尼勒克、新源、巩留、特克斯、昭苏以及阿勒泰山区和叶尔羌河上游的平原地区较多。

养蜂价值｜花期6月下旬至8月上旬，约40天。花大色鲜，蜜粉丰富，蜜蜂喜采。党参花雄蕊和子房之间生有5个枕状蜜腺，均可大量泌蜜。党参的主要流蜜期，每群蜂可产蜜20～30千克。党参蜜浅琥珀色，黏稠，不易结晶，甘甜清香，乃蜜中上品。花粉为黄色，花粉粒近球形。

其他用途｜根入药。

● 骆驼刺　*Alhagi sparsifolia* Shap.

别　　名｜疏叶骆驼刺
科　　属｜豆科骆驼刺属
形态特征｜半灌木，高25～40厘米。茎直立，具细条纹，无毛或幼茎具短柔毛，从基部开始分枝，枝条平行上升。叶互生，卵形、倒卵形或倒圆卵形，长8～15毫米，宽5～10毫米，先端圆形，具短硬尖，基部楔形，全缘，无毛，具短柄。总状花序，腋生，花序轴变成坚硬的锐刺，刺长为叶的2～3倍，无毛，当年生枝条的刺上具花3～6朵，老茎的刺上无花；花长8～10毫米；苞片钻状，长约1毫米；花梗长1～3毫米；花萼钟状，长4～5毫米，被短柔毛，萼齿三角状或钻状三角形，长为萼筒的1/4～1/3；花冠深紫红色，旗瓣倒长卵形，长8～9毫米，先端钝圆或截平，基部楔形，具短瓣柄，翼瓣长圆形，长为旗瓣的3/4，龙骨瓣与旗瓣几乎等长；子房线形，无毛。荚果线形，常弯曲，几乎无毛。

生境分布｜生于海拔150～1 500米的沙荒地、盐渍化低湿地和覆沙戈壁滩上。分布于新疆各地。吐鲁番盆地最为集中，库尔勒、轮台、阿克苏、喀什、和田和沙湾等地较为集中。

　　养蜂价值 ｜ 骆驼刺5—7月开花流蜜，分布广，泌蜜多，分布集中地每群蜂可采10～15千克蜂蜜，花期以繁蜂为主，结合取浆、取蜜。9—10月花外蜜腺流蜜，蜜色为褐色，每群蜂可生产10～20千克蜂蜜。骆驼刺花蜜水白色，蜜质清香，无异味，结晶较细微，结晶为白色。

　　其他用途 ｜ 骆驼刺是骆驼在沙漠中赖以生存的食物。骆驼刺对防风固沙、维护生态具有重要的价值。骆驼刺分泌的糖类物质，干燥后收集，叫刺糖。

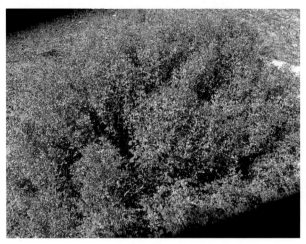

● 扁桃 *Amygdalus communis* L.

　　别　　名 ｜ 巴旦姆、巴旦杏、甜扁桃、甜杏仁、美国大杏仁
　　科　　属 ｜ 蔷薇科桃属
　　形态特征 ｜ 中型乔木或灌木，高3～6米。枝直立或平展，无刺，一年生枝浅褐色，多年生枝灰褐色至灰黑色；冬芽卵形，棕褐色。叶片披针形或椭圆状披针形，长3～6厘米，宽1～2.5厘米，先端急尖至短渐尖，基部宽楔形至圆形，叶边具浅钝锯齿；叶柄长1～2厘米，无毛。花单生，先于叶开放，着生在短枝或一年生枝上；花梗长3～4毫米；萼筒圆筒形，长5～6毫米；萼片宽长圆形至宽披针形，花瓣长圆形，长1.5～2厘米，先端圆钝或微凹，基部渐狭成爪，白色至粉红色。雄蕊长短不齐；花柱长于雄蕊。果实斜卵形或长圆卵形，扁平，果肉薄，成熟时开裂；核卵形、宽椭圆形或短长圆形，核壳硬，黄白色至褐色，具蜂窝状孔穴；种仁味甜。

生境分布 | 扁桃适应力很强，适生于温暖干旱地区。喀什地区、和田地区、克孜勒苏柯尔克孜自治州等地区有栽培，莎车县最为集中，全县栽培100余万亩。

养蜂价值 | 花期3月下旬至4月中旬。数量多，花朵多，花浓香，诱蜂力强，蜜粉丰富，有利于早春蜂群的繁殖和采蜜。蜂群强，每群蜂可采10～15千克蜂蜜。扁桃蜜琥珀色，芳香，结晶细腻，奶油色。花粉淡黄色，花粉粒椭圆形。

其他用途 | 扁桃仁含8种人体必需的氨基酸，是营养价值极高的干果。桃仁入药，对气管炎、高血压、神经衰弱、肺炎、糖尿病都有一定辅助治疗作用。扁桃木材是细木工制品的重要原料。树形优美，是很好的风景树种。

本属还有矮扁桃（*A. nana* L.）产于塔城巴尔鲁克山，约800万公顷，也是很好的辅助蜜源植物。

● **杏** *Armeniaca vulgaris* Lam.

别　　名 | 杏子
科　　属 | 蔷薇科杏属
形态特征 | 多年生乔木，高5～8米。树冠圆形、扁圆形或长圆形。树皮灰褐色，纵裂；多年生枝浅褐色，皮孔大而横生，一年生枝浅红褐色，有光泽，无毛，具多数小皮孔。叶片宽卵形或圆卵形，长5～9厘米，宽4～8厘米，先端急尖至短渐尖，基部圆形至近心形，叶边有圆钝锯齿，两面无毛或背面脉腋间具柔毛；叶柄长2～3.5厘米，无毛，基部常具1～6腺体。花单生，直径

2～3厘米，先于叶开放；花梗短，长1～3毫米，被短柔毛；花萼紫绿色；萼筒圆筒形，外面基部被短柔毛；萼片卵形至卵状长圆形，先端急尖或圆钝，花后反折；花瓣圆形至倒卵形，白色或带红色，具短爪；雄蕊20～45枚，稍短于花瓣；子房被短柔毛，花柱稍长或几乎与雄蕊等长，下部具柔毛。果实球形，稀倒卵形，直径2.5厘米以上，白色、黄色至黄红色，常具红晕，微被短柔毛；果肉多汁，成熟时不开裂；核卵形或椭圆形，两侧扁平；种仁味苦或甜。

生境分布 │ 杏树原产于新疆，是中国最古老的栽培果树之一，杏为阳性树种，适应性强，根深，喜光、耐旱、抗寒、抗风，寿命可达百年以上，为低山丘陵地带的主要栽培果树。新疆各地均有栽培。分布于伊犁山区，野生成纯林或与新疆野苹果林混生，生长地海拔可达3 000米，是非常好的春季蜜源植物。

养蜂价值 │ 杏花花期南疆一般为3月底和4月初，北疆为4月底或5月初，存花期10天左右，群体花期15～20天。数量多，分布广，花期早，蜜粉丰富，诱蜂力强，蜜蜂喜采，非常有利于春季蜂群的繁殖。杏树栽培集中地区，除满足蜂群繁殖需要外，还可以生产商品蜜。花粉土黄色，花粉粒长圆形。

其他用途 │ 重要经济树种，杏果营养极为丰富，是常见水果之一；杏木质地坚硬，是做家具的好材料；杏树枝条可作燃料；杏叶可作饲料；种子入药。

● **短柄野芝麻** *Lamium album* L.

科　　属 | 唇形科野芝麻属

形态特征 | 多年生草本，高30～50厘米。茎具4棱，被刚毛。茎下部叶较小，茎上部叶卵圆形或卵圆状长圆形，先端急尖或钝，基部心形，边缘具锯齿，两面被稀疏的短硬毛；苞叶叶状，近于无柄。轮伞花序5～10个；苞片线形；花萼钟形；花冠白色或淡黄色，外面被短柔毛；冠檐二唇形，上唇倒卵圆形，先端钝，下唇3裂，中裂片倒肾形，先端深凹，基部收缩，边缘具长睫毛；雄蕊花丝扁平，上部被长柔毛；花药黑紫色，被有长柔毛。小坚果长卵圆形。

生境分布 | 生于山地草甸及亚高山草甸、灌丛、河谷、林间空地等。北疆各地均有分布，伊犁各地、塔城、阿勒泰、布尔津山区以及乌鲁木齐南山和奇台、吉木萨尔山区较为集中。

养蜂价值 | 短柄野芝麻花期6—7月。数量多，分布广，花期较长，具花内蜜腺和花外蜜腺，蜜粉丰富，蜜蜂喜采，对蜂群修脾和繁殖有重要作用。天气好时，可生产商品蜜。短柄野芝麻蜜浅琥珀色，味香质佳。花粉淡黄色，花粉粒近圆形。

其他用途 | 叶富含胡萝卜素，幼叶可食；全草入药。

● 草木樨 *Melilotus officinalis* (L.) Pall.

别　　名 | 黄草木樨、黄花草木樨、黄花车轴草

科　　属 | 豆科草木樨属

形态特征 | 一年生或二年生草本植物。茎高1～2米，有香气，并带甜味，上部被疏毛。托叶三角形，基部宽；羽状三出复叶，小叶椭圆形至狭长圆状倒披针形，长1～2.5厘米，宽6～11毫米，先端钝圆，基部楔形，背面被短贴伏毛，小叶柄长约1毫米，淡黄褐色。总状花序长4～10厘米；花梗长达1.5毫米，弯垂；花萼钟状，萼齿三角形；花冠鲜黄色，旗瓣较龙骨瓣略长；子房披针形。荚果卵圆形，浅灰色，具柔毛；种子1粒，褐色。

生境分布 | 宜种于半干燥、温湿地区，对土壤要求不严，抗碱性及抗旱性均较强。新疆各地均有栽培。少有野生亦遍布平原和山区。

养蜂价值 | 花期6月上旬至7月上旬，28天左右。数量多，分布广，花色艳丽，芳香，蜜粉丰富，诱蜂力强，蜜蜂喜采，是非常好的蜜源植物。分布集中区域每群蜂可产蜜

15～30千克，野生的比栽培的开花早且泌蜜多。黄花草木樨蜜淡黄色，气味芳香，甜而不腻，结晶后呈乳白色，颗粒细腻。花粉橘黄色，花粉粒圆球形。

其他用途 │ 优质饲料；可作绿肥；花干燥后，可直接拌入烟草内作芳香剂；全草入药，可缓解脾脏病、霍乱、白喉、乳蛾等病症。

● 白花草木樨 *Melilotus albus* Medic. ex Desr.

别　　名 │ 白香草木樨、白甜车轴草

科　　属 │ 豆科草木樨属

形态特征 │ 二年生草本。茎直立或弯曲，中空，多分枝，高0.8～1.2米，全株具香子兰气味。三出羽状复叶，小叶3枚，椭圆形或倒卵状长圆形，长2～3厘米，宽0.5～1.2厘米，先端钝圆，基部楔形，边缘具细齿，托叶狭三角形。总状花序腋生，花轴细长，每序有小花50～150朵；花萼钟状，萼齿三角形，先端锐尖，与萼筒等长；花冠蝶形，白色；旗瓣较翼瓣稍长，与龙骨瓣几乎等长；雌蕊比雄蕊短或等长，雄蕊10枚；花柱细长，顶端向内弯曲。荚果卵球形，灰棕色，无毛；种子肾形，褐色。

生境分布 │ 适生于半干燥或温湿气候环境，对土壤要求不严。新疆各地均有栽培；亦有野生的遍布平原和山区。

养蜂价值 │ 花期6月中旬至7月中旬，40天左右。花期较长，数量多，分布广，蜜粉丰富，有利于蜂群繁殖和取蜜。分布集中区域每群蜂可产蜜20～30千克。白香草木樨蜜浅琥珀色，结晶乳白色，气味清香。花粉黄色，花粉粒长球形。

其他用途 │ 优质饲料；可作绿肥；全草可入药，种子还可提取芳香油。

本属还有细齿草木樨 [*M. dentatus* (Wald. et Kit.) Pers.] 产于奇台、乌鲁木齐、精河及伊犁山区，亦为很好的蜜源植物。

● 驴食草 *Onobrychis viciifolia* Scop.

别　　名 | 驴豆、驴喜豆、红豆草

科　　属 | 豆科红豆属

形态特征 | 多年生草本植物。茎直立，圆柱形，中空，据纵条棱，绿色或紫红色，高50～90厘米，疏生短毛，分枝5～15个。第一片真叶单生，其余为奇数羽状复叶，有小叶6～14对或更多；小叶卵圆形、长圆形或椭圆形，叶背边缘有短茸毛，托叶三角形。总状花序，穗状，长15～30厘米，有小花40～75朵，蝶形，花瓣粉红色、红色或深红色。荚果扁平，黄褐色，果皮粗糙，有突出网状脉纹，边缘有锯齿，成熟后不易开裂，内含肾形绿褐色种子1粒。

生境分布 | 生于海拔1 000～2 000米的草原、渠旁、山坡。天山北麓和阿尔泰山都有野生种分布。新疆各地有栽培。

养蜂价值 | 花期6—7月，总花期长达45天。数量多，分布广，花序长，小花数多，花期长，开放时香气四溢，诱蜂力强，含蜜量多，是很好的蜜源植物。花期一箱蜂每天可采蜜4～5千克，每亩产蜜量达6～13千克。花粉深黄色，花粉粒近球形。

其他用途 | 优质牧草；理想的绿化、美化和观赏植物；很好的水土保持植物；可直接压青作绿肥或堆积沤制堆肥。

● 新疆枸杞 *Lycium dasystemum* Pojark.

别　　名 | 苟起子、枸杞子、枸杞果

科　　属 | 茄科枸杞属

形态特征 | 枸杞为多分枝灌木，高达1.5米。枝条坚硬，稍弯曲，灰白色或灰黄色，嫩枝细长，老枝有坚硬的棘刺；棘刺长0.6～6厘米。叶互生或簇生于短枝上，形状多变，倒披针形、椭圆状倒披针形或宽披针形，顶端急尖或钝，基部楔形，全缘。花2～3朵同叶簇生于短枝上或在长枝上单生于叶腋；花梗长1～1.8厘米，向顶端渐渐增粗；花萼钟状，长约4毫米，常2～3中裂；花冠漏斗状，长

0.9～1.2厘米，筒部长约为檐部裂片长的2倍，裂片卵形，边缘有稀疏的缘毛；花丝基部稍上处同花冠筒内壁同一水平上都生有极稀疏茸毛，由于花冠裂片外展而花药稍露出花冠；花柱亦稍伸出花冠；雄蕊5枚。浆果卵圆形或矩圆形，红色；种子肾形，黄色。

生境分布 │ 常生于山坡荒地、路旁、村边、宅旁。北疆各地均有栽培，主要分布于新疆的精河、焉耆、奇台、乌苏、呼图壁等地。野生种遍布北疆各地。

养蜂价值 │ 花期5—6月，约25天。数量多，分布广，花期较长，泌蜜丰富，蜜蜂喜采，分布集中处可生产商品蜜。枸杞蜜深琥珀色，浓度高，芳香，具有中草药气味。花粉黄白色，花粉粒长球形。枸杞是地方性主要蜜源植物。

其他用途 │ 种子入药。

● **高山蓼** *Polygonum alpinum* All.

别　　名 │ 兴安蓼、草原蓼

科　　属 │ 蓼科蓼属

形态特征 │ 多年生草本。茎直立，高50～100厘米，自中上部分枝，分枝不呈叉状，具纵沟，下部疏生长硬毛，稀无毛。叶卵状披针形或披针形，长3～9厘米，宽1～3厘米，顶端急尖，稀渐尖，基部宽楔形，边缘全缘，密生短缘毛，上面绿色，下面淡绿色，两面被柔毛；叶柄长0.5～1厘米；托叶鞘膜质，褐色，开裂，后疏生长毛脱落。花序圆锥状，顶生，分枝

开展，无毛；苞片卵状披针形，膜质；每苞内具2～4花；花梗细弱，无毛，长2～2.5毫米，比苞片长，顶端具关节；花被5深裂，白色，花被片椭圆形，长2～3毫米，近相等；雄蕊8枚，花柱3，极短，柱头头状。瘦果卵形，具3锐棱，黄褐色。

生境分布 ｜ 生于海拔800～2 400米的山坡草地、林缘。分布于天山北坡西部、阿尔泰山、塔尔巴哈台山等地，布尔津、阿勒泰、哈巴河、塔城、博乐、昭苏和新源等地较为集中。

养蜂价值 ｜ 花期6中旬至7月中旬。数量多，分布广，蜜粉丰富，蜜蜂喜采，分布集中处可采到商品蜜。花粉黄色，花粉粒圆球形。

其他用途 ｜ 高山蓼茎叶可作饲草。果及全草入药。

● 刺山柑 *Capparis spinosa* L.

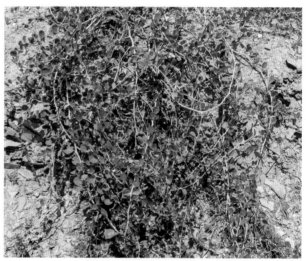

别　　名 ｜ 水瓜榴、野西瓜、马槟榔、老鼠瓜
科　　属 ｜ 山柑科山柑属
形态特征 ｜ 藤本状半灌木，根粗长。枝条平卧，呈辐射状，长1～3米。托叶2，呈直或弯曲的刺状。单叶互生，肥厚，圆形、倒卵形或椭圆形，先端具短刺状尖；叶柄长4～8毫米。花大，直径2～4厘米，单生于叶腋；萼片4枚，排列成2轮，外轮2枚龙骨状，其中1枚较大；花瓣4枚，白色或粉红色，其中2枚较大，基部相连，膨大，具白色柔毛；雄蕊多数，较花瓣长；子房柄长3～5厘米，花盘被基部膨大的花瓣与萼片所包被。蒴果浆果状，椭圆形；种子肾形，具褐色斑点。

生境分布 ｜ 喜生于干旱有沙石的低山坡、沙地和荒漠地带的戈壁上。也见于农田附近。新疆各地均有分布。吐鲁番、阿克苏、喀什等地较为集中。

养蜂价值 ｜ 花期5—6月。蜜粉丰富，蜜蜂喜采，为荒漠地带的主要蜜源植物之一。花粉褐色，花粉粒长球形。

其他用途 ｜ 为固沙植物；根皮、叶、果可入药，种子含油31.3%，可食用。

（二）新疆夏季和早秋主要蜜源植物

● **向日葵** *Helianthus annuus* L.

别　　　名 | 太阳花、朝阳花、向阳花、葵花

科　　　属 | 菊科向日葵属

形态特征 | 一年生草本，高1～3米。茎直立，粗壮，圆柱形多棱角，被硬刚毛，髓部发达。叶互生，心状卵形或卵圆形，长15～25厘米，先端渐尖或急尖，基部心形，边缘具粗锯齿。总苞片多层，叶质，覆瓦状排列，苞片卵圆形或卵状披针形，被长硬毛；花盘有舌状花和管状花。舌状花1～3层，着生在花盘的四周边缘，为无性花，不结实，它的颜色和大小因品种而异，有橙黄色、淡黄色和紫红色；管状花，位于舌状花内侧，为两性花，花冠5齿裂，雄蕊5枚，聚合花药，花冠的颜色有黄色、褐色、暗紫色等，结实。瘦果，倒卵形或椭圆形，稍扁，灰色或黑色，俗称葵花籽。

生境分布 | 向日葵耐寒、耐旱、耐盐碱，适生于土层深厚，腐殖质含量高，结构良好，保肥、保水力强的肥沃土地上。主要分布于福海、哈巴河、阿勒泰、布尔津、富蕴、奇台、阜康、吉木萨尔、昌吉、玛纳斯、沙湾、和布克赛尔、温泉、霍城、伊宁、特克斯、新源、巩留和乌鲁木齐等地，新疆生产建设兵团向日葵种植面积2.7万公顷，主要集中在石河子垦区、五家渠垦区、北屯垦区和伊犁垦区等地。

养蜂价值 | 向日葵7月上旬至8月中旬开花泌蜜，花期长达1个月。花色艳，诱蜂力强，泌蜜量大，高产，稳产，居北疆农区蜜源之首，常年每群可产蜜50～100千克。向日葵蜜淡黄色，气息芳香，容易结晶。花粉深黄色，长球形，数量较为丰富，每群可产花粉200～400克。向日葵蜜粉丰富，对秋季养蜂生产、繁殖越冬蜂、储备越冬蜜具有重要价值。

其他用途 | 向日葵种子含油量极高，味香可口，可炒食，亦可榨油，为重要的油料作物。有食用型、油用型和兼用型3类。种壳可制糠醛、酒精、木质素，也可制活性炭。茎秆可制隔音板和制纸。花盘可作饲料。

● 陆地棉 *Gossypium hirsutum* L.

別　　名｜棉花

科　　属｜锦葵科棉花属

形态特征｜棉花为一年生草本。株高1～1.5米。主根粗壮，根系发达。茎圆形，直立，中实。单叶互生，掌状3裂，稀为5裂，中裂片深达叶片之半，裂片三角状卵形，先端锐尖，基部心形，叶片表面有长柔毛；主脉3～5条，有蜜腺；叶柄长3～15厘米，托叶早落。花单生，小苞片3枚，离生，基部心形，上端条裂，有腺体；花萼杯状，5齿裂；花冠白色或黄色，后变淡红色或紫色；雄蕊多数，花丝基部连合成管状；花柱棒状，柱头顶端具凹槽，子房5室。蒴果卵形，种子具长毛和灰色纤毛。果实成熟后开裂。

生境分布｜棉花是喜温、喜光的栽培作物，适应性强，在热量、光照条件好，昼夜温差较大，土层深厚的灌溉区生长良好。新疆大部地区有栽培。2017年新疆棉花种植面积在221.74万公顷以上，主要分布在喀什、阿克苏、巴州、塔城、昌吉州、博州、吐鲁番、哈密等地，以及北疆的昌吉州。2017年兵团陆地棉种植面积69.36万公顷，主要集中在第一师、第二师、第三师、第六师、第七师、第八师等垦区。

养蜂价值｜新疆棉花种植面积大，分布广，棉花为连续开花植物，花期长，泌蜜丰富，为夏、秋季主要蜜源植物。开花期一般在7—9月，流蜜期自7月上中旬至8月中下旬，历时40～50天。棉花为多蜜腺植物，具花内蜜腺和花外蜜腺，全天均可泌蜜，上午比下午泌蜜多。常年每群蜂可产蜜50～100千克。产蜜量高而稳定。但棉花蜜多粉少，蜂群繁殖力弱，采集力强，伤蜂严重，会出现秋衰。棉花蜜琥珀色，甘甜适口，香味很淡。棉

花蜜极易结晶，结晶粒呈白色粗粒，质地很硬，一般不宜作蜂群越冬饲料。花粉为黄色，花粉粒球形。

其他用途｜棉花在新疆农业生产和经济建设中占有重要地位，纤维是工业和纺织的重要原料；在医药、化学、电讯等方面也有广泛用途。棉籽可榨油，棉籽饼为优良饲料和肥料。

● 海岛棉 *Gossypium barbadense* L.

科　　属｜锦葵科棉花属

形态特征｜草本或灌木状草本，高1.5～2.5米。小枝暗褐色，具棱角。叶掌状5～7裂，宽

7～12厘米，裂口深为长的1/3，裂片长而尖或卵状披针形，先端渐尖；叶基部心形，叶柄较叶片长，叶背主脉上有时有毛，叶柄散生黑腺点。花顶生或腋生，花梗常短于叶柄，被星状长柔毛和黑色腺点，苞叶长与宽近等，心形，基部合生，边缘撕裂状，有10～15个长粗齿，长3.5～5厘米；花萼杯状合生；花冠大于苞片，淡黄色，基部有红斑，5瓣合生；雄蕊多数，雄蕊柱无毛，淡黄色花丝合生成长管。蒴果长圆状卵形，长5～6厘米，3～4室；种子5～8粒，有喙，分离，具白絮。

生境分布 │ 海岛棉是喜温、喜光的栽培作物，适应性强，在热量、光照条件好，昼夜温差较大，土层深厚的灌溉区生长良好。新疆以吐鲁番市和南疆地区集中栽培。吐鲁番、鄯善、库尔勒、库车、阿瓦提、沙雅、麦盖提、玛纳斯、石河子等地是新疆主要的海岛棉生产基地。此外，新疆生产建设兵团各团场也有大量栽培。

养蜂价值 │ 新疆的海岛棉开花和泌蜜对温度的要求比陆地棉较高。在天气干燥、高温、灌溉适宜的条件下泌蜜最多，是优良的蜜源植物。

其他用途 │ 棉花纤维是工业和纺织的重要原料；在医药、化学、电讯等方面也有广泛用途。棉籽可榨油，棉籽饼为优良饲料和肥料。

● 荞麦 *Fagopyrum esculentum* Moench

别　　名 │ 甜荞、三角麦

科　　属 | 蓼科荞麦属

形态特征 | 一年生草本，高50～80厘米。茎直立，多分枝，光滑，淡绿色或红褐色。叶互生，下部叶有长柄，上部叶近无柄或抱茎；叶片三角形或卵状三角形，顶端渐尖，基部心形，全缘，两面无毛或仅沿叶脉有毛；托叶膜质，早落。花序总状或圆锥状，顶生或腋生；花梗细长；花冠白色或粉红色，密集，花被5深裂，裂片矩圆形；雄蕊8枚，基部有蜜腺8个；子房三角形，花柱3裂，柱头头状。瘦果卵形，具3锐棱，顶端渐尖，暗褐色，光滑。

生境分布 | 喜冷凉、湿润气候，耐瘠薄，生育期短，为栽培作物。生于黑钙土特别是石灰质土壤上的植株泌蜜多。土壤肥力适中，植株生长健壮的蜜多；如植株生长过旺，泌蜜反而减少。主要分布在昌吉州沿天山山地及丘陵地带，伊犁州、巴州、石河子、哈密亦有少量分布。

养蜂价值 | 花期8月上旬至9月上旬，30～35天。花朵多而密集，边生长，边开花，有8个蜜腺，蜜粉十分丰富，在大气湿度较高的条件下整天泌蜜；常年每群蜂可采蜜20～30千克，丰年60千克以上。对繁殖越冬蜂，采集越冬蜜，生产商品蜜和花粉有重要价值。荞麦蜜为深琥珀色，颗粒较粗，味甜而腻，回味重，有浓郁而刺激的荞麦花香。荞麦蜜含糖量高，不易结晶，可作酿酒原料和蜂群越冬饲料。荞麦花粉为暗黄色，花粉粒为长球形。

其他用途 | 种子含淀粉，可制成面粉，供食用，也可入药。生育期短，每遇自然灾害，多用于补种作物，为抗灾救急作物。

● **益母草** *Leonurus japonicus* Houttuyn

别　　名 | 茺蔚、坤草

科　　属 | 唇形科益母草属

形态特征 | 一年生或二年生直立草本。幼苗期无茎，成株茎高40～120厘米，有倒向糙伏毛，茎呈方柱形。基生叶圆心形，浅裂，叶交互对生，叶柄长2～3厘米，青绿色，质鲜嫩，揉之有汁；茎中部叶掌状3裂成矩圆形裂片，中裂片再3裂；花序上的叶呈条形或条状披针形，全缘或具稀小齿，最小裂

片宽在3毫米以上。轮伞花序腋生，直径2～2.5厘米，下有刺状小苞片；花萼筒状钟形，长6～8毫米，脉5条，外面贴生微柔毛，具5齿，前2齿靠合，长约3毫米，后3齿较短，等长，长约2毫米，先端刺尖；花冠粉红色至淡紫红色，长1～1.2厘米，花冠筒内有毛环，檐部二唇形，上唇伸直，长圆形，外被柔毛，下唇3裂略短于上唇，内面在基部疏被鳞状毛，中裂片倒心形，先端微缺，侧裂片卵圆形，细小。雄蕊4枚，均延伸至上唇片之下，平行，前对较长，花丝丝状，扁平，疏被鳞状毛。子房褐色，无毛。花萼内有小坚果4，矩圆状三棱形。

生境分布 | 生于海拔1 000～2 000米的山坡草地、田野、河滩及水沟旁等潮湿地。北疆山区均有分布，乌鲁木齐、伊犁、乌苏等地较多。

养蜂价值 | 花期6—8月。数量多，分布广，花期长，蜜粉丰富，有利于蜜蜂繁殖和生产商品蜜粉。益母草蜜浅琥珀色，清香怡人，品质优良。花粉淡黄色，花粉粒长球形。

其他用途 | 全草入药；嫩枝可作为蔬菜食用。

● 薄荷 *Mentha canadensis* Linnaeus

别　　名 | 苏薄荷，仁丹草
科　　属 | 唇形科薄荷属
形态特征 | 多年生宿根性草本植物。茎高30～70厘米，上部具倒向微柔毛，下部仅沿棱具微柔毛。叶具柄，矩圆状披针形至披针状椭圆形，长3～5厘米，上面沿脉密生微柔毛，其余部分疏生，或除脉外近无毛，下面常沿脉密生微柔毛。轮伞花序腋生，球形，具梗或无梗；花萼筒状钟形，长约2.5毫米，狭三角状钻形；花冠淡紫色，外被毛，内面在喉部下被微柔毛，檐部4裂，上裂片顶端2裂，较大，其余3裂近等大。雄蕊4枚，前对较长，长约5毫米，均伸出花冠之外，花丝丝状，花药卵圆形，2室。花柱略超出雄蕊，先端近相等，2浅裂，裂片钻形，花盘平顶。小坚果卵球形。

生境分布 | 生长在平原绿洲及农田、湿地

及水沟边。新疆均有分布。

养蜂价值 ｜ 薄荷花期7—8月，主要流蜜期20～25天，泌蜜多，是优良的蜜源植物。薄荷蜜深琥珀色，具薄荷香味，易结晶。花粉黄褐色，花粉粒扁球形。

其他用途 ｜ 全草入药。植物体中含薄荷脑，可用作香料。

● 直齿荆芥 *Nepeta nuda* L.

科　　属 ｜ 唇形科荆芥属

形态特征 ｜ 多年生草本植物，高60～120厘米。茎直立，四棱形，分枝交互对生。茎生叶，对生，长圆状卵形或长圆状椭圆形至披针形，长3.8～6.5厘米，宽1.8～2.5厘米，先端渐尖，基部楔形，边缘有疏锯齿；具短柄。聚伞花序生于茎和枝顶，组成狭长的穗状圆锥花序；苞片、小苞片线形；花萼管状，绿色，齿条形，被白茸毛；5萼齿，锥形，具狭的膜质边缘。花冠淡紫色，冠檐二唇形，上唇直立，长1.8～2毫米，先端深裂成2个卵形裂片，下唇平伸，长4～6毫米，3裂，中裂片大，阔卵圆状心形，先端具凹陷，边缘微波状，侧裂片半圆形；雄蕊4枚，伸出冠外。小坚果长圆形，腹部具棱，褐色。

生境分布 ｜ 直齿荆芥生于海拔1 600～1 850米的低山丘陵、高山峡谷、林缘及草坡。广泛分布于伊犁高山草原地带。

养蜂价值 ｜ 花期7月中旬至8月中旬。数量较多，密度较大，泌蜜丰富，蜜蜂喜采，花前降水充足，花序长，泌蜜多。与其他杂草蜜源植物一起，常年能取到大量蜂蜜。花粉黄褐色，花粉粒近球形。

本属还有寻枝荆芥（*N. virgata* C. Y. Wu et Hsuan）产于天山山区、阿尔泰山区；南疆荆芥（*N. fedtschenkoi* Pojark.）产于昆仑山西部山区，均为较好的辅助蜜源植物。

其他用途 ｜ 可作牧草；枝叶可提取芳香油。

● 旋覆花 *Inula japonica* Thunb.

别　　名 ｜ 驴儿草、百叶草

科　　属 ｜ 菊科旋覆花属

形态特征 ｜ 多年生草本，高30～80厘米。茎具纵棱，绿色。叶互生，椭圆形或窄长椭圆形，长6～10厘米，宽1～2.5厘米，先端尖，基部稍狭，有时呈小耳、半抱茎，全缘或具细锯齿，上面绿色，疏被糙毛，下面淡绿色，密被糙伏毛。头状花序少数或多数，顶生，呈伞房状排列，直径3～4厘米；花序梗被白毛，近花序处通常有一披针形的苞片，被柔毛；总苞半圆形，总苞片数层，外层披针形，

内层线状披针形或线形，干膜质，外面被毛或仅具缘毛；花托微凸；舌状花1层，黄色，为雌花，花冠先端3浅裂，基部两侧稍连合呈管状，雌蕊1枚，子房下位，具棱，被白色短硬毛，花柱线形，柱头2裂；管状花两性，位于花序的中央。瘦果长椭圆形，被白色硬毛，冠毛白色。

生境分布 │ 生于山坡、路旁、田边或水旁湿地。新疆各地均有分布，北疆山区较多，巩留、特克斯、昭苏等地较为集中。

养蜂价值 │ 花期7月下旬至9月上旬，约35天。数量多、分布广、花期长，蜜粉多。在流蜜期，常年能取到大量蜂蜜，花粉可满足蜂群的需要，是北疆地区的主要蜜源植物。花粉黄色，花粉粒近球形。

其他用途 │ 花序、全草、根均可药用。

● **柳兰** *Epilobium angustifolium* L.

科　　属 │ 柳叶菜科柳兰属

形态特征 │ 多年生草本植物。茎直立，丛生，高1～1.3米，不分枝。根状茎匍匐。单叶互生，无柄，茎下部的叶近膜质，披针状长圆形至倒卵形，长0.5~2厘米，中上部的叶近革质，线状披针形或狭披针形，长7~14厘米，宽1~2.5厘米，先端渐狭，基部钝圆或有时宽楔形，上面绿色或淡绿色，两面无毛，全缘或有细锯齿。总状花序长穗状，生于茎顶，长5~40厘米，花大而多；苞片线形，长1~2厘米；花蕾倒卵状，长6~12毫米，直径4~6毫米；子房淡红色或紫红色，被贴生灰白色柔毛；花直径1.5~2厘米，两性，紫红色或淡红色；萼片几乎裂至基部，裂片4，线状倒披针形，微带紫红色，被灰白柔毛；花药长圆形，柱头白色；花瓣倒卵形，顶端微凹或近圆形，基部具短爪，长1.5厘米。蒴果圆柱形。

生境分布 | 生于山坡、林缘、林下及河谷湿草地。耐寒，喜凉爽、湿润气候，畏炎热、干旱的环境。主要分布于天山山区、阿勒泰山区和阿拉套山区等。

养蜂价值 | 花期7月上旬至8月中旬，40天左右。是北疆中山带草地的主要蜜源植物，数量多，分布广，花朵多，花期长，蜜多粉多，诱蜂力极强，蜜蜂喜采，有利于蜂群繁殖和采集蜂蜜。柳兰集中分布区域，每群蜂可生产15~20千克商品蜜。柳兰蜜白色，质佳味美。花粉黄色，花粉粒近球形。

其他用途 | 全草入药；可作牧草；作为园林观赏植物。

● 密花香薷 *Elsholtzia densa* Benth.

科　　属 | 唇形科香薷属

形态特征 | 多年生草本，高30~60厘米。茎直立，自基部分枝，分枝细长，被短柔毛。叶长1~4厘米，叶对生，长披针形至椭圆形，先端渐尖，基部宽楔形或近圆形，边缘在基部以上具锯齿，两面被短柔毛。花序穗状着生在顶端；苞片宽卵圆形，先端急尖，紫红色，边缘具密集的睫毛；花萼钟状，外面及边缘密被紫色串珠状长柔毛，5萼齿，后3齿稍长，近三角形，果期萼膨大；花冠小，淡紫色，外面及边缘密被紫色串珠状长柔毛，里面在基部具稀疏的柔毛环，冠檐二唇形，上唇伸直，先端微凹，下唇3裂，雄蕊4枚，前对较长，微露出冠外，花药近圆形；花柱伸出冠外，先端近相等，2裂。小坚果卵珠形，暗褐色，被极细微柔毛，顶端具小疣状突起。

生境分布 | 生于天山、阿尔泰山、准噶尔西部山地的山地草甸、林缘、林间空地及灌丛中。主要分布于天山北麓各县山区。

养蜂价值 | 花期7月上旬至9月上旬。主要流蜜期为7月中旬至8月下旬，约35天。密花香薷是牧区秋季优良蜜源植物，其花期长，蜜多粉足，蜂爱采集。乌鲁木齐南山及奇台山区成片生长

处，每群蜂可生产40～50千克商品蜜，对采集秋蜜、繁殖越冬蜂和储藏越冬饲料有重要作用。密花香薷蜜浅琥珀色，香气浓厚，味佳，不易结晶，食用和作越冬饲料均良好。花粉淡黄色，花粉粒近球形。

其他用途 | 种子可以榨油，种子含油率33%～39%，是一种良好的机器润滑油。

● 牛至 *Origanum vulgare* L.

科　　属 | 唇形科牛至属

形态特征 | 多年生草本。茎高25～60厘米，被倒向或微卷曲的微柔毛。叶片卵形或长圆状卵形，长1～4厘米，被柔毛及腺点；叶柄短，被毛。花序为伞房状圆锥花序，开张，由多数圆柱形、在果时多少伸长的小假穗状花序所组成；苞片矩圆状倒卵形至倒卵形或倒披针形，绿色或带红晕；花萼钟状，长约3毫米，外面被小硬毛或近于无毛，内面在喉部有白色柔毛环，13脉，萼齿5，三角形，等大，长0.5毫米；花冠紫红色、淡红色至白色，管状钟形，长7毫米，两性花冠筒长5毫米，显著超出花萼，而雌性花冠筒短于花萼，外面疏被短柔毛，内面在喉部被疏短柔毛，冠檐明显二唇形，上唇直立，卵圆形，先端2浅裂，下唇3裂；雄蕊4枚；花丝丝状，扁平，花药卵圆形，2室，两性花由三角状楔形的药隔分隔；花盘平顶；花柱略超出雄蕊，先端不相等，裂片钻形，2浅裂。小坚果卵圆形。

生境分布 | 生于海拔500～3 600米的山地草甸、林缘及河谷、亚高山草原。分布于天山北坡、阿尔泰山南坡草原、准噶尔西部山区，尼勒克、新源、巩留山区最为集中。

养蜂价值 | 花期7月中旬至8月中旬。分布广，数量多，花朵多，蜜粉丰富，蜜蜂喜采，是夏、秋季山区重要的蜜粉源植物。牛至集中分布区每群蜂可生产20千克蜂蜜。牛至蜜浅琥珀色，味芳香，结晶颗粒较细腻。花粉淡黄色，花粉粒椭圆形。

其他用途 | 是芳香植物，茎、叶中含挥发油0.15%～0.4%，可提香精油。

● **阿尔泰百里香** *Thymus altaicus* Klok. et Shost.

科　　属 ｜ 唇形科百里香属

形态特征 ｜ 半灌木。茎匍匐，褐色，花枝直立，高5～8厘米，被短柔毛。叶长圆状椭圆形或卵圆形，长4～8毫米，宽1～3毫米，先端钝或尖，基部收缩成柄，两边全缘，背面2～3对脉明显突出，具较多的腺点，基部有少数的长缘毛。花序着生在侧枝顶端，呈头状，具花梗，密被短柔毛；苞叶长圆状椭圆形，边缘具睫毛；花萼钟形，长约4毫米，下部被疏柔毛，上部无毛，上唇齿近三角形，一般无缘毛或被短的硬毛，下唇2裂，裂片锥形，具长的睫毛；花冠紫红色，长约6毫米，外面被短柔毛，里面自冠檐以下具短柔毛，冠檐二唇形，上唇直立，先端微凹，下唇3裂，近相等；雄蕊4枚，前对较长，花药2室，伸出冠外；花柱长于花冠，先端2裂，裂片不等长。小坚果卵圆形，黑色。

生境分布 ｜ 生于阿尔泰山海拔1 200～2 500米的山地草甸及亚高山草甸带中。产于阿勒泰、布尔津等地。

养蜂价值 ｜ 花期7月下旬至8月下旬，流蜜期30～40天。开花顺序以花枝抽生先后为序，先开的粉多，后开得蜜多，中间开得蜜、粉均多。花具香味，诱蜂力强，蜜蜂采集从早晨9时至下午5时最积极。有利于蜂群繁殖和采蜜。百里香蜜为琥珀色，尾味稍辣。花粉黄褐色，花粉粒近球形。

其他用途 ｜ 香料植物，茎叶可以提取香精油，供制香皂、化妆品和防腐剂；干粉可作调料。

另外，本属还有异株百里香（*Th. marschallianus* Willd.），生于阿尔泰山及天山中部的山地砾石质坡地；拟百里香（*Th. proximus* Serg.），生于海拔1 500～2 500米的伊犁、阿尔泰山区的山顶阳坡及山沟湿润处。这些植物均为较好的辅助蜜源植物。

异株百里香

拟百里香

拟百里香

● **草原糙苏** *Phlomis pratensis* Kar. et Kir.

科　　属 ｜ 唇形科糙苏属

形态特征 ｜ 多年生草本。茎单一或分枝，下部及花序下面常被长柔毛，有时具混生星状毛，其

余部分通常被星状疏柔毛及单毛。基生叶及下部的茎生叶具长柄，心状卵圆形，长10～17厘米；茎生叶具长1～3厘米的柄，叶片较小；上部苞叶无柄，变小，卵状矩圆形；叶片上面均被疏柔毛，下面被星状疏柔毛。轮伞花序多花，着生于主茎或分枝上部，其下有钻形被星状毛的苞片；花萼筒状，长10～15毫米，具5齿，顶端微凹，具2～3毫米的短芒尖；花冠紫红色，为萼长的1.5～2倍，上唇边缘有不整齐的锯齿，自内面密被髯毛，檐部二唇形，下唇中裂片宽倒卵形，侧裂片较短，后对雄蕊花丝基部远在毛环上有纤细向下的附属器，花药微伸出于花冠。小坚果矩圆形，无毛。

生境分布 │ 生于海拔1 200～2 500米的亚高山草甸。分布于阿尔泰山、天山、准噶尔西部山地等。伊犁的昭苏、特克斯、新源、尼勒克、乌鲁木齐、奇台和吉木萨尔等山区较为集中。

养蜂价值 │ 花期7月上中旬至8月中下旬。数量较多，分布较广，花期较长，花朵数多，花色艳丽，诱蜂力强，蜜粉丰富，是秋季山区主要的蜜粉源植物之一。集中分布区域每群蜂可采20～30千克蜂蜜。草原糙苏蜜琥珀色，甜而适口，味芳香。花粉粉白色，花粉粒椭圆形。

其他用途 │ 可作牧草。

● 芳香新塔花 *Ziziphora clinopodioides* Lam.

科　属 │ 唇形科新塔花属

形态特征 │ 多年生半灌木状草本，具薄荷香味，高15～40厘米。根粗壮，木质化。茎直立或斜向上，四棱，紫红色，从基部分枝，密生向下弯曲的短柔毛。叶对生，腋间具数量不等的小叶；叶片宽椭圆形、披针形或卵状披针形，基部楔形延伸成柄，先端渐尖，全缘，两面具稀柔毛，背面叶脉明显，具黄色腺点。花序轮伞状，着生在茎及枝条的顶端，集成

球状；苞片小，叶状；花萼筒形，外被白毛，里面喉部具白毛，萼齿5枚；花冠紫红色、蓝紫色，长约8毫米，冠檐二唇形，上唇直立，顶端微凹，下唇3裂，中裂片狭长，先端微缺，侧裂片圆形；雄蕊4枚，仅前对发育，后对退化，伸出冠外；花柱先端2浅裂。小坚果卵圆形。

生境分布 │ 生于海拔700～1 100米的砾石坡地、半荒漠草地及沙滩上。分布于阿尔泰山、天山、准噶尔西部山地、帕米尔高原及昆仑山。伊犁地区各山间盆地及布尔津、奇台、乌鲁木齐南山等地较为集中。

养蜂价值 │ 花期为7月中旬至9月中旬。分布广，数量多，花朵多，蜜粉丰富，蜜蜂喜采，是北疆山区夏、秋季开花的主要蜜源之一，集中分布区每群蜂可生产10～20千克商品蜜。花粉黄褐色，花粉粒圆球形。

其他用途 │ 香料植物，挥发油中含薄荷脑，可提取香精油。

● **新塔花** *Ziziphora bungeana* Juz.

别　　名 │ 山薄荷、小叶薄荷
科　　属 │ 唇形科新塔花属
形态特征 │ 多年生草本，高15～40厘米。全株有强烈的薄荷香气。根木质。茎由基部丛生，具4棱，表面带紫色，有短柔毛。叶对生，具短柄；叶片长圆形或宽披针形，全缘，长0.5～2厘米，宽0.3～1厘米，有腺点。轮伞花序密集成顶生头状花序；花萼筒状；萼筒长5～7毫米；花冠二唇形，长10～12毫米，被短柔毛，蓝紫色、紫红色或带粉红色；雄蕊2枚，外露；柱头2裂。小坚果卵圆形。

生境分布 | 生于低山坡草地。分布于北疆山区，伊犁州直山区、塔城地区、阿勒泰、布尔津、哈巴河、富蕴等地较多。

养蜂价值 | 花期7月中旬至9月中旬，40多天。数量较多，花期长，泌蜜丰富，蜜蜂爱采，对蜂群繁殖、采蜜和贮存越冬饲料有重要价值。

其他用途 | 全草可入药。

● 大叶橐吾 *Ligularia macrophylla* (Ledeb.) DC.

别　　名 | 大黄花

科　　属 | 菊科橐吾属

形态特征 | 多年生草本。须根多数，肉质。茎直立，高50～110厘米，无毛。基生叶具柄，抱茎，多呈紫褐色，叶片长圆状或卵状长圆形；茎生叶无柄，叶片卵状长圆形到披针形，大者长达12厘米，宽6厘米，向上渐小呈披针形。头状花序组成圆锥状，长达40厘米，总轴粗，其上着生许多或长或短的总状排列的头状花序，花序梗长1～3毫米；总苞窄筒状或窄陀螺状，总苞片4～5枚，倒卵形或长圆形，先端钝或圆，有的背面被柔毛，排列成2层，内层有白色膜质边缘；边缘的舌状花1～3朵，雌性，能育，舌片长圆形，先端钝或圆；筒状花5～7朵，伸出总苞，长约5毫米，先端5齿裂，雄蕊花药长约3毫米，伸出花冠，附器卵状长三角形，细筒部长约2毫米。瘦果略扁压，柱状，具冠毛。

生境分布 | 生于海拔1 700～2 600米的河谷、水边、阴坡草地及林缘。分布于布尔津、吉木乃、乌鲁木齐、玛纳斯、乌苏、和布克赛尔、博乐、精河、温泉、霍城、昭苏、特克斯和库车等地。

养蜂价值 | 花期6月中旬至7月中旬。数量多，分布广，花期长，花大且多，花色鲜艳，诱蜂力强，蜜粉丰富，蜜蜂喜采，有利于蜂群繁殖和生产商品蜜与蜂王浆。每群蜂可生产15～20千克商品蜜。花粉黄色，花粉粒卵圆形。

其他用途 | 可作牧草及观赏植物。

● **蓍** *Achillea millefolium* L.

别　　名｜千叶蓍

科　　属｜菊科蓍属

形态特征｜多年生草本，高30～100厘米。根状茎匍匐。茎直立，密生白色长柔毛。叶披针形、矩圆状披针形或近条形，二至三回羽状全裂；下部叶长10～20厘米，宽0.8～2厘米，上部叶通常有1～2个齿，裂片及齿披针形或条形，顶端有软骨质小尖。头状花序多数，密集成复伞房状，直径5～6毫米；总苞短圆状或近卵状，总苞片3层，覆瓦状，绿色龙骨瓣状，有中肋，边缘膜质；托叶卵形，膜质；舌状花白色、粉红色或紫红色，舌片近圆形，顶端有2～3个齿；中央筒状花黄色。瘦果矩圆形，长2毫米，无冠毛。

生境分布｜生于海拔500～3 000米的山地草原的河滩、草甸。分布于天山北部，东至巴里坤、木垒，西至霍城、昭苏山区。

养蜂价值｜花期6月中旬至8月上旬。数量多，分布广，花期长，有蜜有粉，蜜蜂喜采，有利于蜂群繁殖和采蜜。花粉橘黄色，花粉粒圆卵形。

其他用途｜茎叶含芳香油，可作调香原料。

● **天山蓟** *Cirsium alberti* Rgl. et Schmalh.

科　　属｜菊科蓟属

形态特征｜多年生草本。茎直立，高30～90厘米，自中部或自基部分枝，全部茎枝有条棱，被稠密的长节毛及稀疏的蛛丝毛。下部叶椭圆状披针形或披针形，长22～27厘米，宽约7厘米，羽状深裂，下部收窄成有翼的叶柄，翼柄边缘有刺齿；侧裂片4～8对，三角状卵形或半椭圆形，边缘有3～5个刺齿及缘毛状针刺，齿顶有针刺，基部耳状扩大半抱茎；接花序下部的叶更小，边缘刺齿针刺化。全部叶质地薄，两面异色，上面绿色，下面灰白色，均被毛。头状花序直立，在茎枝顶端排成伞房花序或伞房圆锥花序。总苞卵球形或卵形，直径2厘米，无毛。总苞片7～8层，覆瓦状排列，向内层渐

长，外层与中层三角状钻形、长卵状钻形至披针状钻形。小花粉色、黄色或白色，花冠长 1.9 厘米，檐部长 1.1 厘米，具不等 5 浅齿。瘦果有黑色纵条纹；冠毛多层，长羽毛状，白色。

生境分布 ｜ 生于海拔 1 000～2 400 米的山坡、山谷林缘、草滩、河滩或溪旁，分布于天山北坡的奇台、阜康、乌鲁木齐、玛纳斯、沙湾、乌苏、霍城、尼勒克、新源和巩留等地。

养蜂价值 ｜ 花期 7—8 月。数量多，分布广，蜜粉丰富，蜜蜂爱采，分布集中区域可生产商品蜜。天山蓟蜜浅琥珀色，结晶后为淡黄色，

颗粒细腻。花粉浅黄色，花粉粒长球形。

其他用途 ｜ 可作观赏植物。

● **翼蓟** *Cirsium vulgare* (Savi) Ten.

科　　属 | 菊科蓟属

形态特征 | 二年生草本，高25～150厘米。茎直立，上部分枝，全部茎枝有翼，茎翼和枝翼刺齿状，齿顶有长针刺。中部叶披针形、倒披针形或线状披针形，长10～15厘米，宽4～5厘米，羽状深裂，基部沿茎下延成茎翼；侧裂片3～4对，等大或不等大二叉裂，叉裂长三角形或披针形，顶端急尖成长针刺，裂缘有缘毛状短针刺；顶裂片披针形，边缘有少数长针刺及多数的缘毛状短针刺。全部长针刺长5～10毫米；接头状花序下部的叶线形，裂片边缘长针刺化。全部叶质地薄，两面异色，上面绿色或黄绿色，被稠密的贴伏针刺，针刺长1.5毫米，下面灰白色，被稠密或密厚的茸毛。头状花序直立，多数或少数在茎枝顶端排成圆锥伞房状，总苞卵球形，直径3～5厘米，无毛。总苞片约10层，紧密覆瓦状排列，钻状三角形或披针形。小花红色，花冠长3厘米，细管部长2厘米，细丝状，檐部长1厘米，不等5浅裂。冠毛白色，冠毛刚毛长羽毛状。瘦果褐色，偏斜楔状倒披针形，顶端斜截形。

生境分布 | 生于海拔800～1800米的草坡、田间、路旁、荒地及沟渠边。天山、阿尔泰山及准噶尔阿拉套山均有分布，乌鲁木齐、石河子、玛纳斯、乌苏、昭苏、巩留、伊宁、新源、霍城、裕民和布尔津等地较为集中。

养蜂价值 | 花期6月下旬至8月中下旬，40～50天。数量多、分布广、花期长、花色艳，诱蜂力强，蜜丰富，蜜蜂喜采，是北疆地区的主要蜜粉源之一。集中分布区每群蜂可生产10～15千克商品蜜，丰年可达25千克。花粉黄色，花粉粒椭圆形。

其他用途 | 全草入药。

● 刺儿菜 *Cirsium arvense* var. *integrifolium* C. Wimm. et Grabowski

别　　名 | 小蓟、青青草、蓟蓟草、刺狗牙、刺蓟、枪刀菜

科　　属 | 菊科蓟属

形态特征 | 多年生草本，高25～50厘米，具匍匐根茎。茎直立，有纵槽，幼茎被白色蛛丝状毛。叶互生，椭圆形或长椭圆状披针形，长7～10厘米，宽1.5～2.5厘米，先端钝，边缘齿裂，有不等长的针刺，两面均被蛛丝状绵毛。头状花序顶生，雌雄异株；总苞钟状，总苞片5～6层，覆瓦状排列，向内层渐长，雄花序总苞长约1.8厘米，雌花序总苞长约2.3厘米；花管状，淡紫色，雄花花冠长1.7～2厘米，雌花冠长约2.6厘米。瘦果椭圆形或长卵形，具纵棱，冠毛羽状。

生境分布 | 生于海拔600～2600米的低山草地、河边、田间、荒地、路边及其他干燥处。新疆各地均有分布，北疆地区丘陵、低山带草原等处较为集中。

养蜂价值 | 花期6月中旬至7月下旬。分布面积广，数量多，花期长，蜜粉丰富，蜜蜂喜采，有利于蜂群繁殖。集中分布区域每群蜂可生产5～10千克商品蜜。花粉黄褐色，花粉粒近球形。

其他用途 | 可作牧草。

● **林荫千里光** *Senecio nemorensis* L.

别　　名	红柴胡、黄苑、森林千里光、桃叶菊
科　　属	菊科千里光属

形态特征 | 多年生草本植物。根状茎短，歪斜。茎直立，单生或有时丛生，高70~100厘米，上部有稍斜升的花序枝。下部叶花期枯萎；中部叶披针形或矩圆状披针形，先端尖，基部渐狭，长10~15厘米，宽1.5~2.5厘米，边缘有细锯齿，两面被疏毛或无毛，上部叶条状披针形至条形。头状花序，多数，在茎端或枝端或上部叶腋排成复伞房状花序；花序梗细，小苞片线形，被疏柔毛。总苞近圆柱形，总苞片12~18枚，长圆形，顶端三角状渐尖，被褐色短柔毛，草质，边缘宽干膜质，外面被短柔毛；舌状花5~10朵，管部长5毫米；舌片黄色，线状长圆形；管状花15~16朵，花冠黄色，长8~9毫米，檐部漏斗状，裂片卵状三角形，上端具头状毛；花药基部具耳；萼片卵状披针形；花柱分枝，截形，被头状毛。瘦果圆柱形，有纵沟，无毛，冠毛白色。

生境分布　│　林荫千里光生于海拔 800～2 800 米的林中空旷处、草地或溪边。分布于奇台、乌鲁木齐、博乐、新源、尼勒克、巩留和特克斯等地。

养蜂价值　│　花期 7 月初至 8 月上旬，花期长，数量多，分布广，蜜粉丰富，蜜蜂喜采，是山区生产杂花蜜的优质蜜源植物之一。花粉黄色，花粉粒圆球形。

其他用途　│　亦为中等牧草。

● 白车轴草　*Trifolium repens* L.

别　　名　│　白三叶、白花三叶草、白三草、车轴草
科　　属　│　豆科车轴草属
形态特征　│　多年生草本，高 10～30 厘米。主根短，侧根和须根发达。茎匍匐蔓生，上部稍上升，节上生根，全株无毛。掌状三出复叶；托叶卵状披针形，膜质，基部抱茎呈鞘状，离生部分锐尖；叶柄长 10～30 厘米；小叶倒卵形至近圆形，长 8～20 毫米，宽 8～16 毫米，先端微凹至钝圆，基部楔形渐窄至小叶柄，中脉在下面隆起，侧脉约 13 对。花序球形，顶生，直径 1.5～4 厘米；总花梗甚长，比叶柄长近 1 倍，具花 20～50 朵，密集；无总苞；苞片披针形，膜质，具锥尖；花长 7～12 毫米；花梗比花萼稍长或等长，开花立即下垂；萼钟形，具脉纹 10 条，萼齿 5 枚，披针形，短于萼筒，萼喉开张，无毛；花冠白色、乳黄色或淡红色，具香气；旗瓣椭圆形，比翼瓣和龙骨瓣长近 1 倍；子房线状长圆形，胚珠 3～4 粒。荚果长圆形；种子通常 3 粒，阔卵形。

生境分布　│　生于山区湿润草地、林下、河岸、路边。广泛分布于天山北麓、阿尔泰山南坡及伊犁河谷中低山带、山前平原区，以奇台、布尔津、博乐、尼勒克、新源、巩留、特克斯和昭苏等山区较为集中。

养蜂价值　│　平原地区花期 5 月下旬至 7 月下旬；山区 6 月中旬至 8 月中旬，约 60 天。数量多，分布广，花期长，泌蜜丰富，诱蜂力强，蜜蜂喜采，是重要的蜜源植物之一。好的年份每群蜂可采蜜 30 千克。花粉黄褐色，花粉粒长圆形。

其他用途　│　可作优良牧草；可作绿肥、堤岸防护草种、草坪装饰等。

● 一枝黄花 *Solidago decurrens* Lour.

别　　名 ｜ 野黄菊、山边半枝香、满山黄、百根草、小柴胡

科　　属 ｜ 菊科一枝黄花属

形态特征 ｜ 多年生草本，高35～100厘米。茎直立，不分枝或中部以上有分枝。中部茎叶卵形或宽披针形，长2～5厘米，宽1～1.5厘米，下部楔形渐窄，有具翅状柄，仅中部以上边缘有细齿或全缘，向上叶渐小；下部叶与中部茎叶同形，有长2～4厘米或更长的翅状柄。全部叶质地较厚，叶两面、沿脉及叶缘有短柔毛或叶背面无毛。头状花序腋生，长6～8毫米，宽6～9毫米，多数在茎上部排列成紧密或疏松的长6～25厘米的总状花序或伞房圆锥状花序，少有排列成复头状花序的。总苞片4～6层，披针形或狭披针形，顶端急尖或渐尖，中、内层长5～6毫米；花黄色，两性，周围舌状花舌片椭圆形，长6毫米；中央为管状花。瘦果柱形，无毛，具宿存冠毛。

生境分布 ｜ 生于海拔600～2 800米的山坡、阔叶林缘、林下、路旁及草丛中。北疆各地均有分布，天山、阿尔泰山及准噶尔西部山地低山带较多。

养蜂价值 ｜ 花期7月上旬至8月下旬。数量多，分布广，花朵多，花期长，蜜粉丰富，蜜蜂爱采，分布集中区域，每群蜜蜂可生产10～15千克商品蜜。一枝黄花蜜为淡黄色，味美质佳。花粉淡黄色，花粉粒圆球形。

其他用途 ｜ 秸秆可作食用菌培养料主料；可作为园林观赏植物种植，可作切花。

● 毛头牛蒡 *Arctium tomentosum* Mill.

别　　名 ｜ 大力子、恶实、牛蒡子

科　　属 ｜ 菊科牛蒡属

形态特征 ｜ 二年生草本植物。根肉质，粗壮，肉红色。茎直立，绿色，带淡红色，多分枝，粗壮，高达2米。基生叶卵形，长25～50厘米，宽10～30厘米，顶端急尖或钝，有小尖头，基部心形或宽心形，有长叶柄，边缘有稀疏的刺尖，两面异色，上面绿色，被稀疏的乳突状毛及黄色小腺点，下

面灰白色，被稠密的茸毛及黄色小腺点；中部与上部茎叶与基生叶同形，并具有等样及等量的毛被；最上部茎叶卵形或卵状长椭圆形。头状花序多数，在茎枝顶端排成总状或圆锥状伞房花序，花序梗粗壮。总苞卵形或卵球形，直径1.5～2厘米。总苞片多层，多数，外层披针状或三角状钻形；中层线状钻形；中外层苞片顶端有倒钩刺；内层苞片披针形或线状披针形，顶端渐尖，无钩刺。全部苞片外面被膨松蛛丝状毛；小花紫红色，花冠长9～12毫米，檐部长4.5～6毫米，外面有黄色小腺点，细管部长4.5～6毫米。瘦果浅褐色，倒长卵形或偏斜倒长卵形，两侧压扁，有多数突出的细脉纹及深棕褐色的形状各异的色斑。冠毛浅褐色，多层，刚毛糙，不等长，分散脱落。

生境分布 | 生于海拔540～2 300米的山坡、林间空地、湿地、荒地、田间和路旁等处。新疆各地均有分布，木垒、吉木萨尔、尼勒克、新源和巩留等地中山草原带较多。

养蜂价值 | 花期6月下旬至8月下旬。数量多，分布广，花期长，蜜粉丰富，诱蜂力强，蜜蜂喜采，有利于蜂群繁殖和采蜜。在集中分布区域可采集一定数量的蜂蜜。花粉黄褐色，花粉粒球形。

其他用途 | 果实、根和叶入药。

● 总状土木香 *Inula racemosa* Hook. f.

别　　名	土木香、木香

别　　名 | 土木香、木香

科　　属 | 菊科旋覆花属

形态特征 | 多年生草本，高1～2米。根状茎块状。茎直立，多分枝，基部木质化，有多数细槽，下部毛常脱落，中上部密被长毛，毛向基部稍加粗。基生叶和下部茎生叶椭圆状披针形，长20～50厘米，宽10～20厘米，有具翅的长柄，顶端尖，边缘有不规则的齿，下面密被黄绿色茸毛；茎生叶基部有耳，半抱茎。头状花序少数或多数，舌状花黄色，长约2.5厘米，舌片线形，筒状花长约9毫米，顶端5齿裂，裂片呈窄长的三角形。瘦果柱状五面形，无毛；冠毛污白色。

生境分布 | 生长在草原带的水边，低山河谷的湿润处，海拔500～1900米。阿勒泰、木垒、奇台、阜康、石河子、塔城、沙湾、伊宁、尼勒克、新源、巩留、特克斯、昭苏和和静等地均有分布。

养蜂价值 | 花期7—8月。花期长，花色艳，有蜜有粉，数量丰富，诱蜂力强，蜜蜂喜采，有利于蜂群繁殖和生产杂花蜜。花粉黄色，花粉粒椭圆形。

其他用途 | 枝叶晾干可作冬季牧草。

本属大叶土木香（*I. grandis* Schrenk ex Fish. et Mey.）产于天山山区，亦为蜜源植物。

● **戟叶鹅绒藤** *Cynanchum acutum* subsp. *sibiricum* (Willd.) K. H. Rechinger

别　　名 | 牛皮消

科　　属 | 萝藦科鹅绒藤属

形态特征 | 多年生缠绕藤本，全株含白色乳汁。根粗壮，土灰色，直径约2厘米。茎被柔毛。叶对生，长戟形或戟状心形，长4～6厘米，基部宽3～4.5厘米，表面绿色，背面淡绿色，两面均被柔毛。伞房状聚伞花序腋生，花序梗长3～5厘米；花萼外面被柔毛，内部腺体极小；花冠外面白色，内面紫色，裂片矩圆形；副花冠双轮，外轮筒状，顶端有5条不同长短的丝状舌片；内轮5条较短；花粉块矩圆形，下垂；子房平滑，柱头隆起，顶端微2裂。蓇葖果单生，长角状，长约10厘米，直径1厘米，熟后纵裂；种子长圆形，棕色，顶端有白色绢质种毛，长3厘米。

生境分布 | 生于绿洲地带的路边、宅旁，河谷灌木丛、轻盐碱地与沙地边缘。分布于新疆各地；以喀什、疏勒、疏附、莎车、英吉沙、岳普湖、布尔津、北屯和阿勒泰等地较为集中。

养蜂价值 | 花期7月初至8月底。数量多，分布广，花期长，蜜粉丰富，蜜蜂喜采，集中分布区，可生产商品蜜。戟叶鹅绒藤蜂蜜深琥珀色。花粉黄色，花粉粒圆球形。

其他用途 | 全草入药。

● 草地老鹳草 *Geranium pratense* L.

别　　名 | 草原老鹳草、草甸老观草、草甸老鹳草

科　　属 | 牻牛儿苗科老鹳草属

形态特征 | 多年生草本，高30～90厘米。根状茎短而直立，长6～10厘米。茎直立，略有白柔毛，向上分枝，枝上有开展的密腺毛。叶对生，肾状圆形，直径2.5～6厘米，7深裂，裂片倒卵状楔形，上部深羽裂或羽状缺裂，上面略有短伏毛，下面叶脉上有疏柔毛；基生叶和下部茎生叶有长柄，叶柄长于叶片3～4倍。聚伞花序顶生，花序柄长2～5厘米，生2花；花柄长1～3厘米，有白色开展的密腺毛；萼片有同样的腺毛；

花瓣5枚，倒卵形，蓝紫色，花径约3厘米，长过萼片1.5倍，先端钝圆，基部被白毛；雄蕊10枚，蜜腺5个。蒴果具长喙，长约8厘米。

生境分布 ｜ 生于山地草原、林缘及灌丛。分布于天山、阿尔泰山及准噶尔西部山地。奇台、乌鲁木齐、玛纳斯、尼勒克、新源、特克斯、塔城、额敏、布尔津、阿勒泰和富蕴等地较多。

养蜂价值 ｜ 花期7月下旬至8月下旬。分布广，数量多，花期长，花色艳，有蜜有粉，诱蜂力强，蜜蜂喜采，有利于蜂群繁殖和采蜜。花粉土黄色，花粉粒长圆形。

其他用途 ｜ 全草入药，具有涩肠止痢之功效；可作牧草。

● 红花 *Carthamus tinctorius* L.

别　　名 ｜ 红蓝花 刺红花

科　　属 ｜ 菊科红花属

形态特征 ｜ 红花为一年生草本。高50～100厘米。茎直立，上部分枝。叶互生，革质，长椭圆形或宽披针形，顶端尖，基部狭窄或圆形，长7～15厘米，宽2.5～6厘米，几乎无柄，抱茎；边缘羽状齿裂，齿端有针刺。头状花序多数，在茎枝顶端排成伞房状花序，为苞叶所围绕；苞片椭圆形或卵状披针形，包括顶端针刺长2.5～3厘米，边缘有针刺，针刺长1～3毫米，或无针刺，顶端渐长。总苞卵形，直径2.5厘米；总苞片4层，外层竖琴状，边缘无针刺或有篦齿状针刺，顶端渐尖，收溢以下黄白色；中、内层硬膜质，倒披针状椭圆形至长倒披针形，顶端渐尖；全部苞片无毛无腺点；小花红色、橘红色，多数为两性管状花；花冠长2.8厘米，细管部长2厘米，花冠裂片几乎达檐部基部；雌蕊伸出冠外。瘦果白色，具棱。

生境分布 ｜ 红花适应性强，比较耐旱，喜肥沃和有机质丰富土壤。新疆各地均有栽培，北疆多集中连片种植，南疆多零星种植。主要分布于昌吉、塔城、伊犁、巴州、阿克苏和喀什等地。吉木萨尔、塔城、额敏、莎车、霍城、库尔勒等地是新疆主要的红花生产基地。

养蜂价值 ｜ 新疆种植的红花品种中，无刺红花（*C. tinctorius* var. *glabrus* Hart.）的种植面积最广，其花期为7月中旬至8月中旬。可作蜜蜂饲料。有利于蜂群繁殖、修脾、养蜂王和生产商品蜜。花粉黄色，花粉粒长球形。

其他用途 ｜ 花药用；果实提取食用植物油。

新疆主要

三

粉源植物

● 蒲公英 *Taraxacum mongolicum* Hand. -Mazz.

科　　属 | 菊科蒲公英属

形态特征 | 多年生草本，株高10~20厘米，全株含白色乳汁。叶莲座状平展，叶片倒披针形或线形，先端钝尖或尖头，边缘具大小不等的缺刻或羽状深裂，基部狭窄，下延至柄。头状花序顶生；

总苞钟状，苞片2~3层，卵状披针形；小花全部舌状，黄色，先端5齿裂；雄蕊5枚；雌蕊1枚，花柱细长，先端2裂。瘦果狭卵形，黄褐色，顶端有长喙；冠毛白色，长约6毫米。

生境分布 | 蒲公英多生于田边、路旁、丘陵地带。在干燥或潮湿的土壤均能生长。广泛分布于新疆各地。

养蜂价值 | 花期4—7月。数量多，分布广，花期长，花粉丰富，粉质优良，泌蜜较多，对春季蜂群恢复发展以及蜂花粉生产和蜂蜜生产具有重要价值。蒲公英蜜浅琥珀色，香气馥郁、味美鲜香，可谓蜜中上品。本属在新疆有几十种，皆为蜜粉源植物。花粉黄色，花粉粒近球形。

其他用途 | 全草入药。

● 榆树 *Ulmus pumila* L.

别　　名 | 家榆、榆钱、春榆、白榆

科　　属 | 榆科榆树属

形态特征 | 落叶乔木，高达25米。幼树树皮平滑，灰褐色或浅灰色；大树树皮暗灰色，不规则深纵裂，粗糙，条状剥落。单叶互生，椭圆状卵形或椭圆状披针形，长2~8厘米，宽1.2~3.5厘米，先端渐尖或长渐尖，基部楔形，边缘具不规则的重锯齿或单锯齿。侧脉每边9~16条，叶柄长4~10毫米，通常仅上面有短

柔毛。花先于叶开放，簇生于小枝上；花被4~5裂，基部呈筒状；雄蕊4~5枚。翅果近圆形或倒卵形，先端凹；果核部分位于翅果的中部，成熟前后其色与果翅相同，初淡绿色，后白黄色。

生境分布 │ 榆树适应性强，耐寒、耐旱、耐潮湿、耐盐碱。生于山坡、丘陵地带、村庄附近、河谷、田埂路旁等处。新疆各地均有分布。人工培育的圆冠榆、倒榆作为风景树，在城市普遍栽植。榆树垂直分布一般在1 000米以下。

养蜂价值 │ 榆树开花由南向北推迟，南北疆相差60多天。各地榆树开花始期，吐鲁番市3月上旬，喀什、阿克苏、巴州等地3月下旬，伊犁、昌吉、石河子、奎屯、沙湾等地4月上旬，乌鲁木齐4月中旬，塔城、博尔塔拉、阿勒泰等地5月上旬。由始花到终花15天左右。数量多，分布广，花期早，花粉较多，对促使早春蜂群繁殖，提高幼蜂体质具有重要价值。

其他用途 │ 榆树为速生树种，木材可供建筑、车辆、家具等用；花可食。

● 欧洲白榆 *Ulmus laevis* Pall.

别　　名 │ 大叶榆、新疆大叶榆
科　　属 │ 榆科榆属
形态特征 │ 落叶乔木，高15~20米；树皮淡褐灰色，幼时平滑，后成鳞状，老则不规则纵裂；当年生枝被毛或几乎无毛；冬芽纺锤形。叶倒卵状宽椭圆形或椭圆形，通常长8~15厘米，中上部较宽，先端凸尖，基部明显偏斜，一边楔形，一边半心形，边缘具重锯齿，齿端内曲，叶面无毛或叶脉凹陷处有疏毛；叶柄长6~13毫米，全被毛或仅正面有毛。花常自花芽抽出，稀由混合芽抽出，20~30花排成密集的短聚伞状花序，花梗纤细，不等长；花被上部6~9浅裂，裂片不等长。翅果卵形或卵状椭圆形，果核部分位于翅果近中部。

生境分布 │ 喜生于土壤深厚、湿润、疏松的沙壤土上。新疆各地均有栽培，乌鲁木齐、喀什、伊犁较多。

养蜂价值 │ 花期4—5月。数量多，分布广，花粉丰富，蜜蜂喜采，有利于春季蜂群的繁殖。花粉褐色，

花粉粒椭圆形。

其他用途 │ 可供建筑、农具、车辆、家具用材。翅果可榨油，枝、叶可作牧草；是营造防护林较理想的树种。也可作为行道树、庭荫树。

本属的圆冠榆（*U. densa* Litw.），在库尔勒、喀什、伊宁、博乐、乌鲁木齐和哈密等地广为引种栽培，亦为很好的辅助粉源植物。

圆冠榆

● 柳　*Salix* spp.

别　　名	杨柳、水柳、柳毛、清明柳
科　　属	杨柳科柳属

形态特征 ｜ 柳树为落叶乔木或大灌木，高可达20～30米，直径50～70厘米，树冠开展。树皮暗灰色，深纵裂；幼枝有银白色茸毛，老枝无毛，淡褐色。单叶互生，叶披针形、线状披针形、倒披针形或倒卵状披针形，长5～14厘米，宽1～3厘米，先端渐尖或长渐尖，基部楔形，幼叶两面有银白

色绢毛，成叶上面常无毛，边缘有细锯齿，羽状脉。花序与叶同时开放，雌雄异株，无花被，排成菜荑花序，花生于苞叶腋内；雄蕊2离生，雄花序长3～5厘米，雌花序长3～4.5厘米；花丝基部有蜜腺1～2枚；子房1室，卵状圆锥形，无毛，花柱短，常2浅裂，柱头2裂。蒴果2裂，种子有绵毛。

生境分布 ｜ 柳适应性强，耐寒、耐湿。多数种类喜湿，喜光，不耐阴。常生于渠边、溪旁、河谷、山间平地。新疆各地均有分布，垂直分布可达2 000米以上。

养蜂价值 ｜ 花期南疆3—4月，北疆4—5月。花期早且长，花粉丰富，粉质优良。在柳树开花盛期，如天气好，每群日进粉蜜1～3千克。对春季蜂群恢复发展，打好全年强群基础有重要价值。花粉蛋黄色，花粉粒椭圆形。

其他用途 ｜ 柳是优良绿化和美化树种；木材可供建筑、矿柱、家具、小农具和薪炭等用；柳根、皮入药。

● 黄花柳 *Salix caprea* L.

科　属 ｜ 杨柳科柳属

形态特征 ｜ 落叶灌木或小乔木。单叶互生，叶卵状长圆形至倒卵状长圆形，长5～7厘米，宽2.5～4厘米，先端急尖或有小尖，常扭转，基部圆形，上面深绿色，鲜叶明显皱缩，边缘有不规则的缺刻或近全缘，叶质稍厚；叶柄长约1厘米；托叶半圆形，先端尖。花先于叶开放；雄花序椭圆形或宽椭圆形，长1.5～2.5厘米，粗约1.6厘米，无花序梗；雄蕊2枚，花丝细长，离生；花药黄色，长圆形；苞片披针形，长约2毫米，上部黑色，下部色浅，两面密被白长毛；仅1腹腺；雌花序短圆柱形，有短花序梗；子房狭圆锥形，有柔毛，花柱短，柱头2～4裂。蒴果，种子椭圆形。

生境分布 ｜ 生于海拔2 000米以下的山谷溪旁、山坡林缘，常与山杨、桦树等混生。分布于天山、阿尔泰山阔叶林带及各大河谷。

养蜂价值 ｜ 花期4月下旬至5月上旬。数量多，分布广，泌蜜吐粉较多，有利于蜂群繁殖。花粉蛋黄色，花粉粒椭圆形。

其他用途 ｜ 木材白色，质轻，供制家具、农具；树皮可提取栲胶；枝皮纤维可造纸。

　　本属新疆有40多种，皆为粉源植物，其中分布较广，养蜂价值较高的有白柳（*S. alba* L.），垂柳（*S. babylonica* L.）、旱柳（*S. matsudana* Koidz.）、腺柳（*S. chaenomeloides* Kimura）、天山柳（*S. tianschanica* Rgl.）等数十种，分布新疆各地，都是优良的粉源植物。

白柳

垂柳

腺柳

天山柳

● 杨 *Populus* spp.

科　　属｜ 杨柳科杨属

形态特征｜ 乔木，高15～30米。树干不直，树冠宽阔，树皮白色至灰白色，基部常粗糙。小枝被白茸毛。单叶互生，萌枝和长枝叶卵圆形，掌状3～5浅裂，长4～10厘米，宽3～8厘米，裂片先端钝尖，基部阔楔形、圆形或平截；短枝叶卵圆形或椭圆形，长4～8厘米，宽2～5厘米，叶缘有不规则齿芽；叶柄与叶片等长或较短，被白茸毛。雄花序长3～6厘米；花序轴有毛，苞片膜质，宽椭圆形，长约3毫米，边缘有不规则齿牙和长毛；花盘有短梗，宽椭圆形，歪斜；雄蕊8～10枚，花丝细长，花药紫红色；雌花序长5～10厘米，花序轴有毛；雌蕊具短柄，花柱短，柱头2裂。蒴果细圆锥形，2瓣裂，无毛。

生境分布 | 白杨树喜光，耐寒、耐旱、抗风力强。有栽培有野生。银白杨、新疆杨、钻天杨、小叶杨新疆各地均有栽培，其中，前两种南疆较多，后两种北疆较多。银白杨野生种主要分布于哈巴河、布尔津、阿勒泰、福海、富蕴等地，额尔齐斯河两岸最为集中。欧洲山杨分布于阿尔泰山、阿拉套山，天山东部北坡至西部伊犁山区。

养蜂价值 | 花期4月下旬至5月下旬。数量多，分布广，花期早，花粉丰富，蜜蜂喜采，有利于蜂群的繁殖，是早春重要的粉源植物之一，也是优良的蜜蜂胶源植物。花粉淡黄色，花粉粒近球形。

其他用途 | 木材纹理直，结构细，可供建筑、家具、造纸等用；树皮可制栲胶；可作庭荫树、行道树，还可作固沙、保土及固堤造林树种。

● **额河杨** *Populus × jrtyschensis* Ch. Y. Yang

科　属 | 杨柳科杨属

形态特征 | 落叶乔木，高10～15米。树皮淡灰色，基部不规则开裂，树冠开展；小枝淡黄褐色，被毛，稀无毛，微有棱。单叶互生，卵形、菱状卵形或三角状卵形，长5～8厘米，宽4～6厘米，先端渐尖或长渐尖，基部楔形或阔楔形，边缘半透明，具圆锯齿，叶正面淡绿色，两面沿脉有疏茸毛，背面较密；叶柄先端微侧扁，被毛，稀无毛，略与叶片等长。雄花序长3～4厘米，雄蕊30～40枚，花药紫红色；雌花序长5～6厘米，有花15～20朵，花轴被疏毛，稀无毛。蒴果卵圆形，2～3瓣裂。

生境分布 | 生于林缘、林中空地及河岸沙丘。分布于额尔齐斯河流域和阿勒泰的克兰河流域。

养蜂价值 | 花期5月中旬至下旬，15天左右。数量多，分布广，花粉丰富，蜜蜂爱采，有利于蜂群的繁殖，是早春重要的粉源植物之一，也是优良的蜜蜂胶源植物。花粉淡黄色，花粉粒球形。

其他用途 | 木材轻软，纹理细直，结构较细，供造纸和造纤维用，也可供建筑和胶合板等用，树皮可提取栲胶。

● **密叶杨** *Populus talassica* Kom.

科　　属 | 杨柳科杨属

形态特征 | 乔木。树皮灰绿色，树冠开展；萌条微有棱角，棕褐色或灰色，初有毛，后几乎无毛；小枝灰色，近圆筒形，无毛，带叶短枝棕褐色，叶痕间常有短茸毛。萌枝叶披针形至阔披针形，长5~10厘米，宽1.5~3厘米，基部楔形或圆形，短枝叶卵圆形或卵圆状椭圆形，长5~8厘米，宽3~5厘米，先端渐尖，基部楔形、阔楔形或圆形，边缘具浅圆齿，上面淡绿，无毛，下面较淡，常沿脉有疏毛；叶柄圆，长2~4厘米，近无毛。雄花序长3~4厘米，花序轴无毛，花药紫色。果序长5~6厘米，果期长至10厘米，果序轴有疏毛，下部较密。蒴果卵圆形，长5~8毫米，3瓣裂，裂片卵圆形，无毛，多皱纹，具短柄，被茸毛。

生境分布 | 生于海拔800~1 800米的山地河谷和前山地带的河谷两岸、云杉林中、河滩、平原密林中。分布于天山中部至西部。尼勒克、新源、巩留等地较多。

养蜂价值 | 花期4—5月。花朵多，花粉丰富，蜜蜂爱采，非常有利于春季蜂群的繁殖，是早春重要的粉源植物之一，也是优良的蜜蜂胶源植物。花粉淡黄色，花粉粒椭圆形。

其他用途 | 可作绿化植物；叶可作冬季饲草；木材可作建筑用。

本属新疆有20多种，均为粉源和胶源植物；其中分布较广，养蜂价值较高的还有银白杨（*P. alba* L.）、钻天杨（*P. nigra* var. *italica* Munchh.）和欧洲山杨（*P. tremula* L.）。

欧洲杨

● **桃** *Prnus persica*（L.）Batsch

别　　名｜毛桃、白桃
科　　属｜蔷薇科桃属
形态特征｜落叶小乔木，树高3～8米。树皮暗红色，老干粗糙，片状脱落。叶片长圆状披针形或椭圆状披针形，长7～15厘米，宽2～3.5厘米，先端渐尖，基部楔形，边缘具细密锯齿，叶柄有腺体。花单生，先于叶开放，直径2.5～3.5厘米；萼筒钟形，外被短柔毛，裂片卵状长圆形，顶端圆钝，外被短柔毛；花瓣粉红色，倒卵形或矩圆状卵形；雄蕊多数，离生；雌蕊1枚，花药绯红色；花柱几乎与雄蕊等长或稍短；子房上位。核果卵球形，直径5～8厘米，具沟，有茸毛，果肉多汁，核表面具沟或皱纹。

生境分布 | 桃树喜光、耐旱、怕涝，对盐碱土有较强的适应能力，唯以排水良好的沙质壤土为宜。山地、丘陵、平原均可栽植。南疆较多。

养蜂价值 | 花期南疆地区3月下旬至4月上旬；北疆伊犁、石河子、乌鲁木齐等地一般在4月中旬至5月上旬。桃树品种较多，分布广泛，花期早，蜜粉丰富，对春季蜂群繁殖、培养强群具有重要作用。花粉黄色，花粉粒近球形。

其他用途 | 桃是新疆主要水果之一，其果色美丽，果味芳香。果实除生食外，还可制成果脯、果汁、果酱等。桃仁入药。桃树叶色翠绿，花色粉红，也是优良绿化和美化树种。

● 蟠桃 *Amygdalus persica* cv. *Compressa*

别　　名 | 仙果、寿桃

科　　属 | 蔷薇科桃属

形态特征 | 乔木，高3～8米。树冠宽广而平展。树皮暗红褐色，老时粗糙呈鳞片状；小枝细长，无毛，绿色，向阳处转变成红色，具大量小皮孔。冬芽圆锥形，顶端钝，外被短柔毛，常2～3个簇生，中间为叶芽，两侧为花芽。叶片长圆状披针形、椭圆状披针形或倒卵状披针形，长7～15厘米，宽2～3.5厘米，先端渐尖，基部宽楔形，上面无毛，下面在脉腋间具少数短柔毛或无毛，叶边具细锯齿或粗锯齿；叶柄长1～2厘米，常具一至数枚腺体，有时无腺体。花单生，先于叶开放，直径2.5～3.5厘米；花梗极短或几乎无梗；萼筒钟形，被短柔毛；萼片卵形至长圆形，顶端圆钝，外被短柔毛；花瓣长圆状椭圆形至宽倒卵形，粉红色，罕为白色；雄蕊20～30枚，花药绯红色；花柱几乎与雄蕊等长或稍短；子房被短柔毛。果实扁圆形，直径5～7（12）厘米；果肉浅绿白色、黄色、橙黄色或红色；核大，离核或粘核，椭圆形或近圆形，两侧扁平；种仁味苦，稀味甜。

生境分布 | 新疆是蟠桃的原产地，北疆各地广为栽培。伊宁、霍城、昌吉、玛纳斯、阜康、乌鲁木齐、石河子、五家渠等地较多。

养蜂价值 | 花期4月上旬至5月上旬。数量多，花朵多，花色艳，蜜粉多，诱蜂力强，蜜蜂喜采，有利于春季蜂群繁殖。花粉黄褐色，花粉粒圆球形。

其他用途 | 蟠桃含有蛋白质、脂肪、钙、磷、铁和B族维生素、维生素C及糖类等成分，是营养价值很高的水果；桃仁入药。

● 苹果 *Malus pumila* Mill.

科　　属｜蔷薇科苹果属

形态特征｜落叶乔木，树高10～15米。树干灰褐色，老皮有不规则的纵裂或片状剥落，小枝幼时密生茸毛，后变光滑，紫褐色。单叶互生，叶片卵圆形、卵形至宽椭圆形，长5～10厘米，宽3～5厘米，先端渐尖，基部楔形，边缘具钝锯齿。伞房状花序，有花3～7朵；花梗细长，密生茸毛；萼钟形，萼片卵状披针形；花白色带红晕，花瓣5枚，直径3～4厘米，花梗与花萼均具有灰白色茸毛，萼片长尖，宿存；雄蕊20枚，花柱5裂。梨果，球形或扁球形，顶部与基部皆陷，黄或淡红色，果梗短粗。

生境分布 | 喜生于气候温暖、日照时数长、土质肥沃、雨量适中的环境。但山地、沙滩、黏土及沙土都可正常生长。主要分布于阿克苏、伊犁、喀什、和田、巴州、石河子和塔城等地。

养蜂价值 | 花期南疆在4月下旬，北疆在5月中旬。数量多，分布广，且比较集中，开花较早，粉蜜十分丰富，蜜蜂爱采，是新疆春季的优良粉源之一，对促进蜂群繁殖和养蜂生产有重要价值。

苹果为虫媒异花授粉植物，利用蜜蜂授粉增产效果十分显著，一般增产在30%以上。因此，利用蜜蜂辅助授粉是一项重要的增产措施。

其他用途 | 苹果是新疆主要水果之一；果除生食外，还可制成果脯、果汁、果酱等；苹果树形美观，叶色浓绿，果色鲜艳，也是优良绿化和美化树种。

● 新疆梨 *Pyrus sinkiangensis* Yü

科　　属 | 蔷薇科梨属

形态特征 | 落叶乔木，高达6～9米。树冠半圆形，枝条密集开展。叶互生，叶片卵形、椭圆形至宽卵形，长6～8厘米，宽3.5～5厘米，先端短渐尖，基部圆形，边缘上半部有细锐锯齿，下半部或基部锯齿浅或近于全缘，两面无毛；叶柄长3～5厘米，幼时具白色茸毛，不久脱落；托叶膜质，线状披针形，被白色长茸毛，早期脱落。伞形总状花序，有花4～7朵，花白色，很少粉红色，与叶同时或先于叶开放；萼筒外面无毛，萼片5枚，三角卵形；花瓣5枚，近圆形或倒卵形，着生于萼筒周围，长1.2～1.5厘米，宽0.8～1厘米，先端啮蚀状，基部具爪；雄蕊20枚，花丝长不及花瓣的1/2；花柱5裂，比雄蕊短，基部被柔毛。果实卵形至倒卵形；种子黑色或近黑色。

生境分布 | 栽培树种，亦有野生；南疆较多，伊犁地区也有栽培。库尔勒、尉犁、轮台、阿克苏、库车、沙雅、新和、喀什、疏勒、吐鲁番和阿图什等地较为集中。

养蜂价值 | 花期4月中旬至5月上旬，不同的年份由于气候的影响，早晚可相差1周左右。花期一般12～15天。梨是南疆春季的优良粉源之一，其数量较多，分布集中，开花较早，持续时间长，蜜粉丰富，蜜蜂爱采，对春季蜂群繁殖和养蜂生产有重要价值。花粉黄褐色，花粉粒圆球形。

梨为虫媒异花授粉植物，利用蜜蜂授粉增产效果十分显著，一般增产在30%以上。因此，利用蜜蜂辅助授粉是一项重要的增产措施。

其他用途 │ 梨为新疆主要水果之一，肉质细嫩，多汁味甜；除生食外，还可制成梨脯、梨膏、梨酱等；梨入药。

本属植物还有白梨（*P. bretschneideri* Rehd.）、西洋梨（*P. communis* L.）和库尔勒香梨（*P. sinkiangensis* 'Kuerlexiangli'）等，均为较好的蜜源植物。

白梨

● **阿尔泰山楂** *Crataegus altaica* (Loud.) Lange

别　　名 │ 黄果山楂

科　　属 │ 蔷薇科山楂属

形态特征 │ 中型落叶乔木，高3～7米；通常无刺，少数有少量粗壮枝刺。小枝无毛，紫褐色或红褐色。叶互生，宽卵形或三角状卵形，长5～9厘米，宽4～7厘米，先端急尖，基部截形或宽楔形，通常有2～4对裂片，基部一对分裂较深，上面具稀疏短柔毛，下面脉腋有髯毛；叶柄长2.5～4厘米，无毛。复伞房花序，直径3～4厘米，花多密集；总花梗和花梗均光滑无毛；花白色，直径1.2～1.5厘米；萼筒钟状，外面无毛；裂片三角状卵形或三角状披针形；花瓣近圆形，雄蕊20枚，比花瓣稍短；花柱

4~5，柱头头状。梨果球形，熟时金黄色。果期8—9月。

生境分布 | 生于海拔450~1 900米的林缘、谷地及山间台地。分布天山山区、阿尔泰山山区、阿拉套山山区、塔尔巴哈台山山区等地，阿勒泰、塔城、博乐、乌鲁木齐及伊犁等地较多。

养蜂价值 | 花期5—6月。数量多，分布广，花期较长，花粉丰富，也可产少量蜂蜜。山楂蜜为琥珀色。花粉黄褐色，花粉粒圆球形。

其他用途 | 山楂果含丰富的维生素、铁和钙等。可生食，也可制山楂膏、山楂酱等；树形优美，是优良的绿化和美化树种。

● 辽宁山楂 *Crataegus sanguinea* Pall.

别　　名 | 山楂、酸楂、红果山楂

科　　属 | 蔷薇科山楂属

形态特征 | 落叶灌木或小乔木，高3~5米。枝条有刺，刺长1~2厘米。叶互生，叶片宽卵形，长4~7厘米，宽3~7厘米，先端急尖，基部圆形、截形或宽楔形，边缘有3~5对浅裂片，裂片卵圆形，先端急尖，锯齿尖锐不整齐，上面深绿有稀疏短柔毛，下面淡绿被柔毛，在中脉和侧脉上较密；叶柄长1.5~2厘米，密被柔毛。复伞房花序，多花，直径3~4厘米；总花梗和花梗密被柔毛，花梗长5~8毫米；花直径约1厘米；萼筒钟状，外被柔毛；萼片宽三角形，全缘或先端有齿，花后反折；花瓣5枚，近圆形，白色；雄蕊18~20枚，花柱2~3裂。浆果状核果，近球形，红色；小核3~5枚。

生境分布 | 生于山坡、河谷、林缘及杂木丛中，平原地区有少量栽培。分布于天山、阿尔泰山及准噶尔西部山地；伊犁、塔城、阿勒泰等地区较多。

养蜂价值 | 花期5—6月。数量多，分布广，花朵多，蜜粉丰富，诱蜂力强，有利于蜂群繁殖和生产商品蜜。花粉黄褐色，花粉粒圆球形。

其他用途 | 可作园林绿化植物；果实可鲜食或作果品加工原料；山楂果入药。

本属还有准噶尔山楂（*C. songorica*）产于伊犁山区，亦为粉源植物。

准噶尔山楂

● **宽刺蔷薇** *Rosa platyacantha* Schrenk

科　　属 | 蔷薇科蔷薇属

形态特征 | 灌木，高1～2米。小枝暗红色，枝条粗壮，开展，无毛，皮刺多，扁圆而基部膨大，黄色。羽状复叶，小叶5～7枚，叶连叶柄长3～5厘米，近圆形或长圆形，长6～12毫米，先端钝圆，基部宽楔形，两面无毛或下面沿脉有散生柔毛，边缘有锯齿；托叶与叶柄连合，具耳，有腺齿。花单生于叶腋；梗长1.5～4厘米，无毛，果期上部增粗；萼片短于花瓣，披针形，顶端稍扩展，边缘内面有茸毛；花瓣黄色，倒卵形，先端微凹，基部楔形；花柱离生，稍伸出萼筒口外，比雄蕊短。果球形，直径1～2厘米，成熟时黑紫色；萼片直立，宿存。

生境分布 ｜ 生于河滩、石坡、沟谷灌丛或林缘。海拔1 400~2 400米。木垒、奇台、吉木萨尔、阜康、乌鲁木齐、和布克赛尔、塔城、博乐等地有分布。

养蜂价值 ｜ 花期5—6月。花粉数量多，诱蜂力强，有利于蜂群繁殖和修脾。花粉黄色，花粉粒长球形。

其他用途 ｜ 花鲜艳美丽，富观赏价值；果含维生素C，可食。

● 黄刺玫 *Rosa xanthina* Lindl.

别　名 ｜ 刺玖花、黄刺莓、破皮刺玫、刺玫花

科　属 ｜ 蔷薇科蔷薇属

形态特征 ｜ 直立灌木，高2~3米。枝粗壮，密集，披散；小枝无毛，有散生皮刺，无针刺。小叶7~13枚，连叶柄长3~5厘米；小叶宽卵形或近圆形，先端圆钝，基部宽楔形或近圆形，边缘有圆钝锯齿，上面无毛，幼嫩时下面有稀疏柔毛，逐渐脱落；托叶带状披针形，大部分贴生于叶柄，离生部分呈耳状，边缘有锯齿和腺。花单生于叶腋，重瓣或半重瓣，黄色，无苞片；花梗长1~1.5厘米，无毛，无腺；花直径3~4厘米；萼片披针形，全缘，先端渐尖，内面有稀疏柔毛，边缘较密，花后萼片反折；花瓣黄色，宽倒卵形，先端微凹，基部宽楔形；花柱离生。果近球形，紫褐色或黑褐色。

生境分布 ｜ 新疆各地均有栽培。

养蜂价值 ｜ 花期4月下旬至6月中旬。花朵多，花期长，蜜粉丰富，蜜蜂喜采，有利于蜂群繁殖。花粉黄褐色，花粉粒近球形。

其他用途　｜　可作园林绿化观赏植物；果实可食，可制果酱；花可提取芳香油；花、果入药。

● **玉米** *Zea mays* L.

别　　名　｜　苞米、玉蜀黍、苞谷、包芦、棒子、粟米

科　　属　｜　禾本科玉蜀黍属

形态特征　｜　一年生草本，高1～3米。茎直立，粗壮，不分枝，基部各节生支持根。叶窄而长，边缘波状，于茎的两侧互生。叶片线形至线状披针形，长40～60厘米，宽4～8厘米，先端渐尖，基部圆或微呈耳状，表面暗绿色，背面淡绿色，两面带纤毛，中脉较宽，白色。雌雄同体，为单性花，雄花花序穗状顶生，为圆锥花序；雌花花穗腋生，为肉穗花序；花柱细长丝状，自总苞顶端伸出。

生境分布　｜　玉米为栽培作物，适应范围很广，新疆各地都有种植。在新疆，南起和田，西至喀什、伊犁，北至阿勒泰，东至哈密均有种植。

养蜂价值　｜　玉米为无蜜腺植物，一般在7月中下旬开花，花期10～15天，南疆略早，北疆略晚。玉米分布区域广，花粉数量多，对蜜蜂生活和养蜂生产有重要价值，为新疆最多的粉源植物之一。

其他用途　｜　玉米为主要粮食作物之一，也是优质饲料和工业原料。

● 南瓜 *Cucurbita moschata*

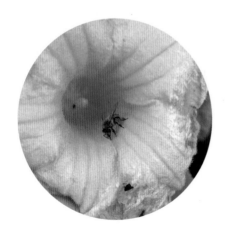

别　　名	番瓜　面瓜
科　　属	葫芦科南瓜属
形态特征	一年生蔓生草本。茎常节部生根，被短刚毛。卷须分3～4叉；叶宽卵形或卵圆形，5浅裂或有5角，两面密被茸毛，边缘有细齿。花雌雄同株，单生；雄花托短，花萼裂片条形，上部扩大成叶状，花冠钟状，5中裂，裂片外展，具皱纹，雄蕊3枚，花药靠合；雌花花萼裂片显著叶状，子房1室，花柱短，膨大，2裂。果柄有棱和槽；瓠果常有数条纵沟，形状因品种而不同；种子扁平，灰白色，边缘薄。
生境分布	南瓜喜土质疏松、肥沃、有机质丰富的沙壤土。分布新疆各地。
养蜂价值	花期6—8月。南瓜根深叶大，生长繁茂，土壤水分充足的条件有利于开花、散粉和泌蜜；蜜粉非常丰富，有利于蜂群繁殖和生产蜂花粉、蜂蜜、蜂王浆。玉米蜂蜜为浅琥珀色。花粉黄色，花粉粒椭圆形。
其他用途	果实可作蔬菜；种子榨油可食，也可入药。

● 白皮锦鸡儿 *Caragana leucophloea* Pojark

| 科　　属 | 豆科锦鸡儿属 |
| 形态特征 | 灌木，高1～1.5米。树皮黄白色或黄色，有光泽；小枝有条棱，嫩时被短柔毛，常带紫红色。假掌状复叶有4枚小叶，托叶在长枝上的硬化成针刺，长2～5毫米，宿存，在短枝上的脱落；叶柄在长枝上的硬化成针刺，长5～8毫米，宿存，短枝上的叶无柄，簇生，小叶狭倒披针形，长4～12毫米，宽1～3毫米，先端锐尖或钝，有短刺尖，两面绿色，稍呈苍白色或稍带红色，无毛或被短伏贴柔毛。花梗单生或并生，长3～15毫米，无毛，关节在中部以上或以下；花萼钟状，长5～6毫米，宽3～5毫米，萼齿三角形，锐尖或渐尖；花冠黄色，旗瓣宽倒卵形，长13～18毫米，瓣柄短，翼瓣向 |

上渐宽，瓣柄长为瓣片的1/3，耳长2～3毫米，龙骨瓣的瓣柄长为瓣片的1/3，耳短；子房无毛。荚果圆筒形，内外无毛。

生境分布　生于干山坡、山前平原、山谷、戈壁滩。分布于奇台、乌鲁木齐、乌苏、精河、吉木乃、和硕及吐鲁番等地。

养蜂价值　花期4月下旬至6月上旬，数量多，分布广，花朵多，花期长，蜜粉丰富，诱蜂力强，有利于蜂群的繁殖和修脾。

其他用途　白皮锦鸡儿亦为荒漠地区的防风固沙及保土植物；也是荒漠地区骆驼和山羊的良等饲用植物。

● 刺叶锦鸡儿　*Caragana acanthophylla* Kom.

科　属　豆科锦鸡儿属

形态特征　灌木，高0.7～1.5米，基部多分枝。老枝深灰色，一年生枝浅褐色，嫩枝有条棱，被伏贴短柔毛。羽状复叶，有3～4对小叶，小叶倒卵形或长圆形，长4～12毫米，宽3～5毫米，先端钝，有刺尖，基部稍狭，两面近无毛或疏被短伏贴柔毛。托叶在长枝上的硬化成针刺，长2～5毫米，宿存，短枝上的脱落；叶轴在长枝上的硬化成针刺，长1.5～4厘米，宿存，粗壮，短枝纤细，脱落。花梗单生，长1～2.5厘米，中上部具关节，苞片早落；花萼钟状管形，长6～10毫米，近无毛；花冠黄色，长2.6～3厘米，旗瓣宽卵形，翼瓣长圆形，瓣柄长约为瓣片的1/3，耳齿状，龙骨瓣的瓣柄长约为瓣片的3/4，耳短小，子房近无毛。荚果长2～3厘米，圆筒形。

生境分布　生于砾石山坡、山前平原、河谷、沙地等处。分布于北疆各地，奇台、乌鲁木齐、昌吉、乌苏等地较为集中。

养蜂价值　花期4月下旬至5月下旬。数量多，分布广，花朵多，花色艳，蜜粉丰富，诱蜂力强，有利于春季蜂群的繁殖。花粉黄色，花粉粒圆球形。

其他用途 │ 荒漠地区的防风固沙植物；也是荒漠地区骆驼和山羊的饲用植物。

● 群心菜 *Cardaria draba* （L.）Desv.

科　　属 │ 十字花科群心菜属

形态特征 │ 多年生草本，高20～50厘米。茎直立，被弯生单毛，基部较多，向上渐少。基生叶及茎下部叶有柄；叶片倒披针形，先端稍钝，边缘波状，两面有较多弯生单毛，基生叶花期枯萎，茎中部和上部叶无柄，椭圆状长圆形，长3～7厘米，宽1.5～2.5厘米，基部心状箭形，抱茎，先端钝，有小锐尖头，边缘疏生波状牙齿。总状花序排成伞房状；花小，白色，芳香；萼片卵状广椭圆形，长1.5～2毫米，有白色宽边，无毛；花瓣倒卵形，基部渐狭成爪，比萼片长1倍；雄蕊6枚。短角果不开裂，膨胀，广心形或近球形；种子1粒，椭圆形或广卵形，稍扁，棕黄色。

生境分布　生长于海拔200～2 400米的山坡路边、田间、河滩、水沟边。新疆各地均有分布，以北疆为多。

养蜂价值　花期5月上旬至6月上旬。数量多，分布广，花期长，诱蜂力强，蜜蜂喜采，蜜粉丰富，有利于蜂群的繁殖和造脾。花粉淡黄色，花粉粒圆球形。

其他用途　可作观赏植物；可药用。

本属的毛果群心菜［*C. Pubescens*（C. A. Mey.）Jarm.］，产北疆各地，亦为粉源植物。

● 蚓果芥 *Neotorularia humilis* (C. A. Meyer) Hedge & J. Léonard

科　　属　十字花科念珠芥属

形态特征　多年生草本，高5～30厘米，被二叉毛，并杂有3叉毛，毛的分枝弯曲，有的在叶上以3叉毛为主。茎自基部分枝，有的基部有残存叶柄。基生叶窄卵形，早枯；下部的茎生叶变化较大，叶片宽匙形至窄长卵形，长5～30毫米，宽1～6毫米，顶端钝圆，基部渐窄，近无柄，全缘，或具2～3对明显或不明显的钝齿；中、上部的条形；最上部数叶常入花序而成苞片。花序呈紧密伞房状，果期伸长；萼片长圆形，长1.5～2.5毫米，外轮的较内轮的窄，有的在背面顶端隆起，内轮的偶在基部略呈囊状，均有膜质边缘；花瓣倒卵形或宽楔形，白色，长2～3毫米，顶端近截形或微缺，基部渐窄成爪；子房有毛。长角果筒状，长8～20毫米，略呈念珠状，两端渐细，直或略曲，或呈"之"字形弯曲；花柱短，柱头2浅裂；果瓣被二叉毛。果梗长3～6毫米。种子长圆形，长约1毫米，橘红色。

生境分布　生于海拔1 000～2 000米的林下、河滩、荒地、草原。分布于天山北部地区，乌鲁木齐、阜康、呼图壁、玛纳斯、奎屯等地较为集中。

养蜂价值　花期4—6月。数量多、花期长，开花密集，蜜粉丰富，有利于春季蜂群繁殖和造脾。花粉黄色，花粉粒圆球形。

其他用途　全草可入药。

● 新疆忍冬 *Lonicera tatarica* L.

别　　名 ｜ 桃色忍冬

科　　属 ｜ 忍冬科忍冬属

形态特征 ｜ 落叶灌木，高达3米，全体近于无毛。叶纸质，卵形或卵状矩圆形，长2～5厘米，顶端尖，稀渐尖或钝形，基部圆或近心形。总花梗长1～2厘米；苞片条状披针形或条状倒披针形，长与萼筒相近或较短，有时叶状而远超过萼筒；小苞片分离，近圆形至卵状矩圆形，长为萼筒的1/3～1/2；相邻两萼筒分离，萼檐具三角形或卵形小齿；花冠粉红色或白色，长约1.5厘米，唇形，筒短于唇瓣，长5～6毫米，基部常有浅囊，上唇两侧裂深达唇瓣基部，中裂较浅；雄蕊和花柱稍短于花冠，花柱被短柔毛。浆果红色，圆形。

生境分布 ｜ 生于海拔900～1600米的石质山坡或山沟的林缘和灌丛中。新疆北部天山、阿尔泰山及塔城山区均有分布。城市广为栽培。

养蜂价值 ｜ 花期5—6月。数量多，分布广，花色鲜艳，蜜粉丰富，诱蜂力强，蜜蜂喜采，有利于蜂群的繁殖。花粉黄褐色，花粉粒长圆形。

其他用途 ｜ 花入药；花美叶秀，常作园林观赏植物。

● **金银忍冬** *Lonicera maackii* (Rupr.) Maxim.

别　　名	金银木、胯杷果
科　　属	忍冬科忍冬属
形态特征	落叶灌木，高3～6米，茎干直径达10厘米。幼枝、叶两面脉上、叶柄、苞片、小苞片及萼檐外面都被短柔毛和微腺毛。叶纸质，形状变化较大，通常卵状椭圆形至卵状披针形，稀矩圆状披针形或倒卵状矩圆形，长5～8厘米，顶端渐尖或长渐尖，基部宽楔形至圆形；叶柄长2～6毫米。花芳香，生于幼枝叶腋，总花梗长1～2毫米，短于叶柄；苞片条形，有时条状倒披针形而呈叶状，长3～6毫米；小苞片多少连合成对，顶端截形；相邻两萼筒分离，无毛或疏生微腺毛，萼檐钟状，为萼筒长的2/3至相等，干膜质，萼齿宽三角形或披针形，不相等，顶尖，裂隙约达萼檐的1/2；花冠先白色后变黄色，长1～2厘米，外被短伏毛或无毛，唇形，筒长约为唇瓣的1/2，内被柔毛；雄蕊与花柱长约达花冠的2/3，花丝中部以下和花柱均有向上的柔毛。果实暗红色，圆形；种子具蜂窝状微小浅凹点。

生境分布	喜温暖的环境，亦较耐寒。新疆各地均有栽培。

养蜂价值 ｜ 花期5—6月。花期长，花朵多，花粉非常丰富，蜜蜂喜采，有利于春季蜂群的繁殖和修脾。花粉黄色，花粉粒圆球形。

其他用途 ｜ 园林绿化树种之一；花入药；茎皮可制人造棉。

● **梣叶槭** *Acer negundo* L.

别　　名	复叶槭、糖槭
科　　属	槭树科槭属
形态特征	落叶乔木，最高达20米。树皮黄褐色或灰褐色。小枝圆柱形，无毛，当年

生枝绿色，多年生枝黄褐色。冬芽小，鳞片2枚，镊合状排列。羽状复叶，小叶纸质，3～5枚，稀5～7枚，卵形或椭圆状披针形，边缘常有3～5个粗锯齿，稀全缘，顶生小叶3裂，上面深绿色，无毛，下面淡绿色，除脉腋有丛毛外其余部分无毛；主脉和5～7对侧脉均在下面显著；叶柄长5～7厘米。雄花的花序聚伞状，雌花的花序总状，均由无叶的小枝旁边生出，常下垂；花梗长1.5～3厘米，花小，黄绿色，开于叶前；雌雄异株，无花瓣及花盘；雄蕊4～6枚，花丝很长，子房无毛。翅果扁平，两翅稍向内弯，张开成锐角或近于直角。

生境分布 | 喜光，耐寒、耐旱、耐干冷、耐轻度盐碱、耐烟尘。生长迅速。新疆各地乡村、城市均有栽培。

养蜂价值 | 花期4月中旬至5月中下旬。数量多，分布广，有蜜有粉，有利于蜂群的繁殖，是春季主要的粉源植物之一。花粉褐色，花粉粒圆球形。

其他用途 | 可作行道树和庭院、街道绿化树。

● 高粱 *Sorghum bicolor* （L.） Moench

别　　名 | 蜀黍、荻粱、芦檫、菱子

科　　属 | 禾本科高粱属

形态特征 | 一年生草本。秆较粗壮，直立，高3～5米，直径2～5厘米，基部节上具支撑根。叶鞘无毛或稍有白粉；叶片长披针形，长40～70厘米，宽3～8厘米，边缘软骨质，具微细小刺毛，中脉较宽，白色。圆锥花序疏松，主轴裸露，长15～45厘米，宽4～10厘米，总梗直立或微弯曲；主轴

具纵棱，疏生细柔毛，分枝3～7枚，轮生，粗糙或有细毛，基部较密；每个总状花序具3～6节，节间粗糙或稍扁；无柄小穗倒卵形或倒卵状椭圆形，雄蕊3枚，花药长约3毫米；子房倒卵形；花柱分离，柱头帚状。颖果两面平凸，卵球形，淡红色至红棕色。

生境分布 │ 高粱为栽培作物。新疆均有分布，以托克逊、鄯善及哈密、和田等地较为集中。

养蜂价值 │ 花期7月，开花约15天。高粱为无蜜腺植物，但花粉十分丰富，有利于蜂群的繁殖。花粉淡黄色，花粉粒近球形。

其他用途 │ 高粱为粮食作物，种子可制米、酿酒，也是牲畜精饲料。

四

新疆辅助
蜜粉源植物

　　凡数量较多，分泌花蜜，产生花粉，对蜜蜂生活和养蜂生产有作用的植物，统称辅助蜜粉源植物。蜜蜂能繁衍发展的主要原因，就是其采食植物的多样性和广泛性。

　　在主要流蜜期之前，靠辅助蜜粉源植物繁殖和积累大量采集蜂；两个主要蜜源之间，靠辅助蜜粉源植物保持和增强群势；主要流蜜期之后，靠辅助蜜粉源植物恢复和发展群势。辅助蜜粉源植物，是维持蜜蜂生活，加速蜂群繁殖，夺取蜂产品高产的物质基础。

● 新疆五针松　*Pinus sibirica* (Loud.) Mayr.

別　　名｜西伯利亚五针松、西伯利亚红松

科　　属｜松科松属

形态特征｜常绿乔木，高达35米，树冠塔形。树皮灰褐色或红褐色；小枝黄色，密被柔毛。针叶五针一束，粗硬，微弯曲，螺旋状排列，着生在不发育的短枝上，长7～10厘米，宽1.5～2毫米，腹面两侧有3～5条白色气孔线。球花单性，雌雄同株；雄花序圆锥状，雌花序短圆筒状。球果直立，卵圆形或圆锥状卵圆形，木质；成熟后栗褐色。种子不脱落，倒卵圆形，黄褐色。

生境分布｜西伯利亚松常生于山地森林带，多与阔叶树种混交，个别也有纯林。在新疆集中分布于阿尔泰山西北部喀纳斯河与禾木河上游地区。

养蜂价值｜花期5月。花粉丰富，在花粉缺乏时，蜜蜂采其花粉，养蜂者也可将成熟的花穗采回后取粉，饲喂蜂群，促进蜂群繁殖。

其他用途｜木材可供建筑用。

● 新疆落叶松　*Larix sibirica* Ledeb.

別　　名｜西伯利亚落叶松、红松

科　　属｜松科落叶松属

形态特征｜落叶乔木，高40米，树干50～80厘米，树干基部常呈圆锥状增粗。树皮棕褐色，龟裂。树冠塔形，大枝较粗，开展。嫩枝无毛，有光泽，淡黄色。叶螺旋状散生于长枝，簇生于短枝，线形，扁平，柔软，淡绿色，表面平或中脉隆起，背面中脉隆起，两侧有气孔线，长2～5厘米。雌雄同株，花单性，单生于短枝上；雄球花近圆形，直径约5毫米，黄色；雌球花近球形，苞鳞显著，绿紫色或红色，春季与叶同时开放，成熟时褐色或微带紫色，长2～4厘米，直径2～3厘米。种鳞三角状卵形、菱状卵形或棱形，长约1.5厘米，宽1～1.2厘米，先端圆，背部密生茸毛；苞鳞紫红色，长卵形，长约1厘米，先端微外露。种子灰白色，形小，具膜质长翅，当年成熟时散落。

生境分布 │ 生于海拔1 000～3 500米的山地森林带，有的组成纯林，有的与西伯利亚松和阔叶树种混交。分布于阿尔泰山、萨吾尔山、北塔山和天山东部各地。青河、富蕴、福海、阿勒泰、布尔津、哈巴河、和布克赛尔、伊吾和巴里坤等地较多。

养蜂价值 │ 花期5月。花粉非常丰富，在花粉缺乏时，蜜蜂采其花粉，养蜂者也将成熟的花穗采回后取粉，饲喂蜂群，以促进繁殖。花粉黄褐色，花粉粒长圆形。

其他用途 │ 新疆特有的珍贵树种之一，可作山地造林树种，也可作城市庭院观赏树；或作香料原料，提取松香；木材可作家具，可供建筑用。

● 樟子松 *Pinus sylvestris* var. *mongolica* Litv.

科　　属 │ 松科松属

形态特征 │ 常绿乔木，高15～30米，树冠椭圆形或圆锥形，树干挺直。3～4米以下的树皮黑褐色，鳞状深裂，有树脂。针叶两针一束，硬直，常稍扭曲，先端尖，长4～9厘米，宽1.5～2毫米，叶鞘宿存，黑褐色。雌雄同株雄球花卵圆形，黄色，聚生在当年生枝的下部；雌球花球形或卵圆形，紫褐色。幼果下垂，球果长卵形。鳞盾呈斜方形，具纵脊、横脊，鳞脐呈瘤状突起。种子小，黑褐色，种翅膜质。

生境分布 | 生于山顶、山脊或向阳山坡。主要分布于阿尔泰山等地。乌鲁木齐、昌吉、石河子、阿勒泰、伊犁州直等地均有栽培。

养蜂价值 | 花期5月。数量多，花粉丰富，有利于越冬蜂群早春恢复和发展。花粉褐色，花粉粒近圆形。

其他用途 | 樟子松为优良绿化树种；材质优良，可供建筑、纤维原料等用；树皮含单宁；树干可割取树脂，提取松香油。

● 雪岭杉 *Picea schrenkiana* Fisch. et Mey.

别　　名 | 雪岭云杉、天山云杉
科　　属 | 松科云杉属
形态特征 | 常绿乔木，高达35～40米，胸径70～100厘米。树皮暗褐色，成片状开裂；大枝短，近平展，树冠圆柱形或窄尖塔形；小枝下垂，一年生、二年生时呈淡黄灰色或黄色，无毛或有或疏或密的毛，老枝呈暗灰色。冬芽圆锥状卵圆形，淡褐黄色，微有树脂；芽鳞背部及边缘有短柔毛，小枝基部宿存，芽鳞排列较松，先端向上伸展。叶辐射状斜向上伸展，四棱状条形，直伸或多少弯曲，长2～3.5厘米，宽约1.5毫米，横切面菱形，四面均有气孔线，上面每边5～8条，下面每边4～6条。球果成熟前绿色，椭圆状圆柱形或圆柱形；种子斜卵圆形。

生境分布 | 生长于海拔1 400～2 800米的山谷及湿润阴坡。主要分布在东至巴里坤、西至伊犁谷地的天山北坡、天山南坡和昆仑山西部北坡以及小帕米尔山地。

养蜂价值 | 花期5—6月。分布广，数量多，花期早，花粉丰富，蜜蜂采集利用，对加速蜂群繁殖，提高蜜蜂体质有作用。

其他用途 | 对天山的水源涵养、水土保持发挥着不可或缺的作用；木材可供建筑用，制家具等。

本属的另一个种新疆云杉（*P. obovata* Ledeb.），又名西伯利亚云杉，是分布在新疆阿尔泰山的特有物种，为辅助蜜粉源植物。

● 侧柏 *Platycladus orientalis* (L.) Franco

别　　名 ┃ 扁柏

科　　属 ┃ 柏科侧柏属

形态特征 ┃ 常绿乔木。树冠广卵形，小枝扁平，排成一平面，直展。叶小，鳞片状，紧贴小枝上，呈交叉对生排列，长1~3毫米，倒卵状菱形或斜方形；叶背中部具腺槽。雌雄同株，花单性；雄球花黄色，由交互对生的小孢子叶组成，每个小孢子叶生有3个花粉囊，珠鳞和苞鳞完全愈合。球果，卵圆形，当年成熟；种子卵圆形或长卵形，无翅或有棱脊。

生境分布 ┃ 侧柏抗旱、抗寒，生于湿润肥沃的山坡。新疆各地均有栽培。

养蜂价值 ┃ 侧柏的花期4—5月。花期早，花粉丰富，对早春蜂群恢复和发展有一定作用。花粉褐色，花粉粒近球形。

其他用途 ┃ 种子入药；枝叶药用。

● 木贼麻黄 *Ephedra equisetina* Bunge

别　　名 ┃ 山麻黄、木麻黄

科　　属 ┃ 麻黄科麻黄属

形态特征 ┃ 直立小灌木，最高可达1米，木质茎粗长，直立，小枝细，径约1毫米，节间短，长1~3.5厘米，常被白粉呈蓝绿色或灰绿色。叶2裂，褐色，大部合生，裂片短三角形，先端钝。雄球花单生或3~4个集生于节上，无梗或开花时有短梗，卵圆形或窄卵圆形，苞片3~4对，假花被近圆形，雄蕊

6～8，花丝全部合生，微外露，花药2室；雌球花窄卵圆形或窄菱形，苞片菱形或卵状菱形，3对，雌花1～2；雌球花成熟时肉质红色，长卵圆形或卵圆形，长8～10毫米，具短梗；种子一般1粒，窄长卵圆形，长7毫米，径越3毫米，8—9月成熟。

生境分布 | 生于干旱山坡、山脊、山顶及岩壁等处。天山和阿尔泰山区均有分布。

养蜂价值 | 6月中旬至7月中旬开花泌蜜。雄花粉多，雌花蜜多，蜜蜂喜采，有利于蜂群繁殖和采蜜。花粉黄色，花粉粒长圆形。

其他用途 | 木贼麻黄为重要的药用植物，富含生物碱，是提制麻黄碱的主要植物；草质茎入药，具有发汗散寒，宣肺平喘，利水消肿之功效。

● **中麻黄** *Ephedra intermedia* Schrenk ex Mey.

科　属 | 麻黄科麻黄属

形态特征 | 小灌木常呈草木状，高40～100厘米。茎直立或匍匐斜上，粗壮，基部分枝多；绿色小枝常被白粉呈灰绿色，直径1～2毫米，节间通常长3～6厘米，纵槽纹较细浅。叶3裂及2裂混见，下部约2/3合生成鞘状，上部裂片钝三角形或窄三角披针形。雄球花通常无梗，数个密集于节上呈团状，稀2～3朵对生或轮生于节上，具5～7对交叉对生或5～7轮苞片，雄蕊5～8枚，花丝全部合生，

花药无梗；雌球花2～3成簇，对生或轮生于节上，无梗或有短梗，苞片3～5轮或3～5对交叉对生，通常仅基部合生，边缘常有明显膜质窄边，最上一轮苞片有2～3雌花；雌花的珠被管长达3毫米，常呈螺旋状弯曲。雌球花成熟时肉质，红色，椭圆形、卵圆形或矩圆状卵圆形。种子2～3粒，包藏于红色肉质苞片内。

生境分布 | 生于海拔数百米至2 000米的荒漠石质戈壁、沙地及干旱的山坡或草地上，局部地区可形成群落。天山、阿尔泰山及准噶尔西部山地均有分布，青河、阿勒泰、吉木乃、塔城、巴里坤、阜康、乌鲁木齐、玛纳斯、沙湾、奎屯、伊宁、和硕、轮台和乌恰等地较多。

养蜂价值 | 花期5—6月。数量多，分布广，有蜜有粉，有利于春季蜂群的繁殖。花粉黄褐色，花粉粒椭球形。

其他用途 | 枝叶可入药。

● 膜果麻黄 *Ephedra przewalskii* Stapf

别　　名 | 麻黄草、麻黄、勃麻黄、蛇麻黄
科　　属 | 麻黄科麻黄属
形态特征 | 灌木，高20～100厘米。基部多分枝。两年以上的木质茎淡灰色或淡黄色；当年生枝淡绿色，节间长2～3厘米，有棕色髓心。叶2～3枚，鞘状；裂片三角形或狭三角形，背部棕红色，具膜质边缘。雄球花无梗，密集成团伞花序，淡褐色或淡黄褐色。雌球花幼时淡绿褐色或淡红褐色，近圆球形，成熟时苞片增大，呈淡棕色、干燥、半透明的薄膜片。种子常3粒。

生境分布 | 生于石质戈壁、沙漠地区和干旱山坡、丘陵地带。旱生和超旱生植物。北疆各地均有分布。

养蜂价值 | 花期5月下旬至6月上旬。雄花粉多，雌花蜜多，蜜蜂颇爱采集，有利于蜂群繁殖。花粉黄褐色，花粉粒椭球形。

其他用途 | 枝叶入药，具有发汗散寒，宣肺平喘，利水消肿之功效；也是防风固沙植物。

在新疆自然分布的本属植物还有蓝麻黄（*E. glauca* Regel.），产于巴里坤、乌鲁木齐、沙湾、博乐、阿克苏、拜城、喀什等地；喀什膜果麻黄 [*E. przewalskii* stapf var. *kaschgarica* (Fedtsch. et Bobr.) C. V. Cheng]，产于喀什、阿图什、乌恰等地；雌雄麻黄（*E. fedtschenkoae* Paul.），产于天山山区；单子麻黄（*E. monosperma* C. A. Mey.），产于昭苏、玛纳斯、乌鲁木齐南山；细子麻黄（*E. regeliana* Florin），产于阿勒泰地区的沙丘上。此外，还有引进栽培的草麻黄（*E. sinica* Stapf），都是很好的辅助蜜源植物。

胡杨 *Populus euphratica* Oliv.

别　　名 ｜ 胡桐、英雄树、异叶胡杨、异叶杨、水桐、三叶树
科　　属 ｜ 杨柳科杨属

形态特征 ｜ 落叶阔叶乔木，树干通直，高10～22米，直径可达1.5米。叶形多变化，因生长在极旱荒漠区，为适应干旱环境，生长在幼树嫩枝上的叶片狭披针形，大树老枝条上的叶卵圆形、三角状卵圆形或肾形；长20厘米，宽2厘米，先端有2～4对粗齿牙，基部楔形、圆形或截形，有2腺点；叶柄长1～3厘米，光滑。雄花序细圆柱形，长2～3厘米，轴有短茸毛，雄蕊15～25枚，花药紫红色，花盘膜质，边缘有不规则齿牙；苞片略呈菱形，长约3毫米，上部有疏齿牙；雌花序长约2.5厘米，果期长达9厘米，花序轴有短茸毛或无毛，子房长卵形，被短茸毛或无毛子房柄约与子房等长，柱头3深裂，再2浅裂，鲜红或淡黄绿色。蒴果长卵圆形，长10～12毫米，2～3瓣裂，无毛。

生境分布 ｜ 胡杨耐寒、耐旱、耐盐碱、抗风沙，有很强的生命力，树龄100~200年，是自然界稀有的树种之一。生于荒漠戈壁、河流沿岸。分布于塔里木盆地和准噶尔盆地。

养蜂价值 ｜ 花期5月。数量多，分布广，花粉丰富，蜜蜂喜采，有利于蜂群的繁殖。花粉黄褐色，花粉粒长球形。

其他用途 ｜ 胡杨对于稳定荒漠河流地带的生态平衡，防风固沙，调节绿洲气候和形成肥沃的森林土壤，具有十分重要的作用；也可作行道树、庭园树树种；木质纤细柔软，是很好的造纸原料；木材供建筑、桥梁、农具、家具等用；树叶阔大清香，可作饲草。

本属还有灰叶胡杨（*P. pruinosa* Schrenk），又称灰杨，产于塔里木盆地，也是很好的辅助蜜粉源植物。

● **垂枝桦** *Betula pendula* Roth.

别　　名 ｜ 疣皮桦、小疣桦、白桦、疣枝桦

科　　属 ｜ 桦木科桦木属

形态特征 ｜ 落叶乔木，高达25米。树皮白色，薄片剥落。芽无毛，含树脂。老树枝条细长下垂，红褐色，皮孔显著；小枝被树脂点。叶菱状卵形或三角状卵形，长3～7厘米，宽2～2.5厘米，边缘具重锯齿，两面光滑，无毛，下面有树脂点，侧脉5～7对；叶柄细而光滑，长2～3厘米，无毛。莱荑花序，果序圆柱形，长2～4厘米，直径1厘米，果序柄长1～2厘米，果苞长约5厘米，中裂片三角状或条形，先端钝，侧裂片长圆形，下弯，较中裂片稍长或近等长。小坚果倒卵形。

生境分布 ｜ 生于海拔500～2 300米的山地林缘、混交林、河谷。北疆山区均有分布，阿勒泰、布尔津、哈巴河、青河、富蕴、福海、木垒、奇台、吉木萨尔、乌鲁木齐、昌吉、托里和塔城等地较多。北疆地区有栽培。

养蜂价值 ｜ 花期4—5月。数量多，分布广，花粉丰富，有利于蜂群的早春繁殖。花粉淡黄色，花粉粒圆球形。

其他用途 ｜ 可作绿化、观赏植物；木材可作胶合板、家具、农具等；还可提取桦树液、甲醇、醋酸、丙酮、糖醛等化工原料，是发展林化工的珍贵树种。

　　本属天山桦（*B. tianschanica* Rupr.）分布于海拔1 300～2 500米的天山北坡地区；小叶桦（*B. microphylla* Bge.）分布于阿尔泰山和塔城山区，皆为较好的粉源植物。

天山桦

小叶桦

天山桦

● 桑　*Morus alba* L.

别　　名 | 桑树、白桑
科　　属 | 桑科桑属
形态特征 | 桑为落叶灌木或小乔木，高3～10米或更高，胸径可达50厘米，树皮厚，灰色，具不规则浅纵裂。叶卵形至广卵形，有时分裂，先端锐尖或渐尖，基部圆形或心形，边缘有粗锯齿，表面绿色，背面淡绿色；托叶披针形早落。花单性，雌雄异株，均排成腋生穗状花序；雄花花被4枚，雄蕊4枚，中央有不育雌蕊；雌花花被4枚，花柱极短，柱头2裂，宿存。聚合果，紫色、红色或绿白色。

生境分布 | 适应性强，喜生于温暖、土壤稍湿润而肥沃的山谷、平原、河旁和宅院等地。南疆各地区广泛栽培，伊宁、霍城、塔城、额敏、吉木萨尔、乌鲁木齐及哈密等地也有零星栽培。

养蜂价值 | 花期南疆4月下旬至5月下旬，北疆5月中旬至6月上旬。花粉黄色，数量较多，对春季蜂群繁殖有一定作用。

其他用途 | 果实可食，叶供饲蚕，为新疆经济树种之一。

● **啤酒花** *Humulus lupulus* L.

別　　名 | 蛇麻花、酵母花、酒花、啤瓦古丽、香蛇麻
科　　属 | 桑科葎草属
形态特征 | 多年生攀缘草本，茎、枝和叶柄密生茸毛和倒钩刺。叶卵形或宽卵形，长4～11厘米，宽4～8厘米，先端急尖，基部心形或近圆形，不裂或3～5裂，边缘具粗锯齿，表面密生小刺毛，背面疏生小毛和黄色腺点；叶柄长不超过叶片。雄花排列为圆锥花序，花被片与雄蕊均为5枚；雌花每两朵生于一苞片腋间；苞片呈覆瓦状排列为一近球形的穗状花序。果穗球果状，直径3～4厘米；宿存苞片干膜质，果实长约1厘米，无毛，具油点；瘦果扁平，每苞腋1～2个，内藏。
生境分布 | 生于山地林缘、灌丛、河谷。分布于阿尔泰山和天山各地。北疆地区大量栽培。
养蜂价值 | 花期7—8月。蜜腺位于雄蕊基部，蜜粉丰富，有利于蜂群繁殖。花粉黄色，花粉粒近球形。
其他用途 | 果穗供制啤酒用。

● **胡桃** *Juglans regia* L.

別　　名 | 核桃
科　　属 | 胡桃科胡桃属
形态特征 | 落叶乔木，高20～25米。树干较别的种类矮，树冠广阔。树皮幼时灰绿色，老时则灰白色而纵向浅裂。奇数羽状复叶互生，小叶通常5～9枚，椭圆状卵形至长椭圆形，长5～12厘米，宽2.5～6厘米，顶端钝圆或急尖。花与叶同时开放；花单性，雌雄同株，雄性葇荑花序下垂，长5～10厘米；雄花的苞片、小苞片

及花被片均被腺毛；雄蕊6～30枚，花药黄色，无毛；雌性穗状花序通常具1～3雌花；雌花的总苞被极短腺毛，柱头浅绿色。果近于球状，外果皮肉质，绿色；内果核坚硬，具不规则浅沟，有2条纵棱，顶端具短尖头，黄褐色。

生境分布 │ 南疆各地广泛栽培，伊犁州直地区也有栽培。巩留县南山海拔800～1 800米的山坡、山谷有野生胡桃分布。霍城、新源等县也有零星分布。

养蜂价值 │ 花期4月下旬至5月中下旬。粉多蜜少，蜜蜂喜采，有利于春季蜂群繁殖。花粉灰褐色，花粉粒近球形。

其他用途 │ 种仁含油及多种营养素，可生食，亦可榨油食用；木材坚实，是很好的硬木材料；也可用作庭荫树及行道树。

● **石榴** *Punica granatum* L.

科　　属 │ 安石榴、丹若、若榴木、天浆

科　　属 │ 石榴科石榴属

形态特征 │ 落叶乔木或灌木。小枝具棱角，枝条末端常有刺。叶通常对生或簇生，长披针形至长圆形，长2～8厘米，宽1～2厘米，先端急尖，基部楔形，全缘；叶柄短。花两性，顶生或近顶生，单生或几朵簇生或组成聚伞花序；萼片硬，肉质，5～9裂，萼筒钟形，红色；花瓣5～9枚，倒卵形，红色多皱褶，覆瓦状排列；雄蕊多数，着生于萼筒内壁上，花丝无毛；雌蕊具花柱1枚，长度超过雄蕊，心皮4～8枚，子房下位。浆果球形，果皮厚，红色，顶端有宿存花萼裂片；种子多数，有肉质外种皮。

生境分布 │ 喜温暖向阳的环境，多栽培于庭院中。南疆各地均有栽培，喀什、莎车、叶城、和田、皮山、阿图什和阿克苏等地较多。

养蜂价值 │ 花期5—6月。花色鲜艳，花朵数多，蜜粉丰富，蜜蜂喜采，有利于蜂群繁殖。花粉黄褐色，花粉粒长球形。

其他用途 │ 可作为水果食用；根、皮入药。

● **葡萄** *Vitis vinifera* L.

科　　属 ｜ 葡萄科葡萄属

形态特征 ｜ 木质藤本。枝条较粗壮，幼枝光滑有毛；卷须分枝。叶对生，近圆形，3～5裂，长7～18厘米，宽6～16厘米，基部心形，边际具重锯齿；叶柄长4～8厘米。基生脉5出，中脉有侧脉4～5对，网脉不明显突出。圆锥花序大而长，与叶对生，花黄绿色；花萼盘形，边缘呈波状，外面无毛；花瓣5枚，呈帽状黏合脱落；雄蕊5枚，花丝丝状，花药黄色，卵圆形；花盘发达，5浅裂；雌蕊1枚，子房2室，卵圆形；花柱短，柱头膨大。浆果，近球形或椭圆形，成熟时紫黑色或绿色，有白粉。

生境分布 ｜ 葡萄为喜光树种，耐旱喜湿。新疆各地均有栽培，吐鲁番市及南疆各地区尤多。常见于村旁、庭院或种植园。

养蜂价值 ｜ 花期5—6月，20～25天。花盘有5个蜜腺，蜜粉丰富，蜜蜂爱采，有利于蜂群修脾和繁殖。

其他用途 ｜ 葡萄为中药水果之一，除鲜食外，还可制葡萄干、酿酒和作饮料。

● **沙拐枣** *Calligonum mongolicum* Turcz.

別　　名｜蒙古沙拐枣

科　　属｜蓼科沙拐枣属

形态特征｜半灌木，株高差异很大，25～150厘米。老枝灰白色或淡黄灰色；幼枝节间长0.6～3厘米。叶条形。花白色或淡红色，通常2～3朵簇生于叶腋；花梗长1～2毫米，关节在下部；花被片卵圆形，果期水平伸展。果实（包括刺）宽椭圆形，通常长8～12毫米，宽7～11毫米；瘦果不扭转、微扭转或极扭转，条形、窄椭圆形至宽椭圆形，果肋突出或突出不明显，沟槽稍宽或窄，每条果肋有刺2～3行；刺等长或稍长于瘦果之宽，细弱，毛发状，易折断，或密或疏，基部不膨大或稍膨大，中部分2～3叉。

生境分布｜生于流动沙丘、半流动沙丘或石质地，在砾质戈壁、山前沙砾质洪积扇坡地上也有生长。新疆各地均有分布，奇台、阜康、乌鲁木齐、沙湾及吐鲁番等地较多。

养蜂价值｜花期5—7月。数量多，分布广，蜜粉丰富，蜜蜂喜采，有利于蜂群的繁殖。

其他用途｜防风固沙优良树种。

● **泡果沙拐枣** *Calligonum junceum* (Fisch. et Mey.) Litv.

科　　属｜蓼科沙拐枣属

形态特征｜灌木，高40～100厘米。多分枝，枝开展，老枝黄灰色或淡褐色，呈"之"字形拐曲；幼枝灰绿色，有关节，节间长1～3厘米。叶线形，长3～6毫米，与托叶鞘分离；托叶鞘膜质，淡黄色。花通常2～4朵，生于叶腋，较稠密；花梗长3～5毫米，中下部有关节；花被片宽卵形，鲜时白色，背部中央绿色，干后淡黄色。瘦果椭圆形，不扭转，肋较宽，每肋有刺3行；刺密，柔软，外罩一层薄膜，呈泡状果；果圆球形或宽椭圆形，幼果淡黄色、淡红色或红色，成熟果淡黄色、黄褐色或红褐色。

生境分布｜多生于洪积扇的砾石荒漠地区。分布于准噶尔盆地和吐鲁番盆地。

养蜂价值｜花期5—6月。数量多，分布广，蜜粉丰富，蜜蜂喜采，有利于蜂群的繁殖。

其他用途｜可做防风固沙、观赏、饲用植物。

● **红果沙拐枣** *Calligonum rubicundum* Bge.

別　　名｜红皮沙拐枣

科　　属｜蓼科沙拐枣属

形态特征 ｜ 灌木，高1～1.5米。老枝呈"之"字形拐曲，常为红褐色；一年生枝草质，绿色，有关节，节间长1～3厘米。叶条形，长2～4毫米；托叶鞘膜质，极小。花两性，淡红色，通常2～3朵簇生于叶腋；花梗细弱，下部有关节；花被片5枚，卵形，大小不相等，果期水平伸展；雄蕊12～16枚，与花被等长；子房椭圆形，有4棱，花柱4裂，较短，柱头头状。瘦果宽椭圆形，不扭转或稍扭转，顶端急尖，基部狭窄；肋突出不明显，每肋有3行刺毛。

生境分布 ｜ 生于流动沙丘、半固定沙丘、沙地及丘间低地。产于额尔齐斯河流域的福海、布尔津、哈巴河和吉木乃等地。

养蜂价值 ｜ 花期5月中旬至6月中旬。数量多，分布广，蜜粉丰富，诱蜂力强，蜜蜂喜采，有利于蜂群的繁殖。

其他用途 ｜ 可作防风固沙、观赏、饲用植物。

本属还有艾比湖沙拐枣（*C. ebi-nurcum* Ivanova ex Soskov）产于精河、沙湾、莫索湾和奎屯等地；奇台沙拐枣（*C. klementzii* A. Los.）产于奇台、木垒、吉木萨尔、阜康等地；吉木乃沙拐枣（*C. jemunaicum* Z. M. Mao）产于吉木乃；库尔勒沙拐枣（*C. kuerlense* Z. M. Mao）产于库尔勒；塔里木沙拐枣（*C. roborovskii* A. Los.）产于塔里木盆地东部和南部；三列沙拐枣（*C. trifarium* Z. M. Mao）产于吐鲁番等地；英吉沙沙拐枣（*C. yingisaricum* Z. M. Mao）产于英吉沙，均为辅助蜜粉源植物。

● **水蓼** *Polygonum hydropiper* L.

别　　名 | 水蓼、辣蓼、虞蓼、蔷蓼、蔷虞、泽蓼、蓼芽菜

科　　属 | 蓼科蓼属

形态特征 | 一年生草本，高20～80厘米，直立或下部伏地。茎红紫色，无毛，节常膨大，且具须根。叶互生，披针形或椭圆状披针形，长4～9厘米，宽5～15毫米，两端渐尖，均有腺状小点，无毛或叶脉及叶缘上有小刺状毛；托鞘膜质，筒状，有短缘毛；叶柄短。穗状花序腋生或顶生，细弱下垂，下部的花间断不连。苞漏斗状，有疏生小脉点和缘毛；花具细花梗而伸出苞外，花被4～5裂，卵形或长圆形，淡绿色或淡红色，有腺状小点；雄蕊5～8枚；雌蕊1枚，花柱2～3裂。瘦果卵形，扁平，黑色无光，包在宿存的花被内。

生境分布 | 生于沟边湿地、村边路旁和草甸草原上。新疆各地均有分布，以北疆山地草坡较为集中。

养蜂价值 | 花期7月下旬至9月上旬。数量多，分布广，花期较长，蜜多粉多，对杂花蜜的生产有一定的作用。花粉黄色，花粉粒球形。

其他用途 | 水蓼茎、叶可作饲草；果及全草入药。

● 珠芽蓼 *Polygonum viviparum* L.

别　　名 | 猴娃七、山高粱、蝎子七、剪刀七、染布子

科　　属 | 蓼科蓼属

形态特征 | 多年生草本。根状茎粗壮，弯曲，黑褐色，直径1～2厘米。茎直立，高15～60厘米，不分枝，通常2～4条自根状茎发出。基生叶长圆形或卵状披针形，长3～10厘米，宽0.5～3厘米，顶端尖或渐尖，基部圆形、近心形或楔形，两面无毛，边缘脉端增厚。外卷，具长叶柄；茎生叶较小，披针形，近无柄；托叶鞘筒状，膜质，下部绿色，上部褐色，偏斜，开裂，无缘毛。总状花序呈穗状，顶生，紧密，下部生珠芽；苞片卵形，膜质，每苞内具1～2花；花梗细弱；花被深裂，白色或淡红色。花被片椭圆形，长2～3毫米；雄蕊8枚，花丝不等长；花柱3个，下部合生，柱头头状。瘦果卵形，深褐色，包于宿存花被内。

生境分布 | 生于海拔1 200～3 100米的山坡林下、高山或亚高山草甸。分布于天山、阿尔泰山及准噶尔西部山地。以奇台、乌鲁木齐、尼勒克、新源、特克斯、布尔津和博乐等地较多。

养蜂价值 | 花期5—7月。花期长，分布较广，蜜粉较多，蜜蜂喜采，有利于蜂群繁殖。花粉黄色，花粉粒圆球形。

其他用途 | 可作优质牧草。

本属还有库车蓼（*P. popovii* Borodina）分布于天山及库尔勒、库车等地，红蓼（*P. orientale* L.）各地庭园多有栽培，天山北坡有野生，以上均为较好的辅助蜜粉源植物。

● 木蓼 *Atraphaxis frutescens* (L.) Ewersm.

别　　名 | 灌木蓼

科　　属 | 蓼科木蓼属

形态特征 | 灌木，高50～100厘米，多分枝。主干粗壮，树皮暗灰褐色，呈细条状剥离。木质枝开展，细弱弯拐，顶端无刺。托叶鞘圆筒状，褐色；叶蓝绿色至灰绿色，狭披针形、披针形或长圆形，长1～2.5厘米，宽5～15毫米，顶端渐尖或钝，具短尖，基部渐狭成短柄，边缘通常下卷，两面均无毛，具突出的中脉及不明显的羽状脉纹。花序为疏松的总状花序，顶生长4～6厘米，稀达10厘米；花梗长5～8毫米，关节位于中部或中部稍下；花被片5枚，粉红色，具白色边缘；内轮花被片圆形或阔椭圆形，外轮花被片卵圆形，向下反折。瘦果狭卵形，具3棱，顶端渐尖，黑褐色，光亮。

生境分布 | 生于海拔500～2 000米的砾石戈壁、山谷灌丛、干旱草原、沙地。乌鲁木齐、奇台、沙湾等地较多。

养蜂价值 | 花期7—8月。数量多，分布广，蜜粉较丰富，蜜蜂爱采，有利于蜂群繁殖。花粉黄褐色，花粉粒长球形。

其他用途 | 优良的固沙植物。

● 锐枝木蓼 *Atraphaxis pungens* (M. B.) Jaub. et Spach.

别　　名 | 坚刺木蓼、刺针枝蓼

科　　属 | 蓼科木蓼属

形态特征 | 灌木，高30～70厘米。主干直而粗壮，多分枝，树皮灰褐色呈条状剥离。木质枝，弯拐，顶端无叶，刺状；当年生枝短粗，白色，无毛，顶端尖，生叶或花。托叶鞘筒状，基部褐色，具不明显的脉纹，上部斜形，膜质，透明，顶端具2个尖锐的齿；叶宽椭圆形或倒卵形，蓝绿色或灰绿色，长1～2厘米，宽0.5～1厘米，顶端圆，具短尖或微凹，基部圆形或宽楔形，渐狭成短柄。总状

花序短，侧生于当年生枝条上；花梗长，关节位于中部或中部以上；花被片5，粉红色或绿白色，内轮花被片3枚，圆心形，具明显的网脉，边缘波状，外轮花被片2枚，卵圆形或宽椭圆形，果时向下反折。瘦果卵圆形，具3棱，黑褐色，平滑，光亮。

生境分布 ｜ 生于海拔1 000米的荒漠戈壁冲沟、河谷漫滩和砾石质山坡；分布于新疆北部，木垒、奇台、吉木萨尔、青河、富蕴和阿勒泰等地较多。

养蜂价值 ｜ 花期5月下旬至6月下旬。数量较多，花期长，花色艳，有蜜有粉，有利于蜂群繁殖。

其他用途 ｜ 可作园林绿化植物；可作固沙植物；低等牧草。

● **沙木蓼** *Atraphaxis bracteata* A. Los.

别　　名 ｜ 灌木蓼、苞叶蓼

科　　属 ｜ 蓼科木蓼属

形态特征 ｜ 直立灌木，高1～1.5米。主干粗壮，淡褐色，直立，无毛，具肋棱，多分枝；斜升或呈钝角叉开，无毛，顶端具叶或花。托叶鞘圆筒状，长6～8毫米，膜质，上部斜形，顶端具2个锐齿；叶革质，长圆形或椭圆形，当年生枝上的披针形，长1.5～3.5厘米，宽0.8～2厘米，顶端钝，具小尖，基部圆形或宽楔形，边缘微波状，下卷，两面均无毛，侧脉明显；叶柄长1.5～3毫米，无毛。

总状花序，顶生，长2.5～6厘米；苞片披针形，上部的钻形，膜质，具1条褐色中脉，每苞内具2～3花；花梗长约4毫米，关节位于上部；花被片5枚，绿白色或粉红色，内轮花被片卵圆形，不等大，网脉明显，边缘波状，外轮花被片肾状圆形，果时平展，不反折，具明显的网脉。瘦果卵形，具三棱形，黑褐色，光亮。

生境分布 | 生于海拔1 000～1 500米的戈壁、流动沙丘间低地及半固定沙丘；分布于奇台、乌鲁木齐、青河、阿勒泰等地。乌鲁木齐市等地由人工栽培。

养蜂价值 | 花期6月上旬至7月初。花期长，花色艳，初开时鲜红，形若荞麦花，蜜粉丰富，诱蜂力强，蜜蜂喜采，有利于蜂群繁殖和采蜜。

其他用途 | 嫩枝是羊、骆驼的饲料；园林栽培观赏植物；优良的固沙植物。

此外，还有绿叶木蓼 [*A. laetevirens* (Ledeb.) Jaub. et Spach] 产于新疆北部青河、塔城、裕民、托里、伊宁、巩留、新源等地；细枝木蓼（*A. decipiens* Jaub. et Spach）产于阿勒泰、乌鲁木齐、塔城等地；额河木蓼（*A. jrtyschensis* C. Y. Yang et Y. L. Han）产于布尔津等地；拳木蓼（*A. compacta* Ledeb.）产于奇台、乌鲁木齐、沙湾、库尔勒及吐鲁番等地，均为辅助蜜源植物。

● 天山大黄 *Rheum wittrockii* Lundstr.

别　名 | 新疆大黄、大黄

科　属 | 蓼科大黄属

形态特征 | 多年生草本，高40～160厘米，具黑棕色根状茎，有分枝。茎直立，中空，直径约1厘米，具细棱线。基生叶2～4片，叶片三角状卵形或卵心形，长15～26厘米，宽10～20厘米，顶端钝急尖，基部心形，边缘具弱皱波；叶柄细，半圆柱状，与叶片近等长；茎生叶2～4片，上部的1～2片叶腋具花序分枝，叶片较小。大型圆锥花序顶生，花小，直径约2毫米；花梗长约3毫米；花被白绿色，外轮3枚稍小而窄长，内轮3枚稍大，卵圆形；雄蕊9枚，与花被近等长；花柱3裂，横展，柱头大，表面粗糙。果实圆形或矩圆形；种子卵形。

生境分布 | 生于海拔1 200～2 600米的山坡草地、灌丛、林下、沟谷及石崖边等处。天山各地均有分布，以木垒、奇台、乌鲁木齐、尼勒克、新源、巩留、昭苏等地山区较多。

养蜂价值 | 花期6月中旬至7月上旬。花期长，蜜粉丰富，蜜蜂喜采，对山区杂花蜜的生产有一定作用。

其他用途 | 根及根茎入药。

● **阿尔泰大黄** *Rheum altaicum* A. Los.

科　　属 | 蓼科大黄属

形态特征 | 多年生草本，高50～100厘米。茎直立中空，下部直径1～1.5厘米，具细棱线，无毛。基生叶少，叶片三角状卵形，长15～30厘米，宽13～22厘米，顶端钝，基部心形；叶柄细，半圆柱状，与叶片近等长；茎生叶1～3片，叶片较小，有时长、宽近相等；托叶鞘抱茎，长3～6厘米。大型圆锥花序窄卵形，花4～7朵簇生，黄白色，花小；花被片矩圆形，外轮3枚较小，内轮3枚较大，长1.5毫米或稍长，宽约1毫米；雄蕊与花被近等长。果实较小，矩圆状宽椭圆形；种子宽卵形，黑褐色。

生境分布 | 生于海拔1 900～2 400米的林缘、草坡或峡谷石缝。分布于布尔津、哈巴河、阿勒泰、福海、塔城和博乐等地。

养蜂价值 | 花期6月中旬至7月上旬。花期较长，蜜粉丰富，有利于蜂群繁殖和采蜜。花粉淡黄色，花粉粒圆形。

其他用途 | 根茎入药。

● **圆叶大黄** *Rheum tataricum* L.

别　　名 | 鞑靼大黄、矮大黄、沙地大黄

科　　属 | 蓼科大黄属

形态特征 ｜ 圆叶大黄是中型草本，高35～50厘米。根粗壮。茎直立，粗短，中空，无毛，具1片基生叶或无。基生叶大型，平铺地上，叶片纸质，通常宽稍大于长，心形或圆形，长20～35厘米，宽27～50厘米，顶端圆钝，基部心形，不规则全缘，边缘具软骨质细齿；叶柄短粗，半圆柱状，无毛；茎生叶小近圆形。圆锥花序自中部分枝，通常具3次分枝，各级分枝扩展，形成阔圆球状，通常每簇有花1～2朵，小苞片鳞片状；花被片黄白色，宽椭圆形或宽卵状椭圆形；雄蕊9枚，略短于花被，花药矩圆形，花丝上部渐宽；花盘与花被基部合生；子房三角状卵形，花柱细长反曲，柱头阔扁盘状。果实紫红色卵形，翅窄；种子卵形，深褐色。

生境分布 ｜ 生长在海拔500～1000米的荒漠中。分布于木垒、奇台、吉木萨尔、青河、富蕴、福海、和布克赛尔、沙湾和乌苏等地。

养蜂价值 ｜ 花期5月下旬至6月中旬。花期较长，蜜粉丰富，有利于蜂群繁殖。花粉蛋黄色，花粉粒近球形。

其他用途 ｜ 根茎入药。

● **酸模** *Rumex acetosa* L.

别　　名 ｜ 山大黄、当药、山羊蹄、酸母
科　　属 ｜ 蓼科酸模属
形态特征 ｜ 多年生草本，高50～100厘米。茎直立，通常不分枝，无毛，或稍有毛，具沟槽，中空。单叶互生，叶片卵状长圆形，长5～15厘米，宽2～5厘米，先端钝或尖，基部箭形或近戟形，全缘；茎上部叶较窄小，披针形，无柄且抱茎；基生叶有长柄；托叶鞘膜质，易破裂。花单性，雌雄

异株；花序顶生，狭圆锥状，分枝稀，花数朵簇生；雄蕊6枚，花丝甚短；雌花的外轮花被反折向下紧贴花梗，内轮花被直立，花后增大包被果实，子房三棱形，柱头画笔状，紫红色。瘦果圆形，具3棱，黑色，有光泽。

生境分布 ｜ 生于海拔1 400～2 000米的山坡、路边、荒地、林缘或沟谷溪边湿地。天山和阿尔泰山草原带广泛分布。

养蜂价值 ｜ 花期5月下旬至6月中下旬。数量多，分布广，花朵数量多，蜜粉丰富，诱蜂力强，蜜蜂爱采，有利于蜂群繁殖和生产商品蜜。

其他用途 ｜ 嫩叶可食。

● **皱叶酸模** *Rumex crispus* L.

别　　名 ｜ 洋铁叶子、土大黄
科　　属 ｜ 蓼科酸模属
形态特征 ｜ 多年生草本，高50～150厘米。直根，粗壮。茎直立，有浅沟槽，通常不分枝，无毛。根生叶有长柄，叶片披针形或长圆状披针形，长15～25厘米，宽1.5～4厘米，两面无毛，顶端和基部都渐狭，边缘有波状皱褶；茎上部叶小，有短柄；托叶鞘膜质，易破裂。由数个腋生的总状花序组成圆锥状花序，顶生，狭长，长达60厘米；花两性，多数；花被片6枚，排成2轮，内轮花被片在果时增大，顶端钝或急尖，基部心形，全缘或有不明显的齿，通常都有瘤状突起为卵形；雄蕊6枚；柱头3裂，画笔状。瘦果椭圆形，有3棱，种子褐色，有光泽。

生境分布 ｜ 生于平原田边、路旁、湿地、水边、山草坡等地。新疆各地均有分布，伊犁州直、塔城地区、昌吉州、乌鲁木齐市等地较多。

养蜂价值 ｜ 花期5月下旬至6月中下旬。数量多，分布广，蜜多粉足，蜜蜂爱采，有利于蜂群繁殖和采蜜。

其他用途 ｜ 根和全草入药。也可以作为牲畜饲草。

本属植物小酸模（*R. acetosella* L.）产于阿尔泰山区，亦为辅助蜜粉源植物。

● **梭梭** *Haloxylon ammodendron* (C. A. Mey.) Bge.

别　　名 ｜ 琐琐、梭梭柴

科　　属｜藜科梭梭属

形态特征｜灌木或小乔木，高2～8米。树皮灰白色，木材坚而脆。老枝灰褐色或淡黄褐色，通常具环状裂隙；当年枝细长，斜生或弯垂，具节。叶对生，鳞片状，宽三角形，先端钝，腋间具绵毛。花两性，黄色，着生于二年生枝条的侧生短枝上；小苞片舟状，宽卵形，与花被近等长，边缘膜质；花被片矩圆形，先端钝，背面先端之下1/3处生翅状附属物；翅状附属物肾形至近圆形，宽5～8毫米，斜伸或平展，边缘波状或啮蚀状，基部心形至楔形；花被片在翅以上部分稍内曲并围抱果实；花盘不明显。胞果黄褐色；种子横生，螺旋状。

生境分布｜喜生于轻度盐渍化、干旱的半荒漠地带和沙漠、砾质戈壁中。分布于准噶尔盆地及塔里木盆地东部、南部的盐渍平原和沙漠中。

养蜂价值｜花期6—7月。数量多，分布广，蜜粉丰富，有利于蜂群繁殖和生产商品蜜。

其他用途｜梭梭是重要的固沙植物，对防风固沙、治理沙漠具有重要作用；可作为牲畜饲草；为名贵药材肉苁蓉的寄主植物。

本属另一种白梭梭（*H. persicum* Bge. ex Boiss. et Buhse）分布于准噶尔盆地，常与梭梭伴生或独自形成群落，也是蜜粉源植物。

● **碱蓬** *Suaeda glauca* Bge.

别　　名｜灰绿碱蓬、和日斯

科　　属｜藜科碱蓬属

形态特征｜一年生草本，高30～150厘米。茎直立，有条纹，上部多分枝；枝细长，斜伸或开展。叶无柄，线形，长1.5～5厘米，宽1.5毫米，先端尖锐，灰绿色，排列稠密，光滑或微被白粉；茎上部的叶渐变短。花两性，单生或通常2～5朵，有短柄，排列成聚伞花序；小苞片短于花被；花被片5枚，长圆形，先端钝圆，肥厚，背部有隆脊；雄蕊5枚，花丝很短；雌花的花柱伸出较长，雌花所生的果实完全包于多汁有隆脊的花被内，两性花所生的果实呈球形，顶端露出。

生境分布 | 生于荒地、渠岸、路旁、田间、盐湖边等盐碱地区。分布于北疆及哈密盆地。

养蜂价值 | 花期7—8月。数量多，分布广，为粉源植物之一，对蜂群繁殖有重要作用。花粉淡黄色，花粉粒近球形。

其他用途 | 可作牧草。

● 萹蓄 *Polygonum aviculare* L.

别　　名 | 猪牙草、萹苋、萹蔓、地　蓄、编竹

科　　属 | 蓼科蓼属

形态特征 | 一年生草本，高15～50厘米。茎匍匐或斜上，基部分枝甚多，具明显的节及纵沟纹。幼枝上微有棱角。叶互生；叶柄短，长2～3毫米，亦有近于无柄者；叶片披针形至椭圆形，长5～16毫米，宽1.5～5毫米，先端钝或尖，基部楔形，全缘，绿色，两面无毛；托叶鞘膜质，抱茎，下部绿色，上部透明无色，具明显脉纹，其上之多数平行脉常伸出成丝状裂片。花6～10朵簇生于叶腋；花梗短；苞片及小苞片均为白色透明膜质；花被绿色，5深裂，具白色边缘，结果后，边缘变为粉红色；雄蕊通常8枚，花丝短；子房长方形，花柱短，柱头3枚。瘦果包围于宿存花被内，仅顶端小部分外露，卵形，具3棱，长2～3毫米，黑褐色，具细纹及小点。

生境分布 | 生长于田野路旁、荒地及河边等处。新疆各地均有分布。

养蜂价值 | 花期6—7月。花期长，分布广，粉源植物。花粉黄褐色，花粉粒近圆形。

其他用途 | 全草入药；可作牧草；可提取黄色和绿色染料。

● 地肤 *Kochia scoparia* (L.) Schrad.

别　　名 | 地麦、落帚、扫帚苗、铁扫帚、扫帚菜

科　　属 | 藜科地肤属

形态特征 | 一年生草本，株高50～100厘米。茎直立，多分枝，整个植株外形卵球形。叶互生，线形或披针形，长2～5厘米，宽3～7毫米；具3条主脉，茎部叶小，具1脉。花常1～3朵簇生于叶

腋，构成穗状圆锥花序；花被近圆形，淡绿色，裂片三角形。胞果扁球形，果皮膜质，与种子离生；种子黑色，具光泽。

生境分布 | 生长在原野、山林、荒地、田边、路旁、果园、庭院。新疆各地均有分布。

养蜂价值 | 花期6—7月。花粉较多，蜜蜂喜采，有利于蜂群繁殖。

其他用途 | 嫩叶可食；种子入药；秋后全株捆扎可作扫帚。

● **心叶驼绒藜** *Krascheninnikovia ewersmanniana* (Stschegl. ex Losinsk.) Botsch. et Ikonn.

科　　属 | 藜科驼绒藜属

形态特征 | 多年生半灌木，株高1～1.5米。分枝多集中于上部，通常长40～60厘米。叶柄短，叶片卵形或卵状矩圆形，长2～3.5厘米，宽1～2厘米，先端急尖或圆形，基部心形，具明显的羽状叶脉。雄花序细长而柔软，长约8厘米；雌花管椭圆形，长2～3毫米，角状裂片粗短，其长为管长的

1/6～1/5，先端钝，略向后弯，果时管外具4束长毛。果椭圆形，密被毛；种子直生，与果同形；胚马蹄形，胚根向下。

生境分布 | 常生长在海拔1 000～2 000米的半荒漠、田边、荒地、沙丘和路旁。分布于阿尔泰山和天山山麓。

养蜂价值 | 花期7—8月底。数量多，分布广，花期长，花粉丰富，蜜蜂喜采，有利于蜂群的繁殖。

其他用途 | 优质牧草；可栽培，用以防风固沙，保持水土。

● **亚洲薄荷** *Mentha asiatica* Boriss.

科　　属 | 唇形科薄荷属

形态特征 | 多年生草本，高30～100（150）厘米。根茎斜生，节上生须根。全株被短茸毛。茎直立，四棱形。叶片长圆形、长椭圆形或长圆状披针形，两面均被密生的短茸毛，两边具稀疏不相等的齿，具短柄或无柄，密被短茸毛。轮伞花序在茎的顶端或枝的顶端集成穗状花序；苞片小，线形或钻形，被稀疏的短柔毛；花萼钟状，萼齿5裂，线形；花冠紫红色，长约4毫米，微伸出萼筒之外，冠筒上部膨大，外面被稀疏的短柔毛，冠檐4裂，上裂片长圆状卵形，先端微凹；雄蕊4枚，伸出于冠筒之外或不伸出，基部具毛；花柱伸出花冠很多，先端2浅裂；花盘平顶。小坚果褐色，顶端被柔毛。

生境分布 | 生于浅山带及平原地区。分布于北疆各地，霍城、伊宁、尼勒克、新源、巩留、昭苏等地较多。

养蜂价值 | 花期7—8月，主要流蜜期20天左右。数量多，花期长，泌蜜丰富，是优良的蜜粉源植物。亚洲薄荷蜜深琥珀色，具薄荷香味，易结晶。花粉黄褐色，花粉粒球形。

其他用途 | 可作观赏和香料植物。

● **荆芥** *Nepeta cataria* L.

别　　名 | 香薷、小荆芥、薄荷

科　　属 | 唇形科荆芥属

形态特征 ｜ 多年生草本，高50～100厘米。茎粗壮，基部木质化，多分枝，四棱形，被白色短柔毛。叶片卵状至三角状心形，先端锐尖，基部微心形或截形，边缘具粗圆齿，背面具极短硬毛，沿叶脉处较密集。花序为轮伞状，下部的腋生，上部的组成间断的圆锥花序；花冠白色，下有紫点，外被白色柔毛，内面在喉部被短柔毛，冠檐二唇形，上唇短，先端具浅凹，下唇3裂，中裂片近圆形，基部心形，边缘具粗锯齿，侧裂片圆形；雄蕊内藏，花丝扁平。花栓线行，先端2等裂。花盘杯状，裂片明显。小坚果卵形，灰褐色。

生境分布 ｜ 生于山地草原、林带阳坡及河谷。分布于阿尔泰山、天山、昆仑山等地，阿勒泰、奇台、吉木萨尔、乌鲁木齐、伊宁、库尔勒、阿克苏、喀什及和田等地野生分布和栽培较多。

养蜂价值 ｜ 花期7—9月。数量较多，泌蜜丰富，是优良的辅助蜜粉源植物。对秋蜜生产和越冬蜂繁殖有一定作用。花粉淡黄色，花粉粒近球形。

其他用途 ｜ 荆芥种子含3%芳香油，可用于化妆品香料生产；嫩叶可作蔬菜。

● **大花荆芥** *Nepeta sibirica* L.

别　　名 ｜ 西伯利亚荆芥

科　　属 ｜ 唇形科荆芥属

形态特征 ｜ 多年生草本植物，高40～70厘米。根茎木质，顶端有粗糙纤维。茎多数，上升，常在下部具分枝，四棱形，下部常带紫红色，被微柔毛。叶三角状长圆形至三角状披针形，长3.5～9厘米，宽1.2～2.2厘米，先端急尖，基部近截形，常呈浅心形，上面疏被微柔毛，边缘通常密具小齿，坚纸质；茎下部叶具较长的柄，中部叶柄变短。轮伞花序稀疏排列于茎顶部，长9～15厘米，在下部的具长5～8毫米的总梗，上部的具短梗或近无梗；苞叶叶状，向上变小，具极短的柄，上部的呈苞片状，披针形；花梗短，长约1毫米，密被腺点；花萼长9～10毫米，外密被腺短柔毛及黄色腺点，上唇3裂，披针状三角形，渐尖，下唇2裂至基部，较长而狭，先端锐尖；花冠蓝色或淡紫色，长2～3厘米，外疏被短柔毛，冠筒近直立，冠檐二唇形，上唇2裂至中部以下，成椭圆形钝裂片，下唇3裂，中裂片肾形，先端具深弯缺，边缘具大圆齿，侧裂片卵状三角形或卵形；雄蕊4枚，后对雄蕊略短于或稍超出上唇。花柱等于或稍超出上唇。小坚果卵形。

生境分布 | 生于海拔1 700～2 500米的山地及山地林缘、林中空地、草甸。分布于阿尔泰山和准噶尔西部山区。

养蜂价值 | 花期8月上旬至9月上旬。数量多，花大色艳，蜜粉丰富，蜜蜂喜采，有利于蜂群繁殖和产蜜。花粉黄褐色，花粉粒长球形。

其他用途 | 可作园林观赏植物；植株全草含芳香油0.15%，可生产化妆品香料。

本属南疆荆芥（*N. fedtschenkoi* Pojark.），分布于南疆的帕米尔高原、天山西部山区；腺荆芥（*N. glutinosa*）、小花荆芥（*N. micrantha* Bge.）、密花荆芥（*N. densiflora* Kar. et Kir.）和刺尖荆芥 [*N. pungens* (Bge.) Benth.] 分布于北疆山区；小裂叶荆芥 [*N. annua* (Pall.) Schischk.] 产于南疆山区，亦为蜜粉源植物。

● 林地水苏 *Stachys sylvatica* L.

科　属 | 唇形科水苏属

形态特征 | 多年生草本。茎直立或稍曲折，高30～120厘米，上部分枝，顶端均具花序，茎、枝四棱形，具槽，沿棱上被具节的刚毛及具腺的微柔毛。茎叶卵圆状心形，长8～12厘米，宽5～9.5厘米，边缘有圆齿，纸质，上面亮绿色，被柔毛状刚毛，下面灰绿色，沿脉上被柔毛状刚毛；叶柄纤细，长3～6.5厘米，被平展柔毛状刚毛；最下部苞叶与茎叶同形，具柄，长、宽各约3厘米，边缘具齿，上部苞叶无柄，长圆状披针形，全缘。轮伞花序，通常6花，偶具8花，上下远离而组成长10～20厘米的长穗状花序；花梗短；花萼管状钟形；花冠红色至紫色，长1.4厘米；冠筒直伸，冠檐

二唇形，上唇直伸，长圆形，下唇平展，3裂，中裂片较大，近圆形，先端微缺，侧裂片卵圆形，微小。雄蕊4枚，前对较长，均延伸至上唇之下，花丝丝状，扁平，花药卵圆形，2室；花柱丝状，略超出雄蕊，先端具相等2浅裂，裂片钻形；花盘平顶。小坚果卵圆状三棱形，暗褐色，无毛。

生境分布 | 生于针叶林、灌丛及高山草甸中。分布于天山山区。乌鲁木齐、玛纳斯、伊犁州直山区较多，巩留、特克斯等地比较集中。

养蜂价值 | 花期7～8月。花期长，花色艳，蜜粉丰富，诱蜂力强，蜜蜂爱采，有利于生产商品蜜。花粉黄色，花粉粒长球形；林地水苏蜜水白透明，结晶洁白细腻，具浓郁的林地水苏花香，为蜜中上品。

其他用途 | 种子含芳香油；茎叶可作牲畜饲料；园林栽培作观赏用。

● 紫苏 *Perilla frutescens* (L.) Britt.

别　　名 | 白苏、赤苏、红苏、香苏、白紫苏
科　　属 | 唇形科紫苏属

形态特征 | 一年生草本植物。茎高60～120厘米，茎四棱形，绿色或紫色，密备长柔毛。叶宽卵形，长7～13厘米，宽4.5～10厘米，先端短尖，基部圆形或宽楔形，边缘具粗锯齿，膜质或草质，侧脉7～8对；叶柄长3～5厘米，密被长柔毛。轮伞花序2花，组成顶生和腋生假穗状花序，长5～15厘米，密被长柔毛；苞片宽卵圆形，先端短尖，边缘膜质；花萼钟状，10脉；萼檐二唇形，上唇宽大，3齿，中齿较小，下唇比上唇略长，2齿，齿披针形；花冠白色至紫红色，长3～4毫米，冠檐近二唇形，上唇微缺，下唇3裂，中裂片略大，侧裂片与上唇相似；雄蕊4枚，不伸出，前对稍长，离生，花丝扁平，花药2室，室平行；雌蕊1枚，子房4裂，花柱基底着生，花柱2裂，柱头2室；花盘在前面膨大。小坚果近球形，灰褐色。

生境分布 | 紫苏喜土质肥沃、疏松的土壤。房前屋后、沟边地边均可栽培，新疆各地均有栽培，伊犁州直栽培较多。

养蜂价值 | 花期7月下旬至8月上旬，开花泌蜜期长达20天。蜜粉丰富，诱蜂力强，蜜蜂喜采，分布集中处常能生产商品蜜。花粉黄褐色，花粉粒长圆形。

其他用途 | 紫苏种子油可供食用。

● 新疆鼠尾草 *Salvia deserta* Schang

科　　属 | 唇形科鼠尾草属

形态特征 | 多年生草本，茎高达70厘米，被疏柔毛及微柔毛。叶卵形或披针状卵形，长4～9厘米，上面膨泡状，被微柔毛，下面淡绿色，脉隆起呈洼格状，被短柔毛；叶柄长4厘米至几乎无柄。轮伞花序，具花4～6朵，密集成顶生假总状或圆锥状花序；苞片宽卵形，长4～6毫米；花萼卵状钟形，长5～6毫米，

外被毛及腺点，上唇半圆形，顶端具3小齿，下唇深裂为2齿，齿三角形，先端尖；花冠蓝紫色至紫色，长9～10毫米；花梗长1.5毫米，与花序轴被微柔毛；冠檐二唇形，上唇椭圆形，两侧折合，呈镰刀形，先端微凹；下唇轮廓近圆形，3裂，中裂片宽倒心形，先端微凹，边缘波状，侧裂片椭圆形；雄蕊2枚，不外伸，与花冠等长；花丝长约2毫米，药隔长6.5毫米，上臂长4.5毫米，下臂长2毫米，花盘前面稍膨大。小坚果倒卵圆形，光滑。

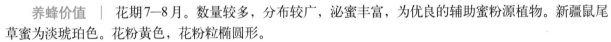

生境分布 ｜ 生于海拔270～1 850米的荒地、草原及田间、路旁。北疆各地均有分布，布尔津、阿勒泰、塔城、新源、巩留、昭苏、乌鲁木齐、奇台等地较多。

养蜂价值 ｜ 花期7—8月。数量较多，分布较广，泌蜜丰富，为优良的辅助蜜粉源植物。新疆鼠尾草蜜为淡琥珀色。花粉黄色，花粉粒椭圆形。

其他用途 ｜ 根入药。也是香料植物，可提芳香油。

本属丹参（*S. miltiorrhiza* Bge.），伊犁等地有栽培，也是辅助蜜粉源植物。

● 硬尖神香草 *Hyssopus cuspidatus* Boriss.

科　　属 ｜ 唇形科神香草属

形态特征 ｜ 半灌木。根状茎木质，茎高15～60厘米。叶条形，长1.5～4.5厘米，顶端锥尖，具长约2毫米的刺状尖头，基部渐狭，无柄，密披腺点。轮伞花序通常10花，具长1～2毫米的短柄，尚偏向于一侧而呈半轮伞状，在下部，远离上部密集组成长3～8厘米的假穗状花序；苞片及小苞片条形；花萼筒状，长1厘米，外面在脉及齿上被毛，脉15条，齿间凹陷，由于二脉连接而多少呈瘤状，5萼齿，等大，长三角形；花冠紫色，长约1.2厘米，上唇直伸，顶端2浅裂，下唇3裂，中裂片倒心形。雄蕊4枚，前对较长，后对较短，均长出花冠，花丝丝状，无毛，花药2室。花柱近等于或稍伸出雄蕊，先端相等，2浅裂，裂片钻形。花盘平顶。小坚果矩圆状三棱形。

生境分布 │ 生于海拔1 000～1 500米的砾石及石质山坡及干旱草地上。分布于北疆北部阿尔泰山、塔尔巴哈台山。

养蜂价值 │ 神香草花期6—7月。数量多，花期长，泌蜜丰富，蜜蜂爱采，和其他野生蜜源植物一起，对蜂群繁殖、采蜜和贮存越冬饲料有重要价值。

其他用途 │ 香料植物，可提芳香油，也可入药。

● 无髭毛建草 *Dracocephalum imberbe* Bge.

别　　名 │ 光青兰

科　　属 │ 唇形科青兰属

形态特征 │ 多年生草本。根茎粗，顶部生数茎。茎高10～40厘米，直立或渐升，四棱形，有长柔毛。基生叶片卵圆形或圆肾形，叶基心形，边缘具圆齿，两面被紧密短柔毛；茎生叶具短叶片的柄或上部几乎无柄，叶片小于基生叶。花具不明显短柄，假轮生于茎上部叶腋，集成长圆形或卵形花序，往往下部花轮距离花序较远；苞片倒卵形，暗紫红色，被短柔毛，边缘为绵状长柔毛；花萼钟状，暗紫红色，被粗糙柔毛，不明显二唇，上唇3裂至2/3处，萼齿卵状披针形；下唇2裂至基部，萼齿为披针形；齿端为钻状芒；花冠蓝紫色，被短柔毛；冠檐二唇形，上唇直立，先端2裂，裂达1/3处，裂片半圆形，下唇较大，中裂片长约5毫米，宽约4毫米，肾形，两侧裂片半圆形；雄蕊4枚，后对雄蕊不伸出花冠，花柱微伸出上唇，花丝疏被毛。

生境分布 │ 生于亚高山及高山草甸。分布于阿勒泰、布尔津、木垒、奇台、玛纳斯、塔城、托里及伊犁州直各地。

养蜂价值 │ 花期7月，数量多，分布广，泌蜜多，有利于蜂群繁殖、采蜜、泌腊和筑脾。

其他用途 │ 可作观赏植物；地上部分可药用。

● 全缘叶青兰 *Dracocephalum integrifolium* Bge.

科　　属 │ 唇形科青兰属

形态特征 │ 多年生草本。根茎近直立。茎高20～40厘米，多数不分枝，直立或基部伏地，紫褐色，被伏贴的灰白色短柔毛。叶无柄，叶腋具短缩小枝，叶片披针形或长圆状披针形，全缘，顶端钝，叶基渐狭，无毛或叶缘具睫毛。花具短柄，假轮生于茎上部叶腋，每个叶腋具3朵花；苞叶与茎叶相似，苞片长卵形，暗紫红色；萼暗紫红色，具不明显二唇，上唇3裂至1/3处，中萼齿近圆形；花冠蓝紫红色，长约15毫米，被短柔毛，上唇2裂，裂片半圆形，下唇长于上唇，3裂，中裂片肾形，顶端微凹，大于半圆形的侧裂片4～5倍；雄蕊和花柱与花冠等长或微伸出花冠。小坚果暗褐色，卵形。

生境分布 │ 主要分布于阿尔泰山、天山、准噶尔西部山地、帕米尔高原、昆仑山的山地草原及针叶林阳坡。生于海拔1 200～1 700米范围内，为广布种。

养蜂价值 │ 花期7—8月。数量较多，分布较广，泌蜜较多，蜜蜂爱采，有利于蜂群繁殖，和其他杂草蜜源植物一起，常年能取到大量蜂蜜。

其他用途 │ 全草主要含黄酮、挥发油、内脂类物质，经提取分离可获得木樨草素-7-O-D吡喃葡萄糖苷、双氢黄酮等有效成分。

● **垂花青兰** *Dracocephalum nutans* L.

科　　属 ｜ 唇形科青兰属

形态特征 ｜ 多年生草本。茎高20～60厘米，多数，直立，不分枝或有少数分枝，被短柔毛。基生叶及茎下部叶具柄，柄长2.5～5厘米；叶片长0.8～2.3厘米，宽约等于长，茎中部叶具等于或短于叶片的柄，叶片长椭圆状卵形，无毛，顶端钝，茎上叶较小，被疏短柔毛。花具短柄，假轮生于茎上部叶腋；萼片长圆形，暗紫红色，全缘，被短柔毛，具不明显二唇，上唇3裂至3/4处，中萼齿卵形，宽于披针状侧萼齿3～4倍，下唇2裂至基部，萼齿披针形，上、下唇萼齿皆具短芒；花冠蓝紫红色，冠檐二唇形，上唇直立，先端2裂，裂片长圆形，下唇较大，中裂片肾形，先端微凹，两侧裂片半圆形；雄蕊4枚，后对雄蕊不伸出花冠；花柱微伸出。

生境分布 ｜ 生长于山地草原、针叶林阳坡、高山及亚高山草甸。分布于天山、阿尔泰山、准噶尔西部山地、帕米尔高原、昆仑山等地。奇台、阜康、乌鲁木齐、尼勒克、新源、巩留、特克斯、昭苏、温泉、裕民、阿勒泰、布尔津、哈巴河和富蕴等地较多。

养蜂价值 ｜ 花期7—8月。花期长，分布范围广，泌蜜较多，是优良的蜜粉源植物，和其他杂草蜜源植物一起，常年能取到大量蜂蜜。花粉淡黄色，花粉粒椭圆形。

其他用途 ｜ 芳香植物，含挥发油；也可作观赏植物。

● 大花毛建草 *Dracocephalum grandiflorum* L.

科　　属 ｜ 唇形科青兰属

形态特征 ｜ 多年生草本，高15～40厘米。根茎顶部生数茎，不分枝，四棱形，密被倒向短柔毛，具2～3节。叶片长圆形或长圆状卵形，顶端钝，叶基心形，边缘具圆齿，茎生叶3～4对。花几乎无柄，假轮生于茎上部叶腋，集成头状花序；苞叶具粗齿，苞片倒卵形，紫红色，被长睫毛及短柔毛；花萼具不太明显的二唇，萼齿长10毫米，外被柔毛，上部紫色；花冠蓝紫色，长2.5～5厘米，外被短柔毛，二唇形，上唇盔瓣状，先端2裂，裂片圆形，长4毫米，里面具白绵毛；下唇宽大，肾形，长8毫米；雄蕊4枚，后对雄蕊不伸出花冠，花丝被疏毛，顶端具钝的突起。小坚果卵形。

生境分布 ｜ 生于海拔2 000～3 000米的森林带阳坡和山地草甸。分布于阿尔泰山、天山、昆仑山及帕米尔高原。阿勒泰、布尔津、哈巴河、富蕴、青河、木垒、奇台、阜康、乌鲁木齐、尼勒克、新源、巩留、特克斯和昭苏等地较多。

养蜂价值 ｜ 花期7月上旬至8月上旬。花期长，花色艳，蜜粉丰富，绣蜂力强，蜜蜂喜采，有利于蜂群繁殖和采蜜。花粉黄褐色，花粉粒长圆形。

其他用途 ｜ 可供观赏，可提取香精油。

● 羽叶枝子花 *Dracocephalum bipinnatum* Rupr.

别　　名 ｜ 羽叶青兰

科　　属 ｜ 唇形科青兰属

形态特征 ｜ 多年生草本。茎多数，常在基部或中部分枝，高15～35厘米，四棱形，疏被倒向小毛，上部稍密，在叶腋生有极短的小枝。下部茎生叶具长度超过叶片1/2的长柄，中部茎生叶具短柄，叶片干时纸质，羽状深裂几乎达中脉，长1.5～2.5厘米，宽0.7～1.2厘米，长卵形至披针形，基部楔形，深裂片2～4对，线形，斜升，长4～8毫米，顶端的长1～1.4厘米，先端钝，全缘。轮伞花序生于茎顶部，每轮具4花；花具短梗；苞片长为萼的1/4，倒卵状椭圆形或披针形，基部楔形，被短柔毛及睫毛；花萼长1.4～1.8厘米，上唇3浅裂至本身长度1/3处，3齿阔卵形，几乎等大；下唇2深裂几乎至基部，2齿宽披针形；花冠蓝紫色，长3～3.8厘米，外面被短柔毛，上唇稍短于下唇；雄蕊4枚，无毛，后对雄蕊不伸出花冠，顶端具钝的突起。小坚果卵形。

生境分布 ｜ 生于海拔1 700～2 600米的草原、砾石山坡、山溪石缝中。分布于天山北部山区，玛纳斯、新源、巩留、特克斯和昭苏等地较多。

养蜂价值 ｜ 花期7月中旬至8月中旬。花期长，花色艳，蜜粉丰富，诱蜂力强，蜜蜂喜采，有利于蜂群繁殖和采蜜。花粉黄褐色，花粉粒长球形。

其他用途 ｜ 可供观赏，可提取香精油。

● 香青兰 *Dracocephalum moldavica* L.

别　　名 ｜ 青兰、山薄荷、山香

科　　属 ｜ 唇形科青兰属

形态特征 | 一年生草本，高30～50厘米。茎数个，直立或渐升，常在中部以下具分枝，不明显四棱形，被倒向的小毛，常带紫色。基生叶卵圆状三角形，草质，下部茎生叶与基生叶近似，具与叶片等长之柄，中部以上叶具短柄，叶片披针形至线状披针形，先端钝，基部圆形或宽楔形，长1.4～4厘米，宽0.4～1.2厘米。轮伞花序生于茎或分枝上部5～12节处，长3～11厘米，通常具4花；苞片长圆形，稍长或短于萼，疏被贴伏的小毛；花萼长8～10毫米，上唇3浅裂，3齿近等大，三角状卵形，先端锐尖，下唇2裂近本身基部，裂片披针形；花冠淡蓝紫色，长1.5～2.5厘米，外面被白色短柔毛，冠檐二唇形，上唇短舟形，先端微凹，下唇3裂，中裂片扁，2裂；雄蕊微伸出，花丝无毛，先端尖细；花柱无毛，先端2等裂。小坚果，长圆形，光滑。

生境分布 | 生于山坡、山谷、草地、林缘、河滩等处。分布于北疆山区，南疆和伊犁州直、昌吉州等地有栽培。

养蜂价值 | 花期7—8月。数量较多，分布较广，蜜粉丰富，蜜蜂喜采，有利于蜂群繁殖和采蜜。

其他用途 | 全草入药；嫩茎叶可食，可作凉拌菜；干茎叶可制作调味料；种子为制作香囊的材料。

本属还有青兰（*D. ruyschiana* L.）、白花枝子花（*D. heterophyllum* Benth.）、铺地青兰（*D. origanoides* Steph. ex Willd.）等，产于新疆各地，均为可利用的辅助蜜粉源植物。

● 长蕊青兰 *Fedtschenkiella staminea* (Kar. et Kir.) Kudr.

科　　属 │ 唇形科长蕊青兰属

形态特征 │ 多年生草本，高10～27厘米。茎多数，渐升，不分枝或具少数分枝，不明显四棱形，紫红色，被倒向的小毛。茎下部叶具长柄，柄较叶片长4～5倍，中部叶的叶柄与叶片等长或稍过之；叶片草质，宽卵形，长0.8～1.3厘米，宽0.7～1.4厘米，先端钝，基部心形，边缘具圆齿，两面疏被小柔毛，下面具金黄色腺点，花序上者变小，锯齿尖锐。轮伞花序生于茎上部，在茎最上部2～3对叶腋处密集成头状；花具梗；苞叶叶状，长2～3毫米，椭圆状卵形或倒卵形，密被长柔毛，具4～5个小齿，齿具长2.5～4.5毫米的长刺；花萼长6～7毫米，外密被绵毛，2裂达中部，紫色，上唇3裂至本身长度1/3处，3齿近等大，三角状卵形，先端刺状渐尖，中齿基部有2个具长刺的小齿，下唇较上唇稍短，2裂几乎达基部，齿披针形；花冠蓝紫色，长约8毫米，外被短柔毛，二唇近等长；后对雄蕊长约11毫米，远伸出花冠之外。坚果长圆形，长约2毫米，黑褐色。

生境分布 │ 生于海拔1 700～2 500米山地、草坡或溪边。分布于天山西部山区、阿尔泰山区。奎屯、乌苏、尼勒克、新源、巩留、特克斯、昭苏、阿勒泰、布尔津和哈巴河等地较多。

养蜂价值 │ 花期6月下旬至8月上旬。花期长，蜜粉丰富，蜜蜂喜采，有利于蜂群繁殖和采蜜。

其他用途 │ 可供观赏用。

● 鼬瓣花 *Galeopsis bifida* Boenn.

别　　名 │ 壶瓶花、引子香、十二槐花、金槐、野苏子、野芝麻

科　　属 │ 唇形科鼬瓣花属

形态特征 │ 一年生草本。茎高20～60厘米，直立，四棱形，茎上部混杂腺毛。叶对生，叶片卵状披针形或披针形，长3～8.5厘米，宽1.5～4厘米；叶柄长1～2.5厘米，被短柔毛；轮伞花序腋生，多花密集；小苞片披针形，长3～6毫米，边缘具刚毛；花萼筒状钟形，连齿长1厘米，萼齿5，与萼筒近等长，

先端为长刺状；花冠白色、黄色或粉紫红色，长约1.4厘米，冠筒漏斗状，冠檐二唇形，上唇卵圆形，先端钝，具数个齿，外被刚毛，下唇3裂，中裂片略大，先端微凹；雄蕊4枚，均伸至上唇片下，花丝下部被毛，花药2室，具纤毛；子房4裂，柱头2裂；花盘前方呈指头状增大。小坚果倒卵状三角形，有秕鳞。

生境分布 | 生于山地针叶林和森林草原带的林缘、路旁、田边、灌丛、草地等处。天山北坡和阿尔泰山南部有分布。

养蜂价值 | 花期7—8月。花期较长，花朵数多，蜜粉丰富，诱蜂力强，有利于蜂群繁殖和采蜜。花粉黄色，花粉粒长球形。

其他用途 | 种子富含脂肪油，适用于工业。

● 宝盖草 *Lamium amplexicaule* L.

别　　名 | 珍珠莲、接骨草、莲台夏枯草
科　　属 | 唇形科野芝麻属
形态特征 | 一年生或二年生植物。茎高10～30厘米，基部多分枝，四棱形，几乎无毛，中空。茎下部叶具长柄，上部叶无柄，叶片均圆形或肾形，长1～2厘米，宽0.7～1.5厘米，先端圆，基部截形或截状阔楔形，半抱茎，两面均疏生小糙伏毛。轮伞花序6～10花；苞片披针状钻形，具缘毛。花萼管状钟形，5萼齿，披针状锥形，边缘具缘毛；花冠紫红色或粉红色，长1.7厘米；冠筒细长，长约1.3厘米，直径约1毫米，冠檐二唇形，上唇直伸，长圆形，下唇稍长，3裂，中裂片倒心形，先端深凹，基部收缩，侧裂片浅圆裂片状；雄蕊花丝无毛，花药被长硬毛；花柱丝状，先端不相等2浅裂；花盘杯状，具圆齿；子房无毛。小坚果倒卵圆形。

生境分布 | 生于路旁、林缘、沼泽草地及宅旁等地。北疆山区均有分布，伊犁州直、塔城地区和阿勒泰地区较多。

养蜂价值 | 花期5—6月。数量多，分布广，蜜粉十分丰富，蜜蜂喜采，有利于蜂群繁殖和采集商品蜜。花粉黄色，花粉粒近圆形。

其他用途 | 全草入药。

● **欧活血丹** *Glechoma hederacea* L.

科　　属 | 唇形科活血丹属

形态特征 | 多年生草本。具匍匐茎，逐节生根。茎上升，高14~20厘米。叶草质，单叶对生，叶柄细长，叶片肾形，基部心形，叶缘锯齿明显。轮伞花序少花；苞片刺芒状；花萼筒状，齿5；花朵小，花冠唇形，淡蓝色至紫色；花柱花时不伸出花冠，先端相等2浅裂，花盘杯状。小坚果矩圆状卵形。

生境分布 | 生于山谷疏林下、路旁及潮湿的草地上。分布于伊犁州直地区。

养蜂价值 | 花期7—8月，有蜜有粉，为辅助蜜粉源植物。花粉黄色，花粉粒圆球形。

其他用途 | 全草入药。

● **深裂叶黄芩** *Scutellaria przewalskii* Juz.

科　　属 | 唇形科黄芩属

形态特征 | 多年生半灌木。根状茎木质，粗大肥厚，圆锥状或圆柱状。茎基部伏地，上升，高6~22厘米，疏被短而细的茸毛。叶片轮廓卵圆形或椭网形，长1.2~2.2厘米，羽状深裂，每侧具4~7个深裂片，上面疏被细茸毛，下面灰白色，密被细茸毛；叶柄长5~10厘米。总状花序长2.5~4.5厘米，苞片近膜质，宽卵圆形，具明显中脉，疏被或稍密被长柔毛，间杂有具柄短腺毛，上部常带紫色；花萼长2~3毫米，盾片高1.5毫米，果时均略增大；花冠长2.5~3.3厘米，黄色，冠筒基部微膨大，中部以上渐宽，冠檐二唇形，上唇盔状，先端微缺，下唇中裂片宽卵形，2侧裂片短小，卵圆形；雄蕊4枚，前对较长，具半药，后对具全药，药室裂口具白色髯毛。花盘环状。小坚果椭圆形；花丝丝状，扁平，近无毛。花柱扁平，先端锐尖，形微裂。子房4裂，裂片等大或卵球形。

生境分布 | 生于海拔900～2 300米的干旱沙砾质开阔坡地、草地、渠旁、干沟等处。北疆各地均有分布。

养蜂价值 | 花期5月中旬至7月上旬。数量多，分布广，泌蜜吐粉均多，有利于蜂群繁殖和产蜜。花粉黄色，花粉粒长球形。

其他用途 | 根入药；根还能防治多种农作物害虫；茎秆可以提取芳香油。

● 盔状黄芩 *Scutellaria galericulata* L.

科　属 | 唇形科黄芩属

形态特征 | 多年生草本。茎高25～50厘米，直立，四棱形，中部以上多分枝。叶对生，具短柄，叶片长圆状披针形，长1.5～6厘米，宽0.8～3厘米，先端锐尖，基部浅心形，边缘具圆齿状锯齿，膜质至坚纸质，上面绿色，疏被短柔毛，下面淡绿色，密被短柔毛。花单生于茎中部以上叶腋内一侧；花萼钟状；花冠紫蓝色至蓝色，长约1.8厘米；冠檐二唇形，上唇半圆形，宽2.5毫米，盔状，内凹，先端微缺，下唇中裂片三角状卵圆形，先端微缺，2侧裂片长圆形；雄蕊4枚，花丝扁平，花柱细长；子房4裂。小坚果黄色，三棱状卵圆形。

生境分布 | 生于河滩草甸、阴草坡、水沟旁等湿生环境中。北疆山区均有分布，乌鲁木齐、伊犁州直、塔城等地较为集中。

养蜂价值 | 花期6—7月。数量多，分布广，蜜粉丰富，蜜蜂喜采，有利于蜂群繁殖和采蜜。花粉黄褐色，花粉粒长球形。

其他用途 | 可作牧草；全草入药，具有清热燥湿之功效。

● 仰卧黄芩 *Scutellaria supina* L.

科　属 | 唇形科黄芩属

形态特征 | 多年生半灌木。根茎木质，斜行或伏地。茎高10～45厘米，多数，斜升或有时近于直立，不分枝或少分枝；叶长圆状卵圆形或卵圆形，长1～4厘米，宽0.6～2厘米，先端钝或微钝，上部叶有时微尖，边缘具浅而大的4～7对圆锯齿，上面被硬毛或仅沿脉上有长或短的疏柔毛，下面有腺点；下部叶的叶柄长约为叶片全长的1/2，上部叶近于无柄。花序短而紧密，长2.5～4厘米；苞片宽大，卵圆形；花萼被具腺疏

柔毛；花冠通常较大，长2～3.5厘米，黄色，外被具腺短柔毛。小坚果，三棱状卵圆形，被短星状毛。

生境分布 ｜ 生于海拔1 600～2 200米的山地草原、河谷、砾石或草甸坡地。分布于阿尔泰山和塔尔巴哈台山，阿勒泰、布尔津、哈巴河、塔城等地较多。

养蜂价值 ｜ 花期6月上旬至7月上旬。数量多，花期长，蜜粉丰富，蜜蜂喜采，有利于蜂群繁殖和产蜜。花粉黄色，花粉粒长圆形。

其他用途 ｜ 根入药。

本属还有黄芩（*S. baicalensis* Georgi）在伊犁地区有人工栽培，阿尔泰黄芩（*S. altaicola*）产于阿尔泰山南部山区和塔城山区，亦为蜜粉源植物。

● **欧夏至草**　*Marrubium vulgare* L.

别　　名 ｜ 灯笼棵、白花夏枯草、悦芙草

科　　属 ｜ 唇形科欧夏至草属

形态特征 ｜ 多年生草本，株高15～35厘米。茎直立或斜升，密被微柔毛，基部多分枝。叶近圆形或卵形，具长柄，掌状3深裂，裂片边缘有粗齿状锯齿，上面亮绿色，具皱，疏生长柔毛，下面灰绿色，密被粗糙平伏柔毛及腺点。轮伞花序疏花，直径1～1.5厘米，在枝上部者密集；小苞片长约4毫米，刚毛状，被短柔毛；花萼筒状钟形，长约4毫米，有5脉，萼齿5，三角形，先端具刺尖；花冠白色或粉红色，长5～7毫米，稍伸出萼筒，外部被短柔毛，上唇直立，全缘，下唇3浅裂；雄蕊4枚，着生于冠筒中部，内藏，前对较长，花丝极短，花药卵圆形，2室。花柱丝状；先端2浅裂；花盘平顶。小坚果长卵形或倒卵状三棱形。

生境分布 ｜ 夏至草喜肥沃的土壤，适应性广，生于山坡、草地、路旁、旷野。天山、阿尔泰山区均有分布，以伊犁各地分布较广。

养蜂价值 │ 花期5—7月。泌蜜丰富，兼有花粉，对蜂群繁殖和养蜂王有作用。花粉黄褐色，花粉粒近球形。

其他用途 │ 全草入药。

● 夏枯草 *Prunella vulgaris* L.

别　　名 │ 铁线夏枯、铁色草、欧夏枯草

科　　属 │ 唇形科夏枯草属

形态特征 │ 多年生草本。茎高10～30厘米，全株被白色细柔毛；茎方形，直立或斜向上。叶对生，叶片椭圆状披针形，长1.5～6厘米，宽0.7～2.5厘米，先端锐尖，基部楔形，全缘或有疏锯齿。轮伞花序顶生，呈穗状；苞片宽心形，先端具短尖头；花萼筒状钟形，长约10厘米，外面疏生刚毛，上唇具不明显3齿，下唇较狭，2齿，具缘毛；花冠唇形，淡紫色或白色，长约13厘米；雄蕊4枚，前对较长，花丝先端2裂，一裂片具花药，另一裂片钻形，长过花药，后对花丝不育，裂片呈瘤状突出；花柱先端等2裂；花盘近平顶；子房无毛。小坚果，长椭圆形，黄褐色。

生境分布 │ 生于林缘、草地和荒山坡等地。新疆各地均有分布。

养蜂价值 │ 花期5—7月。数量较多，分布较广，花期较长，蜜粉丰富，蜜蜂爱采。生长集中处，可生产商品蜜。花粉黄褐色，花粉粒近圆形。

其他用途 │ 全草入药；嫩茎叶可作为蔬菜食用。

● 阔刺兔唇花 *Lagochilus platyacanthus* Rupr.

科　　属 │ 唇形科兔唇花属

形态特征 │ 多年生草本，高15～30厘米。根较细，黑褐色。茎基部多分枝，直立，四棱形，乳白色，被向下伏的粗糙毛。叶三角形或棱状，三出羽状分裂，有线形或卵圆形的小裂片，边缘具小缘毛，先端渐尖，两面均绿色，边缘及两面沿叶脉被白色柔毛，腺点明显，下部叶具柄，上部叶具短柄或无柄。轮伞花序，由4～6朵花组成；苞片坚硬，披针形；花萼较大，广钟形；花冠粉红色，长为花萼的1倍，上唇直立，从先端中部2深裂，每个裂片再微裂，裂

片披针形，外部密被白色长柔毛，先端5裂，中裂片浅裂，裂片圆形，两侧裂片长圆形；雄蕊着生于冠筒中部以上，花丝扁平，边缘膜质，被微柔毛；花柱细长，先端等长2浅裂；花盘杯状。小坚果三角形。

生境分布 | 生于天山、准噶尔西部山地和帕米尔高原干旱砾石质的坡地上。塔城、博乐、伊犁、特克斯、库车和乌恰等地有分布。

养蜂价值 | 花期6—7月，数量多，分布广，蜜粉丰富，有利于采蜜和蜂群繁殖。花粉黄褐色，花粉粒椭球形。

其他用途 | 可作荒漠固沙植物、观赏植物。

● **假龙头花** *Physostegia virginiana* (L.) Benth.

别　　名 | 芝麻花、假龙头、囊萼花、棉铃花、虎尾花、一品香
科　　属 | 唇形科随意草属
形态特征 | 多年生宿根草本，具匍匐茎。地上茎直立丛生，呈四棱状，株高60~120厘米。叶对生，无柄，半抱茎，长7~10厘米，宽1.5~2厘米，长椭圆形至披针形，叶缘有细锯齿，呈亮绿色。穗状花序顶生，单一或分枝，唇形花冠，花序自下端往上逐渐绽开，花期持久，长20~30厘米；小花密集，紫红色、粉红色。如将小花推向一边，不会复位，因而得名。小坚果。

生境分布 | 喜光，耐寒，耐热，耐阴。新疆各城市均有栽培。

养蜂价值 | 花期7—9月。花期长，花朵多，花色鲜艳，蜜粉丰富，诱蜂力强，蜜蜂喜采，有利于秋季蜂群的繁殖。花粉黄色，花粉粒近球形。

其他用途 | 可作观赏植物。可用于花坛、草地成片种植；也可盆栽。

● **美丽沙穗** *Chelonopsis speciosa* Rupr.

科　　属 | 唇形科沙穗属
形态特征 | 多年生草本。根茎粗大，具绵状毛。茎

直立，高20～30厘米，四棱形，密被白色绵状柔毛。基出叶轮廓为卵圆形，长10厘米左右，宽6厘米左右，二回羽状深裂，裂片卵圆形，其上有不规则的圆齿，小裂片近基部常有半裂片；叶柄扁平，细长，长9～10厘米，具浅沟，基部宿存，密被白色绵状长柔毛；苞叶卵圆形，先端钝，基部楔形，边缘具圆齿，近无柄。轮伞花序多花，常为4～6花，多数密集组成长6～8厘米长圆形、椭圆形至圆形的穗状花序，其上密被白色具节绵状长柔毛；小苞片线形；花萼管状，不连齿尖长2厘米，外面密被白色柔毛，内面无毛，膜质，齿近圆形；花冠黄色，长4～4.5厘米，冠筒外面无毛，冠檐二唇形，上唇与下唇等长，卵圆形，长1.8厘米，宽1厘米，直伸，先端弧弯；下唇扇形，3裂，中裂片肾形，侧裂片圆形，裂片边缘均为波状；雄蕊4枚，花丝丝状，扁平，中部具蛛丝状毛，花药长圆形，2室；花盘平顶；花柱先端不等2浅裂。未成熟小坚果顶端具须毛。

生境分布 | 生于海拔1 600～1 800米的山坡草地上。分布于天山北部山区，乌鲁木齐、玛纳斯、新源、巩留、特克斯等地较多。

养蜂价值 | 花期4月底至5月中旬。花色艳，花期长，有蜜有粉，诱蜂力强，有利于春季蜂群繁殖。花粉黄色，花粉粒椭球形。

其他用途 | 可作观赏植物。

● 天山扭藿香 *Lophanthus schrenkii* Levin

科　　属 | 唇形科扭藿香属

形态特征 | 多年生草本。茎直立四棱形，分枝，被疏柔毛。叶卵圆形，长1.5～3厘米，宽0.9～2.1厘米，先端钝或近急尖，基部浅心形或截形至圆形，边缘具圆齿，两面均被柔毛，下面毛较长，疏被腺点；叶柄在中部的长约1厘米，在上部的近无柄。聚伞花序3至多花，腋生；花萼管状钟形，向上扩大，具15脉，外被较长柔毛，筒口斜形，萼檐二唇形，上唇较长，齿卵状披针形，上唇3齿较宽；花冠蓝色，长1.7～2.1厘米，外面多少被短柔毛，冠筒伸出萼外，冠檐二唇形，上唇3裂，中裂片较大，先端微凹，边缘具浅齿，侧裂片较小，近圆形，下唇2深裂，裂片阔椭圆状长圆形；雄蕊4枚，前对外伸，花柱外伸。小坚果长圆状椭圆形，暗褐色。

生境分布 | 生于海拔1 500～2 500米的山坡、岩脚和石间。分布于天山南北麓、阿尔泰山、塔尔巴哈台山和阿拉套山等地。

养蜂价值 | 花期6月下旬至8月中旬。数量多，分布广，花期长，诱蜂力强，蜜蜂喜采，有利于蜂群繁殖和采蜜。花粉褐色，花粉粒球形。

其他用途 ｜ 可供观赏。

本属阿尔泰扭藿香（*L. krylovii* Lipsky），分布于阿尔泰山及天山南北麓，也是辅助蜜源植物。

● **突厥益母草** *Leonurus turkestanicus* V. Krecz. et Kupr.

科　　属 ｜ 唇形科益母草属

形态特征 ｜ 多年生草本，高70～160厘米。茎钝四棱形，茎上叶轮廓为圆形或卵状圆形，长6～10厘米，宽4～6厘米，先端钝形，基部宽楔形、截形或微心形，5裂，裂片深达叶片长2/3，多少呈宽楔形，其上再分裂成宽披针形小裂片，叶片上面暗绿色，下面淡绿色，两面疏被柔毛；叶脉在上面微下陷，下面突出；叶柄长2～5厘米。花序上的苞叶长菱形，基部楔形，3裂，裂片披针形；轮伞花序腋生，具15～20花，轮廓为圆球形，花时直径达2厘米，向顶靠近小花组成长10～30厘米的穗状花序；小苞片刺状，平展或向下弯，有细柔毛，长4～6厘米；无花梗；萼筒长6毫米，具5齿，前2齿靠合，向外开张，长三角形，先端刺尖，后3齿等大，三角形，长3毫米，先端刺尖；花冠粉红色，长约10毫米，外面在中部以上被长柔毛，下部无毛，内面在冠筒中部有斜向柔毛毛环；冠檐二唇形，上唇倒卵圆形，内凹，向前弯曲，下唇3裂，裂片卵圆形，中裂片稍大；雄蕊4枚，前对较长，花丝丝状，微被柔毛，花药卵圆形，2室，室平行。花柱丝状，略超出于雄蕊，先端相等2浅裂。小坚果三棱形，灰褐色，顶端截平，被柔毛，基部楔形。

生境分布 ｜ 生于海拔1 000～2 000米的山坡下部、河漫滩及水沟旁等潮湿地。分布于北疆各地，奇台、乌鲁木齐、玛纳斯、尼勒克、新源、巩留、特克斯和昭苏等地较多。

养蜂价值 ｜ 花期6—7月。数量多，分布广，花期长，花色艳，诱蜂力强，蜜蜂喜采，有利于蜂群繁殖和采蜜。花粉黄褐色，花粉粒圆球形。

其他用途 ｜ 全草入药；可作牧草。

● **块根糙苏** *Phlomis tuberosa* L.

别　　名 ｜ 野山药、鲁各木日
科　　属 ｜ 唇形科糙苏属

　　形态特征 ｜ 多年生草本，高40～150厘米；根块状增粗。茎具分枝，下部被疏柔毛，紫红色。基生叶或下部的茎生叶三角形，长5.5～19厘米，宽5～13厘米，先端钝或急尖，边缘为不整齐的粗圆齿状，中部的茎生叶三角状披针形，长5～9.5厘米，宽2.2～6厘米，边缘为粗齿状，稀为不整齐的波状；叶正面橄榄绿色，被极疏刚毛或近无毛，叶背面较淡；基生叶及下部茎生叶叶柄长4～25厘米，中部茎生叶叶柄长1.5～3.5厘米，上部的茎生叶及苞叶几乎无柄。轮伞花序多数，3～10个生于主茎及分枝上，彼此分离，多花密集；苞片线状钻形，与萼等长或超过之；花萼管状钟形，长8～10毫米，先端微凹，具刺尖；花冠紫红色，长1.8～2厘米，冠檐二唇形，上唇边缘为不整齐的齿状，下唇卵形，3圆裂，中裂片倒心形，较大，侧裂片卵形，较小；花柱先端不等的2裂。小坚果顶端被星状短毛。

　　生境分布 ｜ 生于海拔1 200～2 100米的草原、山沟、灌丛或林缘。北疆各地均有分布，伊犁州直山区较为集中。

　　养蜂价值 ｜ 花期7—8月，数量多，分布广，花朵多，花色艳，诱蜂力强，蜜蜂喜采，是北疆山区较好的辅助蜜源植物。

　　其他用途 ｜ 块根及全草入中药；优质牧草。

　　另外，本属还有山地糙苏（*P. oreophila*），生长于海拔2 170～3 000米的北疆山区山地草原上，为辅助蜜粉源植物。

● **芝麻** *Sesamum indicum* L.

　　别　　名 ｜ 胡麻、脂麻、油麻
　　科　　属 ｜ 胡麻科胡麻属
　　形态特征 ｜ 一年生直立草本，高60～150厘米，分枝或不分枝。茎中空或具有白色髓部，叶微有毛。单叶对生，上部叶互生，矩圆形或卵形，近全缘，长3～10厘米，宽2.5～4厘米，下部叶常掌状3裂，中部叶有齿；叶柄长1~5厘米。花单生或2~3朵同生于叶腋内；花萼裂片披针形，长5~8毫米，宽1.6~3.5毫米，被柔毛；花冠长2.5~3厘米，筒状，直径1~1.5厘米，长2~3.5厘米，白色而常有紫红色或黄色的彩晕；雄蕊4枚，内藏，子房上位，4室，被柔毛。蒴果矩圆形，有纵棱，直立，被毛，分裂至中部或至基部。种子多数黑色或白色。

生境分布　适生于土质疏松、排水良好的土壤上。主要分布于吐鲁番、喀什地区。

养蜂价值　花期7月上旬至8月中旬，约40天左右。花期长，蜜粉丰富，蜜蜂喜采，有利于蜂群繁殖和生产商品蜜。蜜为浅琥珀色，结晶为乳白色，蜜质优良，甘甜适口。花粉淡黄色，花粉粒扁球形。

其他用途　栽培油料作物之一，从芝麻种子中提取的油脂气味芳香，又称为香油，可用作食用油；在医药上可作优质按摩油，或作为软膏基础剂、黏滑剂；糖制的芝麻油可制造奶油和化妆品；从芝麻的花和茎中，可获取制造香水所用的香料。

● **亚麻** *Linum usitatissimum* L.

别　　名　胡麻

科　　属　亚麻科亚麻属

形态特征　一年生草本植物。茎直立，高30~120厘米，多在上部分枝，有时茎基部亦有分枝，基部木质化，无毛，韧皮部纤维强韧，具弹性，构造如棉。叶互生；叶片线形，线状披针形或披针形，长2~4厘米，宽1~5毫米，先端锐尖，基部渐狭，无柄。花单生于枝顶或枝的上部叶腋，组成疏散的聚伞花序；花直径15~20毫米；花梗长1~3厘米，直立；萼片5枚，卵形，宿存；花瓣5枚，倒卵形，长8~12毫米，蓝色或紫蓝色，先端凸尖或长尖，有3（5）脉；中央一脉明显突出，边缘膜质，无腺点，全缘，有时上部有锯齿，宿存；雄蕊5枚，花丝基部合生；退化雄蕊5枚，钻状；子房5室，花柱5枚，分离，柱头条形。蒴果球形，干后棕黄色；种子长圆形，扁平，棕褐色。

生境分布　适应能力强，抗寒、耐旱。除吐鲁番盆地气温过高不宜种植外，新疆其他地区均有广泛栽培。

养蜂价值 ｜ 花期7月上旬至8月上旬，约25天。亚麻可分油用种、油纤两用种和纤维用种3种，一般油用种比纤维用种泌蜜多。栽培面积较大，有蜜有粉，蜜蜂喜采，有利于蜂群繁殖和生产商品蜜。花粉淡黄色，花粉粒扁球形。

其他用途 ｜ 茎皮纤维长而韧，为优良纤维原料；种子可榨油，既可食用，也可药用。

本属宿根亚麻（*L. perenne* L.）北疆地区有栽培，也是很好的辅助蜜粉源植物。

● 龙芽草　*Agrimonia pilosa* Ldb.

别　　名 ｜ 仙鹤草、狼芽草、金顶龙芽、山昆菜

科　　属 ｜ 蔷薇科龙芽草属

形态特征 ｜ 多年生草本。根多呈块茎状。茎高30～110厘米，全株被柔毛。叶为不整齐的单数羽状复叶，小叶通常3～4对，稀2对，茎上部为3小叶，中间杂有小叶；小叶片椭圆状倒卵形至倒披针形，长2.5～6厘米，宽1～3厘米，边缘锯齿粗大，并有金黄色腺点；托叶草质，绿色，镰形，茎下部托叶有时卵状披针形，常全缘。花序穗状总状顶生，分枝或不分枝，花序轴被柔毛；花梗长1～5毫米，被柔毛；苞片通常深3裂，小苞片对生，卵形，全缘或边缘分裂；花直径6～9毫米；萼片5枚，三角卵形；花瓣5枚，黄色，长圆形；雄蕊8～12枚；花柱2枚，丝状，柱头头状。果实倒圆锥形。

生境分布 ｜ 生于山坡草地、沟旁、灌丛、林缘及疏林下。分布于天山、阿尔泰山等北疆山区。

养蜂价值 ｜ 花期6月下旬至8月上旬。数量多，分布广，花期长，花粉丰富，蜜蜂爱采，有利于蜂群繁殖。花粉淡黄色，花粉粒长球形。

其他用途 ｜ 龙牙草嫩茎叶可食；全草、根及冬芽入药。

● 地榆　*Sanguisorba officinalis* L.

科　　属 ｜ 蔷薇科地榆属

形态特征 ｜ 多年生草本。根粗壮，多呈纺锤形。茎高0.8～1.5米，直立，有棱，无毛或基部有稀疏腺毛。叶卵形或长圆状卵形，单数羽状复生，小叶2～5对，矩圆状卵形至长椭圆形，长2～6厘米，宽1～3厘米，先端急尖或钝，基部近心形或近截形，边缘有圆钝锯齿，两面绿色。穗状花序圆柱形，通常下垂，长3～7厘米，花小密集；从花序顶端向下开放；苞片膜质，披针形，与萼片近等长，背面及边缘有柔毛；萼片4枚，紫红色，椭圆形至宽卵形，基部具毛，无花瓣；雄蕊4枚，花丝丝状，不扩大，与萼片近等长；子房外面无毛，柱头顶端扩大成盘形，边缘具流苏状乳头。瘦果褐色，包藏在宿萼内。

生境分布 ｜ 喜生于山坡、草地、灌丛和林缘，海拔1 200～2 800米。主要分布于阿尔泰山的阿勒泰、青河、布尔津，天山的木垒、奇台、乌鲁木齐、新源、尼勒克，塔尔巴合台山的塔城等地。

养蜂价值 ｜ 花期6—8月。数量多，分布广，花粉丰富，泌蜜少量，对蜜蜂繁殖、采集花粉具有重要价值。花粉黄褐色，花粉粒扁球形。

其他用途 ｜ 种子含油约30%；根入药；嫩叶可食，又可代茶饮。

● **高山地榆**　*Sanguisorba alpina* Bge.

别　　名 | 黄瓜香、山地瓜、猪人参、血箭草
科　　属 | 蔷薇科地榆属
形态特征 | 多年生草本，高30～90厘米。根粗壮，圆柱形，茎直立，无毛。羽状复叶，小叶4～7对，小叶片椭圆形或长椭圆形，长1.5～7厘米，宽1～4厘米，基部截形，顶端圆钝或几乎圆形，边缘有缺刻状锯齿，绿色无毛；茎生叶与基生叶相似，向上小叶对数逐渐减少；基生叶托叶膜质，黄褐色，无毛，茎生叶托叶革质，绿色，卵形，边缘有缺刻状锯齿。穗状花序圆柱形，从基部向上逐渐开放，初花较短，花后伸长，通常长1～5厘米，横径0.6～1.2厘米；苞片淡黄褐色，卵状披针形，边缘及外面密被柔毛，比萼片长1～2倍；萼片白色或微淡红色，卵形；雄蕊4枚，花丝从下部开始微扩大至中部，到顶端渐狭明显比花药窄，比萼片长2～3倍。果被疏柔毛，萼片宿存。
生境分布 | 生于海拔1 600～2 200米的山坡草地、沟谷水边、沼泽地及林缘。分布于天山中部伊犁山区、准噶尔西部山区、阿尔泰山区。尼勒克、新源、巩留、特克斯、昭苏、伊宁、温泉、博乐、裕民、塔城、哈巴河、布尔津、阿勒泰和富蕴等地较多。

养蜂价值 | 花期7月中旬至8月中旬。分布较广，花期较长，蜜粉丰富，蜜蜂喜采，有利于蜂群繁殖和采蜜。

其他用途 | 根入药。

● 覆盆子 *Rubus idaeus* L.

别　　名 | 树莓、马林、木莓、复盆子

科　　属 | 蔷薇科悬钩子属

形态特征 | 多年生小灌木类落叶植物。茎高平均在1～1.5米，直立。小叶3～7枚，花枝上有时具3小叶，不孕枝上常5～7小叶，长卵形或椭圆形，顶生小叶常卵形，有时浅裂，顶端短渐尖，基部圆形，上面无毛或疏生柔毛，下面密被灰白色茸毛，边缘有不规则粗锯齿或重锯齿；托叶线形，具短柔毛。花

生于侧枝顶端呈短总状花序或少花腋生，总花梗和花梗均密被茸毛状短柔毛和疏密不等的针刺；苞片线形，具短柔毛；萼片卵状披针形，顶端尾尖，外面边缘具灰白色茸毛，在花果时均直立；花瓣匙形，白色，基部有宽爪；花丝宽扁，长于花柱；花柱基部和子房密被灰白色茸毛。果实近球形，多汁液，红色或橙黄色。

生境分布 | 生于海拔500～2 000米的山区、半山区的溪旁、山坡灌丛、林边及乱石堆中，性喜温暖湿润气候，对土壤要求不严格，适应性强。北疆山区均有分布，伊犁州直、塔城、阿勒泰地区较多，乌鲁木齐等地有栽培。

养蜂价值 | 花期5—7月，数量较多，花期长，蜜粉丰富，蜜蜂喜采，有利于蜂群繁殖和采蜜。花粉淡黄色，花粉粒长球形。

其他用途 | 覆盆子果除鲜食外，可作果酱和饮料；果入药。

● 石生悬钩子 *Rubus saxatilis* L.

科　　属 | 蔷薇科悬钩子属

形态特征 | 多年生草本。茎高15～30厘米，直立，被长柔毛，有时有皮刺状刚毛。羽状三出复叶，稀单叶3裂，叶柄长3～10厘米，被长柔毛与皮刺状刚毛；小叶片卵状菱形，长2～7厘米，宽1.5～6厘米，边缘有粗重锯齿。聚伞花序呈伞房状，顶生，花少数；花匙形或长圆形，白色，直径约1厘米；花萼外面被短柔毛混生腺毛；萼片卵状披针形，几乎与花瓣等长；萼片与花瓣各5枚；雄蕊多数，花丝基部膨大，直立，顶端钻状内弯；雌蕊4～6枚。聚合果近球形，红色，有2～5粒具蜂巢状孔穴的小果核。

生境分布　｜　生于海拔1 200～2 200米的阴坡灌丛或针、阔叶混交林下、林缘草甸及石质山坡。分布于天山、阿尔泰山及巴尔鲁克山，伊犁、塔城、阿勒泰等地较多。

养蜂价值　｜　花期6—7月。数量多，分布广，蜜粉丰富，蜜蜂喜采，有利于山区杂花蜜的采集。花粉黄色，花粉粒长球形。

其他用途　｜　全草及果实入药。

● 欧洲木莓 *Rubus caesius* L.

科　　属　｜　蔷薇科悬钩子属

形态特征　｜　蔓生灌木。茎高0.5～1.5米。小枝黄绿色或淡褐色，常被白色蜡粉，具直刺、弯刺和刺毛。三出复叶，阔卵形或菱状卵形，长4～7厘米，宽3～7厘米，灰绿色，两面被疏毛，边缘有缺刻状粗锯齿；叶柄被短柔毛和皮刺，有时混生腺毛；托叶宽披针形，具柔毛。伞房或短总状花序；苞片宽披针形，被柔毛和腺毛；花直径2～3厘米；

萼片卵状披针形，具尾尖；花瓣白色，宽椭圆形，基部具短爪；萼片5枚，外面有毛；花瓣5枚，长圆形；雄蕊多数，分离；心皮多数，分离。果实近球形，黑色无毛，被蜡粉。

生境分布　｜　生于谷地灌丛或林缘。分布于天山和准噶尔西部山地，伊宁、新源、尼勒克、特克斯、塔城、额敏等地较多。平原地区有栽培。

养蜂价值　｜　花期6—7月。数量较多，蜜多粉足，诱蜂力强，蜜蜂喜采，有利于蜂群繁殖和取蜜。花粉淡黄色，花粉粒扁球形。

其他用途　｜　果实可酿酒，可生食；果入药。

本属库页岛悬钩子（*R. sachalincnsis* Levl.）产于伊犁州直、博州、塔城、阿勒泰等地的低山草地、林下及沟边灌丛中，亦为蜜粉源植物。

● 腺齿蔷薇 *Rosa albertii* Rgl.

科　属 ｜ 蔷薇科蔷薇属

形态特征 ｜ 灌木，高1～2米。枝条呈弧形开展，小枝灰褐色或紫褐色，无毛，皮刺细直，基部呈圆盘状，散生或混生较密集的针状刺。小叶片椭圆形或卵形，长1～2.5厘米，宽1～1.5厘米，先端钝圆，基部近圆形或宽楔形，边缘有重锯齿，齿尖常具腺体，上面无毛，下面有短柔毛；叶柄被茸毛；托叶大部分贴生于叶柄，离生部分卵状披针形，先端渐尖，边缘有腺毛。花常单生，或2～3朵簇生；苞片卵形，边缘有腺毛；花梗长1.5～3厘米，花直径3～4厘米；花托椭圆形，常光滑；萼片卵状披针形，具尾尖；花瓣5枚，白色，宽倒卵形，先端微凹，与萼片等长；花柱头状，离生，被长柔毛，比雄蕊短。果实椭圆形或瓶状，橘红色，果期萼片脱落。

生境分布 ｜ 生于海拔1 400～2 300米的中山带林缘、林中空地及谷地灌丛，木垒、奇台、阜康、乌鲁木齐、昌吉、塔城、新源和布尔津等地较为常见。

养蜂价值 ｜ 花期5～6月；数量多，分布广，蜜粉丰富，诱蜂力强，为山区很好的蜜粉源植物。花粉黄褐色，花粉粒长球形。

其他用途 ｜ 果入药；果皮富含维生素C，含量在各种蔷薇科植物果实中居首位，可用于提取维生素C。

● 刺蔷薇 *Rosa acicularis* Lindl.

科　属 ｜ 蔷薇科蔷薇属

形态特征 ｜ 落叶灌木，高1～3米。小枝圆柱形，红褐色或紫褐色，无毛；有细直皮刺，常密生针刺，有时无刺。小叶片3～7枚，宽椭圆形或长圆形，长1.5～5厘米，宽8～25毫米，先端急尖或圆钝，基部近圆形，边缘有单锯齿或不明显重锯齿，上面深绿色，无毛，下面淡绿色，有柔毛，沿中脉较密；叶柄和叶轴有柔毛、腺毛和稀疏皮刺；托叶大部分贴生于叶柄，边缘有腺齿，下面被柔毛。花单生或2~3朵集生，苞片卵形至卵状披针形，先端渐尖或尾尖；花直径3.5~5厘米；萼筒长椭圆形，萼片披针形；花瓣5枚，粉红色，芳香，倒卵形，先端微凹，基部宽楔形；花柱离开，被毛，比雄蕊短。果实梨形、长椭圆形或倒卵球形，红色。

生境分布 | 生于海拔800~2 000米的山地草坡、林缘、谷地及灌丛中。北疆山区均有分布，阿勒泰、布尔津、巴里坤、木垒、奇台、乌鲁木齐及伊犁等地较为集中。

养蜂价值 | 花期5月下旬至7月上旬。数量多，分布广，花期长，花色艳，蜜粉丰富，诱蜂力强，有利于蜂群繁殖和取蜜。花粉黄褐色，花粉粒椭球形。

其他用途 | 可供观赏；果实入药。

● **弯刺蔷薇** *Rosa beggeriana* Schrenk

别　　名 | 弯刺蔷薇
科　　属 | 蔷薇科蔷薇属

　　形态特征 │ 落叶灌木，高1.5～3米。分枝较多，有成对或散生的基部膨大、浅黄色镰刀状皮刺。羽状复叶，小叶5～9枚，连叶柄长3～9厘米；小叶片广椭圆形或椭圆状倒卵形，先端急尖或圆钝，基部近圆形或宽楔形，边缘有单锯齿而近基部全缘；托叶大部分贴生于叶柄，边缘有带腺锯齿。花数朵或多朵排列成伞房状或圆锥状花序，极稀单生，花直径2～3厘米；苞片1～3枚，卵形；萼筒近球形，光滑无毛；萼片披针形；花瓣5枚，白色，稀粉红色，宽倒卵形，先端微凹，基部宽楔形；花柱离生，比雄蕊短很多。果近球形，先为红色，后转为黑紫色。

　　生境分布 │ 生于海拔1 200～2 800米的林缘、山坡、河谷及路旁等处。分布于天山山区，乌鲁木齐、霍城、伊宁、尼勒克、特克斯、昭苏等地分布较多。

　　养蜂价值 │ 花期6—7月。数量多，分布广，花期长，蜜粉丰富，诱蜂力强，有利于蜂群繁殖和采集山区杂花蜜。花粉黄色，花粉粒圆球形。

　　其他用途 │ 嫩枝叶是优良饲草；果实入药。

● 疏花蔷薇 *Rosa laxa* Retz.

　　科　　属 │ 蔷薇科蔷薇属

　　形态特征 │ 落叶灌木，高1～2米。基部多分枝，枝条灰绿色或淡褐色，皮刺大或细小，基部扩大，顶端弧状弯曲，坚硬，叶基部对生，托叶基部连合达2/3，上部分离，披针形或三角形，顶端尖，边缘有稀疏的腺毛。叶长3～10厘米，小叶5～9枚，卵圆形或长圆形，顶端尖或圆，边缘有单齿，两面光滑或微有茸毛。花序伞房状，3～6花，有时为单花；花梗短；花托卵圆形或长圆形，光滑；萼片5枚，披针形，顶端呈叶状开展，边缘具茸毛，背面有时有腺点；花瓣5枚，淡红色或白色，倒卵形或宽三角形，顶端微凹，基部收缩；雄蕊多数；柱头头状，有白茸毛。果实圆形或椭圆形，暗紫色或红色；种子椭圆形，淡黄色。

　　生境分布 │ 生于海拔600～3 000米的林缘、山谷、山坡灌丛、溪边及河谷等处。分布于天山北坡，阜康、乌鲁木齐、霍城、察布查尔（察布查尔锡伯自治县，简称"察布查尔"）等地较多。

　　养蜂价值 │ 花期6月上旬至7月上旬。花期较长，蜜多粉多，诱蜂力强，蜜蜂喜采，有利于蜂群繁殖和修脾。花粉黄褐色，花粉粒圆球形。

　　其他用途 │ 可供观赏；枝叶为良等饲草；果实、根、叶可入药。

● 小檗叶蔷薇 *Rosa berberifolia* Pall.

别　　名 | 单叶蔷薇

科　　属 | 蔷薇科蔷薇属

形态特征 | 矮小灌木，高20～40厘米。枝条黄褐色，粗糙，无毛，嫩枝黄色，光滑；皮刺黄色，散生或成对生于叶片基部，弯曲或直立，有时混有腺毛。单叶互生，革质，椭圆形或卵形，长1～2厘米，宽0.5～1厘米，先端尖或钝圆，基部圆形或宽楔形，边缘有锯齿，近基部全缘，两面无毛或幼时下面有疏短柔毛；无柄或几乎无柄；无托叶。花单生，直径2～2.5厘米；花梗长1～1.5厘米，无毛或有针刺；花瓣5枚，黄色，基部有紫色斑点，倒卵形，比萼片稍长；雄蕊紫色，多数；心皮多数，花柱离生，密被长柔毛；雄蕊短。果实近球形，紫褐色，无毛，密被针刺，萼片宿存。

生境分布 | 生于干旱荒地及碎石地。产于乌鲁木齐、昌吉、呼图壁、玛纳斯、精河、博乐、伊宁等地。

养蜂价值 | 花期5—6月。花期较长，花色艳，蜜粉丰富，诱蜂力强，蜜蜂喜采，有利于蜂群繁殖。花粉黄褐色，花粉粒椭圆形。

其他用途 | 可供观赏；果实入药。

本属还有密刺蔷薇（*R. spinosissima* L.），产于伊犁、阿勒泰、塔城及博乐等地；腺果蔷薇（*R. fedtschenkoana* Regel）产于天山山区；野蔷薇（*R. multiflora* Thunb.）新疆庭院有栽培；大花密刺蔷薇[*R. spinosissima* var. *altaica*（Willd.）Rehd.] 产于阿勒泰地区；这些植物都是很好的辅助蜜粉源植物。

● 玫瑰 *Rosa rugosa* Thunb.

科　　属 | 蔷薇科蔷薇属

形态特征 | 直立灌木，高50～150厘米。茎粗壮，丛生；小枝密被茸毛，并有针刺和腺毛，有直立或弯曲的淡黄色皮刺。小叶5～9枚，连叶柄长5～13厘米；小叶片椭圆形或椭圆状倒卵形，长1.5～4.5厘米，宽1～2.5厘米，先端急尖或圆钝，基部圆形或宽楔形，边缘有尖锐锯齿，上面深绿色，无毛，下面灰绿色，中脉突出，网脉明显，密被茸毛和腺毛，有时腺毛不明显；叶柄和叶轴密被茸毛和腺毛；托叶大部分贴生于叶柄，离生部分卵形，边缘有带腺锯齿，下面被茸毛。花单生于叶腋，或数朵簇生，苞片卵形，边缘有腺毛，外被茸毛；花梗长5～22毫米，密被茸毛和腺毛；花直径4～5.5厘米；

萼片卵状披针形，先端尾状渐尖，常有羽状裂片而扩展成叶状，上面有稀疏柔毛，下面密被柔毛和腺毛；花瓣倒卵形，重瓣至半重瓣，芳香，紫红色至白色；花柱离生，被毛，稍伸出萼筒口外，比雄蕊短很多。果扁球形，直径2~2.5厘米，砖红色，肉质，平滑，萼片宿存。

生境分布 │ 喜光、耐旱，新疆各地均有栽培。和田、于田、洛浦、和田、皮山、策勒、民丰、乌鲁木齐、木垒等地种植面积较大。

养蜂价值 │ 花期5—7月。数量多，花期长，花粉丰富，蜜蜂喜采，有利于蜂群的繁殖。花粉黄褐色，花粉粒圆球形。

其他用途 │ 初开的花朵及根可入药；果肉，可制成果酱，具有特殊风味，果实含有丰富的维生素C及维生素P；玫瑰花瓣蒸馏法可提炼玫瑰精油；玫瑰根可用来酿酒；从蒸馏玫瑰油后的花残渣中可提取玫瑰红色素；利用玫瑰花渣可生产酱油。

● 粉团玫瑰 *Rosa multiflora* var. *cathayensis*

科　　属 | 蔷薇科蔷薇属

形态特征 | 落叶灌木，高2～3米。小枝无毛，有散生皮刺，无针毛。小叶7～13枚，连叶柄长3～5厘米；小叶片宽卵形或近圆形，稀椭圆形，边缘有圆钝锯齿，上面无毛；叶轴、叶柄有稀疏柔毛和小皮刺；托叶条状披针形，大部分贴生于叶柄，离生部分呈耳状，边缘有锯齿和腺毛。花单生于叶腋，单瓣或重瓣，无苞片；花梗无毛，长1～1.5厘米；萼筒、萼片外面无毛，萼片披针形，全缘，内面有稀疏柔毛；花瓣红色，宽倒卵形；花柱离生，有长柔毛，比雄蕊短。果球形或倒卵形，紫褐色或黑褐色，直径8～10毫米，无毛，萼片于花后反折。

生境分布 | 喜光，耐寒、耐旱，对土壤要求不严。新疆各地广为栽培。

养蜂价值 | 花期5月下旬至6月下旬。花期较长，花朵多，花色艳，花粉多，诱蜂力强，蜜蜂喜采，有利于蜂群繁殖。花粉黄褐色，花粉粒圆球形。

其他用途 | 可作保持水土及园林丛植，花篱，观赏树种；果实可食，可制果酱；花可提取芳香油。

本属还有月季花（*Rosa chinensis* Jacq.）新疆各地广为栽培。也是很好的辅助蜜粉源植物。

● **欧洲甜樱桃** *Cerasus avium* (L.) Moench

别　　名 | 大樱桃、甜樱桃

科　　属 | 蔷薇科樱属

形态特征 | 落叶乔木，高达2.5米，树皮黑褐色。叶倒卵状椭圆形或椭圆状卵形，长3～13厘米，宽2～6厘米，先端骤尖或短渐尖，基部圆形或楔形，具缺刻及钝圆重锯齿，齿端小腺体陷入，上面无毛，下面被稀疏长柔毛；叶柄长2～5厘米，无毛；托叶狭带状，长约1厘米，具腺齿。伞形花序，有花3～4朵，花叶同放；萼筒短钟状，萼片长卵状椭圆形；花瓣白色，倒卵圆形，先端微凹；花柱与雄蕊近等长，无毛。核果近球形，红色至紫黑色，核平滑。

生境分布 | 南疆及伊犁地区果园、庭院有栽培。

养蜂价值 | 花期4月中旬至5月上旬，约15天。花期早，蜜多粉足，极有利于春季蜂群繁殖。花粉黄褐色，花粉粒长球形。

其他用途 | 果实可作为水果食用，可制果酱和酿酒。

本属还有天山樱桃（*C. tianshanica* Pojark.），北疆山区有分布，伊犁及博乐、塔城地区较为集中；

草原樱桃 [*C. fruticosa*（Pall.）G. Woron.]，新疆各地果园有栽培；欧洲酸樱桃（*C. vulgaris* Mill.），南疆和伊犁地区有栽培，均为较好的春季辅助蜜粉源植物。

● 黑果栒子 *Cotoneaster melanocarpus* Lodd.

科　　属 | 蔷薇科栒子属

形态特征 | 落叶灌木，高1～2米。枝条开展，小枝圆柱形，褐色或紫褐色，幼时具短柔毛，后脱落。叶片卵状椭圆形至宽卵形，长2～4.5厘米，宽1～3厘米，先端钝或微尖，有时微缺，基部圆形或宽楔形，全缘，上面幼时微具短柔毛，老时无毛，下面被白色茸毛；叶柄长2～5毫米，有茸毛；花3～15朵形成聚伞花序，总花梗和花梗具柔毛，下垂，花粉红色；苞片线形，有柔毛；花直径约7毫米；萼筒钟状，萼片三角形，先端钝，外面无毛，内面仅沿边缘微具柔毛；花瓣直立，近圆形，雄蕊20枚，短于花瓣；花柱2～3枚。果实近球形，蓝黑色，有蜡粉，内具2～3小核。

生境分布 | 生于海拔1 400～2 600米的山坡、疏林间或灌木丛中。分布于阿勒泰、伊犁、塔城、乌鲁木齐、哈密、阿克苏等地。

养蜂价值 | 花期6—7月。数量多，分布广，蜜多粉足，蜜蜂爱采，有利于蜂群繁殖和取蜜，是较好的辅助蜜粉源植物。花粉黄褐色，花粉粒长球形。

其他用途 | 庭院栽培。

● 水枸子 *Cotoneaster multiflorus* Bge.

别　　名 | 枸子木、多花枸子、灰枸子

科　　属 | 蔷薇科枸子属

形态特征 | 落叶灌木，高2～4米。枝条细瘦，常呈弓形弯曲，小枝圆柱形，红褐色或棕褐色，无毛，幼时带紫色，具短界毛，不久脱落。叶片卵形或宽卵形，长2～4厘米，宽1.5～3厘米，先端急尖或圆钝，基部宽楔形或圆形；叶柄长3～8毫米，托叶线形，疏生柔毛，脱落。花多数，5～21朵，成疏松的聚伞花序，花白色，直径1～1.2厘米；萼筒钟状，内外两面均无毛；萼片三角形，先端急尖，花瓣平展，近圆形，直径4～5毫米，先端圆钝或微缺，基部有短爪，内面基部有白色细柔毛，雄蕊约20枚，稍短于花瓣；花柱通常2枚，离生。果实近球形或倒卵形，红色，有1个由2心皮合生而成的小核。

生境分布 | 生于海拔1 000～2 000米的沟谷、山坡杂木林中。北疆山区均有分布，阿尔泰、塔城及天山北坡东部较多。

养蜂价值 | 花期5—6月。蜜粉极为丰富，蜜蜂喜采，有利于蜂群繁殖和取蜜。花粉淡黄色，花粉粒长球形。

其他用途 | 可供观赏；木质坚硬而富弹性，是制作小农具的材料；枝、叶及果实入药。

在新疆本属还有单花枸子（*C. uniflorus* Bge.）、少花枸子（*C. oliganthus* Pojark.）、毛叶水枸子（*C. submultiflorus* Pop.）、异花枸子（*C. allochrous* Pojark.）、大果枸子（*C. megalocarpus* M. Pop.）、准噶尔枸子 [*C. soongoricus*（Regel et Herd.）Popov]、甜枸子（*C. suavis* Pojark.）和梨果枸子（*C. roberowskii* Pojark.），均为辅助蜜粉源植物。

● 榅桲 *Cydonia oblonga* Mill.

别　　名 | 金苹果、木梨、新疆木瓜

科　　属 | 蔷薇科榅桲属

形态特征 | 落叶乔木，高达4～8米。小枝粗壮，具稀疏柔毛，二年生枝条褐灰色，具稀疏白色皮孔。叶片卵形至长卵形，长4～7厘米，宽2.5～4厘米，先端渐尖，基部圆形，边缘有钝锯齿；托叶

膜质，线状披针形，边缘有腺齿。伞形总状花序，有花3~6朵，花梗长2~3厘米；苞片膜质，线状披针形，先端渐尖，边缘有腺齿；花直径2~2.5厘米；萼片三角卵形，稍长于萼筒，边缘有腺齿，内面具茸毛；花瓣宽卵形，基部具短爪，白色；雄蕊20枚，稍短于花瓣；花柱5枚，和雄蕊近等长，基部具稀疏柔毛。果实卵球形或椭球形，褐色，有稀疏斑点，萼片宿存。

生境分布 | 新疆各地均有栽培，喀什、阿克苏、巴州等地较多；伊犁地区也有少量栽培。

养蜂价值 | 花期4月下旬至5月中旬。花期早，蜜粉丰富，诱蜂力强，蜜蜂喜采，有利于蜂群繁殖。花粉黄褐色，花粉粒长球形。

其他用途 | 果实可食；果实入药。

● 蚊子草 *Filipendula palmata* (Pall.) Maxim.

别　　名 | 合叶子

科　　属 | 蔷薇科蚊子草属

形态特征 | 多年生草本，高80~120厘米。根状茎具有纺锤形或球形块根。茎直立，圆筒形，微有棱。茎生叶为断续的羽状复叶，有小叶2~5对；小叶片长圆形，有粗锯齿或深裂片，裂片披针形

至长圆披针形；小叶片间有1对极小叶片，小叶片两面绿色，上面无毛，下面沿脉被疏柔毛；茎生叶与基生叶相似；托叶小，有锯齿。顶生圆锥花序，花梗疏被短柔毛；花直径5毫米，萼片5枚，卵形，花后宿存反折；花瓣5枚，长倒卵形，有短爪，白色或淡粉红色。雄蕊多数；雌蕊数十枚，分离，花柱顶生，柱头膨大，心皮9~12枚，离生，直立。瘦果无柄，直立，被黄色柔毛。

生境分布 ｜ 生于海拔1 200米左右的山坡草地、溪边、林缘及灌丛中。主要分布在巴尔鲁克山，裕民、塔城、博乐等地较多。

养蜂价值 ｜ 花期5—8月。数量较多，分布较广，蜜粉丰富，蜜蜂喜采，有利于蜂群繁殖。花粉黄褐色，花粉粒长球形。

其他用途 ｜ 可作园林绿化植物。

● 旋果蚊子草 *Filipendula ulmaria* (L.) Maxim.

别　名 ｜ 榆叶合叶子、榆叶蚊子草
科　属 ｜ 蔷薇科蚊子草属
形态特征 ｜ 多年生草本，高80~150厘米。地下根匍匐。茎直立，单生或基部分枝，有细棱，坚硬，中空，淡绿色，光滑无毛。叶为间断性羽状复叶，小叶2~5对，广卵圆形或卵状披针形，长2~6厘米，宽0.8~2厘米，叶脉突出，边缘有细锯齿；托叶较大，背面密被白色茸毛。花序圆锥状，着生在枝顶端或侧枝上；花萼绿色，萼齿5裂，裂片三角形，等长，有短梗；花瓣5~6枚，淡黄色，倒卵形，先端圆形，基部收缩呈爪状，光滑；雄蕊多数长于花瓣1倍，花药黄色，圆形；雄蕊6~10枚，花柱短，卷曲或直立，柱头头状。果实螺旋状卷曲，光滑。

生境分布 ｜ 生于海拔1 500~2 200米的山坡草地、云杉林下及灌木丛中。天山、阿尔泰山均有分布，尼勒克、巩留、新源、布尔津、哈巴河等地较为集中。

养蜂价值 ｜ 花期6—7月。数量较多，分布较广，蜜粉丰富，蜜蜂喜采，有利于蜂群繁殖。花粉淡黄色，花粉粒长球形。

其他用途 ｜ 全草入药。

● 梅 *Armeniaca mume* Sieb.

别　名 ｜ 酸梅、梅子
科　属 ｜ 蔷薇科杏属

形态特征 ｜ 落叶小乔木，高4～10米。树皮浅灰色或带绿色，平滑；小枝绿色，光滑无毛。单叶互生，叶片卵形或椭圆形，长4～8厘米，宽2.5～5厘米，先端尾尖，基部宽楔形至圆形，叶边常具小锐锯齿，下面脉腋间具短柔毛；叶柄长1～2厘米，常有腺体。花单生或2朵簇生，直径2～2.5厘米，香味浓，先于叶开放；花萼通常红褐色；萼筒宽钟形；萼片卵形或近圆形，先端圆钝；花瓣倒卵形，白色至粉红色；花柱短或稍长于雄蕊。果实近球形，熟时黄色，味酸；核椭圆形。

生境分布 ｜ 喜温暖湿润气候。南疆各地及伊犁地区有栽培。

养蜂价值 ｜ 花期4月中旬至5月中旬。数量虽不太多，但花期较早，蜜粉丰富，有利于春季蜜蜂的恢复和发展。花粉黄色，花粉粒椭球形。

其他用途 ｜ 鲜花可提取香精；果实可食，盐渍或干制；叶、根和种仁均可入药。

● **路边青** *Geum aleppicum* Jacq.

别　　名 ｜ 细叶水团花、水杨梅、兰布政

科　　属 ｜ 蔷薇科路边青属

形态特征 ｜ 多年生草本，高40～80厘米。全株有长刚毛。基生叶羽状全裂或近羽状复叶，顶裂片较大，菱状卵形至圆形，长5～10厘米，宽3～10厘米，3裂或具缺刻，先端急尖，基部楔形或近心形，边缘具大锯齿，两面疏生长刚毛，侧裂片小，1～3对，宽卵形；茎生叶有3～5枚，卵形，3浅裂或羽状分裂。花顶生或腋生，伞房花序，花1至数朵，生于枝端；花萼5裂，萼片三角状披针形，外面被毛；花瓣5枚，黄色，圆形或椭圆形，平展，与萼片等长；雄蕊、雌蕊均多数。聚合果球形，瘦果密被刚毛，顶端有小钩。

生境分布 ｜ 生于海拔1 200～2 500的中低山草坡、沟边、河滩、林间及林缘等处。分布于天山北部及准噶尔西部山区，木垒、奇台、尼勒克、新源、巩留、特克斯、裕民和塔城等地较多。

养蜂价值 | 花期6—7月。数量较多，分布较广，蜜粉丰富，蜜蜂喜采，有利于蜂群繁殖和采集杂花蜜。花粉黄褐色，花粉粒近球形。

其他用途 | 可供观赏；全草及根入药。

本属紫萼路边青（*G. riuale* L.）产于阿勒泰山区河滩草甸，亦为蜜粉源植物。

● 稠李 *Padus avium* Miller

别 名 | 欧洲稠李

科 属 | 蔷薇科稠李属

形态特征 | 落叶乔木，高达15米。树皮粗糙而多斑纹，紫褐色或灰褐色，有浅色皮孔。单叶互生，叶片椭圆形或倒卵状圆形，长4～10厘米，宽2～4.5厘米，先端尾尖，基部圆形或宽楔形，边缘有不规则锐锯齿，两面无毛；叶柄长1～1.5厘米，顶端两侧各具1腺体；托叶膜质，线形，边缘有带腺锯齿，早落。总状花序，长7～10厘米，具20余朵小花；花直径1～1.6厘米；萼筒钟状，比萼片稍长；萼片三角状卵形，边缘有带腺细锯齿；花瓣白色，长圆形，先端波状，基部楔形，有短爪，比雄蕊长近1倍；雄蕊多数；雌蕊1枚，心皮无毛，柱头盘状。核果卵球形，红褐色至黑色。

　　生境分布 | 生于山坡、谷地、河岸、林缘或阔叶林中等处。北疆山区均有分布，阿勒泰、塔城、伊犁、乌鲁木齐、奇台、巴里坤等地较多。

　　养蜂价值 | 花期5月下旬至6月下旬。分布较广，蜜粉丰富，蜜蜂喜采，有利于蜂群繁殖。花粉黄褐色，花粉粒近球形。

　　其他用途 | 果实可食，可加工果汁、果酱、果酒等；稠李种子含油38.79%，可提炼工业用油；叶入药。

● 紫叶稠李 *Padus virginiana* L.

　　科　　属 | 蔷薇科稠李属

　　形态特征 | 高大落叶乔木，高可达20～30米。单叶互生，叶片椭圆形或菱状卵形，叶缘有锯齿，长4～8厘米，宽2.8～5厘米，叶柄长1～1.5厘米；近叶片基部有2腺体。初生叶为绿色，叶表有光泽，叶背脉腋有白色簇毛，进入5月后随着温度升高，逐渐转为紫红绿色至紫红色，叶背脉腋白色簇毛变淡褐色，或消失，整个叶背有白粉，秋后变成红色，整个生长季节，叶子都为紫色或绿紫色，变色期长，成为变色树种。总状花序，多花密集直立，后期下垂，总花梗上也有叶，小叶与枝叶近等大；花梗长4～10毫米，花直径8～10毫米；萼筒钟状，比萼片长近1倍，萼片三角状披针形或卵状披针形；花瓣白色，较大，近圆形。核果球形。

　　生境分布 | 适应性强，对生存环境要求不严，耐旱、耐寒；喜光，在半阴的生长环境下，叶子很少转为紫红色。乌鲁木齐、昌吉、石河子、伊犁、阿勒泰、吐鲁番等地栽培较多。

　　养蜂价值 | 花期4月中旬至5月上旬。花期较长，蜜粉丰富，诱蜂力强，蜜蜂喜采，有利于春季蜜蜂繁殖。花粉黄褐色，花粉粒圆球形。

　　其他用途 | 庭院观赏植物，树势优美，在公园、街心花园及居民小区中孤植、丛植，可独成一景。

● 紫叶李 *Prunus cerasifera* Ehrhart f. *atropurpurea* (Jacq.) Rehd.

　　别　　名 | 红叶李

　　科　　属 | 蔷薇科李属

形态特征 │ 灌木或小乔木，高可达8米。多分枝，枝条细长，开展，暗灰色；小枝暗红色，无毛。叶片椭圆形或倒卵形，紫红色，长3～6厘米，宽2～3厘米，先端急尖，基部楔形或近圆形，边缘有圆钝锯齿，无毛；中脉和侧脉均突出，侧脉5～8对；叶柄长6～12毫米；托叶膜质，披针形，先端渐尖，边缘有带腺细锯齿，早落。花1朵，稀2朵；花直径2～2.5厘米；萼筒钟状，萼片长卵形，萼筒和萼片外面无毛，萼筒内面有疏生短柔毛；花瓣粉红色，长圆形或匙形，边缘波状，基部楔形，着生在萼筒边缘；雄蕊25～30枚，花丝长短不等，紧密地排成不规则2轮，比花瓣稍短；雌蕊1枚，心皮被长柔毛，柱头盘状，花柱比雄蕊略长，基部被柔毛。核果近球形，长、宽几乎相等，黄色、红色或黑色；核椭圆形，浅褐带白色，背缝具沟。

生境分布 │ 生于海拔800～2 000米的山坡林中或多石砾的坡地以及沟谷等处。天山山区有分布；乌鲁木齐等城市有栽培。

养蜂价值 │ 花期4月中旬至5月上旬。花期早，蜜粉较丰富，有利于春季蜜蜂繁殖。花粉黄褐色，花粉粒圆球形。

其他用途 │ 园林观赏植物。

● **樱桃李** *Prunus cerasifera* Ehrhart

别　　名 │ 野酸梅
科　　属 │ 蔷薇科李属
形态特征 │ 小乔木，高可达5米。枝条细长，开展；小枝暗红色，无毛。叶片椭圆形或倒卵形，长3～6厘米，宽2～4厘米，先端急尖，基部楔形或近圆形，边缘有圆钝锯齿，无毛；中脉和侧脉均突出，侧脉5～8对；叶柄长6～12毫米，微被短柔毛，托叶膜质，披针形，先端渐尖，边缘有带腺细锯齿，早落。花1朵，稀2朵；花梗长1～2.2厘米，无毛或微被短柔毛；花直径2～2.5厘米；萼筒钟状，萼片长卵形，先端圆钝，边缘有疏浅锯齿，与萼片近等长，萼筒内面有疏生短柔毛；花瓣白色，长圆形或匙形，边缘波状，基部楔形，着生在萼筒边缘；雄蕊25～30枚，花丝长短不等，紧密地排成不规则2轮，比花瓣稍短；雌蕊

1，心皮被长柔毛，柱头盘状，花柱比雄蕊稍长，基部被稀长柔毛。核果椭圆形，直径2～3厘米，黄色、红色或黑色；核椭圆形或卵球形，背缝具沟，腹缝有时扩大具2侧沟。

生境分布 | 生于海拔1 000～1 500米处的山坡林中、多石砾坡地或峡谷溪边。霍城县山区分布较多，伊犁地区果园有栽培。

养蜂价值 | 花期5月。分布相对集中，花粉较多，有利于春季蜂群繁殖。花粉淡黄色，花粉粒圆球形。

其他用途 | 樱桃李富含氨基酸、β-胡萝卜素、维生素A、维生素B$_1$、维生素B$_2$以及钾、钙、硒等有益人体的成分，果可生食，亦可作糖果、饮料、糕点等基料。

● **李** *Prunus salicina* Lindl.

别　　名 | 李子、玉皇李、山李子
科　　属 | 蔷薇科李属
形态特征 | 落叶乔木，高5～7米。树冠广圆形；树皮灰褐色，起伏不平。叶片长圆倒卵形、长

椭圆形，长6~8厘米，宽3~5厘米，先端渐尖或急尖，基部楔形，边缘有圆钝重锯齿，常混有单锯齿，上面无毛，有时下面沿主脉有稀疏柔毛；托叶膜质，线形，先端渐尖，边缘有腺，早落；叶柄长1~2厘米。花通常3朵并生；花直径1.5~2.2厘米；萼筒钟状；萼片长圆状卵形，边有疏齿；花瓣白色，长圆倒卵形，先端啮蚀状，基部楔形，有明显带紫色脉纹，具短爪，着生在萼筒边缘，比萼筒长2~3倍；雄蕊多数，雌蕊1枚，柱头盘状。核果卵球形或近圆锥形，黄色或红色，有时为绿色或紫色；核卵圆形。

生境分布 | 适应性强，对土壤要求不严。新疆各地均有栽培。

养蜂价值 | 花期4—5月。开花较早，蜜粉丰富，有利于早春蜂群恢复和发展。花粉淡黄色，花粉粒长球形。

其他用途 | 果实可作为水果食用；核仁入药。

● **欧洲李** *Prunus domestica* L.

别　　名 | 酸梅

科　　属 | 蔷薇科李属

形态特征 | 落叶乔木，高6~10米。树干深褐灰色，开裂，枝条无刺或稍有刺；老枝红褐色，无毛，皮起伏不平，当年生小枝淡红色或灰绿色，有纵条棱，幼时微被短柔毛，以后脱落近无毛。冬芽卵圆形，红褐色，有数枚覆瓦状排列鳞片，通常无毛。叶片椭圆形或倒卵形，长4~10厘米，宽2.5~5厘米，先端急尖或圆钝，稀短渐尖，基部楔形，边缘有稀疏圆钝锯齿，上面暗绿色，无毛或在脉上散生柔毛，下面淡绿色，被柔毛，边缘有睫毛，侧脉5~9对，向顶端呈弧形弯曲，而不达边缘；叶柄长1~2厘米，密被柔毛，通常在叶片基部边缘两侧各有1个腺体；托叶线形，先端渐尖，幼时边缘常有腺，早落。花1~3朵，簇生于短枝顶端；花直径1~1.5厘米；萼筒钟状，萼片卵形，萼筒和萼片内外两面均被短柔毛；花瓣白色，有时带绿晕。核果卵球形到长圆形，有明显侧沟，红色、紫色或黄色，常被蓝色果粉，果肉离核或粘核；核广椭圆形，顶端有尖头，表面平滑。

生境分布 | 南疆及伊犁、乌鲁木齐、塔城等地果园多有栽培。

养蜂价值 | 花期5月上旬至下旬。花期早，蜜粉丰富，蜜蜂喜采，有利于春季蜂群的繁殖。花粉黄色，花粉粒长球形。

其他用途 | 果可作为鲜食水果；园林绿化植物。

● 西府海棠 *Malus micromalus* Makino

别　　名 | 海红、子母海棠、小果海棠、红海棠
科　　属 | 蔷薇科苹果属
形态特征 | 落叶乔木，高2.5～5米。树枝直立，小枝圆柱形，紫红色或暗褐色，具稀疏皮孔。叶片长椭圆形或椭圆形，长5～10厘米，宽2.5～5厘米，先端急尖或渐尖，基部楔形，稀近圆形，边缘有尖锐锯齿，嫩叶被短柔毛，下面较密，老时脱落；叶柄长2～3.5厘米；托叶膜质，线状披针形，先端渐尖，边缘有疏生腺齿，近于无毛，早落。伞形总状花序，有花4～7朵，集生于小枝顶端；花梗长2～3厘米，嫩时被长柔毛，逐渐脱落；花直径约4厘米；萼筒外面密被白色长茸毛；萼片三角卵形，先端急尖或渐尖，全缘；萼片与萼筒等长或稍长；花瓣近圆形或长椭圆形，长约1.5厘米，基部有短爪，粉红色；雄蕊约20枚，花丝长短不等，比花瓣稍短；花柱5枚，基部具茸毛，约与雄蕊等长。果实近球形，红色，萼洼梗洼均下陷，萼片多数脱落，少数宿存。
生境分布 | 喜光、耐寒、耐旱。新疆各地均有栽培。
养蜂价值 | 花期4月中旬至5月上旬。数量较多，分布较广，花期较早，蜜粉丰富，蜜蜂喜采，有利于蜂群的繁殖。花粉黄褐色，花粉粒圆球形。
其他用途 | 为常见栽培的果树及观赏树；果味酸甜，可鲜食或制作蜜饯。

● 新疆野苹果 *Malus sieversii* (Ledeb.) Roem.

科　　属 | 塞威氏苹果
科　　属 | 蔷薇科苹果属
形态特征 | 落叶乔木，高4～12米。树冠宽阔；小枝短粗，被短柔毛，二年生枝微屈曲，暗灰红色。叶卵形或宽椭圆形，稀倒卵形，长6～11厘米，宽3～5.5厘米，边缘具圆钝锯齿，上面沿叶脉有疏柔毛，下面幼时密被长柔毛，侧脉4～7对；叶柄长1.2～3.5厘米，疏生柔毛。花序近伞形，有花3～6朵；花梗较粗，长约1.5厘米，密被白色茸毛；花直径3～3.5厘米；萼筒钟状，外面密被柔毛；萼片三角披针形，全缘，萼片比萼筒略长；花瓣倒卵形，粉白色，长1.5～2厘米，基部有短爪；雄蕊20枚，花丝长约为花瓣的1/2；花柱5枚，基部连合，密被白色茸毛，与雄蕊近相等。梨果球形或扁球形，黄绿色，有红晕。

生境分布 ｜ 生于海拔1 000～1 700米的中山地带下部或低山带上部阴坡、半阴坡或河谷地带，往往构成山地落叶阔叶林带。分布于伊犁州直、塔城地区等地，霍城、新源、巩留、特克斯和塔城等地较多，面积约10万亩。

养蜂价值 ｜ 花期4月中旬至5月上旬。数量较多，分布较集中，花期较早，蜜粉丰富，蜜蜂喜采，有利于蜂群的繁殖。花粉黄褐色，花粉粒圆球形。

其他用途 ｜ 具有重要的科研价值；果可加工成果丹皮、果酒、果酱和果汁等，味道鲜美，营养成分高，有益人体健康。

● **荒漠委陵菜** *Potentilla desertorum* Bge.

别　　名 ｜ 草原委陵菜混叶委陵菜

科　　属 ｜ 蔷薇科委陵菜属

形态特征 ｜ 多年生草本。根粗壮，圆柱形。花茎直立或上升，高20～50厘米；被短柔毛及有柄或无柄红色腺体。基生叶为掌状5小叶，连叶柄长8～20厘米，叶柄被柔毛及有柄或无柄红色腺体；小叶无柄或有短柄，小叶片倒卵状楔形或倒卵形，边缘有多数粗大圆钝锯齿，两面绿色，上面几乎无毛，下面被短柔毛；茎生叶5小叶，最上部为3小叶；叶柄较短；基生叶托叶膜质，深褐色至紫红色，茎生叶托叶草质，全缘或深2裂，外面密被短柔毛及腺体。顶生伞房状聚伞花序，花梗长1～2厘米；被短毛及有柄或无柄腺体；花直径1.5～2厘米；萼片卵状披针形或卵状长圆形，顶端急尖，副萼片披针形，顶端渐尖；常有2裂，与萼片近等长，花后直立；花瓣黄色，倒卵形，顶端微凹；花柱近顶生，基部极为膨大，花柱扩大。瘦果光滑或有不明显脉纹。

生境分布 ｜ 生长于海拔1 500～2 500米的山谷、河边。北疆山区均有分布，奇台、乌鲁木齐、伊犁州直、塔城、布尔津等地较多。

养蜂价值 │ 花期5—6月。数量多，分布广，蜜粉较多，蜜蜂喜采，有利于春季蜂群的繁殖。花粉黄色，花粉粒长圆形。

其他用途 │ 全草入药；嫩苗可食并可作饲料；根含鞣质，可提制栲胶。

● 腺毛委陵菜 *Potentilla longifolia* Willd. ex Schlecht.

别　　名 │ 粘委陵菜、粘萎陵菜

科　　属 │ 蔷薇科委陵菜属

形态特征 │ 多年生草本，高30～90厘米。茎直立，被短柔毛及腺体。基生叶羽状复叶，有小叶4～5对，连叶柄长10～30厘米，叶柄被短柔毛及腺体，小叶对生，稀互生，无柄；小叶片长圆状披针形至倒披针形，长1.5～8厘米，宽0.5～2.5厘米，顶端圆钝或急尖，边缘有缺刻状锯齿；茎生叶与基生叶相似；基生叶托叶膜质，褐色，茎生叶托叶草质，绿色，全缘或分裂，外被柔毛。伞房花序集生于花茎顶端；花黄色，花梗短；花直径1.5～1.8厘米；萼片三角状披针形，顶端通常渐尖，外面密被短柔毛及腺体；花瓣宽倒卵形，顶端微凹；花柱近顶生，圆锥形，基部明显具乳头状突起，膨大，柱头不扩大。瘦果卵球形，光滑。

生境分布 │ 生于山坡草地、溪旁、高山灌丛、林缘及疏林下。天山、阿尔泰山及准噶尔西部山区均有分布，奇台、阜康、乌鲁木齐、布尔津、巩留、昭苏等地较为集中。

养蜂价值 │ 花期6—7月。数量多，分布广，蜜粉丰富，蜜蜂喜采，有利于蜂群繁殖和采集杂花蜜。花粉淡黄色，花粉粒近球形。

其他用途 │ 全草入药。

● 金露梅 *Potentilla fruticosa* (L.) O. Schwarz

别　　名 │ 金腊梅、金老梅

科　　属 │ 蔷薇科委陵菜属

形态特征 │ 落叶灌木，高0.5～1.5米。茎多分枝，树皮纵向剥落，小枝红褐色或灰褐色，幼时被长柔毛。羽状复叶，小叶通常5，稀3，上面1对小叶基部下延与叶轴合生，叶柄短，被疏柔毛，小叶片长圆形或卵状披针形，长7～20毫米，宽4～10毫米，先端急尖或圆钝，基部楔形，全缘，边缘平坦或反卷，两面绿色，疏被绢毛或柔毛或脱落近于无毛；托叶薄膜质，宽大，外面被长柔毛或无毛。单花或数朵花呈伞房状生于枝顶；花梗0.8~2厘米，密被长柔毛或绢毛；花瓣黄色，宽倒卵形，花直径1.5~3厘米，比萼片长1~2倍，脉纹明显；萼片卵形，副萼片披针形至倒卵披针形，与萼片近等长，外面被疏绢毛；花柱近基生，棒状，基部稍细，柱头扩大；雄蕊多数，花丝丝状，花药红褐色，卵圆形，四周具黄色边缘。瘦果密生长毛。

生境分布 ▏ 生于海拔1 700~2 500米的高山坡草地及灌丛。分布于奇台、阜康、乌鲁木齐南山、尼勒克、新源、巩留等地。

养蜂价值 ▏ 花期6—7月。数量多，分布广，花色艳丽，花期长，有蜜有粉，有利于蜂群繁殖。花粉黄色，花粉粒近球形。

其他用途 ▏ 花、叶入药。可作牧草。可作为观赏树种栽培。

● **二裂委陵菜** *Potentilla bifurca* L.

科　　属 ▏ 蔷薇科委陵菜属

形态特征 ▏ 多年生草本。根圆柱形，木质。花茎直立或上升，高5~20厘米，密被疏柔毛或微硬毛。羽状复叶，有小叶5～8对，最上面2～3对小叶基部下延与叶轴连合，连叶柄长3～8厘米；叶柄密被疏柔毛或微硬毛，小叶片无柄，对生，椭圆形或倒卵椭圆形，长0.5～1.5厘米，宽0.4～0.8厘米，顶端常2裂，基部楔形或宽楔形，两面绿色，伏生疏柔毛；下部叶托叶膜质，褐色，上部茎生叶托叶草质，绿色，卵状椭圆形，常全缘，稀有齿。近伞房状聚伞花序，顶生；有花3～5朵，花直径1～1.5厘米；萼片卵圆形，顶端急尖，副萼片椭圆形，顶端急尖或钝，比萼片短或近等长，外面被疏柔毛；花瓣黄色，倒卵形，顶端圆钝，比萼片稍长；心皮沿腹部有稀疏柔毛；花柱侧生，棒形，基部较细，柱头扩大。瘦果表面光滑。

生境分布 | 生于海拔800～3 100米的山坡草地、干旱草原及疏林下。分布于天山、阿尔泰山，奇台、乌鲁木齐、玛纳斯、和静、尼勒克、新源、巩留、特克斯、博乐、塔城、布尔津和阿勒泰等地较多。

养蜂价值 | 花期6—7月。花期较长，花色艳，花粉非常丰富，诱蜂力强，蜜蜂喜采，有利于蜂群的繁殖。

其他用途 | 中等饲草；全草可入药。

本属还有鹅绒委陵菜（*P. anserina* L.）、朝天委陵菜（*P. supina* L.）、多裂委陵菜（*P. multifida* L.）、亚洲委陵菜（*P. asiatica* Juz.）、匍枝委陵菜（*P. reptans* L.）、直立委陵菜（*P. recta* L.）和准噶尔委陵菜（*P. soongarica* Bge.）等20多种，北疆山区有分布，天山、阿尔泰山区较多，均为很好的辅助蜜粉源植物。

● **野草莓** *Fragaria vesca* L.

别　　名 | 森林草莓、地莓、地桃

科　　属 | 蔷薇科草莓属

形态特征 | 多年生草本，高5~30厘米。茎被开展柔毛，稀脱落，匍匐生。基生3出复叶，小叶无柄或顶端小叶具短柄，卵形或菱形，顶端圆钝；叶柄长2~10厘米；顶生小叶基部宽楔形，侧生小叶基部楔形，边缘具缺刻状锯齿，上面绿色，疏被短柔毛，下面淡绿色，被短柔毛或有时脱落几乎无毛。花序聚伞状，有花5~15朵，花梗被紧贴柔毛，长1~3厘米；萼片卵状披针形，顶端尾尖，副萼片窄披针形或钻形，花白色，花瓣5枚，倒卵形，基部具短爪；雄蕊20枚，不等长；雌蕊多数。聚合果卵球形，红色；瘦果卵形，多数。

生境分布 | 生于山地草坡、林间空地、林缘灌丛。分布于东至巴里坤，西至伊犁的天山北坡、博乐、塔城、阿勒泰等山区。

养蜂价值 | 花期5—6月。数量多，分布广，蜜粉丰富，诱蜂力强，为优良辅助蜜粉源植物。草莓花粉黄色，花粉粒长球形。

其他用途 | 果可食用，可制果酱；果入药。

本属绿色草莓（*F. viridis* Duch.）产于北疆山区；草莓（*F. × ananassa* Duch.）为栽培水果，新疆各地均有栽培，这些植物均为较好的辅助蜜粉源植物。

● 粉花绣线菊 *Spiraea japonica* L.

别　　名 | 日本绣线菊

科　　属 | 蔷薇科绣线菊属

形态特征 | 直立灌木，高达1.5米。枝条细长，开展，小枝近圆柱形，无毛或幼时被短柔毛。叶片卵形至卵状椭圆形，长2~8厘米，宽1~3厘米，先端急尖至短渐尖，基部楔形，边缘有缺刻状重锯齿或单锯齿，上面暗绿色，下面色浅或有白霜，通常沿叶脉有短柔毛；叶柄长1~3毫米，具短柔毛。复伞房花序生于当年生的直立新枝顶端，花朵密集，密被短柔毛；花梗长4~6毫米；苞片披针形至线状披针形，下面微被柔毛；花直径4~7毫米；花萼外面有稀疏短柔毛，萼筒钟状，内面有短柔毛；萼片三角形，先端急尖，有短柔毛；花瓣卵形至圆形，先端通常圆钝，粉红色；雄蕊25~30枚，花盘圆环形，约有10枚不整齐的裂片。蓇葖果半开张，无毛或沿腹缝有稀疏柔毛，花柱顶生，稍倾斜开展，萼片直立。

生境分布 | 喜光也稍耐阴，抗寒、抗旱，萌蘖力和萌芽力均强，耐修剪。新疆各地有栽培。

养蜂价值 | 花期6—7月。花期长，数量较多，花粉丰富，蜜蜂喜采，有利于蜂群的繁殖。

其他用途 | 园林观赏植物。

● 金丝桃叶绣线菊　*Spiraea hypericifolia* L.

别　　名	兔儿条
科　　属	蔷薇科绣线菊属
形态特征	灌木，高达 1～1.5 米。枝斜

上，小枝圆柱形，幼时无毛或微被短柔毛，棕褐色，老时灰褐色。冬芽卵形，无毛，有数枚棕色鳞片。叶长圆状倒卵形或披针形，长 1.5～2 厘米，宽 0.5～0.7 厘米，先端锐尖或圆钝，基部楔形，全缘或在不孕枝上叶先端有 2～3 钝锯齿，通常两面无毛，稀有短柔毛，基部具不明显的 3 出脉或羽状脉，叶柄短或近无柄。伞形花序无总梗，具 5～11 花，基部有数枚小簇生叶片；花梗长 1～1.5 厘米，花直径 5～7 毫米；萼筒钟形，外面无毛，内面有短柔毛；萼片三角形，先端锐尖；花瓣近圆形或倒卵形，先端钝，白色；雄蕊约 20 枚，与花瓣等长或稍短；花盘有 10 裂片，排列成圆环形。蓇葖果直立开张，无毛，宿存花柱顶生于背部，宿存萼片直立。

　　生境分布 ｜ 喜光树种，耐干旱，多生于海拔 500～2 100 米的干旱山坡、草原或灌丛中。分布于天山北坡、塔城谷地、阿尔泰山区，奇台、乌鲁木齐、新源、特克斯、尼勒克、博乐、温泉和阿勒泰等地较为集中。

　　养蜂价值 ｜ 金丝桃叶绣线菊花期 5—6 月。数量多，分布广，蜜粉丰富，蜜蜂喜采，有利于蜜蜂的繁殖和修脾。

　　其他用途 ｜ 可作牧草，嫩叶和幼枝山羊、绵羊喜食；枝条可编制筐蓝。

● 欧亚绣线菊　*Spiraea media* Schmidt

别　　名	石棒子
科　　属	蔷薇科绣线菊属

　　形态特征 ｜ 多年生直立灌木，高 0.5～2 米。小枝细，近圆柱形，灰褐色，嫩时带红褐色，无毛或近无毛。冬芽卵形，先端急尖，棕褐色。叶片椭圆形至披针形，长 1～2.5 厘米，宽 0.5～1.5 厘米，先端急尖，稀钝圆，基部楔形，全缘或先端有 2～5 锯齿，两面无毛或下面脉腋间微被短柔毛，有羽状脉；叶柄长 1～2 毫米，无毛。伞形总状花序无毛，常具 9～15 朵花；花梗长 1～1.5 厘米，无毛；苞片披针形，无毛；花直径 0.7～1 厘米；萼筒宽钟状，外面无毛，内面被短柔毛；萼片卵状三角形，先端急尖或圆钝，外面无毛或微被短柔毛，内面疏生短柔毛；花瓣近圆形，先端钝，长与宽各为 3～4.5 厘米，白色；雄蕊约 45 枚，长于花瓣；花盘呈波状圆环形或具不规则的裂片；子房具短柔毛，花柱短于雄蕊。蓇葖果较直立开张，外被短柔毛。

　　生境分布 ｜ 生于海拔 750～2 000 米的山坡草原或杂山林内。新疆各地均有分布，北疆山区尤多。

　　养蜂价值 ｜ 花期5—6月。数量多，分布广，花朵数多，有蜜有粉，蜜蜂喜采，有利于蜂群繁殖。花粉黄色，花粉粒椭球形。

　　其他用途 ｜ 可供观赏；根、叶、种子入药。

　　本属还有大叶绣线菊（*S. chamaedryfolia* L.）、三裂绣线菊（*S. trilobata* L.）和天山绣线菊（*S. tianschanica* Pojark.）等几种，均为很好的辅助蜜粉源植物。

● 天山花楸 *Sorbus tianschanica* Rupr.

　　科　　属 ｜ 蔷薇科花楸属

　　形态特征 ｜ 落叶乔木，高达3～5米。小枝粗壮，圆柱形，褐色或灰褐色，有皮孔，嫩枝红褐色，微具短柔毛。奇数羽状复叶，连叶柄长14～17厘米，叶柄长1.5～3.3厘米；小叶片6～7对，卵状披针形，长5～7厘米，宽1.2～2厘米，先端渐尖，边缘大部分有锐锯齿；叶轴微具窄翅，上面有沟，无毛；托叶线状披针形，膜质，早落。复伞房花序大形，有多数花朵，排列疏松，无毛；花梗长4～8毫米；花直径15～18毫米；萼筒钟状，内外两面均无毛；萼片三角形，先端钝，外面无毛，内面有白色柔毛；花瓣卵形或椭圆形，长6～9毫米，宽5～7毫米，先端圆钝，白色。内面微具白色柔毛；雄蕊15～20枚；花柱3～5枚，稍短于雄蕊或几乎等长，基部密被白色茸毛。梨果球形，鲜红色。

　　生境分布 ｜ 生于海拔2 000～2 800米的山地草坡、林间空地、谷中或云杉林边缘。巴里坤、木垒、奇台、阜康、乌鲁木齐、博乐、尼勒克、新源、巩留、特克斯、昭苏和塔城等地分布较多。

　养蜂价值 ｜ 花期5月中旬至6月中旬，约30天。数量多，分布广，且集中，花期较长，花朵数量多，蜜粉丰富，蜜蜂爱采，有利于蜂群的繁殖，是重要的初夏辅助蜜粉源植物。

　其他用途 ｜ 嫩枝、皮及果实入药；果可生食，可制酱、酿酒；可栽培供观赏。

　本属新疆花楸 [*S. aucuparia* subsp. *sibirica*（Hedl.）Krylov] 产于阿尔泰山区，亦为很好的蜜源植物。

● **榆叶梅** *Amygdalus triloba* （Lindl.） Ricker

　别　　名 ｜ 榆梅、小桃红、榆叶鸾枝

　科　　属 ｜ 蔷薇科桃属

　形态特征 ｜ 灌木，稀小乔木，高2～3米。枝条开展，具多数短小枝；小枝灰色，一年生枝灰褐色，无毛或幼时微被短柔毛；短枝上的叶常簇生，一年生枝上的叶互生；叶片宽椭圆形至倒卵形，先端短渐尖，常3裂，基部宽楔形，上面具疏柔毛或无毛，下面被短柔毛，叶边具粗锯齿或重锯齿。花1～2朵，先于叶开放，萼筒宽钟形，萼片卵形或卵状披针形，无毛，近先端疏生小锯齿；花瓣近圆形或宽倒卵形，先端圆钝，有时微凹，粉红色；雄蕊25～30枚，短于花瓣；子房密被短柔毛，花柱稍长于雄蕊。果实近球形，顶端具短小尖头，红色，外被短柔毛；核近球形，具厚硬壳，顶端圆钝，表面

具不整齐的网纹。

生境分布 | 喜光、耐寒、耐旱、抗病力强。生于中海拔的坡地或沟旁、灌木林下或林缘。新疆各地均有栽培。

养蜂价值 | 花期4月中旬至5月上旬。数量多，分布广，枝叶茂密，花朵多，花色鲜艳，蜜粉较多，诱蜂力强，蜜蜂喜采，有利于蜂群的繁殖和修脾。花粉蛋黄色，花粉粒近球形。

其他用途 | 可供观赏；种子及枝条入药。

● **山桃** *Prunus davidiana* Franch.

别　　名 | 花桃、野山桃

科　　属 | 蔷薇科桃属

形态特征 | 落叶乔木，高可达10米。树冠开展，树皮暗紫色，光滑；小枝细长，幼时无毛，老时褐色。叶片卵状披针形，先端渐尖，基部楔形，两面无毛，叶边具细锐锯齿；叶柄长1～2厘米，无毛，常具腺体。花单生，先于叶开放，直径2～3厘米；花梗极短或几乎无梗；花萼无毛；萼筒钟形；萼

片卵形至卵状长圆形，紫色，先端圆钝；花瓣倒卵形或近圆形，粉红色，先端圆钝，稀微凹；雄蕊多数，几乎与花瓣等长或稍短；子房被柔毛，花柱长于雄蕊或近等长。果实近球形，淡黄色，外面密被短柔毛，果梗短而深入果洼；果肉薄而干，成熟时不开裂；核球形或近球形，两侧不压扁，顶端圆钝。

生境分布 ｜ 喜光、耐旱、耐寒，对土壤适应性强，生于山坡、山谷沟底或荒野疏林及灌丛中。分布于阿尔泰山区。新疆各地均有栽培。

养蜂价值 ｜ 花期4月。数量多，分布广，花朵多，花色艳，花粉较多，诱蜂力强，蜜蜂喜采，有利于蜂群的繁殖。花粉淡黄色，花粉粒圆球形。

其他用途 ｜ 园林绿化树种，观赏价值高；种子、根、茎、皮、叶、树胶均可药用。

● 珍珠梅 *Sorbaria sorbifolia* (L.) A. Br.

别　　名 ｜ 山高粱条子、高楷子

科　　属 ｜ 蔷薇科珍珠梅属

形态特征 ｜ 灌木，高达2米。枝条开展，小枝圆柱形，老时暗红褐色或暗黄褐色。奇数羽状复叶，对生，小叶片11～17枚，披针形，长5～7厘米，宽1.8～2.5厘米，先端渐尖，基部近圆形或宽楔形，边缘有尖锐锯齿，羽状网脉，具侧脉12～16对，下面明显；托叶叶质，卵状披针形，先端渐尖至急尖，边缘有不规则锯齿或全缘，外面微被短柔毛。顶生大型密集圆锥花序，分枝近于直立，总花梗

和花梗被星状毛或短柔毛，果期逐渐脱落，近于无毛；萼筒钟状，外面基部微被短柔毛；萼片三角状卵形，先端钝或急尖，萼片约与萼筒等长；花瓣长圆形或倒卵形，长5～7毫米，宽3～5毫米，白色；雄蕊40～50枚；花柱侧生；心皮5枚。菁葖果矩圆形，有顶生弯曲花柱。

生境分布 ｜ 喜光，亦耐阴、耐寒，对土壤要求不严。新疆各地均有栽培。

养蜂价值 ｜ 花期6—7月。花期长，花朵多，花粉丰富，蜜蜂喜采，有利于蜂群繁殖发展。花粉蛋黄色，花粉粒长球形。

其他用途 ｜ 园林观赏植物。

● 羽衣草 *Alchemilla japonica* Nakai et Hara

别　　名 ｜ 斗篷草、珍珠草

科　　属 ｜ 蔷薇科羽衣草属

形态特征 ｜ 多年生草本，高10～13厘米。具肥厚木质根状茎。茎单生或丛生，直立或斜展，密被白色长柔毛。茎生叶有长叶柄，叶片心状圆形，长2～3厘米，宽3～7厘米，基部深心形，顶端有7～9浅裂片，边缘有细锯齿，两面均被稀疏柔毛，沿叶脉较密；叶柄长3～10厘米，密被开展长柔毛；托叶膜质，棕褐色，外被长柔毛；茎生叶小形，叶柄短或近于无柄；托叶边缘有锯齿，基部合生，外被长柔毛。伞房状聚伞花序较紧密；花直径3～4厘米，黄绿色；花梗长2～3厘米，无毛或近于无毛；萼筒外被稀疏柔毛；副萼片长圆状披针形，外被稀疏柔毛；萼片三角卵形，较副萼片稍长而宽，外被稀疏柔毛；雄蕊长约萼片的1/2；花柱线形，较雄蕊稍长。瘦果卵形，先端稍尖，无毛，全部包在膜质花托内。

生境分布 ｜ 生于海拔2 000～3 000米的高山草原、林下。分布于天山北部、阿尔泰山区，尼勒克、新源、布尔津、阿勒泰等地较多。

养蜂价值 ｜ 花期4月下旬至5月中旬。数量较多，花期早，有蜜有粉，诱蜂力强，蜜蜂喜采，有利于山区定地蜂群繁殖。

其他用途 ｜ 可作优良牧草。

● 旱芹 *Apium graveolens* L.

科　　属 ｜ 伞形科芹属

形态特征 ｜ 一年生或多年生草本，高50～90厘米，全体无毛。基生叶矩圆形至倒卵形，一至二回羽状全裂，裂片卵形或近圆形，常3线裂或深裂，小裂片近菱形，边缘有圆锯齿；茎生叶有短柄，叶片为阔三角形，3全裂，小叶倒卵形，中部以上边缘疏生钝锯齿以至缺刻。复伞形花序多数；有花18~26朵，密生成球形的头状花序；花序梗长短不一，有时缺少，花柄基部有卵形或倒卵形的膜质小总苞片；无萼齿；花瓣5枚，渐尖，白色或乳白色；花柱幼时内卷，花后向外反曲，基部隆起。双悬果近球形至椭球形，果棱尖锐条形。

生境分布 | 新疆各地均有栽培。

养蜂价值 | 花期5—6月，数量多，分布广，栽培集中，诱蜂力很强。蜜粉均有，对蜂群繁殖极为有利。花粉淡黄色，花粉粒近球形。

其他用途 | 芹菜是主要的蔬菜之一。

● 芫荽 *Coriandrum sativum* L.

别　　名 | 香菜、胡菜、原荽

科　　属 | 伞形科芫荽属

形态特征 | 一年生或二年生草本，高50~90厘米，具强烈香气。茎圆柱形，直立，有条纹。根生叶有柄，柄长2~8厘米。叶片一或二回羽状全裂，羽片广卵形或扇形半裂，长1~2厘米，宽1~1.5厘米，边缘有钝锯齿、缺刻或深裂，上部的茎生叶三至多回羽状分裂，末回裂片狭线形，顶端钝，全缘。伞形花序顶生或与叶对生，花序梗长2~8厘米。伞辐3~7个，长1~2.5厘米；小总苞片2~5枚，

线形，全缘；小伞形花序有孕花3~9枚，花白色或带淡紫色；萼齿通常大小不等，小的卵状三角形，大的长卵形。花瓣倒卵形，顶端有内凹的小舌片，通常全缘，有3~5脉；雄蕊5枚，子房下位。双悬果，近球形，光滑，果棱稍突出。

生境分布 | 新疆各地均有栽培。

养蜂价值 | 花期7—8月，花泌蜜约30天。泌蜜多，花粉丰富，诱蜂力强，对蜂群繁殖及修脾极为有利。留种面积大的地方能生产少量商品蜜。花粉黄褐色，花粉粒近球形。

其他用途 | 广泛栽培的蔬菜。芫荽种子含芳香油；果入药。

● 胡萝卜 *Daucus carota* L. var. *sativa* Hoffm.

别　　名 | 黄萝卜、红萝卜、番萝卜、丁香萝卜、小人参

科　　属 | 伞形科胡萝卜属

形态特征 | 二年生草本，高30~100厘米。根肉质，长圆锥形，肥粗，黄色或红色。茎单生，全体有白色粗硬毛。基生叶薄膜质，长圆形，二至三回羽状全裂，末回裂片线形或披针形，一般长5~15毫米，宽0.5~4毫米，顶端尖锐，有小尖头，光滑或有糙硬毛；叶柄长3~12厘米；茎生叶近无柄，有叶鞘，末回裂片小或细长。复伞形花序，花序梗长10~55厘米，有糙硬毛；总苞有多数苞片，呈叶状，羽状分裂，少有不裂的，裂片线形；伞辐多数，长2~7.5厘米，结果时外缘的伞辐向内弯曲；小总苞片5~7枚，线形，不分裂或2~3裂，边缘膜质，具纤毛；花通常白色，有时带淡红色。双悬果，矩圆形，棱上有白色刺毛。

生境分布 | 新疆各地均有栽培。

养蜂价值 | 花期6—7月。数量多，分布广，有蜜有粉，留种地可提供蜜粉，蜂爱采集，对蜂群繁殖有利。

其他用途 | 主要的蔬菜之一；可作饮料制作原料；也可作饲料。

● 茴香 *Foeniculum vulgare* Mill.

别　　名 | 怀香、香丝菜、小茴香

科　　属 | 伞形科茴香属

形态特征 | 多年生草本，高60~150厘米，全株表面有粉霜，无毛，具强烈香气。茎直立，有分枝。三至四回羽状复叶，小叶片线形，长4~40毫米，宽约0.5毫米；叶柄长约14厘米，基部呈鞘状抱茎。复伞形花序顶生；总花梗长4~25厘米，总苞和小苞片均缺；伞辐8~20个，不等长；花小，黄色，无萼齿；花瓣45枚，宽卵形，上部向内卷曲，微凹；雄蕊5枚，长于花瓣；子房下位，2室，花柱2枚。双悬果长圆形，有5条隆起的棱。

生境分布 | 新疆各地均有栽培，喀什地区较多。

养蜂价值 | 花期6—7月。蜜多粉多，诱蜂力强，蜜蜂喜采，有利于蜂群繁殖和修脾。集中栽培区域可生产到商品蜜。蜂蜜浅琥珀色，结晶后奶油色。花粉蛋黄色，花粉粒近球形。

其他用途 | 可作蔬菜；也是重要的香料植物；果实入药。

● 鞘山芎 *Conioselinum vaginatum* (Spreng.) Thell.

别　　名 | 香藁本、藁芨、山茴、新疆藁本

科　　属 | 伞形科山芎属

形态特征 | 多年生草本，高达1.5～2米。根茎发达，具膨大的节。茎直立，圆柱形，中空，具条纹，叶片宽菱形，无毛，下面色淡，二回羽状全裂，裂片卵状披针形，锐尖，再羽状半裂或具齿，边缘粗糙，长2～4厘米；根生叶有长柄，茎生叶有短柄，上部叶比较小，着生在卵状披针形、膨大的鞘上。复伞形花序有15～20伞幅，近等长；总苞片1～3枚，小叶状，脱落；小伞形花序有15～20花，小总苞片多数，线形，长于花梗。萼齿不显著；花瓣白色，有时为淡红色至紫红色，倒心形，顶端凹缺，有内折的小舌片，背面有疏毛。果实卵状长圆形。

生境分布 | 新疆藁本喜凉爽、湿润气候。生于山地草甸、山坡草丛和河谷灌丛中。分布于天山山区和阿勒泰山区。目前已引种成功，主要栽培于新源、尼勒克、巩留等地。

养蜂价值 │ 新疆藁本花期7—8月。花期长，数量较多，分布较广，泌蜜丰富，诱蜂力强，蜜蜂喜采，是很好得辅助蜜源植物，在集中栽培区域可生产商品蜜。新疆藁本蜂蜜为淡琥珀色，味香质佳。花粉乳白色，花粉粒圆球形。

其他用途 │ 幼苗时，可作野菜食用。

● 下延叶古当归 *Archangelica decurrens* Ldb.

科　　属 │ 伞形科古当归属

形态特征 │ 多年生草本，茎直立，高1～2米。基部粗2～6厘米，中空，有细纵棱，光滑无毛。叶三出式二至三回羽状全裂，基生叶有长柄，茎生叶叶柄长8～17厘米；叶柄下部膨大成兜状叶鞘，宽至6厘米，光滑无毛；叶片轮廓为宽三角状卵形，长11～15厘米，宽11～17厘米；顶生末回裂片常3裂，侧生裂片长圆形至卵状披针形，顶端渐尖，基部楔形下延，无柄或有短柄，边缘有锯齿或不规则的深齿，齿端有钝尖头，叶片上表面深绿色，下表面为粉绿色，两面均无毛；茎顶部叶简化成囊状鞘。复伞形花序近圆球形，直径7～15厘米；伞辐20～50个，长2.5～5厘米，有短糙毛；总苞片4～7枚，披针形，被短毛；小伞形花序密集成球形，有花30～50枚；小总苞片5～10枚，狭披针形，有缘毛，比花柄短或近等长，花白色；萼齿不明显；花瓣阔卵形，顶端稍内凹，花柱基平扁，边缘波状。果卵形或椭圆形，扁平。

生境分布 │ 生于山谷、针叶林缘、沟边的灌丛或草丛中。分布于阿尔泰山、天山、塔尔巴哈台山等地。

养蜂价值 │ 花期5—6月，数量多，分布广，有蜜有粉，蜜蜂爱采，对蜂群繁殖十分有利。花粉黄褐色，花粉粒椭球形。

其他用途 │ 根入药。

● 林当归 *Angelica sylvestris* L.

科　　属 │ 伞形科当归属

形态特征 │ 多年生草本，高80～160厘米。茎直立、中空。叶互生，为三出式二至三回羽状全裂，小叶片卵状椭圆形或宽披针形，叶缘具齿，深裂，先端渐尖，背棱常为线形；叶柄长，叶柄基部呈鞘状抱茎。复伞形花序顶生，直径10～20厘米，伞辐15～30个，被短柔毛；小伞形花序直径1～2.5厘米，花多数；小总苞片多数，线形，绿色，与花柄近等长；萼齿不明显，花瓣白色，卵形至倒卵形，长约1.5毫米。双悬果椭球形至卵形。

生境分布 │ 生于林缘、河谷及山地草甸。阿尔泰山、天山等山区均有分布，哈巴河、布尔津等地较为集中。

养蜂价值 ｜ 花期6—7月，数量较多，分布广，蜜粉丰富，诱蜂力强，蜜蜂爱采，对繁殖蜂群，培育强群，采蜜有一定的作用。

其他用途 ｜ 根药用。

● 金黄柴胡　*Bupleurum aureum* Fisch.

别　　名 ｜ 穿叶柴胡

科　　属 ｜ 伞形科柴胡属

形态特征 ｜ 多年生草本，高50～120厘米。茎1～3个，中空，光亮。基生叶及茎下部叶宽卵形或长倒卵形，长4～8厘米，宽3～6厘米，顶端圆钝，基部抱茎，中部以下收缩成叶柄；叶柄长6～8.5厘米；中部叶有短柄，大头琴状，长12～20厘米，宽3～5.5厘米，基部呈耳状抱茎，具9～13平行脉。复伞形花序直径3～10厘米；总梗长2.5～4.5厘米；总苞片3～5枚，卵形、三角形至近圆形，长6～28毫米；伞幅6～10个，不等长；小总苞片5枚，金黄色，卵形、倒卵形至倒披针形；花梗5～15枚；花黄色。双悬果矩球形至椭球形，长4~6毫米，宽2.5~3毫米。

生境分布 | 生于山地灌丛或森林草原。分布于天山、阿勒泰山。

养蜂价值 | 花期6—7月，数量较多，分布广，有蜜有粉，对繁殖蜂群，培育强群，采蜜有一定的作用。

其他用途 | 根入药。

● 多伞阿魏 *Ferula ferulaeoides* (Steud.) Korov.

科　属 | 伞形科阿魏属

形态特征 | 多年生草本，高40~80厘米。根纺锤形，粗大，根茎通常不分叉。茎粗壮，通常单一，稀2~4个，被疏柔毛，从近基部向上分枝成圆锥状。枝多为轮生，少有互生。基生叶有柄，叶片轮廓为广卵形，三出式四回羽状全裂，末回裂片卵形，长10毫米，再深裂为全缘或具齿的小裂片；叶淡绿色，密被短柔毛，早枯萎；茎生叶向上简化，变小，至上部仅有叶鞘，叶鞘卵状披针形，草质。复伞形花序生于茎枝顶端，直径约2厘米，无总苞片；伞辐通常4个，近等长；侧生枝上的花序为单伞形花序，3~8轮生，因多处轮生，形如串珠，小伞形花序有10花，小总苞片鳞片状，脱落，弯齿小；花瓣黄色，卵形，顶端向内弯曲；花柱基扁圆锥形，边缘增宽，花后期向上直立，花柱延长，柱头增粗为头状。分生果椭圆形，背腹扁压。

生境分布 | 生长于沙丘、沙地和砾石质山坡和荒漠草甸中。分布于准噶尔盆地边缘，阿勒泰、富蕴、青河、木垒、奇台、乌鲁木齐、昌吉、玛纳斯、塔城和额敏等地较多。

养蜂价值 | 花期5月上旬至6月上旬。数量多，分布广，花期较长，蜜粉丰富，诱蜂力强，蜜蜂喜采，有利于蜂群春季繁殖。花粉黄色，花粉粒圆球形。

其他用途 | 根入药。

● 准噶尔阿魏 *Ferula songarica* Pall. ex Spreng

科　属 | 伞形科阿魏属

形态特征 | 多年生草本，高0.4~1.5米。根圆柱形；根茎上残存有死叶鞘纤维。茎通常1，少有

2～3个，圆锥状分枝，下部的互生，上部的轮生，植株成熟时常带紫红色。叶绿色，无毛，早枯萎；根生叶有长柄，叶片三出式多回羽状全裂，裂片披针状线形，全缘或3深裂，长达3厘米，宽约1.5毫米；茎生叶披针形，具革质的鞘。复伞形花序中间的花序有10～20伞幅，侧生的2～4个着生在一处；小伞形花序有10～20朵花，小总苞片披针形，不脱落；花萼有短齿，花瓣长圆状卵形，长1毫米，黄色，花柱基扁平圆锥状。果实椭球形，有窄边，长约10毫米。

　　生境分布　｜　生长在砾石质山坡、草坡和山地灌丛中。我国仅新疆产，分布于塔城、阿勒泰等地区。

　　养蜂价值　｜　准噶尔阿魏花期6—7月。分布较广，泌蜜多，花粉丰富，诱蜂力强，气温达到20℃以上时，泌蜜很涌，对蜂群繁殖及修脾有利，有时可取到蜜。花粉黄色，花粉粒椭球形。

　　其他用途　｜　收茎中乳液树脂或根入药。

　　本属还有新疆阿魏（*F. sinkiangensis* K. M. Shen）产于伊犁地区；全裂叶阿魏 [*F. dissecta* (Ledeb.) Ledeb.] 产于阿勒泰、塔城地区；山地阿魏（*F. akitschkensis* B. Fedtsch. ex K.-Pol.）产于博乐、塔城、阿勒泰地区；麝香阿魏 [*F. sumbul* (Kauffm.) Hook. f.] 产于伊犁地区；阜康阿魏（*F. fukanensis* K. M. Shen）产于天山北坡的阜康、乌鲁木齐等地，均为蜜粉源植物。

● 野胡萝卜 *Daucus carota* L.

　　别　　名　｜　蛇床、蛇床子、野茴香

　　科　　属　｜　伞形科胡萝卜属

形态特征 ｜ 二年生草本，高20～120厘米。茎直立，全体有粗硬毛。根肉质细长，小圆锥形，近白色。根生叶有长柄，基部鞘状；叶片二至三回羽状分裂，末回裂片线形或披针形；茎生叶的叶柄较短。复伞形花序顶生或侧生；总花梗长10～60厘米；总苞片5～8枚，叶状，羽状分裂，裂片线形，边缘膜质，有细柔毛；伞幅多数；小总苞片5～7枚，条形，不裂或羽状分裂；花梗多数；花小，白色、黄色或淡紫红色，总伞形花序中心的花通常有1朵为深紫红色；花萼5枚，窄三角形；花瓣5枚，大小不等，先端凹陷，成一狭窄内折的小舌片；子房下位，密生细柔毛，结果时花序外缘的伞幅向内弯折。双悬果矩圆形，果棱具翅，翅上有白色刺毛。

生境分布 ｜ 生于山地草原及灌丛中。分布于天山、准噶尔西部山地的奇台、乌鲁木齐、新源、巩留、特克斯、昭苏、伊宁、博乐和塔城等地。

养蜂价值 ｜ 花期6月下旬至8月上旬。数量多，分布广，花期长，蜜粉丰富，诱蜂力强，蜜蜂喜采，有利于蜂群繁殖和生产商品蜜。蜜浅琥珀色，清香。花粉黄褐色，花粉粒长球形。

其他用途 ｜ 可药用；可作牧草。

● **峨参** *Anthriscus sylvestris* (L.) Hoffm. Gen.

别　　名 ｜ 土田七、金山田七、蓼卜七

科　　属 ｜ 伞形科峨参属

形态特征 ｜ 二年生或多年生草本，高达1.5米。直根粗大；茎粗壮。基生叶有长柄，柄长5～20厘米，基部有阔鞘；叶卵形，二回羽状分裂，长10～30厘米，一回羽片有长柄，卵形至宽卵形，有二回羽片3～4对，二回羽片有短柄，轮廓卵状披针形，羽状全裂或深裂，末回裂片卵形或椭圆状卵形，羽状全裂或深裂，有粗锯齿，长1～3厘米，宽0.5～1.5厘米，茎上部叶2.5～8厘米，背面疏生柔毛。复伞形花序；无总苞；小总苞片5～8枚，宽披针形至椭圆形，先端尖锐，反折，有绿毛；花白色，通常带绿色或黄色；花柱较花柱基长2倍。双悬果长圆形至线状长圆形，顶端成喙。

生境分布 ｜ 阿尔泰山及天山各地均有分布，喜生于中山带河丛、林间空地、林缘。

养蜂价值 ｜ 花期6—7月。分布广，花期较长，泌蜜丰富，对蜂群繁殖及采蜜均有利。花粉黄褐色，花粉粒近球形。

其他用途 ｜ 可作牧草；根入药。

● 防风　*Saposhnikovia divaricata*（Turcz.）Schischk.

科　　属｜伞形科防风属

形态特征｜多年生草本，高20～80厘米，全体无毛。根粗壮，茎基密生褐色纤维状的叶柄残基。茎单生，基生叶三角状卵形，全缘；顶生叶简化，具扩展叶鞘。复伞形花序，顶生，白色，倒卵形。双悬果卵形，幼嫩时具疣状突，熟时裂开成二分果，悬挂在果柄的顶端，分果有棱。

生境分布｜分布于北疆山区，吐鲁番也有分布。生于山坡草地、田边、河旁、路旁。

养蜂价值｜花期5—6月。数量多，蜜粉均有，对蜂群繁殖有一定作用。蜜琥珀色，有强烈的芫荽香味。花粉长球状，灰白色。

其他用途｜全草入药。

● 簇花芹　*Soranthus meyeri* Ldb.

别　　名｜草参

科　　属｜伞形科簇花芹属

形态特征｜多年生草本。根圆柱形，细长。茎单一，直立，高50～100厘米。茎生叶和茎下部叶有短柄，柄的基部扩展成鞘，叶鞘披针形，贴茎；叶片轮廓为广卵形，多回羽状全裂，末回裂片线形，全缘，稀3裂，顶端渐尖，长1.5～5厘米，宽1.5～3毫米；茎生叶向上简化，基部抱茎。复伞形花序生于茎枝顶端，直径5～15厘米，有时呈球形，伞辐5～20个；无总苞片；小伞形花序多花，近无花柄，密集成头状；小总苞片卵形或卵状披针形，外面被毛，边缘具纤毛，宿存；花杂性，花序中间的为雄花，边缘的为雌花，二者中间的为两性花；萼齿短，锐尖；花瓣淡绿色，广卵形，外面被短柔毛；子房和嫩果

被稀疏的硬毛；花柱基扁圆锥形，边缘浅裂或呈波状，花柱外弯。分生果椭球形，背腹扁压。

生境分布 | 生于沙丘、固定沙地和河滩地。产于天山以北的沙漠地区，木垒、奇台、阜康、玛纳斯、沙湾等地较多。我国仅产于新疆。

养蜂价值 | 花期4月中旬至5月上旬。有粉有蜜，蜜蜂喜采，有利于春季蜜蜂繁殖。花粉黄色，花粉粒圆球形。

其他用途 | 根具甜味，可食。

● 宽叶羊角芹 *Aegopodium latifolium* Turcz.

科　属 | 伞形科羊角芹属

形态特征 | 多年生草本，高40~90厘米。茎直立，有条纹，近光滑，上部有少数分枝。基生叶叶柄长5~20厘米，基部有宽阔叶鞘；叶片轮廓呈阔卵状三角形或近圆形，长8~10厘米，宽与长相等或宽大于长，通常三出式二回羽状分裂，一回羽片有3~5裂片；裂片阔卵形或近倒卵状长圆形，长4~8厘米，宽3~7厘米，基部楔形，边缘具粗锯齿，齿端有小尖头，两面无毛，背面淡绿色；茎生叶少数，三出式二回羽状分裂或3裂，裂片边缘有缺刻状锯齿。复伞形花序顶生或侧生，顶生伞形花序有伞辐11~15个，开花时伞辐长2~3.5厘米，上部微粗糙；侧生伞形花序较小，无总苞片和小总苞片；萼齿不明显；花瓣白色，长约2毫米，顶端内凹，有内折的小舌片，脉紫红色，数条；花柱基圆锥形，花柱向外反折。果实长球形。

生境分布 | 多生于海拔约1 000米的山麓混交林下、草丛湿润处。天山北麓、阿尔泰山均有分布。奇台、阜康、乌鲁木齐、玛纳斯、尼勒克、新源、巩留、昭苏、阿勒泰和布尔津等地较多。

养蜂价值 | 花期6—7月。数量多，分布广，蜜粉丰富，蜜蜂喜采，有利于蜂群繁殖和采蜜。花粉黄褐色，花粉粒圆球形。

其他用途 | 嫩叶可作野菜；茎叶入药。

● 塔什克羊角芹 *Aegopodium tadshikorum* Schischk.

科　属 | 伞形科羊角芹属

形态特征 | 多年生草本，高70~100厘米。茎直立，有沟纹，近无毛，上部稍有分枝。基生叶柄长10~20厘米，下部有阔膜质的叶鞘；叶片轮廓阔三角形，长10~15厘米，近三出式二回羽状分裂，一回羽片的柄长3~6厘米，二回羽片的柄极短，裂片近卵形，长3~11厘米，宽2~6厘米，不分

裂或2～3裂，边缘有锐锯齿或重锯齿，两面稍粗糙；茎生叶向上依次渐小，最上部的茎生叶3裂，裂片卵形或卵状披针形，边缘锯齿尖锐。顶生伞形花序有伞辐13～20个，不等长，上部粗糙；无总苞片和小总苞片；萼齿不明显；花瓣白色，长约2毫米；花柱基圆锥形，花柱长于花柱基，向外反折。果实近卵形，长4～6毫米，宽3毫米。

生境分布 │ 生于海拔1 100米的山坡草丛或林下。分布于天山西部的伊犁山区，新源、巩留、特克斯和昭苏等地较集中。

养蜂价值 │ 花期6月初至7月初。数量多，花期长，蜜粉丰富，诱蜂力强，蜜蜂喜采，有利于蜂群繁殖和采蜜。花粉黄褐色，花粉粒圆球形。

其他用途 │ 全草入药；可作牧草。

● **扁叶刺芹** *Eryngium planum* L.

别　　名 │ 欧亚刺芹

科　　属 │ 伞形科刺芹属

形态特征 │ 多年生直立草本，高30～70厘米。茎灰白色至深紫色，单生，坚硬，光滑，上部三歧式一至四回叉状分枝。基生叶长椭圆状卵形，长5～8.5厘米，宽2.5～5厘米，边缘有粗锯齿，齿端刺尖，基部心形至深心形，表面绿色，背面淡绿色，无毛，叶脉7～9条，掌状；叶柄长6～11.5厘米；茎下部叶有短柄，与基生叶同形或有分裂，茎上部叶无柄，浅裂至3～5深裂，裂片披针形。头状花序着生于每一分枝的顶端，圆卵形、阔卵形或半球形；总苞片5～6枚，线形或披针形，中间有1条明显的脉，边缘疏生1～2刺毛，顶端尖锐；花浅蓝色；萼齿卵形，花瓣与萼片互生，膜质透明；雄蕊长约1毫米，花丝上部近1/3处扭曲。果实长椭球形、卵形或近球形。

生境分布 │ 多生长在杂草地带、田间、路旁、荒地及山坡地。北疆山区均有分布，阿勒泰、哈巴河、塔城、裕民、特克斯和巩留等地较多。

养蜂价值 │ 花期6下旬至7月下旬。数量多，分布广，花期长，蜜粉丰富，有利于蜂群繁殖。

其他用途 │ 全草入药。

本属大萼刺芹（*E. macrocalyx* Schrenk）分布于伊犁州直各地低山草原带和准噶尔及喀什地区。亦为蜜粉源植物。

● 泡泡刺 *Nitraria sphaerocarpa* Maxim.

别　　名 │ 球果白刺、膜果白刺、泡果白刺
科　　属 │ 蒺藜科白刺属
形态特征 │ 落叶、矮生具刺灌木。枝平卧，长25～50厘米，弯，不孕枝先端刺针状，嫩枝白色。叶近无柄，2～3枚簇生，条形或倒披针状条形，全缘，长5～25毫米，宽2～4毫米，先端稍锐尖或钝。花序长2～4厘米，被短柔毛，黄灰色；花梗长1～5毫米；萼片5裂，绿色，被柔毛；花瓣5枚，白色，长约2毫米。果未熟时披针形，先端渐尖，密被黄褐色柔毛，成熟时外果皮干膜质，膨胀成球形，果径约1厘米；果核狭纺锤形，先端渐尖，表面具蜂窝状小孔。

生境分布 │ 喜碱地，耐干旱，生于干旱的山间低地、干河谷以及戈壁平原上。是一种典型的暖温型荒漠植物。分布于新疆各地，以南疆塔里木盆地边缘、北疆准噶尔盆地周边居多。

养蜂价值 │ 花期5～6月。数量多，分布广，花期长，蜜粉丰富，诱蜂力强，蜜蜂喜采，有利于蜂群繁殖和采蜜。花粉黄褐色，花粉粒圆球形。

其他用途 │ 泡泡刺是骆驼和山羊的灌木饲料；重要的防风固沙植物；果味酸甜可食；果核可榨油。

● 白刺 *Nitraria tangutorum* Bobr.

别　　名 │ 唐古特白刺、地枣、酸胖、白茨、沙漠樱桃

科　　属 | 蒺藜科白刺属

形态特征 | 丛生灌木，高1～2米。多分枝，弯、平卧或开展，不孕枝先端刺针状，嫩枝白色。叶在嫩枝上2～3枚簇生，宽倒披针形，长18～30毫米，宽6～8毫米，先端圆钝，基部渐窄成楔形，全缘，稀先端有2～3齿裂，肥厚肉质，灰绿色或深绿色。花序顶生，蝎尾状聚伞花序，排列较密集，萼片5裂，绿色，三角形；花瓣5枚，黄白色。果实近卵形，核果球形，有时椭球形，熟时深红色，果汁玫瑰色。

生境分布 | 喜碱地，耐干旱，常与芨芨草等混生；生于盆地边缘、沙地、盐渍化荒漠、风积沙丘边缘、河流沿岸沙地。新疆各地均有分布，以准噶尔盆地较为集中。

养蜂价值 | 花期5—6月。数量多，分布广，花期长，有蜜有粉，蜜蜂喜采，有利于蜂群繁殖和采蜜。花粉黄褐色，花粉粒长球形。

其他用途 | 白刺是沙漠和盐碱地区重要的耐盐固沙植物；也是骆驼和羊的牧草；果实酸甜可食，可作饮料，也可酿酒和制醋；果核还可榨油；白刺、大白刺及小果白刺果实入药。

本属还有大白刺（*N. roborowskii* Kom.），俗称大果泡泡刺，分布于准噶尔盆地边缘；小果白刺（*N. sibirica* Pall.），俗称白刺、西伯利亚白刺，准噶尔盆地边缘居多；帕米尔白刺（*N. pamirica* Vassil.），分布于阿克陶、乌恰、阿图什、阿合奇等地，亦为辅助蜜粉源植物。

● **驼蹄瓣** *Zygophyllum fabago* L.

别　　名 | 蹄瓣根、豆叶霸王、骆驼蹄草

科　　属 | 蒺藜科驼蹄瓣属

形态特征 | 多年生灌木状草本。成株茎上部多分枝，枝开展或铺散，高20～90厘米，光滑无毛。叶对生，小叶2枚，肉质，长圆状倒卵形或近半圆形，先端圆钝，全缘，扁平，呈"八"字形，骆驼蹄状，生于叶轴顶端。花生于叶腋，花梗较短；萼片4裂，倒卵形；花瓣4枚，白色雄蕊8枚，长于花瓣，花丝基部有橙红色的附属物。蒴果矩圆状纺锤形；种子长圆形，褐色，无光泽。

生境分布 | 新疆各地均有分布，吐鲁番等地区较为集中。生于干旱荒漠地区，荒地、田边、路边常见。

养蜂价值 | 花期5—6月。数量较多，蜜粉丰富，蜜蜂喜采，有利于蜂群繁殖。花粉红色，花粉粒圆球形。

其他用途 | 全草入药。

● 大翅驼蹄瓣 *Zygophyllum macropterum* C. A. Mey.

科　　属 | 蒺藜科驼蹄瓣属

形态特征 | 大翅霸王是多年生早春开花的草本植物。高10～30厘米，根木质，粗壮。茎开展或直立。叶对生，有小叶2枚或为羽状复叶，稀为单叶，肉质，长圆状卵形，先端圆钝，全缘。花单生或成对，顶生或隐于托叶间；花瓣倒卵形，长于萼片，橘红色，先端钝或凹入；萼4～5裂；花瓣4～5枚；花盘肉质；雄蕊8～10枚，其中5枚与花瓣近等长，5枚较短；花丝基部有一鳞片或翅状的附属体；子房5角，5室，每室有叠生的胚珠2至多粒。果有角或有翅5个，不开裂或开裂为5个果瓣；蒴果近球形或卵状球形。

生境分布 | 生于盐渍化沙地或砾石地上。奇台、吉木萨尔、阜康、乌鲁木齐、青河、福海、富蕴及伊犁等地有分布。

养蜂价值 | 花期5月。蜜粉丰富，蜜蜂喜采，对蜂群繁殖和修脾有很大作用。花粉玫瑰红色，花粉粒椭球形。

其他用途 | 可作牧草；种子入药。

本属还有大叶驼蹄瓣（*Z. macropodum* Boriss.）、驼蹄瓣［*Z. xanthoxylon*（Bge.）Maxim.］、粗茎驼蹄瓣（*Z. loczyi*），均分布于准噶尔盆地；翼果驼蹄瓣（*Z. pterocarpum* Bge.），分布于伊犁、塔城、阿勒泰、昌吉等地；石生驼蹄瓣（*Z. rosovii* Bge.），分布于北疆各地；新疆驼蹄瓣（*Z. sinkiangense* Y. X. Liou），分布于和静、和硕等地；戈壁驼蹄瓣（*Z. gobicum* Maxim.），分布于伊吾、巴里坤、木垒、奇台等地。这些植物均为辅助蜜粉源植物。

洛奇霸王　　石生霸王

● 骆驼蓬　*Peganum harmala* L.

别　　名 ｜ 苦苦菜、臭草、沙蓬豆豆、臭古都、老哇瓜

科　　属 ｜ 蒺藜科骆驼蓬属

形态特征 ｜ 骆驼蓬是多年生草本，高20～70厘米。全株有特殊臭味。根肥厚而长。多分枝，分枝铺地散生，下部平卧，上部斜生，茎枝圆形有棱，光滑无毛。叶互生，肉质，三至五回全裂，裂片条状披针形，长达3厘米；托叶条形。花单生，与叶柄对生；萼片5枚，披针形，有时先端分裂，长达2厘米；花瓣5枚，倒卵状长圆形，长1.5～2厘米；雄蕊15枚，花丝近基部宽展；子房3室，花柱3裂。

蒴果近球形，褐色；3瓣裂；种子三棱形，黑褐色。

生境分布 ｜ 生于干旱草地、盐碱化荒地、戈壁滩。新疆各地均有分布。

养蜂价值 ｜ 花期6—7月。数量较多，分布极广，花多粉多，蜜蜂爱采，有利于蜜蜂繁殖。花粉黄色，花粉粒近球形。

其他用途 ｜ 骆驼蓬全草入药。

● 蒺藜 *Tribulus terrester* L.

别　　名 ｜ 刺蒺藜、硬蒺藜

科　　属 ｜ 蒺藜科蒺藜属

形态特征 ｜ 一年生草本。茎基部分枝，平卧地面，全株被柔毛和长硬毛，枝长20～60厘米。偶数羽状复叶，长1.5～5厘米；小叶对生，3～8对，长椭圆形或矩圆形，长5～10毫米，宽2～5毫米，先端锐尖或钝，基部稍偏斜，被柔毛，全缘，有柄或近无柄。花单生于叶腋，花冠黄色，萼片5枚，宿存；花瓣5枚；雄蕊10枚，雌蕊1枚，生于花盘基部，基部有鳞片状腺体；子房上位，柱头5裂。果为分离果，成熟时为五角状，内有种子2粒。

生境分布 ｜ 生于沙地、荒地、山坡、田边、路旁及河边草丛。新疆各地均有分布，塔里木及准噶尔盆地边缘较为集中。

养蜂价值 ｜ 蒺藜花期6—8月。数量多，分布广，花期长。在雄蕊基部有鳞片状蜜腺，泌蜜丰富。花粉黄色，数量较多，蜜蜂爱采，有利于蜜蜂繁殖。

其他用途 ｜ 蒺藜种子油可供工业用；果实入药。

● 裸花蜀葵 *Althaea nudiflora* Lindl.

科　　属 ｜ 锦葵科蜀葵属

形态特征 ｜ 草本，高1.5～2米。茎直立，不分枝。单叶互生，多具掌状叶脉；托叶2枚，早落。花常整齐，单生；总苞位于萼之基部，苞片3～5枚，有时缺；萼杯状，5裂片，三角状披针形，被星状硬毛；花冠白色，基部淡黄绿色，直径5～8厘米，花瓣常以基部连合于雄蕊柱，覆瓦状排列；花瓣5枚，倒卵形，先端凹，基部狭，长约4厘米，爪具髯毛，雄蕊多数，雄蕊柱长10～15毫米，花丝细，合生，子房上位，2至多室；花柱与心皮同数或为其2倍，分离或基部合生。果实为蒴果，直径1.5厘米；种子肾形。

生境分布 | 生于山地草甸及丘陵地带。分布于天山北部、乌鲁木齐市以西山地。
养蜂价值 | 花期6—7月。数量较多，花期较长，有蜜有粉，有利于蜂群繁殖。
其他用途 | 茎皮纤维可代麻用；花和种子入药；可作观赏植物。

● **蜀葵** *Althaea rosea* (L.) Cavan.

别　　名 | 一丈红、熟季花、戎葵、卫足葵、胡葵、斗蓬花
科　　属 | 锦葵科蜀葵属
形态特征 | 二年生直立草本，高达2米，茎枝密被刺毛。叶近圆心形，直径6～16厘米，掌状5～7浅裂或具波状棱角，裂片三角形或圆形，上面疏被星状柔毛，下面被星状长硬毛或茸毛；叶柄长5～15厘米，被星状长硬毛；托叶卵形，先端具3尖。花腋生，单生或近簇生，排列成总状花序；小苞片杯状，常6～7裂；萼钟状，5齿裂；花大，直径6～10厘米，有红、紫、白、粉红、黄等色，单瓣或重瓣，花瓣倒卵状三角形，长约4厘米，先端凹缺，基部狭，爪被长髯毛；雄蕊柱无毛，长约2厘米，

花丝纤细，花药黄色；花柱分枝多数，微被细毛。果盘状，被短柔毛，分果爿近圆形，多数。

生境分布 | 蜀葵耐寒、喜阳、耐半阴、忌涝。广泛栽培于新疆各地庭园、路旁、花园。

养蜂价值 | 花期6—9月。数量较多，花期长，花朵多，蜜粉丰富，蜜蜂爱采，有利于蜂群繁殖和取蜜。花粉黄色，花粉粒长球形。

其他用途 | 可供园林观赏。根、花、子、叶分别入药；外用治痈肿疮疡、烧烫伤。

本属药蜀葵（*A. officinalis.* L.）生于山河岸边、低洼地。产于乌鲁木齐、吐鲁番、玛纳斯、塔城、阿勒泰及伊犁州直等地，亦为较好的蜜粉源植物。

● 欧亚花葵 *Lauatera thuringiaca* L.

科　　属 | 锦葵科花葵属

形态特征 | 多年生草本，高1米。叶互生，基生叶近圆形，顶生叶掌状3～5裂，长4～8厘米，宽5～9厘米，边缘有圆锯齿，两面被柔毛；叶柄长1～4厘米，有星状疏柔毛；托叶条形。总状花序生于茎端或丛生于叶腋间；小苞片3枚，宽卵形，长1厘米。基部合生成杯状，密生星状柔毛；萼钟形，5裂，裂片卵状披针形；花冠淡紫红色，直径约8厘米，花瓣5枚，倒卵形；雄蕊柱顶部分裂为无数花丝；心皮20～25枚，环绕中轴合生，中轴顶部伞状而突出心皮外。果盘状；种子肾形。

生境分布 | 常见于海拔540～2 200米的湿草地、路旁或阳坡。分布于天山北坡，阿尔泰山等地，尼勒克、新源、巩留、特克斯、阿勒泰和布尔津等地分布较多。

养蜂价值 | 花期7月初至8月初。数量多，分布广，花期长，花色鲜艳，蜜蜂喜采，有利于蜂群繁殖和取蜜。花粉淡黄色，花粉粒圆球形。

其他用途 | 可供观赏。

● 三月花葵 *Lavatera trimestris* L.

别　　名 | 裂叶花葵

科　　属 | 锦葵科花葵属

形态特征 | 一年生草本，高1～1.5米，少分枝，被短柔毛。叶肾形，上部的卵形，常3～5裂，长2～5厘米，宽2.5～7厘米，边缘具锯齿，上面被疏柔毛，下面被星状疏柔毛；叶柄长3～7厘米，被长

柔毛；托叶卵形，长4~5毫米，先端渐尖，被长柔毛。花紫色，单生于叶腋间；花梗长1.5~4厘米，被粗伏毛状疏柔毛；小苞片3枚，正三角形，具齿，长8毫米，宽14毫米，下半部合生，两面均被疏柔毛；萼杯状，5裂，裂片三角状卵形，略长于小苞片，密被星状柔毛；花冠直径约6厘米，花瓣5枚，倒卵圆形，长约3厘米，花后外弯，具柄，先端圆形，基部狭，秃净；雄蕊柱长约8毫米；雄蕊柱的顶部分裂为多数具花药的花丝，花柱基部膨大，盘状，直径约1厘米，心皮10~189枚，白色，具无色透明平展的条纹，部分条纹网状，环绕中轴合生，中轴顶部伞状而突出心皮外。果盘状，种子肾形，无毛。

　　生境分布 ｜ 喜排水良好的土壤，稍耐寒。新疆各地均有栽培。

　　养蜂价值 ｜ 花期7月初至8月底。花朵多，花期长，有蜜有粉，蜜蜂喜采，有利于蜂群繁殖。花粉黄色，花粉粒椭球形。

　　其他用途 ｜ 可作绿化、观赏植物。

　　本属新疆花葵（*L. cashemiriana* Cambess.），新疆各地有栽培，亦为辅助蜜粉源植物。

● 锦葵　*Malva cathayensis* M. G. Gilbert, Y. Tang & Dorr

　　别　　名 ｜ 荆葵、钱葵、小钱花、金钱紫花葵、淑气花、棋盘花

　　科　　属 ｜ 锦葵科锦葵属

　　形态特征 ｜ 二年生或多年生直立草本，高50~90厘米。分枝多，疏被粗毛。叶互生；叶柄长4~8厘米，近无毛，但上面槽内被长硬毛；托叶偏斜，卵形，具锯齿，先端渐尖；叶圆心形或肾形，具5~7圆齿状钝裂片，长5~12厘米，宽几乎相等，基部近心形至圆形，边缘具圆锯齿。花3~11朵簇生，花梗长1~2厘米，无毛或疏被粗毛；小苞片3枚，长圆形，先端圆形，疏被柔毛；萼杯状，长6~7毫米，萼片5裂，宽三角形，两面均被星状疏柔毛；花紫红色或白色，直径3.5~4厘米，花瓣5枚，匙形，先端微缺，爪具髯毛；雄蕊柱长8~10毫米，被刺毛，花丝无毛；花柱分枝9~11枚，被微细毛。果扁圆形，被柔毛。种子黑褐色，肾形。

　　生境分布 ｜ 常生于平原旷野、村落附近和路旁、渠旁、田间，呈半野生状态，耐寒，喜冷凉，不择土壤。分布于新疆各地。

　　养蜂价值 ｜ 花期7—9月。数量多，分布广，花期长，花色鲜艳，诱蜂力强，有利于蜂群繁殖和取蜜。花粉淡黄色，花粉粒椭圆形。

其他用途 │ 锦葵用于花坛、花境，或作为背景材料；可作香茶。

● **芙蓉葵** *Hibiscus moscheutos* L.

别　　名 │ 草芙蓉、大花秋葵

科　　属 │ 锦葵科木槿属

形态特征 │ 芙蓉葵为宿根草本，株高为50～100厘米。单叶互生，叶片尖卵圆形，叶缘具钝锯齿；叶柄较长，叶面光滑；新叶有光泽，老叶叶面较粗糙；叶背无茸毛，无光泽，叶脉粗而明显。花序为总状花序，单生于叶腋，花大，花径可达20厘米，有深紫红色、桃红色、粉红色、浅粉色、白色等，花丝细长，基部连合成雄蕊柱，并与花瓣基部合生。有白色、粉色、红色、紫色等颜色。入冬地上部分枯萎，翌年萌发新枝，当年开花。一年生芙蓉葵，除主茎外，多靠各侧枝开花，花由下而上不断开放。一个花序开完之后，下面侧芽不断萌发，顶端形成花序后，仍可开花，直到10月下旬早霜之后，花期即终止。蒴果；种子圆形，棕褐色。

生境分布 │ 芙蓉葵适应性较强，耐寒、耐旱。乌鲁木齐、昌吉、喀什、阿克苏等地有栽培。

养蜂价值 | 花期7—9月，一个花序可连续开花20～25天，生长旺的可开到30天以上。花期长，花朵多，花色鲜艳，有蜜有粉，也是很好的辅助蜜粉源植物。

其他用途 | 可供园林观赏；芙蓉葵果荚可食，为高档营养蔬菜；种子可榨油。

● 木槿 *Hibiscus syriacus* L.

别　　名 | 木棉、荆条

科　　属 | 锦葵科木槿属

形态特征 | 落叶灌木，高3～4米。小枝密被黄色星状茸毛。叶菱形至三角状卵形，长3～10厘米，宽2～4厘米，具深浅不同的3裂或不裂，先端钝，基部楔形，边缘具不整齐齿缺，下面沿叶脉微被毛或近无毛；叶柄长5～25毫米，上面被星状柔毛；托叶线形，长约6毫米，疏被柔毛。花单生于枝端叶腋间，花梗长4～14毫米，被星状短茸毛；小苞片6～8枚，线形，长6～15毫米，密被星状疏茸毛；花萼钟形，密被星状短茸毛，5裂片，三角形；花钟形，淡紫色，直径5～6厘米，花瓣倒卵形，长3.5～4.5厘米，外面疏被纤毛和星状长柔毛；雄蕊柱长约3厘米；花柱无毛。蒴果卵圆形，直径约12毫米，密被黄色星状茸毛；种子肾形。

生境分布 | 喜光而稍耐阴，喜温暖、湿润气候，较耐寒。阿克苏、喀什、莎车、英吉沙、岳普湖、疏附和疏勒等地有栽培。

养蜂价值 | 花期7月底至9月初。花期长，花朵多，蜜粉丰富，蜜蜂喜采，有利于蜂群繁殖。

其他用途 | 花、果、根、叶和皮均可入药。夏、秋季的重要观花灌木，花的营养价值极高，含有蛋白质、脂肪、粗纤维，以及还原糖、维生素C、氨基酸、铁、钙、锌等，并含有黄酮类活性化合物。

● 野西瓜苗 *Hibiscus trionum* L.

科　　属 | 锦葵科木槿属

形态特征 | 一年生草本，全体被有疏密不等的细软毛。茎稍柔软，直立或稍卧立。基部叶近圆形，边缘具齿裂，中间裂齿较大，中间和下部的叶为掌状，3～5深裂，中间裂片较大，裂片倒卵状长圆形，先端钝，边缘具羽状缺刻或大锯齿。花单生于叶腋；小苞片多数，线形，具缘毛；花萼5裂，膜质，上具绿色纵脉；花瓣5枚，淡黄色，紫心；雄蕊多数，花丝相结合成筒状，包裹花柱；子房5室，花柱顶端5裂，柱头头状。蒴果圆球形，有长毛。种子成熟后黑褐色，粗糙而无毛。

生境分布 ｜ 常生于田埂、路旁、瓜菜地、沟渠边，常见的田间杂草。新疆各地广泛分布。
养蜂价值 ｜ 花期7—8月。数量多，分布广，蜜粉丰富，有利于蜂群繁殖和修脾。
其他用途 ｜ 全草入药。

● **苘麻** *Abutilon theophrasti* Medicus

别　　名 ｜ 椿麻、青麻、车轮草
科　　属 ｜ 锦葵科苘麻属
形态特征 ｜ 一年生亚灌木状草本，高达1～1.5米，茎枝被柔毛。叶互生，圆心形，长5～10厘米，先端长渐尖，基部心形，边缘具细圆锯齿，两面均密被星状柔毛；叶柄长3～12厘米；托叶早落。花单生于叶腋，花梗长1～13厘米，被柔毛，近顶端具节；花萼杯状，密被短茸毛，5裂片，卵形；花黄色，花瓣倒卵形，长约1厘米；雄蕊柱平滑无毛，心皮15～20枚，长1～1.5厘米，顶端平截，具扩展、被毛的长芒2枚，排列成轮状，密被软毛。蒴果半球形，直径约2厘米，长约1.2厘米；种子肾形，褐色，被星状柔毛。
生境分布 ｜ 生于路旁、荒地和田野间。新疆各地均有分布，乌鲁木齐、奇台、玛纳斯及伊犁等地较多。
养蜂价值 ｜ 花期7—8月。分布较广，花期较长，蜜粉较多，有利于蜂群繁殖。

其他用途 ｜ 全草入药；茎皮纤维色白，具光泽，可编织麻袋、搓绳索、编麻鞋等；种子含油量15%～16%，供制皂、油漆和工业用润滑油；茎、叶可提苎麻浸膏，具有止血效果。

● 辣椒 *Capsicum annuum* L.

别　　名 ｜ 牛角椒、辣子、红海椒

科　　属 ｜ 茄科辣椒属

形态特征 ｜ 辣椒为灌木或草本，高30～50厘米。单叶互生，叶卵形或卵状披针形，先端渐尖，基部楔形，全缘。花单生于叶腋，花梗下垂；花萼杯状，5～7浅裂；花冠白色，花瓣4～6片，卵形；花药灰紫色。雄蕊5枚。果下垂，果皮与胎座间有空隙，顶端弯曲渐尖，熟时红色；种子近圆形，扁平，黄白色。

生境分布 ｜ 辣椒主要栽培于田园中，新疆各地广泛栽培，以博湖、焉耆、温宿、沙湾等地最多。

养蜂价值 ｜ 辣椒花期5—8月。泌蜜中等，为一般辅助蜜粉源植物。

其他用途 ｜ 辣椒果作蔬菜生食或熟食，果实干后可制辣椒粉，可作调味品。

● 黑果枸杞 *Lycium ruthenicum* Murr.

别　　名 │ 苏枸杞、黑枸杞

科　　属 │ 茄科枸杞属

形态特征 │ 多棘刺灌木，高40～160厘米，多分枝。分枝斜升，灰白色，坚硬，常呈"之"字形曲折，有不规则的纵条纹，小枝顶端渐尖成棘刺状，节间短缩，每节有长0.3～1.5厘米的短棘刺；短枝位于棘刺两侧。叶2～6枚簇生于短枝上，在幼枝上则单叶互生，肥厚肉质，近无柄，条状披针形，顶端钝圆，基部渐狭，中脉不明显。花1～2朵生于短枝上；花萼狭钟状，不规则2～4浅裂，裂片膜质，边缘有稀疏缘毛；花冠漏斗状，浅紫色，长约1.2厘米，筒部向檐部稍扩大，5浅裂，裂片矩圆状卵形，长约为筒部的1/2，雄蕊稍伸出花冠，着生于花冠筒中部，花柱与雄蕊近等长。浆果紫黑色，球状；种子肾形，褐色。

生境分布 │ 黑果枸杞生于高山沙林、盐化沙地、干河床、荒漠河岸林中。新疆各地均有分布。

养蜂价值 │ 花期5月中旬至8月下旬。数量较多，花期长，蜜粉丰富，蜜蜂爱采集，有利于蜂群的繁殖和采蜜，是较好的辅助蜜粉源植物。花粉黄褐色，花粉粒椭球形。

其他用途 │ 特有的沙漠药用植物。

● **番茄** *Lycopersicon esculentum* Mill.

别　　名 │ 西红柿、柿子、洋柿子

科　　属 │ 茄科番茄属

形态特征 │ 为一年生或二年生草本。高50～200厘米。全株被黏质腺毛，全体生有强烈气味。茎易倒伏；叶为一至二回羽状复叶，互生，长10～40厘米；小叶片大小不等，常5～9枚，卵形或矩圆形，长5～7厘米，顶端渐尖或钝，基部两侧不对称，边缘有波状缺刻。花黄色，生于聚伞花序上，花序总梗长2～5厘米，3～7朵花；花梗长1～1.5厘米；花冠辐射，5～7浅裂，裂片披针形，果时宿存；雄蕊5～7枚，花药合生成圆锥状。浆果近球形，熟时红色或黄色；种子卵形，黄色，有毛。

生境分布 │ 适应性强，各种气候、土壤均能种植。新疆各地广泛栽培。

养蜂价值 │ 花期5～8月。分布广，花粉较多，对蜜蜂繁蜂有好处，但未见蜜蜂采集番茄蜜。花粉黄褐色，花粉粒圆球形。

其他用途 │ 果为水果，或作蔬菜，生食或熟食。

● 光白英　*Solanum kitagawae*

科　　属 | 茄科茄属

形态特征 | 攀缘亚灌木，基部木质化，少分枝，高70～150厘米。叶互生，薄膜质，卵形至广卵形，长达9厘米，宽达6厘米，先端渐尖。聚伞花序腋外生，多花，总花梗长达3厘米，花柄长0.6～1厘米；花冠紫色，直径1.5～2厘米，花冠筒隐于萼内，长约1毫米，冠檐长约10毫米，先端5深裂，裂片披针形，长约7毫米；雄蕊5枚，着生于花冠筒喉部，花丝长约1毫米，分离，花药连合成筒状，长约4.5毫米，顶孔向上。浆果熟时红色，直径约0.8厘米；种子卵形，长约3毫米。

生境分布 | 光白英喜生于海拔900～1 000米的山地草甸、河谷。分布于天山北坡的木垒、奇台、吉木萨尔、阜康、乌鲁木齐、昌吉、玛纳斯、乌苏、尼勒克、新源、巩留、特克斯、阿勒泰、布尔津、哈巴河等地。

养蜂价值 | 光白英花期7月。分布广，花期长，有蜜有粉，也是辅助蜜粉源植物。花粉黄色，花粉粒椭球形。

其他用途 | 果实入药。

● 肉苁蓉　*Cistanche deserticola* Ma

别　　名 | 盐生肉苁蓉、大芸、寸芸、苁蓉、疆芸

科　　属 | 列当科肉苁蓉属

形态特征 | 肉苁蓉为多年生寄生草本，高15～60厘米。茎肉质肥厚，圆柱形，黄色。叶呈鳞片状，黄褐色，复瓦状排列于茎上。穗状花序顶生，长15～50厘米，直径4～7厘米；花序下半部或全部苞片较长，与花冠等长或稍长；小苞片2枚；花萼钟状，长1～1.5厘米，顶端5浅裂，裂片近圆形；花冠筒状钟形，蓝紫色，管部白色；雄蕊4枚，花药长卵形，密被长柔毛，基部有骤尖头。蒴果椭球形；种子多数。

生境分布 | 肉苁蓉多寄生于红柳和白刺的根上。分布于塔里木盆地和准噶尔盆地。和田、墨玉、策勒、鄯善、木垒、奇台、吉木萨尔、阜康、沙湾及石河子等地较多。

养蜂价值 | 肉苁蓉花期5—6月。分布较广，花朵多，花色艳，蜜粉丰富，诱蜂力强，蜜蜂爱采。有利于蜂群繁殖和修脾。花粉褐色，花粉粒近球形。

其他用途 | 根入药。

● 美丽列当 *Orobanche amoena* C. A. Mey.

科　　属 ｜ 列当科列当属

形态特征 ｜ 二年生或多年生草本，株高15～30厘米。茎直立，近无毛或疏被极短的腺毛，基部稍增粗。叶卵状披针形，长1～1.5厘米，宽约0.5厘米，连同苞片、花萼及花冠外面疏被短腺毛，内面无毛。花序穗状，短圆柱形，长6～12厘米，宽3.5～5厘米；苞片与叶同形，长1～1.2厘米，宽3.5～4.5毫米。花萼长1～1.4厘米，常在后面裂达基部，在前面裂至距基部2～2.5毫米处，裂片顶端再2裂，小裂片披针形，稍不等长，先端长渐尖或尾状渐尖；花冠近直立或斜生，长2.5～3.5厘米，在花丝着生处变狭，向上稍缢缩，然后渐漏斗状扩大，裂片常为蓝紫色，筒部淡黄白色，上唇2裂，裂片半圆形或近圆形，下唇长于上唇，3裂，裂片近圆形，全部裂片边缘具不规则的小圆齿；花丝近白色，长1.4～1.6厘米，上部被短腺毛，基部稍膨大，密被白色长柔毛，花药卵形，顶端及缝线密被绵毛状长柔毛；子房椭圆形，花柱中部以下近无毛，上部疏被短腺毛，柱头2裂，裂片近圆形。果实椭圆状长球形。种子长球形，网眼底部具蜂巢状凹点。

　　生境分布 │ 生于海拔700～2 000米的荒漠或沙质山坡上；常寄生于蒿属（*Artemisia* L.）植物根上。

　　养蜂价值 │ 花期5—6月。花期较长，花色较艳，诱蜂力强，蜜蜂喜采，有利于蜂群繁殖。花粉黄褐色，花粉粒椭球形。

　　其他用途 │ 根及全草药用。

● 黄瓜　*Cucumis sativus* L.

　　别　　名 │ 胡瓜、青瓜、刺瓜

　　科　　属 │ 葫芦科黄瓜属

　　形态特征 │ 为一年生蔓生或攀缘草本。茎、枝伸长，有棱沟，被白色的糙硬毛。卷须细，不分枝，具白色柔毛。叶柄稍粗糙，有糙硬毛，长10～16厘米；叶片宽卵状心形，膜质，长、宽均7～20厘米，两面粗糙，被糙硬毛，3～5个角或浅裂，裂片三角形，有齿，有时边缘有缘毛，先端急尖或渐尖，基部弯缺半圆形，宽2～3厘米，深2～2.5厘米，有时基部向后靠合。雌、雄同株，雄花常数朵簇生，雌花单生；花萼钟形，5裂；花冠钟形，黄色。果实圆柱形，具刺尖或瘤状突起；种子扁平，白色。

　　生境分布 │ 喜温，新疆各地均有栽培，常在冬季于温室大棚内栽培，为反季节蔬菜。

　　养蜂价值 │ 花期6—8月，花期早且长。数量较多，花粉丰富，泌蜜较多，对蜜蜂繁殖，以及养蜂生产具有重要价值。

　　其他用途 │ 适作鲜果，凉拌、炒、煎、酱渍、盐渍等，为人们所喜食。

● 甜瓜　*Cucumis melo* L.

　　别　　名 │ 香瓜、甘瓜、哈密瓜

　　科　　属 │ 葫芦科黄瓜属

　　形态特征 │ 为一年生蔓生草本。茎被短刚毛，卷须不分叉。叶柄有短刚毛；叶片厚纸质，近圆形或肾形，长、宽均8～15厘米，3～7浅裂，两面有柔毛，下面脉上有短刚毛，边缘有锯齿。雌雄同

株；雄花常数朵簇生，雌花单生；花萼裂片钻形，直立或开展；花冠黄色，裂片卵状矩圆形，急尖，长约2厘米；雄蕊3枚，药室S形折曲；子房长椭球形，花柱极短，长1～2毫米，柱头3枚，靠合。果实球形或长椭球形不等，果皮平滑，有纵沟纹或斑纹，无刺状突起，果肉白色、黄色或绿色，有香甜味；种子长椭圆形，黄白色。

　　生境分布　｜　喜土质疏松、肥沃壤土。新疆各地普遍栽培。

　　养蜂价值　｜　花期6—8月。蜜粉丰富，除满足蜂群需用外，常能取少量蜜。甜瓜蜜琥珀色，浓度高，品质优良，有浓郁的哈密瓜香气。花粉黄色，花粉粒椭球形。

　　其他用途　｜　可作夏季水果；瓜蒂和种子入药。

● 菜瓜　*Cucumis melo* subsp. *agrestis* (Naudin) Pangalo

　　别　　名　｜　白瓜、梢瓜
　　科　　属　｜　葫芦科黄瓜属

　　形态特征　｜　为一年生攀缘或葡匐状草本。茎有棱角，被有多数刺毛。叶互生，叶片为卵圆形或肾形，浅裂，中间的裂片大而圆，宽与长略相等；叶柄有刺毛；卷须不分叉。雌雄同株；花黄色，果长柱状，有纵长线条，淡绿色，果肉白色，无香味。种子多数，长卵形，灰白色，边缘薄。

　　生境分布　｜　适应性强，新疆各地均有栽培。

　　养蜂价值　｜　花期7—9月。分布普遍，数量较多，蜜粉丰富，为蜂群越夏的良好蜜粉源植物之一。

　　其他用途　｜　果实可作蔬菜。

● 冬瓜 *Benincasa hispida* （Thunb.） Cogn.

别　　名 ｜ 白瓜

科　　属 ｜ 葫芦科白瓜属

形态特征 ｜ 一年生蔓生草本。卷须常分2～3叉。叶片肾状近圆形，宽15～30厘米，5～7浅裂或有时中裂，裂片宽三角形或卵形，先端急尖，边缘有小齿。雌雄同株，花单生；雄花梗长5～15厘米，密被黄褐色短刚毛和长柔毛，常在花梗的基部具一苞片；苞片卵形或宽长圆形，有短柔毛；花萼筒宽钟形，密生刚毛状长柔毛，裂片披针形，有锯齿，反折；花冠黄色，辐射状，裂片宽倒卵形，长3～6厘米，宽2.5～3.5厘米，两面有稀疏的柔毛，先端钝圆，具5脉；雄蕊3枚，离生，花丝长2～3毫米，基部膨大，被毛，柱头3枚，2裂。果长圆柱状或近球形；种子卵形，白色或黄色。

生境分布 ｜ 适应性强，喜土质疏松、肥沃、排水良好的土壤。新疆各地普遍栽培。

养蜂价值 ｜ 花期5—8月。蜜粉丰富，蜜蜂爱采，有利于蜂群繁殖和修脾。

其他用途 ｜ 果实可作蔬菜；种子入药。

● 西瓜 *Citrullus lanatus* （Thunb.） Matsum. et Nakai

别　　名 ｜ 寒瓜

科　　属 ｜ 葫芦科西瓜属

形态特征 ｜ 一年生蔓生草本。幼苗茎直立，4～5节后渐伸长，5～6叶后匍匐生长，分枝性强，可形成3～4级侧枝，茎被长柔毛，卷须分叉。叶互生，有深裂、浅裂和全缘，裂片羽状或二回羽状浅裂。雌雄异花同株，单性；主茎第三至五节现雄花，第五至七节有雌花，花托钟状；花冠黄色，辐射状；雄蕊3枚，近离生，1枚1室，2枚2室，花丝短，药室折曲，子房卵状，下位，长0.5～0.8厘米，宽0.4厘米，密被长柔毛，花柱长4～5毫米，柱头3枚，肾形。开花盛期可出现少数两性花。雌雄花均具蜜腺，虫媒花，花清晨开放下午闭合。果肉有乳白色、淡黄色、深黄色、淡红色、大红色等颜色。果实球形、椭球形不等；种子扁平。

　　生境分布 ｜ 适应性强，喜气候温暖、土质肥沃条件。新疆各地均有栽培。

　　养蜂价值 ｜ 花期6—8月。蜜粉丰富，利于蜂群繁殖和采蜜。虫媒异花授粉植物，利用蜜蜂辅助授粉，能提高西瓜产量和品质。蜜琥珀色，浓度高，气味芬芳。

　　其他用途 ｜ 果实可作水果；果皮药用。

● 打瓜　*Citrullus lanatus var. dagua*

　　别　　名 ｜ 籽瓜

　　科　　属 ｜ 葫芦科西瓜属

　　形态特征 ｜ 一年生蔓生草本。茎被长柔毛，卷须分叉。叶柄粗，长3～12厘米，叶片纸质，3深裂，裂片羽状或二回羽状浅裂。雌雄同株，单性花；花梗长3～4厘米，密被黄褐色长柔毛；花萼筒宽钟形，密被长柔毛，花萼裂片狭披针形，与花萼筒近等长，长2～3毫米；花冠淡黄色，直径2.5～3厘米，外面带绿色，被长柔毛，裂片卵状长圆形，长1～1.5厘米，宽0.5～0.8厘米，顶端钝或稍尖，脉黄褐色，被毛；雄蕊3枚，近离生，花丝短，子房卵状。果实球形；种子扁平。

　　生境分布 ｜ 适应性强，喜气候温暖、土质肥沃条件。新疆各地均有栽培，以伊犁河谷，塔城和阿勒泰地区，昌吉州种植面积较大。

　　养蜂价值 ｜ 花期6—8月。蜜腺明显，蜜蜂易采集，花粉丰富，分布集中地每群蜂可生产蜂蜜10～20千克，还可生产蜂王浆及花粉。花粉淡黄色，花粉粒圆球形。

其他用途 | 籽可食用，是人们普遍喜爱的美味食品。

● 西葫芦　*Cucurbita pepo* L.

别　　名 | 角瓜、白瓜、小瓜、菜瓜
科　　属 | 葫芦科南瓜属
形态特征 | 一年生蔓生草本。茎粗壮，有糙毛，卷须分叉。叶柄粗壮，被短刚毛，长6～9厘米；叶片质硬，三角形或卵状三角形，常分裂，边缘有不规则锯齿，基部心形。雌雄同株；雄花单生，花梗粗壮，有棱角，长3～6厘米，被黄褐色短刚毛；花萼筒有明显5角，花萼裂片线状披针形；花冠黄色，常向基部渐狭成钟状，长5厘米，直径3厘米，分裂至近中部，裂片直立或稍扩展，顶端锐尖；雄蕊3枚，花药靠合；子房球形。果实长椭球形；种子扁平，白色。
生境分布 | 喜土层深厚、土质肥、湿润土壤。新疆各地普遍栽培。
养蜂价值 | 花期4—8月。蜜粉丰富，对蜂群繁殖、蜂王浆生产、泌蜡筑脾极为有利，种植面积大处可取到蜂蜜。花粉黄色，花粉粒球形。蜜浅琥珀色，芳香。
其他用途 | 果为夏季蔬菜；种子可提取油。

● 丝瓜　*Luffa aegyptiaca* Miller

别　　名 | 水瓜
科　　属 | 葫芦科丝瓜属
形态特征 | 一年生攀缘状草本植物。茎柔弱，粗糙，有棱沟，被微柔毛；自叶腋分枝并生卷须。单叶互生，有长柄，叶片心形而尖，通常掌状5浅裂，长8～30厘米，宽稍大于长，边缘有小锯齿。雌雄同株；雄花序总状，先开，雌花单生，有长柄；花萼裂片卵状披针形；花冠黄色，辐射状；雄蕊5枚；子房圆柱状，柱头3裂，膨大。果实圆柱形；种子扁平，黑色，边缘翼状。
生境分布 | 喜温暖湿润气候，适土质疏松、湿润、肥沃土壤。新疆普遍栽培。
养蜂价值 | 花期3—8月。蜜粉丰富，蜜蜂爱采，有利于蜂群繁殖、修脾和养蜂王；为辅助蜜粉源植物。

其他用途 │ 嫩果可作蔬菜。

● **苦瓜** *Momordica charantia* L.

别　　名 │ 凉瓜

科　　属 │ 葫芦科苦瓜属

形态特征 │ 一年生攀缘状草本。卷须不分叉，细长，达20厘米。叶片近圆形，膜质，长、宽均为4～12厘米，上面绿色，背面淡绿色，5～7深裂，裂片卵状矩圆状，再分裂。雌雄同株，花腋生，具长柄，长10～14厘米；花萼钟形，萼片5枚，绿色；花瓣5枚，黄色；雄蕊3枚，分离，具5个花药，各弯曲近S形，互相连合；雌花具5瓣，子房下位，雌花单生，花梗被微柔毛；子房纺锤形，柱头3枚，膨大，2裂。果实纺锤形或圆柱形，有瘤状突起，成熟后由顶端3瓣裂；种子多数，长圆形，具红色假种皮，种子两面有雕纹。

生境分布 │ 苦瓜新疆均有栽培。

养蜂价值 │ 花期5—8月。蜜粉丰富，蜜蜂喜采，有利于蜂群繁殖。花粉淡黄色，花粉粒圆球形。

其他用途 │ 果实有苦味，可作蔬菜；药用。

● 瓠子 *Benincasa hispid*（Thunb.）Cogn.

别　　名 | 扁蒲

科　　属 | 葫芦科冬瓜属

形态特征 | 一年生攀缘状草本。茎柔弱，粗糙；茎生软粘毛，卷须分2叉。叶心状卵形或肾状卵形，长、宽均10～35厘米，不分裂或稍浅裂，边缘具小锯齿；叶柄顶端具2腺体。雌雄同株，花白色，单生；雄花托漏斗状，长约2厘米，花萼裂片披针形；花冠裂片皱波形；雄蕊3枚，药室不规则折曲，雌花子房圆柱状，花柱粗短，柱头3枚，膨大，2裂。果实粗细匀称，呈长圆柱状，直或弯曲，长达60～80厘米；绿白色。

生境分布 | 瓠子喜光，适合富有机质的肥沃土壤。新疆各地普遍种植。

养蜂价值 | 花期5—8月。蜜粉丰富，蜜蜂喜采，对蜂群繁殖、蜂王浆生产有利。花粉淡黄色，花粉粒近球形。

其他用途 | 果实嫩时多汁，可作蔬菜。

● 黄花瓦松 *Orostachys spinosus*（L.）C. A. Mey.

科　　属 | 景天科瓦松属

形态特征 | 二年生肉质草本。第一年有莲座丛，密被叶，莲座叶长圆形，花茎高10～30厘米。叶互生，宽线形至倒披针形，长1～3厘米，宽2～5毫米，先端渐尖，有软骨质的刺，基部无柄。花序顶生，狭长，穗状或呈总状，长5～20厘米；花梗长1毫米，或无梗；苞片披针形至长圆形，先端渐尖，有刺尖，有红色斑点；花瓣5枚，黄绿色，卵状披针形，长5～7毫米，宽1.5毫米，基部1毫米处合生，先端渐尖；雄蕊10枚，较花瓣稍长，花药黄色；鳞片5枚，近正方形，长0.7毫米，先端有微缺。蓇葖果5个，椭圆状披针形，长5～6毫米，直立，基部狭，嚎长1.5毫米；种子长圆状卵形。

生境分布 | 生长于海拔600～2 900米的干山坡石缝中。天山山区、阿勒泰山区有分布。

养蜂价值 | 瓦松花期7—8月。适应性强，花期温度高，湿度大，泌蜜丰富，可采到饲料蜜。
其他用途 | 可供观赏；瓦松全草入药。

● **小花瓦莲** *Rosularia turkestanica* (Regel et Winkl.) Berger

科　属 | 景天科瓦莲属
形态特征 | 多年生草本。主根粗，须根多。莲座丛直径1.5～2厘米，基生叶扁平，披针形或长圆状披针形，长1～2厘米，宽5毫米，渐尖，两面被毛。花茎高13～20厘米，自莲座丛侧发出，上升，无毛。茎生叶长圆形至线形，疏生，长4～7毫米，宽1～2毫米。聚伞圆锥花序，聚伞花近蝎尾状着生；花梗较花短；萼片5枚，披针形或椭圆状披针形；花冠钟形，黄色，或白色而有紫色条纹，长5毫米，上部5裂，裂片椭圆状披针形，直立；雄蕊10枚，与花冠稍同长。蓇葖果5个，狭披针形，长5.5毫米，渐尖，喙长1.5毫米。
生境分布 | 生于海拔1 000～3 000米的山沟石缝、石质坡地、半荒漠草原及灌丛中。分布于天山北坡，以木垒、奇台、玛纳斯、沙湾等地较多。
养蜂价值 | 花期7—8月。有蜜有粉，蜜蜂喜采，有利于蜂群繁殖。
其他用途 | 可供观赏。

本属还有卵叶瓦莲 [*R. platyphylla* (Schrenk) Berger]，也称宽叶瓦莲，分布于中部天山南北坡至赛里木湖等地；长叶瓦莲 [*R. alpestris* (Kar. et Kir.) A. Bor.]，分布于天山西部的伊宁、察布查尔以及阿尔泰山的布尔津、阿勒泰等地，亦为辅助蜜粉源植物。

● 红景天 *Rhodiola rosea* L.

科　　属 | 景天科红景天属

形态特征 | 多年生草本植物。根茎肉质，粗或细，被基生叶或鳞片状叶。花茎发自基生叶或鳞片状叶的腋部，一年生，老茎有时宿存，茎不分枝，多叶。茎生叶互生，厚，无托叶，不分裂。花序顶生，通常为复出或简单的伞房状或二歧聚伞状，少有为螺状聚伞花序，更少有为花单生，通常有苞片，有总梗及花梗。花辐射对称，雌雄异株或两性；萼4～5裂；花瓣几乎分离，与萼片同数；雄蕊2轮，常为花瓣数的2倍，对瓣雄蕊贴生在花瓣下部，花药2室，底着，极少有为背着，一般在开花前花药紫色，花药开裂后黄色；腺状鳞片线形、长圆形、半圆形或近正方形；心皮基部合生，与花瓣同数，子房上位。蓇葖果有种子多数。

生境分布 | 生长在海拔800～2 500米的向阳山坡、石隙、高山草甸、高山岩石缝、山坡草地、灌丛边缘以及高山干燥的沙质土壤中。分布于天山北麓、准噶尔西部山地、奇台、阜康、乌鲁木齐、玛纳斯、伊宁、霍城、特克斯等地较多。

养蜂价值 | 花期5月中旬至6月初，20天左右。花色艳，蜜粉丰富，诱蜂力强，蜜蜂喜采，有利于蜂群修脾和繁殖。花粉黄褐色，花粉粒近球形。

其他用途 | 红景天根、茎入药。

● 狭叶红景天 *Rhodiola kirilowii* (Regel) Maxim.

别　　名 | 大株红景天、狮子草、九头狮子七、涩疙疸

科　　属 | 景天科红景天属

形态特征 | 多年生肉质草本植物。根粗，直立。根茎直径1.5厘米，先端被三角形鳞片。花茎少数，高20～60厘米，直径4～6毫米，叶密生。叶互生，线形至线状披针形，长4～6厘米，宽2～5毫米，先端急尖，边缘有疏锯齿，或有时全缘，无柄。花序伞房状，有多花，宽7～10厘米；雌雄异株；萼片5或4枚，红色，三角形，先端急尖；花瓣5或4枚，绿黄色，倒披针形，长3～4毫米，宽0.8毫米；雄花中雄蕊10或8枚，与花瓣同长或稍超出，花丝、花药黄色；鳞片5或4枚，近正方形或长方形，先端钝或有微缺；心皮5或4枚，直立。蓇葖果披针形，有短而外弯的喙；种子长圆状披针形。

生境分布 | 生于海拔2 000～3 600米的山地多石草地、石缝或石坡上。分布于天山北麓山区，

木垒、奇台、阜康、乌鲁木齐、玛纳斯、新源、巩留、特克斯、昭苏等地较多。

养蜂价值 │ 花期5—6月。花色艳，蜜粉丰富，诱蜂力强，蜜蜂喜采，有利于蜂群修脾和繁殖。花粉黄色，花粉粒近球形。

其他用途 │ 根茎及全草入药。

本属还有直茎红景天（*R. recticaulis* A. Bor.），产于天山山区；喀什红景天（*R. kaschgarica*）产于喀什地区及帕米尔高原，亦为辅助蜜粉源植物。

● **杂交费菜** *Phedimus hybridus* （Linnaeus）'t Hart

别　　名 │ 景天

科　　属 │ 景天科费菜属

形态特征 │ 多年生草本植物。根状茎蔓生，木质，绳索状，有分枝。茎外倾，匍匐生根；不育枝短，密生叶；花枝高达30厘米。叶互生；叶片匙状椭圆形至倒卵形，边缘有钝锯齿，长1.5~3厘米，宽1~2厘米。聚伞花序顶生，宽3~5厘米；萼片5枚，线形至长圆形，花瓣5枚，黄色，披针形，长8~10毫米；雄蕊10枚，与花瓣等长或较短；鳞片小，横宽；心皮5枚，稍开展。蓇葖果椭圆形，成熟后星芒状开展；种子椭圆形。

生境分布 │ 生于海拔1 000~2 500米的天山北坡、准噶尔阿拉套山、阿尔泰山山沟林下、山坡石缝、碎石质草地等处。分布于青河、富蕴、福海、阿勒泰、布尔津、哈巴河、吉木乃、吉木萨尔、阜康、乌鲁木齐、塔城、裕民、托里、博乐、温泉、霍城、伊宁、尼勒克等地。

养蜂价值 | 花期6—7月。数量多，分布广，蜜粉丰富，诱蜂力强，蜜蜂喜采，也是较好的辅助蜜粉源植物。花粉黄色，花粉粒椭球形。

其他用途 | 杂交景天全草入药。

● 八宝 *Hylotelephium erythrostictum* (Miq.) H. Ohba

别　　名 | 华丽景天、长药八宝、大叶景天、八宝景天、对叶景天
科　　属 | 景天科八宝属
形态特征 | 多年生草本植物，块根胡萝卜状。茎直立，高60～70厘米，不分枝。全株青白色，叶对生或3～4枚轮生，长圆形至卵状长圆形，长8～10厘米，宽2～3.5厘米，先端钝，基部渐狭，边缘有疏锯齿，近无柄。伞房状聚伞花序着生茎顶，花密生，直径约1厘米，花梗稍短或同长；萼片5枚，卵形；花瓣5枚，白色或粉红色，宽披针形，长5～6毫米，渐尖；雄蕊10枚，与花瓣同长或稍短，花药紫色；鳞片5枚，长圆状楔形，先端有微缺；心皮5枚，直立，基部几乎分离。
生境分布 | 性喜强光和干燥、通风良好的环境。新疆各地均有栽培。
养蜂价值 | 花期7月下旬至9月上旬。花朵多，花期长，蜜粉丰富，蜜蜂喜采，有利于蜂群繁殖和采蜜。花粉淡黄色，花粉粒近球形。
其他用途 | 全草入药。园林栽培，可供观赏。

● 圆叶八宝 *Hylotelephium ewersii* (Ledeb.) H. Ohba

科　　属 | 景天科八宝属
形态特征 | 多年生草本。根状茎木质。茎多数，近基部木质而分枝，紫棕色，上升，高10～30厘米，无毛。叶对生，宽卵形，或几乎为圆形，长1.5～2厘米，与宽差不多，先端钝渐尖，边全缘或有不明显的齿；无柄；叶常有褐色斑点。伞形聚伞花序，花密生，宽2～3厘米；萼片5枚，披针形，长2毫米，分离到底；花瓣5枚，紫红色，卵状披针形，长5毫米，急尖；雄

蕊10枚，较花瓣短，花丝浅红色，花药紫色；鳞片5枚，卵状长圆形，先端有微缺。菁葖果5个，直立，有短喙；种子披针形，褐色。

生境分布 | 生于海拔1 800～2 500米的林下沟边石缝中。分布于天山、阿尔泰山，奇台、阜康、乌鲁木齐、布尔津、阿勒泰、特克斯和巩留等地较多。

养蜂价值 | 花期7—8月。数量较多，花期较长，有蜜有粉，蜜蜂喜采，有利于蜂群繁殖和采集杂花蜜。花粉黄褐色，花粉粒长球形。

其他用途 | 可供观赏；全草入药。

● 中亚苦蒿 *Artemisia absinthium* L.

别　名 | 钻叶火绒草、洋艾、中亚苦蒿、苦蒿、啤酒蒿、苦艾

科　属 | 菊科蒿属

形态特征 | 多年生草本。主根稍粗，侧根多而细；根状茎稍粗，斜向上或直立，有营养枝。茎少数或单生，高60～160厘米，有细纵棱，紫褐色，多少分枝；枝短或略长，斜向上；茎、枝微被短柔毛。叶纸质，上面深绿色，初时疏被蛛丝状薄毛，后稀疏或无毛，背面密被灰白色蛛丝状茸毛；茎下部叶椭圆形或长圆形，二回羽状深裂或全裂，具短柄。头状花序直径3～4毫米，常10～40个密集成团伞状或复伞房状；总苞长约3毫米，被白色厚茸毛，总苞片约3层，顶端无毛，尖或稍钝，常隐没于毛茸中；小花异形或雌雄异株；花冠长2.5～3毫米；雄花冠漏斗状管状，有披针形尖裂片；雌花花冠丝状；冠毛白色；雄花冠毛上部稍粗厚，有锯齿，雌花冠毛细丝状，有细锯齿。不育的子房和瘦果有乳头状突起。

生境分布 | 多生于海拔1 100～1 500米的山坡、林缘、野果林、草原及灌丛等处。新疆各地均有分布，伊犁地区较多。

养蜂价值 | 花期7—8月。分布广，数量多，蜜粉丰富，蜜蜂喜采，有利于蜂群的繁殖。花粉土

黄色，花粉粒长球形。

其他用途 | 全草入药；可作牲畜饲料；嫩茎叶可作蔬菜。

● 大籽蒿 *Artemisia sieversiana* Ehrhart ex Willd.

别　　名 | 白蒿

科　　属 | 菊科蒿属

形态特征 | 一年生或二年生草本。茎单生，直立，高50～150厘米，茎、枝被灰白色微柔毛。下部与中部叶宽卵形或宽卵圆形，两面被微柔毛，二至三回羽状全裂，稀为深裂，每侧有裂片2～3枚，裂片常再呈不规则的羽状全裂或深裂，基部侧裂片常有第三次分裂，上部叶及苞片叶羽状全裂或不分裂，椭圆状披针形或披针形，无柄。头状花序多数，半球形或近球形，在分枝上排成总状花序或复总状花序，具短梗，有线形的小苞叶；花序托突出，半球形，有白色托毛；花黄色，极多数，雌花2层，20～30朵，花冠狭圆锥状；两性花多层，80～120朵，花冠管状，花柱与花冠等长。瘦果长圆形。

生境分布 | 多生于草原、路旁、荒地、河漫滩、山坡或林缘等处。北疆山区均有分布，伊犁地区较多。

养蜂价值 | 花果期7—8月。数量多，分布广，花色艳，有特殊香味，诱蜂力强，蜜蜂喜采，有利于蜂群繁殖和取蜜。花粉黄色，花粉粒长球形。

其他用途 | 可作牲畜牧草；全草及花蕾入药，具有清热解毒、消炎止痛之功效。

● **西北蒿** *Artemisia pontica* L.

别　　名 ｜ 宁新叶莲蒿

科　　属 ｜ 菊科蒿属

形态特征 ｜ 半灌木状草本。主根木质，垂直；根状茎稍粗大，木质，直立或倾斜，常有营养枝。茎少数或单生，高30～60厘米，下部木质，上部草质，具细纵纹，多分枝；枝长15～25厘米；茎上部及分枝密被灰白色柔毛或短柔毛。叶纸质，上面疏被灰白色微柔毛，基生叶多，基生叶与茎下部叶卵形或宽卵形，二至三回羽状全裂，具短柄；中部叶二回羽状全裂，每侧有裂片3～4枚，裂片斜向叶先端，小裂片细小，椭圆形或短线形；上部叶与苞片叶羽状全裂或不分裂。头状花序多数，近球形，有小苞叶，下垂，在分枝或小枝上排成穗状花序，而在茎上组成狭窄或中等开展的圆锥花序；总苞片3～4层；雌花8～12朵，花冠狭管状或狭圆锥状，花柱伸出花冠外，先端2叉，叉端尖；两性花30～40朵，花冠管状，檐部外面无毛或微被细短柔毛，背面具腺点，花药线形，花柱近与花冠等长。瘦果倒卵形。

生境分布 ｜ 生于砾质山坡、干旱河谷、草原、荒坡等地。分布于北疆东部和北部地区。

养蜂价值 ｜ 花果期6月下旬至7月下旬。数量多，分布广，蜜粉丰富，有利于蜂群繁殖和采蜜。花粉黄色，花粉粒长球形。

其他用途 ｜ 可作牲畜牧草。

● **猪毛蒿** *Artemisia scoparia* Waldst. et Kit.

别　　名 ｜ 茵陈蒿、滨蒿

科　　属 ｜ 菊科蒿属

形态特征 ｜ 一年生或二年生草本，高40～90厘米，植株有浓烈的香气。茎直立，上部分枝，被柔毛。叶密集，茎下部叶有长柄，叶片圆形或矩圆形，二至三回羽状全裂，小裂片条形。条状披针形或丝状条形；茎中部叶具短柄，基部有1～3对丝状条形的假托叶，一至二回羽状全裂，小裂片丝状条形；花枝上的叶近无柄，3全裂或不裂，基部有假托叶；叶幼时密被灰色绢状长柔毛，后渐脱落。头状花序小，球形，直径1～1.2毫米，下垂或斜生，极多数排成圆锥状，花梗短或无，苞片丝状条形；总苞无毛，有光泽，总苞片2～3层，边缘宽膜质，先端钝，卵形至椭圆形；边缘小花雌性，5～7枚，花冠细管状，中央小花两性，花冠圆锥状。瘦果矩圆形，褐色。

生境分布 ｜ 生于山坡阳地、路旁、地埂或荒地，耐干旱和瘠薄，在各种土壤上均能生长。北疆山区均有分布。

养蜂价值 ｜ 花期7—8月。数量多，分布广，蜜粉丰富，有利于蜂群的繁殖。花粉淡黄色，花粉粒长球形。

其他用途 ｜ 可作牲畜牧草；幼苗或嫩茎叶入药。

● 黄花蒿 *Artemisia annua* L.

别　　名 ｜ 草蒿、臭蒿、黄蒿、臭黄蒿、黄香蒿、秋蒿、野苦草

科　　属 ｜ 菊科蒿属

形态特征 ｜ 为一年生草本植物，高100～150厘米。茎直立，多分枝。叶互生，中部叶卵形，三回羽状深裂，长4～7厘米，宽1.5～3厘米；上部叶小，常一回羽状细裂。头状花序，极多数，球形，

有短梗，排列成复总状或总状，常有线形苞叶；总苞无毛，总苞片2～3层；花托长圆形；花筒状，外层雌性，内层两性。瘦果矩圆形，无毛。

生境分布 │ 黄花蒿生于山坡、路旁、村边、荒地。分布于北部地区。乌鲁木齐、伊犁州直、塔城地区、巴里坤县、木垒县、奇台县、吉木萨尔县、阜康市、昌吉市、呼图壁县、玛纳斯县、阿勒泰市、布尔津县和哈巴河县等地较为集中。

养蜂价值 │ 黄花蒿花期8—10月。花粉极丰富，蜜蜂在早晨露水未消之际极为爱采。花粉团较大，对蜂群繁殖和生产蜂王浆有利。花粉黄色，花粉粒圆球形。

其他用途 │ 全草入药。

● 龙蒿 *Artemisia dracunculus* L.

别　　名 │ 狭叶青蒿、蛇蒿、椒蒿、青蒿
科　　属 │ 菊科蒿属
形态特征 │ 半灌木状草本。根木质，常有短的地下茎。茎通常多数，成丛，高40～120厘米，褐色或绿色，有纵棱，下部木质，开展，斜向上；茎、枝初时微有短柔毛，后渐脱落。叶无柄，初时两面微有短柔毛，后两面近无毛，下部叶花期凋谢；中部叶线状披针形或线形，长3～8厘米，宽2～3毫米，全缘；上部叶与苞片叶略短小，线形或线状披针形，长0.5～3厘米，宽1～2毫米。头状花序多数，近卵球形或半球形，直径2～2.5毫米，具短梗或近无梗，斜展或略下垂，基部有线形小苞叶，在茎的分枝上排成复总状花序，并在茎上组成开展或略狭窄的圆锥花序；总苞片3层，外层总苞片略狭小，卵形，中、内层总苞片卵圆形或长卵形；雌花6～10朵，花冠狭管状或稍呈狭圆锥状，檐部具2裂齿，花柱伸出花冠外，先端2叉，叉端尖；两性花8～14朵，不孕育，花冠管状，花药线形，先端附属物尖，长三角形，基部圆钝，花柱短，上端棒状，2裂，不叉开，退化子房小。瘦果倒卵形或椭圆状倒卵形。

生境分布 │ 生于海拔600～2 500米的山坡、草原、半荒漠草原、森林草原、林缘、田边、路旁等地区，常成丛生长，局部地区成为植物群落的主要伴生种。新疆各地均有分布。

养蜂价值 │ 花期7月初至8月初。数量多，分布广，花期长，有蜜有粉，有利于蜂群繁殖和采集商品蜜。

其他用途 │ 含挥发油，主要成分为醛类物质，还含少量生物碱；嫩叶可作野菜和调味品；牧区可作牲畜饲料。

● **冷蒿** *Artemisia frigida* Willd.

别　　名 │ 白蒿、小白蒿、兔毛蒿、寒地蒿、刚蒿

科　　属 │ 菊科蒿属

形态特征 │ 多年生轴根小半灌木。茎直立，数枚或多数常与营养枝组成疏松或稍密集的小丛，稀单生，高30～60厘米；茎、枝、叶及总苞片背面密被淡灰黄色或灰白色、稍带绢质的短茸毛。茎下部叶与营养枝上叶长圆形或倒卵状长圆形，二至三回羽状全裂，每侧有裂片3～4枚，小裂片线状披针形；中部叶与上部叶长苞片叶羽状全裂或3～5全裂，侧裂片常再3～5全裂；基部裂片半抱茎，并成假托叶状，无柄。头状花序半球形或卵球形，在茎上排成总状花序或为狭窄的总状花序式的圆锥花序；总苞片3～4层，背面密被短茸毛，有绿色中肋，边缘膜质；花序托有白色托毛；雌花8～13朵，花冠狭管状，檐部具2～3裂齿，花柱伸出花冠外，上部2叉；两性花20～30朵，花冠管状，花药线形，花柱与花冠近等长。瘦果，长球形。

生境分布 │ 生于海拔1 000～2 800米的草原、荒漠草原及半干旱地区的山坡、路旁、砾质旷地、戈壁、高山草甸等地，常构成山地干旱与半干旱地区植物群落的建群种或主要伴生种。新疆各地均有分布，北疆东部山区较为集中。

养蜂价值 │ 花期7—8月。数量多，分布广，蜜粉较多，蜜蜂喜采，有利于蜂群繁殖和采蜜。花粉黄褐色，花粉粒长球形。

其他用途 │ 可作牧草；全草入药。

本属还有岩蒿（*A. rupestris* L.），别名一枝蒿，白莲蒿（*A. sacrorum* Ledeb.），分布于天山、阿尔泰山等地；碱蒿（*A. anethifolia*），分布于北疆东部和北部地区；准噶尔沙蒿（*A. songarica* Schrenk），分布于准噶尔盆地，也是辅助蜜粉源植物。

● 山地橐吾 *Ligularia tianschanica* Chang Y. Yang & S. L. Keng

科　　属 | 菊科橐吾属

形态特征 | 多年生草本，高14～65厘米。须根肉质，根状茎短。茎直立，被白色的丛卷毛，基部有驼色茸毛。叶片卵状心形、三角状心形或长圆形，长1.4～11厘米，宽1.5～8厘米，边缘具波状齿，齿端具小尖头，叶脉羽状，下面被白色丛卷毛，灰白色；中上部叶较小，窄卵形到披针形，最上部叶线状披针形。头状花序2～8个，排列成长聚伞房状；总苞球形或杯状，总苞片10～13枚，披针形或长圆形；舌状花黄色，9～12朵，舌片椭圆形；筒状花多数，长9～10毫米；雄蕊略高出花冠，花柱裂片斜展开，顶端膨大。瘦果圆柱形，白色或紫褐色，无毛，具棱。

生境分布 | 生长在亚高山、高山草甸带、林下、山坡、灌丛，海拔1 600～2 400米。阿勒泰、和布克赛尔、托里、精河、博乐、温泉、霍城、伊宁、托克逊、和静、库车和阿克苏等地有分布。

养蜂价值 | 花期5—8月。分布广，数量多，花期长，蜜粉丰富，诱蜂力强，蜜蜂爱采，有利于蜂群繁殖和取蜜。花粉黄色，花粉粒近球形。

其他用途 | 可供观赏。

● 阿勒泰橐吾 *Ligularia altaica* DC.

科　　属 | 菊科橐吾属

形态特征 | 多年生绿色草本。根肉质，细而多。茎直立，高0.4～0.9米，光滑，基部直径4～6毫米。丛生叶具柄，上部具狭翅，基部有窄鞘，叶片长圆形、长圆状卵形，长8～15厘米，宽3～7厘米，先端钝或圆形，全缘，基部楔形；茎生叶与丛生叶同形，无柄，半抱茎，向上渐小。总状花序长6～7厘米，光滑；苞片和小苞片线状钻形；头状花序10～11个，辐射状；总苞钟形或近杯形，总苞片6～9枚，2层，长圆形或狭披针形，先端急尖或渐尖，内层具膜质边缘；舌状花4～5朵，黄色，舌片倒卵形或长圆形，先端圆形，具齿；管状花多数，伸出总苞之外，长约7毫米，管部长约3毫米，檐部狭楔形，渐狭，冠毛白色与花冠等长。瘦果圆柱形，黄褐色，光滑。

生境分布 | 生于海拔1 100～2 000米的山坡及草原。分布于新疆阿勒泰地区。

养蜂价值 ｜ 花期6月上旬至7月上旬。花大、顶生、花朵鲜艳，蜜粉丰富，诱蜂力强，蜜蜂喜采。有利于蜂群繁殖和生产商品蜜。花粉黄色，花粉粒圆球形。

其他用途 ｜ 根、茎、叶入药。

● **新疆橐吾** *Ligularia xinjiangensis* C. Y. Yang et S. L. Keng

科　　属 ｜ 菊科橐吾属

形态特征 ｜ 多年生草本。根细，肉质。茎直立，高30～60厘米，被白色丛卷毛，基部直径4～8毫米。丛生叶与茎下部叶具柄，柄长4～15厘米，被白色丛卷毛，基部鞘状；叶片卵状心形、三角状心形或长圆状心形，长4～15厘米，宽5～10厘米，先端钝或急尖，有小尖头，边缘具波状齿或尖锯齿，基部心形，上面光滑，绿色，下面被白色丛卷毛，灰白色，叶脉羽状；茎中上部叶狭卵形至狭披针形，无柄或有短柄；最上部叶线状披针形，叶腋常有不发育的头状花序。头状花序1～8个，辐射状，常排列成伞房状花序，稀单生；总苞半球形或杯状，长9～13毫米，宽11～20毫米，总苞片10～13枚，披针形、长圆形或宽椭圆形；舌状花9～12朵，黄色，舌片长圆形或宽椭圆形，长11～22毫米，宽4～6毫米，先端急尖或平截，管部长3～4毫米；管状花多数，高于总苞，长6～8毫米，管部长约3毫米，冠毛白色与花冠等长。瘦果黄白色或紫褐色，圆柱形，光滑，具肋。

生境分布 | 生于海拔1 500～2 600米的阴坡草地、灌丛及林缘。天山山区、准噶尔西部山区及阿尔泰山区有分布。

养蜂价值 | 花期5月上旬至6月上旬。花朵多，花色艳，花期较长，蜜粉丰富，蜜蜂爱采，有利于蜂群繁殖和修脾。花粉黄色，花粉粒圆球形。

其他用途 | 根及全草入药。

● 全缘叶蓝刺头 *Echinops integrifolius* Kar. et Kir.

科　　属 | 菊科蓝刺头属

形态特征 | 多年生草本，高40～70厘米。茎单生，不分枝。叶厚纸质，披针形，顶尖有刺头，长2～8厘米，宽6～8毫米，基部抱茎，全缘，两面异色，上面绿色，密生腺体。复头状花序单生于茎顶，直径2～4厘米；小头状花序外层总苞片线状倒披针形或线形，长9毫米，顶端稍扩大，外面有短糙毛，内面有腺点；中层苞片倒披针形，顶端渐尖成针芒状，中部以上边缘长缘毛，外面有短糙毛；内层苞片长椭圆形，上部外面有腺点；全部苞片16～18枚；小花白色，花冠5深裂，裂片线形，花冠管无腺点。瘦果倒圆锥状，被淡黄色的长茸毛。

生境分布 | 多生长在低山石质山坡、沟旁、荒滩。北疆山区均有分布，阿勒泰、富蕴、塔城、尼勒克、新源、特克斯和昭苏等地较多。

养蜂价值 | 花期6月下旬至8月上旬。数量多，分布广，蜜粉丰富，有利于蜂群繁殖。花粉淡黄色，花粉粒近球形。

其他用途 | 花入药。

● 蓝刺头 *Echinops sphaerocephalus* L.

别　　名 | 蓝星球

科　　属 | 菊科蓝刺头属

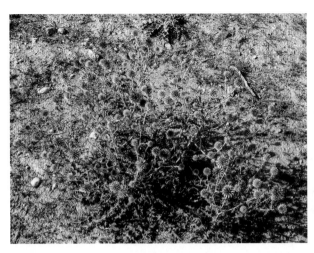

形态特征　多年生草本，高50～150厘米。茎单生，上部分枝长或短，粗壮，全部茎枝被稠密的多细胞长节毛和稀疏的蛛丝状薄毛。基生叶和下部茎生叶宽披针形，侧裂片3～5对，三角形或披针形，边缘具刺齿，顶端针刺状渐尖，向上叶渐小，与基生叶及下部茎生叶同形并等样分裂。全部叶质地薄，纸质，两面异色，上面绿色，被稠密短糙毛，下面灰白色，被薄蛛丝状绵毛，但沿中脉有多细胞长节毛。复头状花序单生于茎枝顶端，直径4～5.5厘米。头状花序长2厘米；外层苞片稍长于基毛，长倒披针形，上部椭圆形扩大，褐色，外面被稍稠密的短糙毛及腺点，边缘有稍长的缘毛，顶端针芒状长渐尖；中层苞片倒披针形或长椭圆形，长约1.1厘米，边缘有长缘毛，外面有稠密的短糙毛；内层披针形，顶端芒齿裂或芒片裂，中间芒裂较长；全部苞片14～18枚；小花淡蓝色或白色，花冠5深裂，裂片线形，花冠管无腺点或有稀疏腺点。瘦果倒圆锥状。

白茎蓝刺头

生境分布　生于山坡、林缘、路旁或渠边。分布于天山北坡，伊犁山区较为集中。

养蜂价值　花期7—8月，数量多，分布广，花期长，泌蜜丰富，蜜蜂喜采，有利于蜂群繁殖和取蜜，属优良蜜粉源植物。

其他用途　蓝刺头入药。

本属的硬叶蓝刺头（*E. ritro* L.）产于天山、阿尔泰山海拔1 200～2 400米的山坡砾石地；薄叶蓝刺头（*E. tricholepis* Schrenk）产于阿尔泰山、准噶尔西部山区，阿勒泰、塔城、裕民、托里等地较多；白茎蓝刺头（*E. albicaulis* Kar.et Kir.）产于阿尔泰山区，青河、富蕴等地较多；天山蓝刺头（*E. tianschanicus* Bobr.）产于天山北部山区，木垒、奇台、乌鲁木齐等地较多。这些植物均为优良的蜜粉源植物。

天山蓝刺头

● 大翅蓟 *Onopordum acanthium* L.

科　　属 | 菊科大翅蓟属

形态特征 | 二年生草本，高达2米。茎粗壮，通常分枝，无毛或被蛛丝毛。基生叶及下部茎叶长椭圆形或宽卵形，长10～30厘米，宽4～15厘米，基部渐狭成短柄；中部叶及上部茎叶渐小，长椭圆形或倒披针形，无柄；全部叶边缘有稀疏、大小不等的三角形刺齿，齿顶有黄褐色针刺，或羽状浅裂。茎翅2～5厘米，羽状半裂或三角形刺齿，裂片宽三角形，裂顶及齿顶有黄褐色针刺。头状花序多数或少数，在茎枝顶端排成不明显或不规则的伞房花序；总苞卵形或球形，直径达5厘米；总苞片多层，外层与中层质地坚硬，革质，卵状钻形或披针状钻形，上部钻状针刺状长渐尖，向外反折或水平伸出；内层披针状钻形或线钻形，上部钻状长渐尖；全部苞片边缘具短缘毛，外面有腺点；小花紫红色或粉红色，花冠2.4厘米，5裂至中部，裂片狭线形。瘦果长椭圆或倒卵形，三棱形，灰色或灰黑色。

生境分布 | 生长于海拔550～1 200米的山坡、荒地或水沟边。分布于奇台、乌鲁木齐、玛纳斯、尼勒克、新源、伊宁、塔城等地。

养蜂价值 | 花期7～8月。数量多，分布广，花期长，蜜粉丰富，诱蜂力强，蜜蜂喜采。在集中分布区域，每群蜂可生产蜂蜜10～20千克。蜂蜜琥珀色，结晶后为黄色。花粉蛋黄色，花粉粒椭球形。

其他用途 | 全草入药。

● 准噶尔蓟 *Cirsium alatum* (S. G. Gmel.) Bobr.

科　　属 | 菊科蓟属

形态特征 | 多年生草本，有纺锤状块根。茎直立，单生，仅上部有分枝，高30～100厘米。基生叶长椭圆形，边缘有锯齿；中下部茎生叶与基生叶同形，但渐小，上部茎生叶椭圆形或披针形，边缘有等样锯齿，全部茎生叶基部下延成茎翼；茎翼浅裂或有锯齿，裂片半圆形，裂片边缘或齿缘有2～3个细长针刺，针刺长达5毫米；全部叶两面同色，绿色，无毛。头状花序单生于茎顶或多数头状

花序在茎枝顶端排成伞房花序或伞房圆锥花序；总苞卵圆形，直径1.5厘米；总苞片约6层，覆瓦状排列，由外层向内层长卵形至线状披针形，无毛，中、外层顶端急尖成短针刺，内层及最内层顶端膜质渐尖；小花红紫色，花冠长18～19毫米，细管部长7～8毫米，檐部长11毫米，不等5裂至中部。瘦果楔状，长3毫米，宽1毫米，淡黄色。

生境分布 | 生于海拔500～1 000米的草地、河滩、农田。分布于新疆天山与准噶尔盆地的奎屯、玛纳斯、伊宁、乌鲁木齐、奇台等地。

养蜂价值 | 花期7—8月。花期长，数量多，蜜粉丰富，蜜蜂喜采，是较好的辅助蜜粉源植物。

其他用途 | 根、叶入药。

● 阿尔泰蓟 *Cirsium arvense* var. *vestitum* Wimmer & Grabowski

科 属 | 菊科蓟属

形态特征 | 多年生草本。茎直立，基部直径达1厘米，高达100厘米，中部以上灰白色，被蛛

丝状茸毛，有分枝。中下部茎生叶椭圆形或卵状，长7~8厘米，宽3~4厘米，不分裂，边缘全缘，上部叶渐小，与中下部茎叶同形；全部叶质地薄，两面异色，上面淡绿色或灰绿色，有极稀疏的蛛丝毛，下面灰白色，密被茸毛，顶端圆形或钝，有针刺，无叶柄。头状花序多数或少数在茎枝顶端排成伞房花序；总苞长卵形，约6层，覆瓦状排列，向内层渐长，最外层三角形；中层及内层长卵形至披针形或长披针形；近内层及最内层宽线形至狭线形；中、外层顶端有长不足0.5毫米的短针刺；雌性小花红紫色，花冠长1.6厘米，细管部为细丝状，长1.3厘米，檐部长3毫米，深裂几乎达基部。瘦果淡黄色，长椭圆状倒披针形，微扁，顶端截形，有细条纹；冠毛污白色，多层。

生境分布 │ 生于海拔600~1 700米的草地、河滩及路边。分布于阿尔泰山和塔尔巴哈台山。额敏、哈巴河、布尔津、阿勒泰和富蕴等地较多。

养蜂价值 │ 花期6月中旬至7月中旬。花期长，花色艳，蜜粉丰富，诱蜂力强，蜜蜂喜采。有利于蜂群繁殖和采蜜。花粉黄色，花粉粒长球形。

其他用途 │ 可供观赏。

● **麻花头蓟** *Cirsium serratuloides* (L.) Hill.

科　属 │ 菊科蓟属

形态特征 │ 多年生草本。茎直立，高100~120厘米。单生，上部花序分枝，茎枝有条棱。中部茎生叶大，披针形，长10~15厘米，宽1.5~3厘米；基部叶耳状扩大半抱茎，顶端急尖，向上的叶渐小；最上部叶线状披针形；全部茎生叶两面同为绿色。头状花序直立，单生于茎枝顶端，排成疏松伞房花序；总苞卵形，直径1.5~2厘米；总苞片7层，无毛，紧密覆瓦状排列，向内层渐长，最外层长三角形，中层卵状披针形，内层披针形，顶端膜质渐尖；小花紫红色，花冠长2厘米，檐部长1厘米，不等5浅裂，细管部长1厘米。瘦果浅褐色，偏斜倒披针状，顶端斜截形；冠毛多层，基部连合成环，刚毛白色，长羽毛状，向顶端扩大成纺锤状。

生境分布 │ 生于海拔1 300~1 600米的草坡、林下、河边或水边。分布于天山西部山区、阿尔泰山区，尼勒克、阿勒泰、布尔津、哈巴河等地较多。

养蜂价值 │ 花期7月中旬至8月底。数量较多，花期长，花色艳，蜜粉丰富，蜜蜂喜采，有利于蜂群繁殖和采蜜。花粉黄褐色，花粉粒长球形。

其他用途 │ 可供观赏。

● **薄叶蓟** *Cirsium shihianum* Greuter

科　　属 ｜ 菊科蓟属

形态特征 ｜ 一年生草本。茎直立，单生，基部直径3毫米，不分枝或上部分叉，被稀疏多细胞长节毛。茎叶多数，下部茎叶花期脱落；中部茎叶较大，长椭圆形或长椭圆状披针形，长6～18厘米，宽1.3～2厘米；向上的叶渐小，狭披针形或线状披针形；全部茎叶质地薄或稍厚，无柄；基部耳状扩大半抱茎，顶端急尖或渐尖，边缘有针刺，针刺长短不等，相间排列，长达3～5毫米；两面同色，绿色或下面色淡，上面有稀疏的长或短节毛，下面无毛或有稀疏的或极稀疏的蛛丝状毛。头状花序单生于茎端，或植株生数个头状花序；花序枝细长，无叶或有1枚钻形的小叶，长不足3厘米；总苞长卵状或长椭圆状，直径1.5～2厘米，无毛；总苞片约7层，覆瓦状排列，向内层渐尖，外层三角形，宽1～1.5毫米，包括顶端针刺长5毫米，顶端针刺长1～2毫米，外弯或反折；中层卵状披针形或披针形，长7～10毫米，顶端渐尖；内层及最内层线形或线状披针形，长达1.5厘米，顶端膜质渐尖。瘦果淡黄色，楔状椭圆形，压扁，长4毫米，顶端截形；冠毛白色。

生境分布 ｜ 生于海拔1 400～1 600米的山谷林下或杂草丛中。分布于阿尔泰山，阿勒泰、布尔津较多。

养蜂价值 ｜ 花期6月底至7月底。花期长，花色艳，诱蜂力强，蜜蜂爱采，有利于蜂群繁殖和取蜜。花粉黄褐色，花粉粒长球形。

其他用途 ｜ 全草入药；可作冬季牧草。

● **飞廉** *Carduus nutans* L.

别　　名 ｜ 天荠、飞廉蒿、刺打草、大力王、飞帘

科　　属 ｜ 菊科飞廉属

形态特征 ｜ 二年生草本，高60～110厘米。茎直立，单生，稀丛生，具纵沟棱及纵向下延的绿色翅，翅有齿刺，上部有分枝。茎下部叶椭圆状披针形，羽状深裂，裂片边缘具缺刻状齿，齿端及叶缘有不等长的细刺，无毛或疏被皱缩柔毛，中部叶与上部叶较小，羽状深裂。头状花序2～5个聚生于

枝端，直径1.5～2.5厘米；总苞钟形，总苞片7～8层，背部均被微毛，花全部管状，紫红色，稀白色。瘦果长椭圆形，褐色，冠毛白色或灰白色。

  生境分布 生于海拔540～2 300米的山谷、荒野、田边或草地。新疆各地均有分布，乌鲁木齐、沙湾、察布查尔、尼勒克、特克斯、巩留、昭苏、塔城等地较多。

  养蜂价值 花期6—8月。数量极多，连片生长，花期长，花色鲜艳，蜜粉丰富，蜜蜂喜采，有利于蜂群繁殖。花粉蛋黄色，花粉粒近球形。

  其他用途 飞廉为低等饲用植物；茎、叶及根入药。

● 伪泥胡菜 *Serratula coronata* L.

  别 名 黄麻、麻头草

  科 属 菊科麻花头属

  形态特征 多年生草本，高70～100厘米。茎直立，上部分枝。叶互生，基生叶与下部茎生叶长圆形或长椭圆形，羽状全裂；裂片披针形，锐尖，边缘有疏锯齿，两面绿色，生短刚毛。头状花序异型，少数在茎枝顶端排成伞房花序，少有植株仅含有1个头状花序而单生于茎顶的；总苞碗状或钟状，直径1.5～3厘米，无毛；总苞片约7层，覆瓦状排列，向内层渐长，外层三角形或卵形，顶端急尖；全部苞片外面紫红色；边缘花4裂，雌性；中央盘花5裂，两性，有发育的雌蕊和雄蕊，全部小花紫色，雌花冠裂片线形，长5毫米；两性小花花冠裂片披针形。瘦果矩圆形，冠毛黄褐色刚毛状。

生境分布 | 生于海拔1 600米以下的山坡草原、林缘、草甸或河滩。北疆各地均有分布，哈巴河、昭苏、额敏、富蕴等地较多。

养蜂价值 | 花期8—10月。数量较多，分布广，花期长，蜜粉丰富，蜜蜂爱采，对繁殖越冬蜂群，储备越冬蜜极为有利。

其他用途 | 可作牧草；根入药。

● 乳苣 *Mulgedium tataricum* (L.) DC.

科　　属 | 菊科乳苣属

形态特征 | 多年生草本，高15～60厘米。根垂直直伸。茎直立，有细条棱或条纹，上部有圆锥状花序分枝，全部茎枝光滑无毛。中下部茎生叶长椭圆形或线状长椭圆形或线形，长6～19厘米，宽2～6厘米，基部渐狭成短柄，柄长1～1.5厘米或无柄，羽状浅裂或半裂或边缘有多数或少数大锯齿，顶端钝或急尖。头状花序约含20朵小花，多数，在茎枝顶端狭或宽圆锥花序；舌状小花紫色或紫蓝色，冠毛2层，纤细，白色，长1厘米，微锯齿状，分散脱落。瘦果长球状披针形，稍压扁，灰黑色。

生境分布 | 生于河滩、草甸、田边、固定沙丘或砾石地。分布于阿勒泰、布尔津、吉木乃、奇台、鄯善、托克逊、乌恰等地。

养蜂价值 | 花果期7—8月，花期长，蜜粉较多，为辅助蜜粉源植物。

其他用途 | 可作牧草。

● 小甘菊 *Cancrinia discoidea* (Ledeb.) Poljak.

别　　名 | 金纽扣

科　　属 | 菊科小甘菊属

形态特征 | 多年生草本，高10～30厘米。叶灰绿色，被白色绵毛至几乎无毛，叶片长圆形或卵形，长2～4厘米，宽0.5～1.5厘米，二回羽状深裂，裂片2～5对，每个裂片又2～5深裂或浅裂。头状花序单生，花序梗长4～15厘米，直立；总苞直径7～12毫米，被疏绵毛至几乎无毛；总苞片3～4层，草质，长3～4毫米，外层少数，线状披针形；花托明显突出，锥状球形；花黄色，花冠长约1.8毫米，

檐部5齿裂。瘦果长约2毫米，无毛，具5条纵肋。

　　生境分布 | 生于山坡多石地、荒地和戈壁、草甸、砾质河滩等地。分布于乌鲁木齐、昌吉、奇台、布尔津、博乐、精河、托里及伊犁州直等地。

　　养蜂价值 | 小甘菊花期5—6月。开花早，分布广，有蜜有粉，有利于蜂群繁殖。

　　其他用途 | 全草入药。

● 顶羽菊 *Acroptilon repens* (L.) DC.

　　别　　名 | 苦蒿

　　科　　属 | 菊科顶羽菊属

　　形态特征 | 多年生草本高20~70厘米。茎直立，单一或少数从基部分枝，分枝多，斜升，密被蛛丝状柔毛。叶稍坚硬，长椭圆形、匙形或线形。头状花序多数，在茎枝顶端排列成伞房状或伞房圆锥状；总苞卵形，直径5~15毫米；总苞片6~8层，向内渐长，外层和中层总苞片卵形成椭圆状卵形，质厚，绿色，上部附片白色，干膜质、半透明、圆钝，密被长毛；小花粉红色或淡紫红色，花冠长约1.5厘米。

　　生境分布 | 生于海拔100~2 400米的沟旁、田边、荒地、山坡及石质山坡。遍布于新疆各地。

　　养蜂价值 | 花期6—8月。花期长，数量多，分布广，泌蜜丰富，是较好的辅助蜜粉源植物。

其他用途 ｜ 顶羽菊地上部分入药（外用）。

● 菊苣 *Cichorium intybus* L.

科　　属 ｜ 菊科菊苣属

形态特征 ｜ 多年生草本植物，高40～150厘米。根肉质、短粗。茎直立，有棱，中空，多分枝。基生叶莲座状，花期生存，茎生叶少数，较小，卵状倒披针形至披针形，上部叶小，全缘；全部叶下面被疏粗毛或绢毛，无柄，叶互生。头状花序，总苞圆柱状，长8～14毫米；外层总苞片长短形状不一；花舌状，花冠蓝色，先端有5齿。瘦果顶端截形，冠毛短，鳞片状，顶端细齿裂。

生境分布 ｜ 菊苣耐寒、耐旱，喜生于阳光充足的田边、山坡等地。分布于北疆各地。

养蜂价值 ｜ 花期6—8月。数量多，生长集中，花期长，蜜粉较丰富，诱蜂力强，蜜蜂喜采，为夏、秋季辅助蜜粉源植物。

其他用途 ｜ 根含菊酸及芳香族物质，可提制代用咖啡；在医药上，从根中提取的苦味物质可提高消化器官的活动能力。

● 苣荬菜 *Sonchus* wightianus DC.

别　　名 ｜ 荬菜、野苦菜、野苦荬、苦荬菜、取麻菜、苣菜

科　　属 ｜ 菊科苦苣菜属

形态特征 ｜ 多年生草本，全株有乳汁。茎直立，高30～80厘米。少分枝，直立，平滑。多数叶互生，披针形或长圆状披针形。长8～20厘米，宽2～5厘米，先端钝，基部耳状抱茎，边缘有疏缺刻或浅裂，缺刻及裂片都具尖齿；基生叶具短柄，茎生叶无柄。头状花序顶生，单一或呈伞房状，直径2～4厘米，总苞钟形；花全为舌状花，鲜黄色；雄蕊5枚，花药合生；雌蕊1枚，子房下位，花柱纤细，柱头2裂，花柱与柱头都有白色腺毛。瘦果，有棱，侧扁，先端具多层白色冠毛。

生境分布 ｜ 生于海拔300～2 300米的山坡

草地、路旁、田野、村边或河边砾石滩等地。新疆各地均有分布。

养蜂价值 | 花期7—9月。数量多，花期长，蜜粉丰富，蜜蜂喜采，有利于蜂群秋季繁殖。花粉黄色，花粉粒长球形。

其他用途 | 可作牧草；可食野菜。

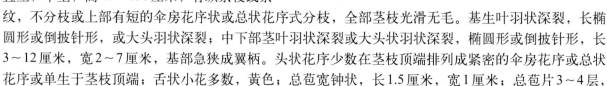

● 苦苣菜 *Sonchus oleraceus* L.

别　　名 | 苦菜、苦苣、扎库日
科　　属 | 菊科苦苣菜属
形态特征 | 一年生或二年生草本。茎直立，单生，高40～150厘米，有纵条棱或条纹，不分枝或上部有短的伞房花序状或总状花序式分枝，全部茎枝光滑无毛。基生叶羽状深裂，长椭圆形或倒披针形，或大头羽状深裂；中下部茎叶羽状深裂或大头状羽状深裂，椭圆形或倒披针形，长3～12厘米，宽2～7厘米，基部急狭成翼柄。头状花序少数在茎枝顶端排列成紧密的伞房花序或总状花序或单生于茎枝顶端；舌状小花多数，黄色；总苞宽钟状，长1.5厘米，宽1厘米；总苞片3～4层，覆瓦状排列，向内层渐长；外层长披针形，中、内层长披针形至线状披针形；全部总苞片顶端长急尖，外面无毛。瘦果褐色，长椭圆形，压扁。

生境分布 | 生于山坡草地、山谷林缘、路旁、田边及空旷处。新疆各地均有分布，北疆山区较多，乌鲁木齐、尼勒克、新源、昭苏、塔城等地较为集中。

养蜂价值 | 花期7—9月。数量较多，花期长，花色艳，蜜粉丰富，蜜蜂喜采，有利于蜂群繁殖和采集蜂蜜。花粉黄色，花粉粒椭圆形。

其他用途 | 可作饲草；可食野菜；全草入药。

● 沼生苦苣菜 *Sonchus palustris* L.

科　　属 | 菊科苦苣菜属
形态特征 | 多年生草本，高80～120厘米。茎直立，中空，不分枝，下无毛，上部及花序分枝及花序梗被稠密的头状具柄的腺毛。下部茎生叶披针形，长15～35厘米，宽5～20毫米，无柄，基部箭头状抱茎，侧裂片1～3对，披针形，顶端急尖，顶裂片三角形或三角状披针形；中部茎生叶小或较小，披针形，不分裂，顶端长渐尖，无柄，基部箭头状抱茎；上部及最上部茎生叶线状披针形或线形，不分裂；全部叶及叶裂片边缘有针刺状锯齿或细密针刺，两面光滑无毛。头状花序多数在茎枝顶端排成伞房状花序或伞房圆锥状花序；总苞宽钟状，长达1.5厘米，宽1厘米；总苞片3～4层，外层卵状披针形，全部总苞片顶端长急尖或稍钝，外面被稠密的头状具柄的腺毛；舌状小花多数，黄色。瘦果椭圆状，有5条高起的纵肋，冠毛白色。

生境分布 | 多生于沼泽地、河边或湖边。新疆各地均有分布；布尔津、阿勒泰、博乐、玛纳斯、奇台、伊吾、吐鲁番、麦盖提和乌什等地较多。

养蜂价值 | 花期7—8月。数量多，分布广，泌蜜丰富，蜜蜂喜采，有利于蜂群繁殖和采蜜。花粉黄褐色，花粉粒圆球形。

其他用途 | 全草入药。

● **全叶苦苣菜** *Sonchus transcaspicus* Nevski

科　属 | 菊科苦苣菜属

形态特征 | 多年生草本，有匍匐茎。茎直立，高20～80厘米，有细条纹，基部直径达6毫米，上部有伞房状花序分枝，全部茎枝光滑无毛，但在头状花序下部有蛛丝状柔毛。基生叶与茎生叶同形，中下部茎生叶灰绿色或青绿色，线形、长椭圆形、匙形、披针形或倒披针形或线状长椭圆形，长

4~27厘米，宽1~4厘米，顶端急尖或钝，基部渐狭，无柄，边缘全缘或有刺尖或凹齿或浅齿，两面光滑无毛；向上的及最上部的花序分叉处的叶渐小，与中下部茎生叶同形。头状花序少数或多数在茎枝顶端排成伞房花序；总苞钟状，长1~1.5厘米，宽1.5~2厘米；总苞片3~4层，外层披针形或三角形，中、内层渐长，长披针形或长椭圆状披针形，全部总苞片顶端急尖或钝，外面光滑无毛；全部舌状小花多数，黄色或淡黄色。瘦果椭圆形，暗褐色，压扁三棱形，冠毛白色。

　　生境分布 │ 生于海拔200~2 000米的地区，多生长于山坡草地、路旁、水边湿地及田边。

　　养蜂价值 │ 花期6—8月。数量较多，花期长，蜜粉丰富，蜜蜂喜采，有利于蜂群繁殖。花粉黄色，花粉圆球形。

　　其他用途 │ 嫩叶可作野菜；可作牧草。

● 花叶滇苦菜 *Sonchus asper* (L.) Hill.

　　别　　名 │ 刺菜、恶鸡婆、续断菊

　　科　　属 │ 菊科苦苣菜属

　　形态特征 │ 一年生或二年生草本。有纺锤状根。茎中空，直立高50~100厘米，下部无毛，中上部及顶端有稀疏腺毛。茎生叶片卵状狭长椭圆形，不分裂，缺刻状半裂或羽状分裂，裂片边缘密生长刺状尖齿，刺较长而硬，基不有扩大的圆耳。头状花序直径约2厘米，花序梗常有腺毛或初期有蛛丝状毛；总苞钟形或圆筒形，长1.2~1.5厘米；舌状花黄色，长约1.3厘米，舌片长约0.5厘米。瘦果，扁平。

　　生境分布 │ 生于旷野、田间、路旁。新疆各地均有分布。

　　养蜂价值 │ 花期7—8月。数量多，分布广，蜜粉丰富，蜜蜂喜采，有利于蜂群繁殖和采集杂花蜜。花粉黄色，花粉粒椭圆形。

　　其他用途 │ 可作牧草；全草入药。

● 长裂苦苣菜 *Sonchus brachyotus* DC.

　　别　　名 │ 苣荬菜、匍茎苦菜、苦荬菜、苦苦菜

　　科　　属 │ 菊科苦苣菜属

　　形态特征 │ 多年生草本，高50~100厘米，全株具乳汁。地下根状茎匍匐，故又名匍茎苦苣菜。地上茎直立，少分枝，平滑。叶互生；无柄；叶片宽披针形或长圆状披针形，边缘呈波状尖齿或有缺

刻，故又名长裂苦苣菜。头状花序少数在茎枝顶端排成伞房状花序；总苞钟状，长1.5～2厘米，宽1～1.5厘米；总苞片4～5层，最外层卵形，长6毫米，宽3毫米，中层长三角形至披针形，长9～13毫米，宽2.5～3毫米，内层长披针形，长1.5厘米，宽2毫米，全部总苞片顶端急尖，外面光滑无毛；舌状小花多数，黄色；舌片条形，先端齿裂。瘦果侧扁，有棱。

生境分布 ｜ 生于荒地、林带、路旁。分布于北疆各地，奇台、乌鲁木齐、霍城、伊宁和阿勒泰等地较多。

养蜂价值 ｜ 花期6月中旬至7月底。花期较长，数量较多，蜜粉丰富，蜜蜂喜采，有利于蜂群繁殖和采蜜。花粉黄色，花粉粒近球形。

其他用途 ｜ 全草入药。

● **褐苞三肋果** *Tripleurospermum ambiguum* (Ledeb.) Franch. et Sav.

别　　名 ｜ 三肋果三肋菊

科　　属 ｜ 菊科三肋果属

形态特征 ｜ 一年生或二年生草本。茎直立，高15～35厘米，不分枝或自基部分枝，有条纹，无毛。基部叶花期枯萎；茎下部和中部叶倒披针状矩圆形或矩圆形，三回羽状全裂，基部抱茎，裂片狭条形。头状花序异型，少数或多数单生于茎枝顶端，直径1～1.5厘米；花序梗顶端膨大且常疏生柔毛；

总苞半球形；总苞片2～3层，花托卵状圆锥形；花舌状，白色，短而宽，长4～6毫米，宽1.5～2毫米；管状花黄色，长约2毫米。瘦果褐色，有棱，顶端有冠状或鳞片状冠毛。

生境分布 | 生于亚高山草甸、河谷、沙地、干旱沙质山坡。分布于伊犁州直、阿勒泰地区。

养蜂价值 | 花果期6—7月。有粉有蜜，蜜蜂喜采，有利于蜜蜂繁殖。

其他用途 | 晒干后可作牧草。

● 野莴苣 *Lactuca serriola* Tomer ex L.

科　属 | 菊科莴苣属

形态特征 | 一年生草本，高30～150厘米，仅茎上部叶背面中脉及叶腋被稀疏的皮刺状硬毛外，其他处无毛。茎直立，上部分枝，白色或淡黄色。基生叶早枯未见；中下部茎生叶长圆形，羽状深裂，叶片稀疏并后弯，3～4对，前侧具齿多于后侧，尖端有小尖头，边缘略后卷；上部叶简化成卵状长圆形，不裂，先端渐尖，基部具耳，抱茎。头状花序排列成聚伞圆锥状；总苞圆筒状，总苞片1～5层，外层小，长卵形，向内渐长成线状披针形，顶端渐尖，边缘膜质，淡黄色；花序有花15～20朵，黄色，舌片长约3毫米。瘦果纺锤形，淡黄褐色。

生境分布 | 生于荒漠带的农田边。奇台、阜康、乌鲁木齐、玛纳斯、塔城，沙湾、尼勒克、新源、昭苏、鄯善和吐鲁番等地较多。

养蜂价值 | 花期6—8月。蜜粉丰富，蜜蜂喜采，有利于蜜蜂繁殖和取蜜。花粉黄色，花粉粒椭圆状。

其他用途 | 可作牧草。

● 莴苣 *Lactuca sativa* L.

科　属 | 菊科莴苣属

形态特征 | 一年生草本，高50～80厘米。

茎单生，直立，无毛或有时有白色茎刺，上部圆锥状花序分枝或自基部分枝。中下部茎生叶倒披针形或长椭圆形，长3～7.5厘米，宽1～4.5厘米，倒向羽状或羽状浅裂、半裂或深裂，有时茎生叶不裂，宽线形，无柄，基部箭头状抱茎；顶裂片与侧裂片等大，三角状卵形或菱形，或侧裂片集中在叶的下部或基部而顶裂片较长，宽线形；侧裂片3～6对，镰刀形、三角状镰刀形或卵状镰刀形，最下部茎生叶及接圆锥花序下部的叶与中下部茎生叶同形或披针形、线状披针形或线形；全部叶或裂片边缘有细齿或刺齿或细刺或全缘，下面沿中脉有刺毛，刺毛黄色。头状花序多数，在茎枝顶端排成圆锥状花序。总苞果期卵球

形，长1.2厘米，宽约6毫米；总苞片约5层，外层及最外层小，长1～2毫米，宽1毫米或不足1毫米，中、内层披针形，长7～12毫米，宽至2毫米，全部总苞片顶端急尖，外面无毛。舌状小花15～25枚，黄色。瘦果倒披针形，压扁，浅褐色，冠毛白色，微锯齿状。

生境分布 | 生于海拔700～1 800米的荒地、路旁、河滩砾石地、山坡及草地。主要分布于北疆各地，阜康、乌鲁木齐、玛纳斯、塔城、沙湾、尼勒克、新源、昭苏、鄯善和吐鲁番市高蜀区等地较多。

养蜂价值 | 花期7—8月。数量多，分布广，有蜜有粉，有利于蜂群繁殖和采蜜。花粉黄色，花粉粒长圆形。

其他用途 | 可作牧草。

● **暗苞风毛菊** *Saussurea schanginiana* (Wydl.) Fisch. ex Herd.

科　　属 | 菊科风毛菊属

形态特征 | 多年生草本，稀二年生，有时为半灌木，植株高30～150厘米。茎直立，单一或多数，疏被细毛和腺毛。基生叶具长柄，叶片披针形。头状花序具同形小花，生于茎枝顶端，排列成伞房状、总状或伞房圆锥状花序，有时单一；总苞筒状，外被蛛丝状毛，总苞片多层，外层较短小，顶端圆钝，中层和内层线形，顶端具膜质圆形的附片，背面和顶端通常紫红色；花管状，紫红色或粉红

色，顶端5裂。瘦果长椭圆形。

生境分布 | 生于海拔1 400～2 500米的高山草甸、冰碛石缝。分布于乌鲁木齐、伊犁州直等地。
养蜂价值 | 花期7月。有蜜有粉，蜜蜂喜采，是辅助蜜粉源植物。花粉淡黄色，花粉粒椭圆形。
其他用途 | 可供观赏。

● 新疆风毛菊 *Saussurea alberti* Regl. et Schmalh.

科　　属 | 菊科风毛菊属
形态特征 | 多年生草本，有沟纹，翼发育微弱，有时为半灌木。茎单一或多数。基生叶有柄，叶片椭圆状披针形或长圆状披针形，顶端急尖，边缘有波状锯齿，粗糙，有小刺毛，基部稍楔形，两面无毛，长7厘米，宽2.75厘米；茎生叶狭窄，边缘多少全缘，两面无毛，基部下延成翼。头状花序多数，有19～20朵小花，在弯曲的花枝顶端呈伞房花序状排列；总苞几乎圆柱状，外层卵形，中层长圆状披针形，内层几乎线形，全部总苞片顶端急尖，有小尖头，外面被蛛丝状柔毛，后变无毛。小花红色，长1.3厘米，细管部长7毫米。瘦果长圆形，有肋，顶端有小冠毛，冠毛2层。
生境分布 | 生于高山石坡、草原、含盐渍的草地及河边。分布于准噶尔盆地周边地区，乌鲁木齐、玛纳斯、奎屯、阿勒泰和布尔津等地较多。
养蜂价值 | 花期7—8月。数量多，分布广，花朵多，诱蜂力强，蜜蜂喜采，有利于蜂群繁殖和采蜜。花粉黄褐色，花粉粒圆球形。
其他用途 | 可供观赏。

● 天山风毛菊 *Saussurea larionowii* C. Winkl.

科　　属 | 菊科风毛菊属
形态特征 | 多年生草本，高15～30厘米。茎单生或数茎成簇生，直立，有棱，被灰白色短柔毛或几乎无毛，分枝或不分枝，通常有发育微弱的茎翼。基生叶有时早落，下部茎生叶有叶柄，柄长2～3厘米，叶片披针形、长圆状披针形或线状披针形，长5～10厘米，宽1～1.5厘米，边缘有波状锯齿，羽状浅裂或半裂，少全缘，上面及边缘有刺状刚毛，下面多少灰白色，被蛛丝状短柔毛或茸毛；中上部茎生叶渐小，无柄，多少下延。头状花序在茎枝顶端排成紧密直立的伞房花序或伞房圆锥花序；总苞狭

圆柱状，直径0.5～0.7厘米；总苞片4～5层，外层卵形，内层长圆状披针形，全部总苞片淡红色或绿色，外面被蛛丝状短柔毛或脱毛，顶端渐尖，有明显的中脉，中脉在顶端转变成直立或下弯的骨针状尖端。小花红色，长1.4厘米，细管部与檐部各长7毫米。瘦果无毛，顶端有小冠。冠毛2层，白色。

生境分布　｜　生于海拔1 600～2 800米的云杉林下、砾石山坡、石崖缝隙、高山草甸。分布于天山山区，奇台、木垒、乌鲁木齐、玛纳斯、沙湾、和静和库车等地较多。

养蜂价值　｜　花期7—8月。花期较长，蜜粉丰富，诱蜂力强，蜜蜂喜采，有利于蜂群繁殖和采蜜。

其他用途　｜　可供观赏。

● 北千里光 *Senecio dubitabilis* C. Jeffrey et Y. L. Chen

科　　属　｜　菊科千里光属

形态特征　｜　一年生草本。茎单生，直立，高5～30厘米，自基部或中部分枝；分枝直立或开展，无毛或有疏白色柔毛。叶无柄，匙形，长圆状披针形，长圆形至线形，长3～7厘米，宽0.3～2厘米，顶端钝至尖，羽状短细裂至具疏齿或全缘；下部叶基部狭成柄状；中部叶基通常稍扩大而成具不规则齿半抱茎的耳；上部叶较小，披针形至线形，有细齿或全缘，全部叶两面无毛。头状花序无舌状花，少数至多数，排列成顶生疏散伞房花序；花序梗细，长1.5~4厘米，无毛，或有疏柔毛，有1~2线状披针形小苞片；总苞几乎狭钟状，具外层苞片；苞片4~5层，线状钻形，短而尖，有时具黑色短尖头；总苞片约15枚，线形，草质，边缘狭膜质，背面无毛；管状花多数，花冠黄色，长6~6.5毫米，管部长4~4.5毫米，檐部圆筒状，短于筒部；花药线形，基部有极短的钝耳；附片卵状披针形；花药颈部柱状，向基部膨大；花柱顶端截形，有乳头状毛。瘦果圆柱形，密被柔毛，冠毛白色。

生境分布 │ 生于草原带或荒漠草原带的河谷、草甸、沙石地及轮歇地。主要分布于木垒、奇台、乌鲁木齐、和布克赛尔、博乐、温泉、吐鲁番和莎车及哈密等地。

养蜂价值 │ 花期5—7月。分布广，花期长，蜜粉丰富，蜜蜂喜采，有利于蜂群繁殖和采蜜。花粉黄色，花粉粒椭圆形。

其他用途 │ 全草入药。

● 近全缘千里光 *Senecio subdentatus*

科　　属 │ 菊科千里光属

形态特征 │ 一年生草本。茎单生，直立，高5~30厘米，自基部或中部分枝；分枝直立或开展，无毛。叶无柄，披针形至线形，长5~10厘米，宽0.3~2厘米，全缘或少有细齿，具中脉，深刻；全部叶基通常稍扩大而成具不规则齿半抱茎的耳；全部叶两面无毛。头状花序有舌状花，6~8朵，排列成顶生伞房花序；总苞几乎狭钟状，长6~7毫米，宽2.5~5毫米，具外层苞片；苞片4~5层，线状钻形，短而尖，有时具黑色短尖头；总苞片约15枚，线形，宽0.5~1毫米，尖，上端具细髯毛，有时变黑色，草质，边缘狭膜质，背面无毛；舌状花6~8朵，黄色，长6~6.5毫米；花药线形。瘦果圆柱形，密被柔毛。

生境分布 │ 生于戈壁、荒漠、沙丘等处。分布于新疆北部准噶尔盆地，古尔班通古特沙漠较多。

养蜂价值 │ 花期5月下旬至6月中旬。数量较多，花期较长，有蜜有粉，有利于蜂群繁殖。花粉深黄色，花粉粒椭圆形。

其他用途 │ 全草入药。

● 新疆千里光 *Senecio jacobaea* L.

科　　属 │ 菊科千里光属

形态特征 │ 多年生草本植物。下部茎生叶具柄，长圆状倒卵形，长达15厘米，宽3~4厘米，具钝齿或大头羽状浅裂；顶生裂片大，卵形，具齿，侧生裂片较小，3~4对，长圆状披针形，纸质，上面无毛，下面被疏蛛丝状毛；叶柄长3~4厘米，基部扩大；中部茎生叶无柄，较密集，羽状全裂，长8~10厘米，宽1~4厘米，顶生裂片不明显，侧裂片线状披针形至线形，稍斜上，钝，具齿或近全

缘，基部有撕裂状耳；上部叶同形，具疏齿或羽状浅裂。头状花序有舌状花，多数，排列成顶生复伞房花序；总苞宽钟状或半球形，长5～6毫米，宽5～7毫米，具外层苞片；苞片2～6层，线形；总苞片约13枚，长圆状披针形，宽1.5毫米，渐尖，草质，边缘狭干膜质，具3脉，背面近无毛；舌状花12～15朵，舌片黄色，长圆形，长8～9毫米，宽2～2.5毫米，顶端具3细齿，具4脉；管状花多数，花冠黄色，长6毫米，管部长2毫米，檐部漏斗状；裂片三角状卵形，花药线形，长2.5毫米，基部有稍尖的耳，附片卵状披针形；花柱分枝长1毫米，顶端截形，有乳头状毛。瘦果圆柱形，冠毛白色。

生境分布 ｜ 生于疏林、灌丛、沟畔或草地。分布于天山、准噶尔西部山地、阿尔泰山等地，乌鲁木齐、尼勒克、新源、阿勒泰和布尔津等地较多。

养蜂价值 ｜ 花期7—8月。数量多，花期长，蜜粉丰富，诱蜂力强，蜜蜂喜采，有利于蜂群繁殖和采蜜。花粉蛋黄色，花粉粒圆球形。

其他用途 ｜ 全草入药。

● **额河千里光** *Senecio argunensis* Turcz.

别　　名 ｜ 羽叶千里光、大蓬蒿、斩龙草

科　　属 ｜ 菊科千里光属

形态特征 ｜ 多年生草本。茎单生，直立，40～80厘米，被蛛丝状柔毛，有时多少脱毛，上部有

花序枝。基生叶和下部茎生叶在花期枯萎，通常凋落；中部茎生叶较密集，无柄，卵状长圆形至长圆形，长6～10厘米，宽3～6厘米，羽状全裂至羽状深裂，顶生裂片小而不明显，侧裂片约6对，狭披针形或线形，长1～2.5厘米，宽0.1～0.5厘米，钝至尖，边缘具1～2齿或狭细裂，纸质；上部叶渐小，顶端较尖，羽状分裂。头状花序有舌状花，多数，排列成顶生复伞房花序；花序梗细，长1～2.5厘米，有疏至密蛛丝状毛，有苞片和数个线状钻形小苞片；总苞近钟状，具外层苞片；苞片约10层，线形，总苞片约13枚，长圆状披针形，上端具短髯毛，草质，边缘宽干膜质，绿色或有时变紫色，背面被疏蛛丝状毛；舌状花10～13朵，管部长4毫米；舌片黄色，长圆状线形，长8～9毫米，宽2～3毫米，顶端钝，有3细齿，具4脉；管状花多数；花冠黄色，檐部漏斗状；裂片卵状长圆形；花药线形；花柱顶端截形，有乳头状毛。瘦果圆柱形，无毛，冠毛淡白色。

生境分布 ｜ 生于海拔800～3 300米的林缘、山地草坡、沟畔及灌丛中。分布于北疆各地；塔城、和布克赛尔、福海、布尔津、阿勒泰、富蕴等地较多。

养蜂价值 ｜ 花期8月中旬至10月初。花期长，花色艳，蜜粉丰富，诱蜂力强，蜜蜂喜采，有利于蜂群繁殖和采集越冬蜜。花粉蛋黄色，花粉粒椭圆形。

其他用途 ｜ 全草入药。

本属还有卷舌千里光（*S. subdentatus* Ledeb.），分布于全疆各地，也是辅助蜜粉源植物。

卷舌千里光

● **蓼子朴** *Inula salsoloides* (Turcz.) Ostenf.

别　　名 ｜ 沙地旋覆花、小叶旋覆花

科　　属 ｜ 菊科旋覆花属

形态特征 ｜ 多年生草本，高20～30厘米。茎直立或倾斜，多分枝。叶互生，微肉质，线状披针形或狭长圆形，长5～10毫米，宽1～2毫米，先端尖，基部抱茎，全缘，黄绿色。头状花序单生于

小枝顶端，直径1.5厘米；总苞狭细，长短不等，排列为数层，淡黄色；边缘为雌花，排列为1层，花冠舌状，黄色；中央为两性花，多数，花冠筒状，黄色。瘦果圆柱形，冠毛白色，不分歧；花托平，无被覆物。

生境分布 | 生于海拔500～2 000米的固定沙丘、农田、干河床及岸边。分布于伊犁谷地及塔克拉玛干沙漠边缘。

养蜂价值 | 花期7—8月。分布广，数量较多，有蜜有粉，有利于蜂群繁殖和采集蜂花粉。花粉黄色，花粉粒圆球形。

其他用途 | 全草及花入药；也是良好的固沙植物。

● **柳叶旋覆花** *Inula salicina* L.

别　　名 | 歌仙草
科　　属 | 菊科旋覆花属
形态特征 | 多年生草本，高30～70厘米。茎直立，不分枝或上部有2～3个花序枝，下部有疏或密的短硬毛。下部叶花期凋落；中部叶互生，较大，稍直立，椭圆形或长圆状披针形，长3～8厘米，宽1～1.5厘米，心形或有圆形小耳，半抱茎，顶端尖，边缘有密糙毛；上部叶较小。头状花序直径2.5～4厘米，单生于茎或枝端，常为密集的苞状叶所围绕；总苞半球形，直径1.2～1.5厘米；总苞片4～5层，长10～12毫米，外层稍短，披针形或匙状长圆形，下部革质，上部叶质且常稍红色，背面有密短毛，常有缘毛；内层线状披针形，渐尖，上部背面有密毛；舌状花较总苞长达2倍，舌片黄色，线形，长12～14毫米；管状花花冠长7～9毫米，有尖裂片。瘦果有细沟及棱，无毛。

生境分布 | 生于海拔800～1 700米山坡草地、半温润和湿润草地。分布于北疆山区，伊犁州直山区较多。

养蜂价值 | 花期7月下旬至9月上旬。花期长，花色艳，蜜多粉多，诱蜂力强，蜜蜂喜采，有利于蜂群繁殖和采蜜。花粉黄色，花粉粒长圆形。

其他用途 ｜ 可供观赏；花入药。

本属欧亚旋覆花（*I. britannica* L.）产于天山、阿尔泰山各地，亦为辅助蜜粉源植物。

● **准噶尔婆罗门参** *Tragopogon songoricus* S. Nikit.

科　　属 ｜ 菊科婆罗门参属

形态特征 ｜ 二年生草本，高18～50厘米。茎直立，自中部以上分枝或不分枝，无毛。基生叶与下部茎生叶线形，长8～20厘米，宽4～12毫米，基部宽，几乎抱茎，果期有时枯萎脱落；中部茎生叶线状披针形，基部宽扩，抱茎，先端渐尖；上部茎生叶椭圆状披针形。头状花序单生于茎顶，或植株含少数头状花序，但生于枝端。花序梗在果期不膨大；总苞圆柱状，长2～3厘米；总苞片1层，8～10枚，线状披针形，先端渐尖，基部棕褐色，有时基部被短柔毛，稍长于舌状小花；舌状小花黄色，干时浅蓝色。瘦果灰黑色，长1～1.2厘米，顶端急狭成细喙，冠毛污白色或污黄色。

生境分布 ｜ 生于林缘草地及荒漠草原。分布于富蕴、和布克赛尔、博乐、沙湾、木垒、奇台、巴里坤、霍城、尼勒克、巩留、昭苏和乌恰等地。

养蜂价值 ｜ 准噶尔婆罗门参花期6月初至7月上旬。分布较广，有蜜有粉，蜜蜂喜采，有利于蜂群繁殖。花粉淡黄色，花粉粒长圆形。

其他用途 ｜ 婆罗门参嫩茎叶可生食。

本属蒜叶婆罗门参（*T. porrifolius* L.），产于乌鲁木齐、阿勒泰和昭苏等地，也是辅助蜜粉源植物。

● **秋英** *Cosmos bipinnata* Cav.

| 别　　　名 | 波斯菊、格桑花、张大人花、大波斯菊、扫帚梅 |

别　　　名 ｜ 波斯菊、格桑花、张大人花、大波斯菊、扫帚梅

科　　　属 ｜ 菊科秋英属

形态特征 ｜ 一年生草本植物，植株高80～150厘米。细茎直立，分枝较多，光滑茎或具微毛。单叶对生，长约10厘米，二回羽状全裂，裂片狭线形，全缘无齿。头状花序着生在细长的花梗上，顶生或腋生；花直径5～8厘米；总苞片2层，内层边缘膜质；舌状花1轮，花瓣尖端呈齿状，花瓣8枚，有白色、粉色、深红色；筒状花占据花盘中央部分均为黄色。瘦果黑紫色，长8～12毫米，无毛，上端具喙。

生境分布 ｜ 喜光，耐干旱、瘠薄，喜排水良好的沙质土壤。新疆各地均有种植。

养蜂价值 ｜ 花期7—9月。分布广，数量多，花期长，蜜粉丰富，花色艳，诱蜂力强，蜜蜂喜采，是夏、秋季蜂群繁殖的良好辅助蜜粉源植物。花粉深黄色，花粉粒椭圆形。

其他用途 ｜ 庭院、道路绿化美化的首选种类；全草入药。

● 蓝花矢车菊　*Cyanus segetum* Hill

别　　　名 ｜ 蓝芙蓉、翠兰、荔枝菊

科　　　属 ｜ 菊科矢车菊属

形态特征 ｜ 一年生或二年生草本，高30～70厘米，直立，自中部分枝。全部茎枝灰白色，被薄蛛丝状卷毛。基生叶及下部茎生叶长椭圆状倒披针形或披针形，不分裂，边缘全缘、具疏锯齿至大头羽状分裂，侧裂片1～3对，长椭圆状披针形或线形，边缘全缘无锯齿，顶裂片较大，边缘有小锯齿；中部茎生叶线形或线状披针形，长4～9厘米，宽4～8毫米，无叶柄，边缘全缘；上部茎生叶与中部茎生叶同形，但渐小；全部茎生叶两面异色或近异色，上面绿色或灰绿色，被稀疏蛛丝状毛或脱毛。头状花序多数或少数在茎枝顶端排成伞房花序或圆锥花序；总苞椭圆状，直径1～1.5厘米，有稀疏蛛丝状毛；总苞片约7层，全部总苞片由外向内为椭圆形至长椭圆形，外层与中层包括顶端附属物长3～6毫米，宽2～4毫米；边花增大，超长于中央盘花，蓝色、白色、红色或紫色，檐部5～8裂，盘花浅蓝色或红色。瘦果椭圆形，有细条纹，被稀疏的白色柔毛。

生境分布 ｜ 较耐寒、喜冷凉、忌炎热。喜肥沃、疏松和排水良好的沙质土壤。伊犁地区有分布。新疆各地有栽培。

养蜂价值 ｜ 花果期7—8月。分布广，数量多，蜜粉丰富，诱蜂力强，有利于蜂群繁殖，是很好的辅助蜜粉源植物。花粉黄褐色，花粉粒长圆形。

其他用途 ｜ 可供观赏；花入药。

● 针刺矢车菊 *Centaurea iberica* Trev.

科　　属 | 菊科疆矢车菊属

形态特征 | 二年生草本，高20～80厘米。茎直立，自中部以上分枝，全部茎枝灰绿色，被稀疏的节毛。基生叶大头羽状深裂至大头羽状全裂，有叶柄，早落；中部茎生叶羽状深裂至全裂，无叶柄；侧裂片约4对，全部侧裂片倒披针形或线状倒披针形，顶端钝或急尖，顶端有软骨质小尖头，边缘有不明显的细尖齿，向上的叶渐小，接头状花序；下部的叶常不裂，倒披针形或长椭圆状倒披针形，边缘有锯齿。头状花序含多数小花，多数生于茎枝顶端，但不形成明显的伞房花序或伞房圆锥花序式排列；总苞卵形或卵球形，直径1～1.8厘米；总苞片6～7层，绿色或黄绿色，外层与中层宽卵形至卵状椭圆形，顶端附属物针刺化，针刺3～5掌状分裂，中间的主针刺长，较侧针刺粗而硬，长三角形，平展，全部针刺淡黄色；内层苞片椭圆形，顶端附属物白色膜质；小花红色或紫色，边花稍增大。瘦果椭圆形，被微柔毛。

生境分布 | 生于海拔500～1 200米的砾石山坡、河谷、路旁等处。天山、准噶尔西部阿拉套山有分布，特克斯、巩留、伊宁、塔城和库车等地较多。

养蜂价值 | 花期7—8月。花期长，花色艳，蜜粉丰富，诱蜂力强，蜜蜂爱采，有利于蜂群繁殖和采蜜。花粉黄褐色，花粉粒长球形。

其他用途 | 可供观赏。

● 欧亚矢车菊 *Centaurea ruthenica* Lam.

科　　属 | 菊科黄矢车菊属

形态特征 | 多年生草本，高80～110厘米。根直伸。茎直立，单生或少数茎成簇生，上部少分枝或不分枝，光滑无毛。基生叶与下部茎生叶倒披针形，长达17厘米，宽达8厘米，羽状全裂，有长叶柄；侧裂片8～10对，全部裂片边缘有锯齿或重锯齿，齿顶有软骨质的白色短刺尖；中部

及上部茎生叶渐小，与基生叶及下部茎生叶同形，但渐小，无叶柄；全部叶两面绿色，光滑无毛。头状花序少数（2～3个）生于茎枝顶端，不形成明显的伞房花序；总苞含多数小花，卵状或碗状，直径2.5～3厘米；总苞片约6层，覆瓦状排列，向内层渐长，外层宽卵形；全部小花黄色，边花不增大。瘦果长椭圆形，上部多少有横皱纹。

生境分布 ｜ 生于海拔1 200～1 900米的山坡草地或山沟近水处。天山、准噶尔盆地、阿拉套山及阿尔泰山均有分布，昭苏、塔城、布尔津、阿勒泰等地较为集中。

养蜂价值 ｜ 花期7—9月。数量多，分布广，花期长，蜜粉丰富，蜜蜂喜采，有利于蜂群繁殖和采集商品蜜。

其他用途 ｜ 可供观赏；花入药。

本属还有糙叶矢车菊（*C. adpressa* Ldb.）、小花矢车菊（*C. squarosa* Willd.）、准噶尔矢车菊（*C. dschungarica* Shih）、天山矢车菊（*C. kasakorum* Iljin），产于天山、阿尔泰山、准噶尔盆地及阿拉套山地海拔400～1 500米的山坡草地及荒漠草原等处，均为较好的辅助蜜粉源植物。

● 薄叶翅膜菊 *Alfredia acantholepis* Kar. et Kir.

别 名 ｜ 土升麻、亚飞廉

科 属 ｜ 菊科翅膜菊属

形态特征 ｜ 多年生草本，高40～120厘米。茎单生，直立，粗壮，通常不分枝，或有单一的长分枝，紫红色，有条棱，基部直径约1厘米，被稀疏的贴伏白色秕糠状长毛。基生叶与下部茎生叶大头羽状深裂，下部渐窄成长8～10厘米的翼柄；侧裂片2～3对，偏斜半卵形或半椭圆形，顶裂片卵形或长卵状心形，长11～13厘米，宽6～8厘米，基部心形或平截；中部茎生叶与下部及基部茎生叶等样分裂，但无柄；上部茎生叶常为倒琴状，无柄，基部圆形扩大，半抱茎；全部叶质地薄，草质，边缘通常为稠密的缘毛状针刺，两面异色，上面绿色，粗涩，被稀疏的长或短糙毛，下面灰白色，被密厚的白色茸毛。头状花序单生于茎顶或植株生2个头状花序，花序枝细长，总苞宽钟状，直径4～6厘米。总苞片多层，多数，中外层质地坚硬，骨针状，外层披针形，长达1.2厘米，下部边缘两侧有褐色的长2～3毫米的骨针状针刺，中层披针形；最内层线状披针形，长3厘米，宽3毫米，硬膜质，边缘无附属物；全部苞片外面或仅中、外层外面被黑色贴伏的长毛；小花黄色，花冠长2.2厘米，5浅裂，裂片长三角形。瘦果压扁，淡米黄色，偏斜倒长卵状。

生境分布 ｜ 生于海拔1 500～2 200米的草原、草甸、疏林中及阴湿处。分布于乌鲁木齐、玛纳斯、沙湾、新源、尼勒克、伊宁、昭苏及乌恰等地。

养蜂价值 │ 花期7—8月。数量多，分布广，花期长，有蜜有粉，蜜蜂喜采，有利于蜂群繁殖和采蜜。花粉黄色，花粉粒椭圆形。

其他用途 │ 可供观赏，可作饲草。

● 厚叶翅膜菊 *Alfredia nivea*

别　　名 │ 白背亚飞廉

科　　属 │ 菊科翅膜菊属

形态特征 │ 多年生草本，高35~65厘米。茎直立，粗壮，不分枝或上部有1个长分枝，有多数条棱，通常被贴伏的蛛丝状薄茸毛。基部叶和下部茎生叶长椭圆形或长椭圆状披针形，长15~30厘米，宽4~7厘米，羽状浅裂或几乎半裂，基部渐狭成具翼的长或短的叶柄；侧裂片6~8对。中部茎叶与下部及基部茎叶同形，但较小，无柄或有短翼柄，半抱茎。最上部茎叶或接头状花序下部的叶更小，长披针形，长8厘米，宽1厘米，边缘有稀疏针刺。全部茎叶质地坚硬，革质，两面异色，上面绿色，光滑，无毛，下面灰白色，被密厚茸毛。头状花序单生于茎端或植株生2个头状花序，下垂，花序枝粗壮；总苞钟状，直径5~6厘米。总苞片多层，多数。中、外层坚硬，革质；外层骨针状，黄褐色，基部边缘有膜质撕裂的附片；中层长三角状披针形，骨针状；最内层线形或线状披针形，硬膜质，全缘，顶端渐尖。小花紫色，长2.2厘米，檐部长1.5厘米，5浅裂，裂片长三角形，长2毫米，细管部长7毫米。瘦果长椭圆形，淡黄白色，有褐色色斑，冠毛多层，褐色。

生境分布 │ 生于海拔1 500~2 400米的山坡草地。分布于天山及准噶尔西部山区。奇台、乌鲁木齐、玛纳斯、霍城、察布查尔、昭苏、温泉、博乐、托里和裕民等地较多。

养蜂价值 │ 花期6月上旬至7月上旬。数量较多，花期较长，花色艳，有蜜有粉，诱蜂力强，蜜蜂喜采，有利于蜂群繁殖和采蜜。花粉黄褐色，花粉粒椭圆形。

其他用途 │ 种子入药。

● 阿尔泰多榔菊 *Doronicum altaicum* Pall.

科　　属 │ 菊科多榔菊属

形态特征 │ 多年生草本，高20~60厘米。茎单生，直立，不分枝，绿色，具纵条棱，被疏短腺状毛。叶全缘或具疏短齿，钝或稍尖，两面无毛或下面及边缘有疏短毛。基生叶长圆状卵形，无柄或具宽翅短柄，半抱茎；上部叶渐小，卵形或卵状披针形，稀线状披针形。头状花序单生于茎端，连同

舌状花直径5~6厘米；总苞半球形，外层总苞片披针形或披针状线形，全部长渐尖，背面及边缘被疏或较密腺毛。舌状花长1.8~3厘米，淡黄色，外面被密腺毛；花冠深黄色；檐部钟状，5齿裂，裂片卵形，顶端尖；花药颈部圆柱形。瘦果圆柱形，有10棱，褐色，冠毛白色。

生境分布 ｜ 生于海拔1 300~2 600米的高山阴坡、灌丛石缝或云杉林下，常生于山坡。北疆山区均有分布，阿勒泰地区分布较多。

养蜂价值 ｜ 花期6—7月。数量较多，分布较广，花色艳丽，蜜蜂喜采，有利于蜂群繁殖和采蜜。花粉黄褐色，花粉粒近球形。

其他用途 ｜ 花入药。

本属还有长圆叶多榔菊（*D. oblongifolium* DC.），分布于北疆天山、阿尔泰山及准噶尔西部山区；中亚多榔菊（*D. turkestanicum* Cavill.）分布于天山北部山区。这两种植物均为辅助蜜粉源植物。

● 粉苞菊 *Chondrilla piptocoma* Fisch. et Mey.

科　　属 ｜ 菊科粉苞菊属

形态特征 ｜ 多年生草本，高35~80厘米。茎下部淡红色，木质化，被稠密的蛛丝状柔毛，上部与分枝被蛛丝状柔毛或无毛。下部茎叶长椭圆状倒卵形或长椭圆状倒披针形，长3.5~5厘米，宽约4毫米，倒向羽裂或边缘有稀疏锯齿，早枯；中部与上部茎叶线状丝形至狭线形，长4~6厘米，宽0.5~1毫米，边缘全缘；全部叶被蛛丝状柔毛或无毛。头状花序单生于枝端，果期长11~13毫米；外层总苞片小，椭圆状卵形，长1~2毫米，宽不足0.5毫米，内层总苞片8~9枚，披针状线形，长9~12毫米，宽约0.3毫米，外面被蛛丝状柔毛或淡绿色，无毛；舌状小花9~12朵，黄色。瘦果狭圆

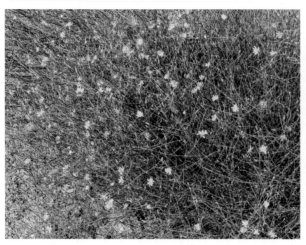

柱状，长3～5毫米，冠毛白色。

生境分布 | 生于海拔1 100～2 200米沟谷旁、路旁、河漫滩砾石地带。分布于南疆和天山北坡以及准噶尔盆地西部地区，乌鲁木齐、塔城、温泉、察布查尔、鄯善、乌恰、阿克陶、塔什库尔干塔什库尔干塔吉克自治县，简称"塔什库尔干县"、英吉沙及哈密等地较多。

养蜂价值 | 花期6—9月。数量多，分布广，花期长，蜜粉丰富，蜜蜂爱采，有利于蜂群繁殖和采蜜。花粉黄色，花粉粒椭圆形。

其他用途 | 可作牧草。

● 暗苞粉苞菊 *Chondrilla phaeocephala* Rupr.

科　　属 | 菊科粉苞菊属

形态特征 | 多年生草本，高30～80厘米。茎直立，下部稍带红色，无毛或被蛛丝状柔毛及稍多的短刚毛，有时刚毛达分枝之上，自基部多分枝，分枝细，无毛或被蛛丝状短柔毛。下部茎叶长椭圆形，大头羽裂或齿裂，稀全缘，长4～4.5厘米，宽2～10毫米，下部边缘及下面沿中脉有刚毛。中部和上部茎叶长椭圆状线形或线形，有时几乎为丝状，长2～4厘米，宽1.5毫米，边缘全缘，无毛或被蛛丝状柔毛，有时边缘有个别的刚毛。头状花序果期长12～15毫米，含舌状小花10～12朵。外层总苞片5枚，卵状披针形，长1.5～2.5毫米，宽不足0.5毫米；内层总苞片8枚，长椭圆状披针形，长8～12毫米，宽约1毫米，暗绿色，有时几乎黑色，外面被多少稠密的蛛丝状柔毛，沿中脉或仅沿中脉上部

有黑色或淡黑色长刚毛或无刚毛。舌状小花黄色。瘦果长3～5毫米，无任何突起或上部有个别小瘤状突起，冠鳞5枚，不分裂或3齿裂，中裂片大而顶端圆形，有时冠鳞不发育或无冠鳞。

生境分布 ｜ 生于海拔900～2 600米的沟谷、路旁及荒漠砾石地。分布于新疆各地，乌鲁木齐、哈密及拜城等地较多。

养蜂价值 ｜ 花期7—9月。数量多，分布广，花期较长，蜜粉丰富，蜜蜂喜采，有利于蜂群繁殖和采蜜。花粉黄色，花粉粒圆球形。

其他用途 ｜ 可供观赏。

● 北疆粉苞菊 *Chondrilla lejosperma* Kar. et Kir.

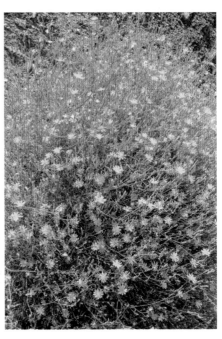

别　　名 ｜ 中亚粉苞菊

科　　属 ｜ 菊科粉苞菊属

形态特征 ｜ 多年生草本，高30～120厘米。茎下部稍带红色，被多少稠密的蛛丝状柔毛，有时带个别硬毛，自基部多分枝，分枝无毛或被柔毛。下部茎叶长椭圆形或披针形，长3～10厘米，宽0.4～1.2厘米，边缘有锯齿或稍倒向羽裂，少全缘，无毛或被蛛丝状柔毛；中部和上部茎叶狭线形、长椭圆状线形至线形或披针形，长1.5～5厘米，宽1～2(5)毫米，全缘，带灰蓝色，无毛或被蛛丝状柔毛。头状花序果期长13～16毫米，含9～11朵舌状小花。外层总苞片4～5枚，披针形，长2.5～3毫米，宽0.5毫米或不足0.5毫米；内层总苞片8枚，披针状线形，长10～13毫米，外面沿中脉全部或上部有时有刚毛；全部总苞片绿色，外面被稠密的蛛丝状短柔毛。舌状小花黄色。瘦果长3～5毫米，上部有2～3列鳞片状或瘤状突起，位于较上方的突起较大，3齿裂状，冠鳞5枚，3齿裂，中齿较大；喙长1.3～3毫米，关节高出齿裂；冠毛白色，长5～8毫米。

生境分布 ｜ 生于海拔700～1 800米的路旁、渠旁、山坡。分布于天山北部、阿勒泰地区，木垒、奇台、乌鲁木齐、阿勒泰、哈巴河、布尔津、伊宁、霍城和巩留等地较多。

养蜂价值 ｜ 花期6月初至8月中旬。数量多，花期长，蜜粉丰富，蜜蜂喜采，有利于蜂群繁殖和采蜜。花粉黄色，花粉粒长球形。

其他用途 ｜ 可作牧草。

● 两色金鸡菊 *Coreopsis tinctoria* Nutt.

别　　名	雪菊、蛇目菊、昆仑雪菊、高寒雪菊、高山雪菊、克里阳雪菊

科　　属 ｜ 菊科金鸡菊属

形态特征 ｜ 一年生草本植物，高达50厘米。茎平卧或斜升，多少被毛。叶菱状卵形或长圆状卵形，长1.2～2.5厘米，全缘，少有具齿，两面被疏贴短毛；叶对生，基生叶二至三回羽状深裂，裂片呈披针形，上部叶片无叶柄而有翅，基部叶片有长柄。头状花序着生在纤细的枝条顶部，有总梗，常数个花序组成聚伞花丛，花序直径2～4厘米；舌状花单轮，花瓣6～8枚，黄色，基部或中下部红褐色，两性花紫褐色，顶端5齿裂；托叶膜质，长圆状披针形；雌花瘦果扁压，三棱形，顶端具3芒刺；总苞片2层，被毛，内层长于外层。瘦果纺锤形。

生境分布 ｜ 生于3 000米以上的冰峰峭崖中。分布于昆仑山区，和田、喀什、民丰、于田、策勒、皮山、叶城、莎车、塔什库尔干和阿克陶等地较多。近年来，南疆上述地区及乌鲁木齐、昌吉等地引种，进行了人工栽培，面积较大。

养蜂价值 ｜ 高山雪菊花期7—9月，长达3个月。平均每株开花百余朵，数量较多，分布广，花期长，花色艳，有蜜有粉，有利于蜂群的繁殖和取蜜。花粉淡黄色，花粉粒近球形。

其他用途 ｜ 花药用。

● 万寿菊 *Tagetes erecta* L.

科　　属 ｜ 菊科万寿菊属

形态特征 ｜ 一年生草本，高50～150厘米。茎直立，粗壮，具纵细条棱，分枝向上平展。叶羽状分裂，长5～10厘米，宽4～8厘米，裂片长椭圆形或披针形，边缘具锐锯齿，上部叶裂片的齿端有长细芒；沿叶缘有少数腺体。头状花序单生，直径5～8厘米，花序梗顶端棍棒状膨大；总苞长1.8～2厘米，宽1～1.5厘米，杯状，顶端具齿尖；舌状花黄色或暗橙色，长2.9厘米，舌片倒卵形，长1.4厘米，宽1.2厘米，基部收

缩成长爪，顶端微弯缺；管状花花冠黄色，长约9毫米，顶端具5齿裂。瘦果线形，基部缩小，黑色或褐色，长8～11毫米，被短微毛；冠毛有1～2枚长芒和2～3枚短而钝的鳞片。

生境分布｜喜温暖，向阳，能耐早霜，耐半阴，抗性强，对土壤要求不严，耐移植。新疆各地均有栽培。

养蜂价值｜花期7—9月。分布广，数量多，花期长，花色艳，花粉较多，有利于蜂群的繁殖。花粉蛋黄色，花粉粒椭圆形。

其他用途｜花入药；花可萃取提炼出叶黄素油膏，可用作饲料添加剂和食品添加剂。

● 阿尔泰狗娃花　*Aster altaicus* Willd.

别　　名｜阿尔泰紫菀

科　　属｜菊科紫菀属

形态特征｜多年生草本，茎直立，高30～60厘米。有分枝，被腺点及毛。叶互生，下部叶条形或长圆状披针形，长2.5～6厘米，宽0.7～1.5厘米，全缘或有疏浅齿，两面或下面被粗毛或细毛，常有腺点，上部叶渐小，条形。头状花序，生于枝端排成伞房状；总苞半球形，总苞片2～3层，近等长或外层稍短，长圆状披针形或条形，草质，被毛，常有腺，边缘膜质；舌状花约20朵，舌片浅蓝紫色，长圆状条形，长10～15毫米，宽1.5～2.5毫米；中央为管状花，黄色。裂片5枚，其中1裂片较长，被疏毛。瘦果扁，倒卵状长圆形。

生境分布｜生于山地草原、河谷岸边、低山湿地，有的成片生长。分布于阿尔泰山和天山北坡。

养蜂价值｜花期7—9月。数量多，分布广，花粉丰富，蜜蜂爱采，有利于繁殖越冬蜂。花粉黄色，花粉粒长球形。

其他用途｜全草入药。

● 高山紫菀 *Aster alpinus* L.

别　　名 | 高岭紫菀
科　　属 | 菊科紫菀属
形态特征 | 多年生草本。根状茎粗壮，直立，高10～35厘米，不分枝，被密或疏毛，下部有密集的叶。下部叶在花期生存，匙状或线状长圆形，长1～10厘米，宽0.4～1.5厘米，全缘，顶端圆形或稍尖；中部叶长圆状披针形或近线形，下部渐狭，无柄；上部叶狭小，直立或稍开展；全部叶被柔毛，或稍有腺点；中脉及三出脉在下面稍突出。头状花序在茎端单生，直径3～3.5厘米或达5厘米。总苞半球形，直径15～20毫米，长6～8毫米；总苞片2～3层，等长或外层稍短，顶端圆形或钝，边缘常紫红色，长6～8毫米，宽1.5～2.5毫米，被密或疏柔毛。舌状花35～40朵，管部长约2.5毫米，舌片紫色、蓝色或浅红色，长10～16毫米，宽2.5毫米。管状花花冠黄色，长5.5～6毫米；冠毛白色。瘦果长圆形，基部较狭，褐色，被密绢毛。

生境分布 | 生于海拔1000～2300米的山地草原和草甸中。分布于新疆北部各地，木垒、奇台、乌鲁木齐、青河、托里、和静、新源和昭苏等地较多。

养蜂价值 | 花期7月下旬至9月下旬。数量较多，分布较广，花期长，花色艳，诱蜂力强，有利于越冬蜂群的繁殖和采集越冬蜜。花粉黄褐色，花粉粒长圆形。

其他用途 | 可作牧草；全草可药用。

● 荷兰菊 *Aster novi-belgii* L.

别　　名 | 柳叶菊、纽约紫菀
科　　属 | 菊科紫菀属
形态特征 | 多年生草本植物，高50～100厘米。须根较多，有地下走茎；茎丛生、多分枝。叶卵状披针形，光滑，幼嫩时微呈紫色，无柄，半抱茎，长5～8厘米，宽0.5～1.2厘米。头状花序，单生于枝顶或排列成伞房状；苞片周缘为膜质，舌状花多数，蓝紫色；中央为管状花，多数，黄色。瘦果扁平，冠毛污白色。

生境分布 | 耐寒、耐旱，对土壤要求不严，适宜在肥沃和疏松的沙质土壤生长。新疆各地均有栽培。

养蜂价值 | 花期8月下旬至10月上旬。花期长，有蜜有粉，蜜蜂喜采，有利于越冬蜂的繁殖。花粉蛋黄色，花粉粒圆球形。

其他用途 | 可作盆栽观赏花和花坛种植，也可作花篮、插花的配花。

● **兴安乳菀** *Galatella dahurica* DC.

科　　属 | 菊科乳菀属

形态特征 | 多年生草本，高30～60厘米。茎单生或数个，直立或基部稍斜升，近无毛，上部分枝，分枝较细弱，弧状内弯，呈伞房状或近帚状。叶较密集，斜上，下部叶花后常枯萎，中部叶长圆状披针形或披针形，长4～7厘米，宽4～6毫米，顶端渐尖或长渐尖，具3条脉；上部叶渐小。头状花序较多数，在茎和枝端排列成密或较疏的伞房状花序，每个花序枝有1～5个头状花序，常有1～3枚线形小苞片；总苞片3～4层，覆瓦状，外层较小，披针形或卵状披针形，叶质，淡绿色，顶端尖；舌状花10～14朵，舌片淡紫色，长圆形，顶端具3齿；中央管状花多数，淡黄色，檐部窄锥形，5裂；花柱分枝。瘦果长圆形，冠毛白色。

生境分布 | 常生于海拔500～1 800米的干燥山坡、戈壁滩地、渠旁或路边。分布于北疆各地，富蕴、青河、阿勒泰、托里、巩留、尼勒克、乌苏、呼图壁和乌鲁木齐等地较多。

养蜂价值 | 花期7—9月。数量较多，分布较广，花期较长，蜜蜂喜采，有利于蜂群繁殖和采蜜。花粉黄色，花粉粒长球形。

其他用途 | 可供观赏；全草入药。

● 碱菀 *Tripolium pannonicum* (Jacquin) Dobroczajeva

别　　名 ｜ 竹叶菊、铁杆蒿、金盏菜

科　　属 ｜ 菊科碱菀属

形态特征 ｜ 一年生草本，高20～60厘米。茎直立，平滑，有棱，基部带红色，单一或自基部分枝。叶互生，稍肉质，披针状线形或线形，长5～10厘米，宽3～5毫米，基部渐狭，先端尖，全缘或有疏齿。头状花序异性，放射状，于枝顶作伞房花序式排列；总苞片2～3层，绿色，边缘常带红色；缘花1列，雌性，舌状，舌片蓝紫色或浅红色，舌片长10～12毫米，宽2毫米；顶端具3齿；盘花多数，两性，管状，花冠顶端有5个不等长的裂片；瘦果圆柱形，具厚边肋，两面各有一细肋；冠毛多列，不等长，白色或浅红色，花后延长。

生境分布 ｜ 多生于盐碱湿地、荒漠、河边、路边。分布于新疆各地，奇台、阜康、玛纳斯、奎屯和乌苏等地较多。

养蜂价值 ｜ 花期8—9月。数量虽不多，但花期长，花朵多，有蜜有粉，诱蜂力强，蜜蜂喜采，有利于蜂群繁殖和采蜜。花粉黄色，花粉粒圆球形。

其他用途 ｜ 可作牧草。

● 金光菊 *Rudbeckia laciniata* L.

别　　名 ｜ 黑眼菊、黄菊、黄菊花、假向日葵

科　　属 ｜ 菊科金光菊属

形态特征 ｜ 多年生草本，高50～200厘米。茎上部有分枝，无毛或稍有短糙毛。叶互生，无毛或被疏短毛。下部叶具叶柄，不分裂或羽状5～7深裂，裂片长圆状披针形，顶端尖，边缘具不等的疏锯齿或浅裂；中部叶3～5深裂，上部叶不分裂，卵形，顶端尖，全缘或有少数粗齿，背面边缘被短糙毛。头状花序单生于枝端，具长花序梗，直径7～12厘米；总苞半球形；总苞片2层，长圆形，长7～10毫米，上端尖，稍弯曲，被短毛；花托球形，托片顶端截形，被毛，与瘦果等长；舌状花金黄色，舌片倒披针形，长约为总苞片的2倍，顶端具2短齿；管状花黄色或黄绿色。瘦果无毛，压扁，稍有4棱，顶端有具4齿的小冠。

生境分布 ｜ 适应性强，耐寒又耐旱。新疆各地均有栽培。

　　养蜂价值｜花期7—9月。数量多，花期长，花粉较多，蜜蜂喜采，有利于城市养蜂蜂群的繁殖。花粉黄褐色，花粉粒长球形。
　　其他用途｜可作园林观赏植物。

● 新疆亚菊　*Ajania fastigiata* (C. Winkl.) Poljak.

　　别　　名｜伪蒿
　　科　　属｜菊科亚菊属
　　形态特征｜多年生草本，高30～90厘米。茎直立，单生或少数茎成簇生，自中部分枝或仅上部有短伞房状花序分枝。全部茎枝有短柔毛。全株有较多的叶，下部茎叶花期枯萎；中部茎叶宽三角状卵形，长3～4厘米，宽2～3厘米，二回羽状全裂，一回侧裂片2～3对，末回裂片长椭圆形或倒披针形，宽1～2毫米；上部叶渐小，接花序下部的叶通常羽状分裂；全部叶有柄，柄长1厘米，两面同色，灰白色，被稠密贴伏的短柔毛。头状花序多数，在茎顶或枝端排成稠密的复伞房花序；总苞钟状，直径2.5～4毫米，麦秆黄色，有光泽；总苞片4层，外层线形，长2.5～3.5毫米，基部被微毛，中、内层椭圆形或倒披针形，长3～4毫米；全部苞片边缘膜质，白色，顶端钝；边缘雌花约8枚，花冠细管状，顶端3齿裂。两性花花冠长1.8～2.5毫米。瘦果长1～1.5毫米。

　　生境分布｜生于海拔1 000～2 260米的山地草原、草甸草原及半荒漠和林下。分布于天山北坡和阿尔泰山，乌鲁木齐、奇台、巩留、特克斯、阿勒泰、青河和富蕴等地较多。

　　养蜂价值｜花期8—9月。数量多，分布广，花期长，有蜜有粉，有利于秋季蜂群繁殖。

花粉黄色，花粉粒圆球形。

其他用途 | 中等质量牧草。

● 山柳菊 *Hieracium umbellatum* L.

别　　名 | 伞花山柳菊
科　　属 | 菊科山柳菊属
形态特征 | 多年生草本，高40～120厘米。茎直立，通常不分枝，被细毛。基生叶在花期枯萎；茎生叶互生，无柄，长圆状披针形或披针形，长3～9厘米，宽0.5～1.5厘米，先端急尖至渐尖，基部楔形至圆形，具疏大齿，稀全缘，边缘和下面沿脉具短毛。头状花序多数，排成伞房状，梗密被细毛；总苞片3～4层；外层总苞片短，披针形，下部具短毛，内层总苞片长圆状披针形，长8～10毫米；舌状花黄色，长15～20毫米，舌片先端5齿裂。瘦果圆筒形，紫褐色，具10条棱，冠毛浅棕色。

生境分布 | 生于海拔1 680～2 200米的山坡林下、林中空地及河谷等处。北疆山区均有分布，尼勒克、新源、特克斯、阿勒泰和富蕴等地较多。

养蜂价值 | 花期7—8月。数量多，分布广，花期长，蜜粉丰富，诱蜂力强，有利于蜂群繁殖和山区杂花蜜的采集。花粉蛋黄色，花粉粒近球形。

其他用途 | 全草和根入药。

本属的新疆山柳菊（*H. korshinskyi* Zahn.）、粗毛山柳菊（*H. virosum* Pall.）、亚洲山柳菊（*H. asiaticum* Naeg. et Peter.）、卵叶山柳菊（*H. regelianum* Zahn.）和棕毛山柳菊（*H. procerum* Fries）均产于北疆山区，皆为较好的辅助蜜粉源植物。

● 琉苞菊 *Centaurea pulchella* Ledeb.

科　　属 ｜ 菊科疆矢车菊菊属

形态特征 ｜ 一年生草本，高20～70厘米。茎直立，上部多分枝，分枝纤细，斜升，黄色或淡白色，上部被白色蛛丝状毛，向上几乎无毛。基生叶长椭圆状披针形；中下部茎叶披针形或线状披针形，长2～3厘米，宽2～5毫米，基部渐窄，无柄，边缘全缘，无锯齿或有小锯齿；上部茎叶渐小。全部茎叶两面绿色，两面被稀疏蛛丝状毛及乳突状短毛。头状花序多数在茎枝顶端排成伞房花序或圆锥花序；总苞碗状或长卵形，直径4～6毫米；总苞片通常12～13层，覆瓦状排列，黄绿色，外层与中层不包括顶端附属物卵形、长卵形；全部总苞片顶端有白色透明的膜质附属物；边花无性，花冠长8毫米，无明显的檐部与细管部的分别，漏斗状，顶端3齿裂，中央两性花，花冠长1厘米，细管部较粗，5裂。瘦果倒卵状，无肋棱，平整，被稀疏的白色柔毛，顶端截形。

生境分布 ｜ 生长于海拔700～2 400米的山坡、沙地或荒漠地区。分布于北疆各地，阿勒泰、福海、奇台、吉木萨尔、昌吉、玛纳斯和石河子等地较多。

养蜂价值 ｜ 花期6月上旬至7月上旬。有蜜有粉，蜜蜂爱采，有利于蜂群繁殖。

其他用途 ｜ 可作牧草。

● 火绒草 *Leontopodium leontopodioides* (Willd.) Beauv.

别　　名 ｜ 薄雪草、雪绒花、小白花

科　　属 ｜ 菊科火绒草属

形态特征 ｜ 多年生草本，高10～40厘米。根状茎粗壮，为枯叶鞘所包裹，有多数簇生花茎。茎细，直立或稍弯曲，不分枝，被灰白色长柔毛或白色近绢状毛。下部叶较密，早枯，宿存，中上部叶较疏，多直立，条形或披针形，长1～3厘米，宽2～4毫米，先端尖或稍尖，有小尖头，基部稍窄，无柄无鞘，边缘有时反卷或为波状，上面被柔毛而为灰绿色，下面密被白色或灰白色厚绵毛。苞叶少数，长圆形或条形，与花序等长或长出1.5～2倍，两面或仅在下面被白色或灰白色厚绵毛，雄株多少展开成苞叶群，而雌株则直立或散生不成苞叶群；头状花序直径7～10毫米，3～7个密集，

少为1个或更多，或有较长的花序梗而呈伞房状；总苞半球形，直径4～6毫米，被白色绵毛，总苞片约4层，披针形，无色或褐色；小花雌雄异株，少同株，雄花花冠窄漏斗状，长约3.5毫米，雌花花冠丝状，长4.5～5毫米。瘦果长圆形，长约1毫米，有乳头状突起或微毛，不育子房无毛；冠毛白色，长于花冠，长约3毫米，粗糙。

生境分布 ｜ 生于海拔1 500～3 300米的干旱草原、草甸、高山沼泽、砾石山坡，常成片生长，稀生于湿润地。分布于吉木乃、阜康、乌鲁木齐、呼图壁、沙湾、博乐、温泉、昭苏、新源、尼勒克、吐鲁番、和静和阿克苏等地。

养蜂价值 ｜ 花期7—10月。数量多，分布广，花期长，有蜜有粉，有利于蜂群繁殖和采蜜。

其他用途 ｜ 全草入药；可作牧草。

● 白酒草 *Conyza japonica* (Thunb.) Less.

别　　名	山地菊、白酒棵、白酒香、酒香草
科　　属	菊科白酒草属

形态特征 一年生或二年生草本。根斜上，不分枝，少有丛生而呈纤维状。茎直立，高30～60厘米，有细条纹，茎基部或在中部以上分枝，少有不分枝，枝斜上或开展，全株被白色长柔毛或短糙毛，或下部多少脱毛。叶通常密集于茎较下部，呈莲座状，基部叶倒卵形或匙形，顶端圆形，基部长渐狭，有4～5对侧脉；中部叶疏生，倒披针状长圆形或长圆状披针形，无柄。头状花序较多数，通常在茎及枝端密集成球状或伞房状；花序梗纤细，长4～6毫米，密被长柔毛；总苞半球形，长5～5.5毫米，宽8～10毫米；总苞片3～4层，覆瓦状，外层较短，卵状披针形，内层线状披针形，长4～5毫米，顶端尖或渐尖，边缘膜质或多少变紫色，背面沿中脉绿色，被长柔毛，干时常反折。花全部结实，黄色，外围的雌花极多数，花冠丝状，长1.7～2毫米，顶端有微毛，短于花柱的2.5倍；中央的两性花少数15～16枚，花冠管状，长约4毫米，上部膨大，有5枚卵形裂片，裂片顶端有微毛；花托半球形，中央明显突出，两性花的窝孔较外围雌花的大，具短齿。瘦果长圆形，黄色，扁压，冠毛污白色或稍红色。

生境分布 常生于海拔700～2 500米的山谷、山坡草地、林缘、路旁或田边。分布于北疆各地。

养蜂价值 花期7月初至8月底。花期长，花色艳，诱蜂力强，蜜蜂喜采，有利于蜂群繁殖和采蜜。花粉黄色，花粉粒近球形。

其他用途 全草入药。

● 款冬 *Tussilago farfara* L.

别　　名	冬花、蜂斗菜、款冬蒲公英
科　　属	菊科款冬属

　　生境分布 │ 多年生草本，高10～25厘米。基生叶心形或卵形，淡紫褐色，长7～15厘米，宽8～10厘米，先端钝，边缘呈波状疏锯齿；具长柄，质较厚，上面平滑，下面密生白色毛。头状花序顶生，花茎长5～10厘米，具茸毛；总苞片1～2层，苞片20～30枚，质薄，呈椭圆形，具毛茸；边缘舌状花，鲜黄色，单性，花冠先端凹，雌蕊1枚，子房下位，花柱长，柱头2裂，球状；筒状花两性，先端5裂，裂片披针状，雄蕊5枚。瘦果长椭圆形，具纵棱，冠毛淡黄色。

　　生境分布 │ 生于山坡草原，河滩沙地、沟渠边、林下及林缘等湿润处。新疆各地均有分布，北疆地区尤多。

　　养蜂价值 │ 花期4—5月。数量多，分布广，花期长，花粉十分丰富，对春季蜂群的繁殖具有重要作用。花粉蛋黄色，花粉粒球形。

　　其他用途 │ 款冬花蕾和叶入药。

● 狼杷草 *Bidens tripartita* L.

　　别　　名 │ 鬼叉、鬼针、鬼刺
　　科　　属 │ 菊科鬼针草属
　　形态特征 │ 一年生草本，高30～80厘米。茎直立，上部多对生分枝，无毛。叶对生，茎顶部的叶小，有时不分裂，中、下部的叶片羽状3～5裂；裂片卵状披针形至狭披针形；基部楔形，稀近圆形，先端尖或渐尖，边缘疏生不整齐大锯齿，叶柄有翼。头状花序顶生，球形或扁球形；总苞片2列，内列披针形，干膜质，与头状花序等长或稍短，外列披针形或倒披针形，比头状花序长，叶状；花皆为管状，黄色；柱头2裂。瘦果扁平，两侧边缘有倒钩刺，顶端有硬刺状冠毛2枚。

　　生境分布 │ 生于田野、河谷、村旁、路旁及荒地中。新疆各地均有分布，北疆地区尤多。

　　养蜂价值 │ 花期7—8月。数量多，分布广，花期长，蜜粉较多，有利于蜂群繁殖。

　　其他用途 │ 可作牧草；全草入药。
　　本属鬼针草（*B. pilosa* L.），产于北疆各地，亦为蜜粉源植物。

● 阿尔泰飞蓬 *Erigeron altaicus* M. Pop.

科　　属 | 菊科飞蓬属

形态特征 | 多年生草本，根状茎直立或斜升。茎数个，或有时单生，高15～50厘米，上部分枝或稀不分枝，被疏开展的长节毛，茎上部叶和总苞片被密的头状具柄腺毛，有时下部近无毛。具疏生的叶，节间长1.5～5.5厘米，叶绿色，全缘，基部叶密集，莲座状，在花期常枯萎；倒披针形或匙形，长2～16厘米，宽4～12毫米，顶端圆钝，具小尖头；下部叶与基部叶同形，中部和上部叶披针形，无柄，顶端尖。头状花序长1.2～2厘米，宽2.1～3.7厘米，2～5个排列成伞房状，或有时单生；总苞半球形，总苞片3层，绿色，线状披针形，长6～9毫米，宽0.5～0.75毫米，顶端尖，背面被密头状具柄腺毛和疏开展的长节毛，少有无腺毛；外围的雌花舌状，长10～12毫米，管部长约2.5毫米，上部被贴微毛，舌片开展，淡紫色，顶端具2细齿；中央的两性花管状，黄色，檐部狭漏斗形，上半部被较密的微贴毛，裂片无毛；花药和花柱分枝伸出花冠。瘦果线状披针形，扁压，基部缩小。

生境分布 | 生于海拔1 500～2 500米的高山草地和亚高山草甸。分布于阿尔泰山和天山北麓，木垒、奇台、乌鲁木齐、玛纳斯、乌苏、阿勒泰和布尔津等地较多。

养蜂价值 | 花期7～8月。数量多，花期较长，分布广，蜜粉丰富，蜜蜂喜采，有利于蜂群繁殖和采蜜。花粉黄色，花粉粒圆球形。

其他用途 | 全草入药。

● 飞蓬 *Erigeron acris* L.

科　　属 | 菊科飞蓬属

形态特征 | 二年生草本，高30～70厘米。茎直立，上部分枝，带紫色，有棱条，密生粗毛。叶互生，两面被硬毛，基生叶和下部茎生叶倒披针形，全缘或有齿缺，基部渐狭成叶柄，中部和上部叶披针形，无叶柄。头状花序密集成伞房状或圆锥状，总苞半球形；雌花二型，外围小花舌状，淡紫红色；内层小花细筒状，无色；两性花管状，黄色；总苞片狭长，顶端和边缘干膜质。瘦果矩圆形，压扁，冠毛二层，污白色。

　　生境分布 ｜ 生于低、中山林缘、林中空地、草坡等处。北疆山区均有分布，伊犁州直地区较多。

　　养蜂价值 ｜ 花期7—8月。数量多，分布广，花期长，蜜粉丰富，有利于蜂群繁殖和采集山区杂花蜜。花粉黄褐色，花粉粒近圆形。

　　其他用途 ｜ 可作牧草；花入药。

● 橙花飞蓬 *Erigeron aurantiacus* Regel

　　别　　名 ｜ 橙舌飞蓬

　　科　　属 ｜ 菊科飞蓬属

　　形态特征 ｜ 多年生草本。茎直立或斜升，数个，高10～35厘米。叶疏生，节间长0.5～4厘米，基部叶密集，莲座状，在花期生存，长圆状披针形或倒披针形，长1～16厘米，宽4～16毫米，顶端尖或钝，基部渐狭成长柄；茎叶较多，7～17个，半抱茎，下部叶披针形，中部和上部叶披针形，无柄，顶端尖，全部叶全缘，边缘和两面被密或疏的开展硬长节毛。头状花序长13～15毫米，宽23～35毫米，单生于茎顶端；总苞半球形，总苞片3层，近等长，稍长于花盘，线状披针形，顶端尖或渐尖，背面被密开展的硬长节毛；外围的雌花舌状，3层，管部被疏贴微毛，舌片开展，平，橘红色或黄色至红褐色，顶端具2～3个细齿；中央的两性花管状，黄色，檐部窄漏斗形，上半部被疏微贴毛，裂片无毛；花药伸出花冠。瘦果线状披针形，扁压，冠毛2层，刚毛状，外层极短。

生境分布 │ 生于高山草地或林缘。分布于新疆北部山区，乌鲁木齐、沙湾、和静、新源和昭苏等地较多。

养蜂价值 │ 花期7—8月。数量多，分布广，花期长，蜜粉丰富，有利于蜂群繁殖和采集山区杂花蜜。花粉黄褐色，花粉粒近圆形。

其他用途 │ 可作牧草；可供观赏。

本属还有西疆飞蓬（*E. krylovii* Serg.）、长茎飞蓬（*E. elongatus* Ledeb.）和山地飞蓬 [*E. oreades* (Schrenk) Fisch. et Mey.] 产于北疆山区，均为辅助蜜粉源植物。

● 大丽花　*Dahlia pinnata* Cav.

别　　名 │ 大理花、天竺牡丹、东洋菊、大丽菊、西番莲、地瓜花

科　　属 │ 菊科大丽花属

形态特征 │ 多年生草本，高1.3～1.8米。有巨大棒状块根。茎直立，多分枝，粗壮。叶一至三回羽状全裂，上部叶有时不分裂，裂片卵形或长圆状卵形，下面灰绿色，两面无毛。头状花序大，有长花序梗，常下垂，宽6～12厘米；总苞片外层约5枚，卵状椭圆形，叶质，内层膜质，椭圆状披针形；舌状花1层，白色、红色或紫色，常卵形，顶端有不明显的3齿，或全缘；管状花黄色，有时栽培种全部为舌状花。瘦果长圆形，黑色，扁平。

生境分布 │ 适生于土壤疏松、排水良好的肥沃沙质土壤中。新疆各地均有栽培。

养蜂价值 │ 花期6—8月。花大鲜艳，花期长，有蜜有粉，蜜蜂喜采，有利于蜂群繁殖。花粉深黄色，花粉粒长圆形。

其他用途 │ 园林栽培观赏植物。

● 花花柴 *Karelinia caspia* (Pall.) Less.

别　　名 | 胖姑娘

科　　属 | 菊科花花柴属

形态特征 | 多年生草本，高50～100厘米。茎直立，粗壮，中空，多分枝。叶互生，近肉质，矩圆形或矩圆状卵形，长1.5～6厘米，宽0.5～2.5厘米，先端钝或圆形，基部有圆形或戟形小耳，抱茎，全缘或具不规则的短齿。头状花序，长13～15毫米，3～7个在枝顶排列成伞房式聚伞状，总苞短圆柱形，总苞片5～6层，质厚，被短毡毛；花托平，有托毛；小花紫红色或黄色，雌花丝状，两性花细管状，上部稍宽大，有卵形被短毛的裂片；花药超出花冠；花柱分枝较短，顶端尖。瘦果圆柱形，具4～5棱，深褐色，无毛。

生境分布 | 生于戈壁滩地、沙丘、盐生草甸、盐渍化低地和农田。新疆各地均有分布，吐鲁番盆地、天山南麓山前平原和准噶尔盆地周边较为集中。

养蜂价值 | 花期7—8月。数量多，分布广，花期较长，有蜜有粉，有利于蜂群繁殖和取蜜。花粉黄褐色，花粉粒长圆形。

其他用途 | 可作牧草。

● 新源蒲公英 *Taraxacum xinyuanicum* D. T. Zhai et Z. X. An

科　　属 | 菊科蒲公英属

形态特征 | 多年生草本。根颈部具残存叶基，叶基腋部有少量褐色茸毛。叶绿色，椭圆形至狭倒披针形，长3.5～9厘米，宽1～3.6厘米，羽状深裂，顶端裂片三角形，全缘，侧裂片上倾或倒向，先端急尖，全缘或具齿，被少量柔毛或近无毛。花葶数枚，高5～18厘米，长于叶，黄绿色，顶端被丰富的蛛丝状毛；总苞长9～12毫米；外层总苞片披针形至卵状披针形，淡绿色，宽于内层总苞片，花期水平状张开，无角；内层总苞片绿色，无角，长为外层总苞片的1.5倍；舌状花黄色或白色，花冠无毛，边缘花舌片背面有宽的暗色条带。瘦果褐色，冠毛白色。

生境分布 | 生于海拔1 500米的森林草甸、山前平原、河岸带。分布于伊犁山区，主要集中在新源和尼勒克等地。

养蜂价值 | 花期4月下旬至5月底。数量多，花期长，花色艳，蜜粉非常丰富，诱蜂力强，蜜

蜂喜采，特别有利于春季蜂群的繁殖。集中生长区域可生产商品蜜。蒲公英蜜浅琥珀色，芳香，结晶颗粒细腻，黄色。花粉蛋黄色，花粉粒椭圆形。

其他用途 | 全草入药。

● **橡胶草** *Taraxacum koksaghyz* Rodin

科　　属 | 菊科蒲公英属

形态特征 | 多年生草本植物。根颈部被黑褐色残存叶基，其腋间有丰富的褐色皱曲毛。叶狭倒卵形或倒披针形，长4.5～5厘米，宽0.6～1.7厘米，不分裂、全缘或具波状齿，先端钝或急尖，有时主脉显红色。花葶1～3枚，高7～24厘米，长于叶，有时带紫红色，顶端被疏松的蛛丝状毛；头状花序直径2.5～3厘米；总苞钟状，长0.8～1.1厘米，总苞片浅绿色，先端常带紫红色，具较长而尖的角；外层总苞片披针状卵圆形至披针形，伏贴，具白色膜质边缘，等宽或稍宽于内层总苞片；舌状花黄色，花冠喉部及舌片下部的外面疏生短柔毛，舌片长约7毫米，宽约1毫米，基部筒长约5毫米，边缘花舌片背面有紫色条纹，柱头黄色。瘦果淡褐色，冠毛白色。

生境分布 | 生于草原、河漫滩草甸、盐碱化草甸、农田水渠边。北疆各地有分布，伊犁州直地区、阿勒泰地区较多。

养蜂价值 | 花期6月中旬至7月中旬。花期长，花色艳，诱蜂力强，蜜蜂喜采，有利于蜂群繁殖和采集杂花蜜。花粉黄褐色，花粉粒圆球形。

其他用途 | 根含乳汁，可提取橡胶，用于制造一般橡胶制品。

● **帚状鸦葱** *Scorzonera pseudodivaricata* Lipsch.

科　　属 | 菊科鸦葱属

形态特征 | 多年生草本，高7～50厘米。茎自中部以上分枝，分枝纤细或较粗，长或短，成帚

状，极少不分枝；全部茎枝被尘状短柔毛或稀毛至无毛，茎基被纤维状撕裂的残鞘，极少残鞘全缘，不裂。叶互生或植株含有对生的叶序，线形，长达16厘米，宽0.5～5毫米；向上的茎生叶渐短或全部茎生叶短小或极短小而几乎成针刺状或鳞片状，基生叶的基部鞘状扩大，半抱茎，茎生叶的基部扩大半抱茎或稍扩大而贴茎；全部叶顶端渐尖或长渐尖，有时外弯成钩状，两面被白色短柔毛或脱毛、稀疏毛至无毛。头状花序多数，单生于茎枝顶端，形成疏松的聚伞圆锥状花序；舌状小花黄色，7～12枚；总苞狭圆柱状，直径5～7毫米；总苞片约5层，外层卵状三角形，长1.5～4毫米，宽1～4毫米，中、内层椭圆状披针形、线状长椭圆形或宽线形，长1～1.8厘米，宽2～3毫米；全部总苞片顶端急尖或钝，外面被白色尘状短柔毛。瘦果圆柱状，长达8毫米，冠毛污白色，冠毛长1.3厘米。

生境分布 ｜ 生于海拔1 500～3 000米的荒漠砾石地、干山坡、石质残丘、戈壁和沙地。新疆各地均有分布，乌鲁木齐、巴里坤、伊吾、吐鲁番、托克逊、和静、拜城、阿克苏、且末和若羌等地较多。

养蜂价值 ｜ 花期5—6月。数量较多，分布较广，有蜜有粉，蜜蜂喜采，有利于蜂群繁殖。花粉蛋黄色，花粉粒圆球形。

其他用途 ｜ 根入药。

● **菊芋** *Helianthus tuberosus* L.

别　名 ｜ 洋姜、鬼子姜、洋羌
科　属 ｜ 菊科向日葵属
形态特征 ｜ 多年生宿根性草本植物，高1～3米。具块状地下根茎。茎直立，有分枝，被白色短糙毛或刚毛。基部叶对生，有叶柄，上部叶互生，长椭圆形至阔披针形，基部渐狭，下延成短翅状，顶端渐尖，短尾状；下部叶卵圆形或卵状椭圆形，长10～16厘米，宽3～6厘米，基部宽楔形或圆形，顶端渐细尖，边缘有粗锯齿。头状花序少数或多数，生于枝端，直径4～8厘米；总苞片多层，披针形，长14～17毫米，宽2～3毫米，顶端长渐尖，背面被短伏毛，边缘被开展的缘毛；托片长圆形，长8毫米；舌状花12～20枚，舌片淡黄色，开展，长椭圆形，长

1.7～3厘米；管状花黄色，长6毫米。瘦果小，楔形，上端有2～4个有毛的锥状扁芒。

生境分布 │ 耐寒、耐旱，抗逆性强，抗风沙，再生性极强，常栽培于宅前屋后、路旁、花园等处，新疆各地均有栽培。

养蜂价值 │ 花期8—9月。花期较长，花粉丰富，有利于秋季蜂群繁殖。花粉黄色，花粉粒长圆形。

其他用途 │ 地下块茎富含淀粉、菊糖等，可食用，腌制咸菜，晒制菊芋干；可作制取淀粉和酒精的原料；可供观赏。

● 多茎还阳参 *Crepis multicaulis* Ledeb.

科　　属 │ 菊科还阳参属

形态特征 │ 多年生草本，高10～60厘米。根状茎短，生多数细根。茎多数或成簇生，极少单生，直立或弯曲，有纵沟纹，上部或顶部分枝，茎下部无毛或被稀疏蛛丝状毛。基生叶多数，长椭圆状倒披针形、卵状倒披针形或椭圆形，顶端急尖、钝或圆形，基部有短或长细柄，叶柄短于或长于叶片，包括叶柄长3.5～11厘米，宽0.7～2厘米，边缘凹缺，有稀疏的大锯齿或小锯齿至大头羽状深裂，或不裂，全缘；侧裂片2～5对，三角形或椭圆形，顶端钝或急尖，向下方的侧裂片渐小；茎生叶无或有1～2枚，线形；全部叶两面及叶柄被稀疏或稠密的白色短柔毛或无毛。头状花序6～15个在茎枝顶端排成圆锥状伞房花序或伞房花序或茎生2个头状花序；总苞圆柱状，长7～9毫米；总苞片4层；舌状小花，黄色，花冠管上部被白色长柔毛。瘦果纺锤状，红褐色，向两端收窄，冠毛白色。

生境分布 │ 生于山坡林下、林缘、林间空地、草地、河滩地、溪边及水边砾石地。分布于天上、阿尔泰山和准噶尔西部山地，布尔津、和布克赛尔、塔城、托里、博乐、精河、沙湾、乌鲁木齐、阜康、吉木萨尔、奇台、霍城、新源和巩留等地较多。

养蜂价值 │ 花期5—6月。数量较多，花色艳，花期较长，蜜粉丰富，诱蜂力强，有利于蜂群繁殖。花粉蛋黄色，花粉粒长圆形。

其他用途 │ 可作牧草；全草入药。

● 茼蒿 *Glebionis coronarium* (Linnaeus) Cassini ex Spach

别　　名 │ 同蒿、蓬蒿、蒿菜、菊花菜、塘蒿、蒿子秆、蒿子、蓬花菜、桐花菜

科　　属 │ 菊科茼蒿属

形态特征 │ 一年生或二年生草本植物。茎光滑无毛，茎高60～70厘米，不分枝或自中上部分

枝。基生叶花期枯萎；中下部茎叶长椭圆形或长椭圆状倒卵形，长8~10厘米，无柄，二回羽状分裂。一回为深裂或几乎全裂，侧裂片4~10对；二回为浅裂、半裂或深裂，裂片卵形或线形；上部叶小。头状花序生于茎顶，不明显的伞房花序，花梗长15~20厘米；总苞直径1.5~3厘米，总苞片4层，顶端膜质扩大成附片状；舌片长1.5~2.5厘米。舌状花瘦果时有3条突出的狭翅肋，肋间有1~2条明显的间肋；管状花瘦果时有1~2条椭圆形突出的肋，及不明显的间肋。

生境分布 | 属于半耐寒性蔬菜，对光照要求不严。新疆各地均有栽培。

养蜂价值 | 花期6月。花色艳，蜜粉丰富，蜜蜂喜采。有利于蜂群繁殖。花粉黄色，花粉粒圆球形。

其他用途 | 蔬菜；可作花园观赏植物。

● 新疆毛连菜 *Picris nuristanica* Bornmuller

科　属 | 菊科毛连菜属

形态特征 | 一年生或二年生草本，高30~100厘米。茎直立，分枝开展，被亮色的顶端分叉的硬毛。基生叶长圆状椭圆形或披针形，长8~12厘米，宽1.5~2厘米，先端渐尖，边缘全缘或有小锯齿，基部渐狭成长或短翼柄，两面被顶端分叉的钩毛状硬毛；茎生叶无柄，渐小，上部茎叶线形。头状花序多数或少数，在茎枝顶端排成圆锥状花序，花序梗细；总苞狭钟状，长10~15毫米；总苞片约3层，暗绿色，外层小，内层长，线形，边缘膜质；全部苞片外面被白色蛛丝状柔毛并杂以硬毛；舌

状小花黄色，管部被白色短柔毛。瘦果纺锤形，棕褐色，有纵肋，肋上有横皱纹；冠毛2层，外层糙毛状，短或极短，内层长，羽毛状。

　　生境分布 | 生于海拔1 650米的石质山坡及河漫滩沙砾带。分布于天山北部，奇台、伊犁山区较多。

　　养蜂价值 | 花期6—7月。花期长，有蜜有粉，蜜蜂喜采，有利于采集山区杂花蜜。

　　其他用途 | 全草入药。

● 大车前 *Plantago major* L.

　　别　　名 | 车前子车轮菜猪耳朵棵

　　科　　属 | 车前科车前属

　　形态特征 | 多年生草本，高20~50厘米。根状茎短粗，有须根。叶基生直立，具长柄，卵圆形或椭圆形，顶端圆钝，边缘呈不规则波状浅齿，基部窄狭成柄；叶柄基部膨大，长3~9厘米。花葶数枚，近直立，有短柔毛；穗状花序，长20~40厘米；苞片卵形，花淡绿色；雄蕊4枚，伸出花冠之外；雌蕊1枚，子房2室，柱头丝状。蒴果圆锥形，周裂；种子细小，黑色。

　　生境分布 | 车前适应性强，对土壤、水分要求不严。喜生于路旁、田埂、地边、荒地等处。新疆各地均有分布。

　　养蜂价值 | 花期6月上旬至8月上旬。数量多，分布广，花粉丰富，蜜蜂喜采，蜜蜂采集多在早晨，对蜂群繁殖极为重要。花粉淡黄色，花粉粒圆球形。

　　本属有车前（*P. asiatica* L.）、平车前（*P. depressa* Willd.）、条叶车前（*P. lessingii* Fisch.）和长叶车前（*P. lanceolata* L.）等近10种，均为粉源植物。

　　其他用途 | 全草和种子入药。

● 准噶尔金莲花 *Trollius dschungaricus* Regel

　　科　　属 | 毛茛科金莲花属

　　形态特征 | 多年生草本植物，茎高10~50厘米，植株全部无毛。须根粗长，直径达2.5毫米。

基生叶3～6枚，叶片五角形，叶的基部心形，深裂片互相覆压，有时近邻接，中央深裂片宽椭圆形或椭圆状倒卵形，上部3浅裂，裂片互相多少覆压，边缘生小裂片及不整齐小齿，侧深裂片斜扇形，不等2深裂，二回裂片互相多少覆压；叶柄长6～28厘米，基部具狭鞘。花通常单独顶生，有时2～3朵组成聚伞花序，直径3～5.4厘米；花梗长5～15厘米；萼片黄色或橙黄色，8～13枚，倒卵形或宽倒卵形，顶端圆形，生少数小齿或近全缘；花瓣比雄蕊稍短或与花丝近等长，线形，顶端圆形或带匙形；心皮12～18枚，花柱淡黄绿色。蓇葖果长1～1.2厘米；种子椭圆球形，黑色，光滑。

生境分布 | 生于海拔1700～2300米的山坡草地、林缘或云杉树林下。分布于天山山区和塔城山区。奇台、吉木萨尔、乌鲁木齐、塔城、巩留、昭苏、新源、尼勒克和特克斯等地较为集中。

养蜂价值 | 花期6月上旬至7月中旬。数量多，花期长，花色艳，连片生长，蜜粉丰富，有利于蜂群繁殖和采集山区杂花蜜。花粉蛋黄色，花粉粒圆球形。

其他用途 | 花入药。

● **宽瓣金莲花** *Trollius asiaticus* L.

科　　属 | 毛茛科金莲花属

形态特征 | 植株全体无毛。茎高20～50厘米，不分枝或上部分枝。基生叶3～6枚，有长柄；叶片五角形，长约4厘米，宽5.5厘米，基部心形，3全裂，中央全裂片宽菱形，2中裂或3深裂，边缘有尖裂齿，侧全裂片不等2裂达基部；茎生叶2～3枚，有短柄或无柄，似基生叶，但较小。花单独生于茎或分枝顶端，直径3～4.5厘米；萼片黄色，10～15枚，宽椭圆形或倒卵形，长1.5～2.3厘米，宽1.2～1.7厘米，全缘或顶端有不整齐的小齿；花瓣比雄蕊长，比萼片短，窄披针形，中部较宽，向上渐变狭；雄蕊长达10毫米，花药长达3毫米；心皮约30枚。蓇葖果长8～9毫米。

生境分布 | 生于海拔1 700～2 000米的湿草甸、林间草地或林下。分布于准噶尔西部山区和阿尔泰山区，塔城、托里、布尔津和哈巴河等地较多。

养蜂价值 | 花期6月上旬至7月上旬。数量较多，花粉较多，蜜蜂喜采，有利于修脾和蜂群繁殖，是辅助粉源植物。花粉橘黄色，花粉粒圆球形。

其他用途 | 花入药。

● 阿尔泰金莲花 *Trollius altaicus* C. A. Mey.

科　　属 | 毛茛科金莲花属

形态特征 | 草本植物，植株全体无毛。茎高26～70厘米，疏生3枚叶。基生叶2～5枚，长10～40厘米，有长柄；叶片五角形，长3.5～6厘米，宽6.5～11厘米，基部心形，3全裂，二回裂片有小裂片和锐齿，侧全裂片2深裂近基部，上面深裂片与中全裂片相似并近等大；叶柄长7～36厘米，基部具狭鞘。花单独顶生，直径3～5厘米；萼片15～18枚，橙色，倒卵形或宽倒卵形，顶端圆形，常疏生小齿，有时全缘；花瓣比雄蕊稍短或与雄蕊等长，线形；雄蕊长7～13毫米，花药长3～4毫米；心皮约16枚，花柱紫色。聚合果直径约1.2厘米；种子椭圆球形，黑色。

生境分布 | 生于海拔1 200～2 650米的林缘、草原、山坡草甸、疏林中或山谷林下。分布于阿尔泰山、塔尔巴哈台山、阿拉套山等地。

养蜂价值 | 花期6月上旬至7月上旬。数量多，连片生长，蜜多粉足，花色鲜艳，诱蜂力强，有利于蜂群繁殖和山区杂花蜜的生产。花粉橘黄色，花粉粒圆球形。

其他用途 | 花入药。

● 天山侧金盏花 *Adonis tianschanica* (Adolf) Lipsch.

科　　属 | 毛茛科侧金盏花属

　　形态特征 ｜ 多年生草本，植株矮小。茎高约30厘米。根状茎粗达1.5厘米，黑褐色。茎不分枝或自下部有长分枝，在初花期茎和叶均有疏被曲柔毛，至果期毛少或无毛。茎中部和上部的叶无柄，卵形或三角状卵形，长2~4厘米，二至三回羽状全裂，末回裂片线形或披针状线形，宽约1毫米，有稀疏的短柔毛。花单生于茎的顶端，直径3.5~5厘米，淡黄色；萼片淡紫色，稍短于花瓣，卵圆形，基部被短柔毛；花瓣披针形，雄蕊多数，无毛，花药长圆形，长约1.5厘米；心皮多数，子房卵形，有1胚珠，花柱短，柱头小。聚合果球形，稍下垂；瘦果狭倒卵球形，有极短的宿存花柱。

　　生境分布 ｜ 生于海拔1 800~2 400米的草原、林缘草甸及山坡潮湿地。天山北坡均有分布，昭苏山区、博乐山区较为集中。

　　养蜂价值 ｜ 花期4月下旬至5月中旬，约20天。花期早，有利于山区越冬蜂群的恢复和繁殖。花粉黄色，花粉粒近球形。

　　其他用途 ｜ 全草入药。

● 阿尔泰银莲花 *Anemone altaica* Fisch. ex C. A. Mey.

　　别　　名 ｜ 九节菖蒲、玄参、穿骨七
　　科　　属 ｜ 毛茛科银莲花属
　　形态特征 ｜ 多年生草本植物，植株高11~23厘米。根状茎横走或稍斜，粗约4毫米，节间长3~5毫米。基生叶1枚或不存在，有长柄；三出复叶，叶片薄草质，宽卵形，长2~4厘米，3全裂，中全裂片有细柄，又3裂，边缘有缺刻状齿，侧全裂片不等2全裂，两面近无毛；叶柄长4~10厘米，无毛。花葶高8~20厘米，近无毛；苞片3枚，叶状3全裂，中部以上边缘有不整齐锯齿，侧全裂片2浅裂；单花顶生，萼片8~9枚，白色，倒卵状长圆形或长圆形，长1.5~2厘米，宽3.5~7毫米，顶端圆形，无毛；花丝近丝形；心皮20~30枚，子房密被柔毛，花柱短，柱头小。瘦果卵球形，有柔毛。

　　生境分布 ｜ 生于海拔1 200~1 800米的山谷、林下、灌丛中或沟边。北疆山区均有分布，尼勒克、新源、博乐和布尔津等地较为集中。

　　养蜂价值 ｜ 花期6—7月。数量较多，蜜粉丰富，诱蜂力强，蜜蜂喜采，有利于蜂群的繁殖和山区杂花蜜的采集。花粉淡黄色，花粉粒长圆形。

本属新疆产2种、1亚种和4变种，分别产于天山、阿勒泰山和昆仑山等地，均为蜜粉源植物。

其他用途 | 根入药。

● **伏毛银莲花** *Anemone narcissiflora* var. *protracta* Ulbr.

科　　属 | 毛茛科银莲花属

形态特征 | 多年生草本植物，植株高29～37厘米。根状茎。基生叶7～9，有长柄；叶片近圆形或圆五角形，长3.7～4.6厘米，宽5～6.8厘米，基部心形，3全裂，中全裂片有柄或近无柄，菱状倒卵形或扇状倒卵形；表面近无毛，背面密被紧贴的长柔毛，边缘有密睫毛；叶连叶柄长10～20厘米，有贴生或近贴生的长柔毛。花葶直立，有与叶柄相同的柔毛；苞片约4枚，无柄，菱形或宽菱形，3深裂，或倒披针形，不分裂，顶端有3齿；伞辐2～5，长1～7厘米，有柔毛；萼片5～6枚，白色，倒卵形，长1.2～1.5厘米，宽6～10毫米，外面有短柔毛；雄蕊长2～4毫米，花药椭圆形，心皮无毛。瘦果，椭圆形。

生境分布 | 生于海拔2 000米左右的山坡草地、林间空地、沟旁、林下等处。天山山区、阿拉套山区和帕米尔有分布。尼勒克、昭苏、博乐、塔城和乌恰等地较多。

养蜂价值 | 花期6月初至7月初。花期较长，有蜜有粉，有利于蜂群繁殖。花粉黄色，花粉粒长圆形。

其他用途 | 该植物含多种皂苷类成分，可提取药用皂苷类；可供观赏。

● 全缘铁线莲 *Clematis integrifolia* L.

科　　属	毛茛科铁线莲属

形态特征 ｜ 直立草本或半灌木，高80～130厘米。主根粗壮，木质。茎棕黄色，微有纵纹，幼时微被曲柔毛，后脱落至近于无毛，髓部白色，中空。单叶对生；叶片卵圆形至菱状椭圆形，长7～14厘米，宽6～11厘米，顶端短尖或钝尖，基部宽楔形，边缘全缘，两面无毛，仅边缘有曲柔毛，基出主脉3～5条，表面平坦，背面隆起；无叶柄，抱茎。单花顶生，下垂，花梗长5～16厘米，密被茸毛；萼片4枚，紫红色、蓝色或白色，直立，长方椭圆形或窄卵形，长3～4.5厘米，宽1～1.2厘米，顶端反卷并有尖头状突起，内面无毛，外面除宽的边缘具柔毛、茸毛外其余无毛；雄蕊长为萼片之半，花丝宽线形，基部无毛，上部的两侧及外面被开展的柔毛，花药黄色，线形；心皮被绢状毛，花柱纤细。瘦果扁平，倒卵圆形，棕红色。

生境分布 ｜ 生于海拔1 200～2 000米的山坡谷地、河滩地、草坡及灌丛中。分布于阿尔泰山、布尔津、哈巴河、阿勒泰等地较集中。

养蜂价值 ｜ 花期6—7月。数量多，花期长，蜜蜂喜采，能为蜂群提供一部分蜜粉。花粉黄色，花粉粒椭圆形。

其他用途 ｜ 可作牧草。

● 准噶尔铁线莲 *Clematis songarica* Bge.

科　　属	毛茛科铁线莲属

形态特征 ｜ 直立小灌木或多年生草本，高40～150厘米。枝有棱，带白色，无毛或稍有细柔毛。单叶对生或簇生；叶片薄革质，灰绿色，线形、线状披针形、狭披针形至披针形，长2～8厘米，宽0.2～2厘米，顶端锐尖或钝，基部渐狭成柄，全缘或有锯齿，或向叶基部渐成锯齿状齿或为小裂片，两面无毛；叶柄长0.5～3厘米。聚伞花序或圆锥状聚伞花序顶生；花直径2～3厘米；

萼片4枚，开展，白色，长圆状倒卵形至宽倒卵形，长0.5~2厘米，宽0.3~1厘米，顶端常近截形而有凸头或凸尖，外面边缘密生茸毛，内面有短柔毛至近无毛；雄蕊无毛，花丝线形。瘦果略扁，卵形或倒卵形，长3~5毫米，密生白色柔毛，宿存花柱长2~3厘米。

生境分布 | 生于海拔450~2 500米间的山麓前冲积扇、石砾冲积堆、河谷、湿草地或荒山坡。分布于青河、布尔津、奇台、阜康、乌鲁木齐、昌吉、玛纳斯、乌苏和沙湾等地。国内仅新疆有分布。

养蜂价值 | 花期6—8月。分布广，数量多，花朵多，花期长，前后花期30多天，蜜粉丰富，蜜蜂喜采。也是较好的辅助蜜粉源植物。花粉黄色，花粉粒椭圆形。

其他用途 | 可作牧草；全草入药。

● 粉绿铁线莲 *Clematis glauca* Willd.

科　　属 | 毛茛科铁线莲属

形态特征 | 多年生草质藤本。茎纤细，长达3米，有棱。一至二回羽状复叶；小叶有柄，2~3全裂或深裂、浅裂至不裂，中间裂片较大，椭圆形或长卵形，长1.5~5厘米，宽1~2厘米，基部圆形或圆楔形，全缘或有少数齿，两侧裂片短小。常为单聚伞花序，3花；苞片叶状，全缘或2~3裂；萼片4枚，黄色，或外面基部带紫红色，长椭圆状卵形，顶端渐尖，长1.3~2厘米，宽5~8毫米，除外面边缘有短茸毛外，其余无毛，瘦果卵形至倒卵形，宿存花柱长4厘米。

生境分布 | 粉绿铁线莲性耐寒、耐旱，较喜光照，生于山坡、路边、河岸、灌丛中。新疆各地均有分布。布尔津、阿勒泰、奇台、乌鲁木齐、玛纳斯、塔城、尼勒克、莎车及哈密等地较多。

养蜂价值 ｜ 花期6—7月。花期较长，花朵多，花色艳，蜜粉多，诱蜂力强，蜜蜂爱采，有利于蜂群繁殖和采蜜。

其他用途 ｜ 可供观赏；全草入药。

● 甘青铁线莲 *Clematis tangutica* (Maxim.) Korsh.

科　　属 ｜ 毛茛科铁线莲属

形态特征 ｜ 多年生落叶藤本，长1～4米。茎有明显的棱，幼时被长柔毛，后脱落。一回羽状复叶，小叶有5～7枚；小叶片基部常浅裂或深裂，侧生裂片较小，中裂片较大，卵状长圆形或披针形，长3～4厘米，宽0.5～1.5厘米，有短尖头，基部楔形，边缘有不整齐缺刻状的锯齿，上面有毛或无毛，下面有疏长柔毛；叶柄长3～5厘米。花单生，有时为单聚伞花序，有3花，腋生；花序梗粗壮，长7～15厘米，有柔毛；萼片4枚，黄色外面带紫色，斜上展，椭圆状长圆形，长1.5～2.5厘米，顶端渐尖或急尖，外面边缘被短茸毛，中间被柔毛，内面近无毛；花丝下面稍扁平，被开展的柔毛，花药无毛；子房密生柔毛。瘦果倒卵形，有长柔毛，宿存花柱长达4厘米。

生境分布 ｜ 生于海拔1 200～2 000米的山地河谷、沟边和河漫滩。分布于天山、准噶尔西部山区、阿尔金山及帕米尔高原；巴里坤、焉耆、和硕、乌恰、博乐、且末及吐鲁番等地较多。

养蜂价值 ｜ 花期6月初至8月底。花期长，有蜜有粉，蜜蜂喜采，有利于蜂群繁殖和采蜜。花粉黄色，花粉粒圆球形。

其他用途 ｜ 根入药；该种还具有很高的观赏价值。

● 西伯利亚铁线莲 *Clematis sibirica* (L.) Mill.

科　　属　｜　毛茛科铁线莲属

形态特征　｜　多年生亚灌木，长达3米。茎圆柱形，光滑无毛。二回三出复叶，小叶片或裂片9枚，卵状椭圆形或窄卵形，纸质，长3~6厘米，宽1.2~2.5厘米，顶端渐尖，基部楔形或近圆形，两侧的小叶片偏斜，顶端及基部全缘，中部有整齐的锯齿，无毛，叶脉在表面不明显，在背面微隆起；小叶柄短，微被柔毛；叶柄长3~5厘米，有疏柔毛。单花，花梗长6~10厘米，花基部有密柔毛，无苞片；花钟状下垂，直径3厘米，萼片4枚，淡黄色，长椭圆形或狭卵形，长3~6厘米，宽1~1.5厘米，质薄，脉纹明显，外面有稀疏短柔毛，内面无毛；花丝扁平，中部增宽，两端渐狭，被短柔毛，花药长椭圆形，内向着生，药隔被毛；子房被短柔毛，花柱被绢状毛。瘦果倒卵形，微被毛，宿存花柱长3~3.5厘米，有黄色柔毛。

生境分布　｜　耐旱，较喜光照，生于海拔1 200~2 000米的山地灌丛、河谷及云杉林下。分布于天山北坡，阿尔泰山，奇台、阜康、乌鲁木齐、玛纳斯、塔城、阿勒泰、青河和巴里坤等地较多。

养蜂价值　｜　花期6—7月。分布广，花期长，花色艳，蜜粉丰富，诱蜂力强，蜜蜂喜采，有利于蜂群繁殖和采蜜。花粉黄褐色，花粉粒长圆形。

其他用途　｜　可作园艺栽培植物，观赏价值高。

● 暗紫耧斗菜 *Aquilegia atrovinosa* M. Pop. ex Gamajun.

别　　名　｜　耧斗菜

科　　属　｜　毛茛科耧斗菜属

形态特征　｜　多年生草本植物。根细长圆柱形，粗4~8毫米，不分枝，外皮暗褐色。茎单一，直立，高30~60厘米，有纵槽，基部粗3~5.5毫米，被伸展的短柔毛。基生叶少数，为二回三出复叶；叶片轮廓宽卵状三角形，宽4~15厘米；叶柄长8~19厘米，被伸展的柔毛，基部变宽成鞘；茎生叶少数，具短柄，分裂情况似基生叶。花1~5朵，直径3~3.5厘米；苞片线状披针形，长达1.6厘米；萼片深紫色，狭卵形，长约2.5厘米，宽8~9毫米，外面被微柔毛，顶端钝尖；花瓣与萼片同色，瓣片长约1.2厘米，距长约1.5厘米，末端弯曲；退化雄蕊白色，膜质，长约5.5毫米；雄蕊约与瓣片等长，花药宽椭圆形，黄色，长1.5~2毫米；子房密被毛。蓇葖果长1.5~2.5厘米。

生境分布　｜　生于海拔1 800~2 800米的云杉林下、河谷或路旁。分布于天山山区，奇台、乌鲁木齐、玛纳斯、沙湾、尼勒克和特克斯等地较多。

养蜂价值　｜　花期6—7月。分布较广，花色鲜艳，诱蜂力强，蜜蜂喜采，有利于蜂群繁殖。花粉褐色，花粉粒近球形。

其他用途　｜　全草入药。

● 大花耧斗菜　*Aquilegia glandulosa* Fisch. ex Link.

科　　属　│　毛茛科耧斗菜属

形态特征　│　多年生草本植物，茎不分枝或在上部分枝，高20～40厘米，基部无毛，上部被短柔毛。无叶或只具1茎生叶；基生叶少数，通常为二回三出复叶，偶一回三出复叶；叶片轮廓三角形，宽约6.5厘米，小叶彼此邻接，圆倒卵形至扇形，长1.5～3厘米，浅裂，浅裂片有2～3枚圆齿，表面绿色，无毛，背面淡绿色，被稀疏长柔毛或无毛；叶柄长6～16厘米。花通常单一顶生或有时2～3朵组成花序，直径6～9厘米；苞片披针形至长圆形，一至三浅裂；萼片蓝色，开展，卵形至长椭圆状卵形，顶端急尖或钝；花瓣片蓝色或白色，近直立，圆状卵形，长1.5～2.5厘米，宽1～1.5厘米；花药长椭圆形，黑色；退化雄蕊白膜质，线形；心皮8～10枚，密被开展的白色长柔毛。蓇葖果长2～3厘米。

生境分布　│　生于海拔1 600～2 700米的山地针叶林下，山坡草地或谷地河边。分布于阿勒泰、布尔津和哈巴河等地。

养蜂价值　│　花期6—8月。花期长，数量多，有粉有蜜，蜜蜂喜采，是辅助蜜粉源植物。花粉橙黄色，花粉粒菱形。

其他用途　│　可供观赏。

本属还有西伯利亚耧斗菜（*A. sibirica* Lam.），分布于新疆天山北部和阿尔泰山区，亦为辅助蜜粉源植物。

● 长叶碱毛茛　*Halerpestes ruthenica* (Jacq.) Ovcz.

别　　名　│　金戴戴、黄戴戴

科　　属　│　毛茛科碱毛茛属

形态特征　│　多年生草本，匍匐茎长达30厘米以上。叶簇生；叶片卵状或椭圆状梯形，长1.5～5厘米，宽0.8～2厘米，基部宽楔形、截形至圆形，不分裂，顶端有3～5个圆齿，常有3条基出脉，无毛；叶柄长2～14厘米，近无毛，基部有鞘。花葶高10～20厘米，单一或上部分枝，有1～3花，生疏短柔毛；苞片线形；花直径约1.5厘米；萼片5枚，绿色，卵形；花瓣黄色，6～12枚，倒卵形；花托圆柱形，有柔毛。聚合果卵球形，极多，紧密排列，斜倒卵形，具纵肋。

　　生境分布 ｜ 生于盐碱沼泽地或湿草地。新疆各地均有分布。

　　养蜂价值 ｜ 花期5—6月。花瓣基部有点状蜜腺，蜜粉丰富，蜜蜂喜采，是良好的辅助蜜粉源植物，有利于春季蜂群的繁殖和修脾。花粉蛋黄色，花粉粒近球形。

　　其他用途 ｜ 全草、种子入药。

● **亚欧唐松草** *Thalictrum minus* L.

科　　属 ｜ 毛茛科唐松草属

形态特征 ｜ 草本植物，植株全部无毛。茎高28～55厘米。茎下部叶有稍长柄或短柄，茎中部叶有短柄或近无柄，为四回三出羽状复叶；叶片长达20厘米；小叶纸质或薄革质，顶生小叶楔状倒卵形、宽倒卵形、近圆形或狭菱形，长0.7～1.5厘米，宽0.4～1.3厘米，基部楔形至圆形，3浅裂或有疏齿，偶而不裂，背面淡绿色，脉不明显隆起或只中脉稍隆起，脉网不明显；叶柄长达4厘米，基部有狭鞘。圆锥花序长达30厘米；花梗长3～8毫米；萼片4枚，淡黄绿色；雄蕊多数，花药狭长圆形，顶端有短尖头，花丝丝形；心皮3～5枚，无柄，柱头正三角状箭头形。瘦果狭椭圆球形，稍扁。

生境分布 ｜ 生于海拔1 600～2 700米的山地草坡、灌丛、林间空地。分布于天山、阿尔泰山。巴里坤、奇台、阜康、乌鲁木齐、玛纳斯、霍城、新源、昭苏、青河和布尔津等地较多。

养蜂价值 ｜ 花期6—7月。数量较多，蜜粉丰富，蜜蜂喜采，有利于蜂群繁殖和采蜜。花粉黄褐色，花粉粒长圆形。

其他用途 ｜ 根入药。

● 腺毛唐松草 *Thalictrum foetidum* L.

科　　属 ｜ 毛茛科唐松草属

形态特征 ｜ 多年生草本，高30～100厘米。根茎较粗，具多数须根。茎具槽，上部被短腺毛。茎生叶较多，均等地排列在茎上，三至四回三出羽状复叶，茎基部叶具较长的柄，柄长达4厘米，茎上部叶柄较短，叶广三角形，长约10厘米，最终小叶片近圆形或倒卵形，3浅裂，裂片全缘或具2～3个钝齿，表面绿色，被短腺毛，背面灰绿色，密被短腺毛。疏圆锥花序，花小，通常下垂，淡绿色，稍带暗紫色；萼片4～5枚，卵形；雄蕊多数，比萼片长1.5～2倍，花丝丝伏；花药黄色，线形；心皮5～9枚或更多，子房无柄，花柱较长。瘦果卵形，具8条纵肋。

生境分布 ｜ 生于海拔1 800～2 700米的云杉林下、山地草坡或高山多石砾处。分布于天山北坡，奇台、乌鲁木齐、玛纳斯和巩留等地山区较为集中。

养蜂价值 ｜ 花期6—7月。数量较多，花粉丰富，有利于蜂群繁殖。花粉黄褐色，花粉粒近球形。

其他用途 ｜ 根及根茎入药。

分布于新疆的本属植物还有箭头唐松草（*Th. simplex* L.）、瓣蕊唐松草（*Th. petaloideum* L.）、高山唐松草（*Th. alpinum* L.）、紫堇叶唐松草（*Th. isopyroides* C. A. Mey.）、黄唐松草（*Th. flavum* L.）和长梗亚欧唐松草 [*Th. minus* var. *stipellatum*（C. A. Mey.）Tamura] 等7种，均为粉源植物。

● 芍药 *Paeonia lactiflora* Pall.

别　　名 ｜ 将离、离草、余容、犁食、没骨花、红药

科　　属 ｜ 毛茛科芍药属

形态特征 | 多年生草本植物。根粗壮，分枝黑褐色。茎高40~70厘米，无毛。下部茎生叶为二回三出复叶，上部茎生叶为三出复叶；小叶狭卵形、椭圆形或披针形，顶端渐尖，基部楔形或偏斜，边缘具白色骨质细齿，两面无毛，背面沿叶脉疏生短柔毛。花数朵，生茎顶和叶腋，直径8~11.5厘米；苞片4~5枚，披针形，大小不等；萼片4枚，宽卵形或近圆形；花瓣9~13枚，倒卵形，白色或粉红色；有时基部具深紫色斑块；花丝黄色；花盘浅杯状；心皮4~5枚，无毛。蓇葖果；种子球形，黑色。

生境分布 | 新疆各地均有栽培。

养蜂价值 | 花期5—6月。数量多，分布广，花色鲜艳，花粉丰富，蜜蜂喜采，有利于春季蜂群的繁殖。花粉黄色，花粉粒圆球形。

其他用途 | 根入药。

● 块根芍药 *Paeonia intermedia* C. A. Meyer

科　　属 | 毛茛科芍药属

形态特征 | 多年生草本。块根纺锤形或近球形。茎高50~100厘米，无毛。叶为一至二回三出复叶；叶片轮廓宽卵形，长9~17厘米，宽8~18厘米；小叶羽状分裂，裂片披针形或狭披针形，宽1.2~2.5厘米，顶端渐尖，全缘，无毛；叶柄长1.5~9厘米。花单生于茎顶，直径5.5~7厘米，苞片3枚，披针形

或线状披针形，长4～10厘米，宽0.5～1.5厘米；萼片3枚，宽卵形，长1.5～2.5厘米，带红色，顶端具尖头；花瓣约9枚，紫红色，长圆状倒卵形，顶部啮蚀状；花丝长4～5毫米，花药长圆形；花盘发育不明显；心皮通常5（稀2～3）枚，幼时被疏毛或无。果通常无毛；种子黑色。

新疆芍药

生境分布 ｜ 生于海拔1 400～2 200米的针叶林下、阴坡草地和河谷草甸。分布于阿尔泰山、准噶尔西部山地，青河、富蕴、阿勒泰、哈巴河、吉木乃和和布克赛尔等地较多。

养蜂价值 ｜ 花期6—7月。数量多，分布广，花色艳，花粉丰富，蜜蜂爱采，有利于蜂群繁殖。花粉蛋黄色，花粉粒长圆形。

其他用途 ｜ 根入药。

本属还有新疆芍药（*P. sinjiangensis* K.Y. Pang），分布于阿尔泰山和天山东部地区，布尔津、富蕴、木垒、奇台等地较多，亦为辅助蜜粉源植物。

● 新疆百合 *Lilium martagon* var. *pilosiusculum* Freyn

别　　名 ｜ 新疆野百合
科　　属 ｜ 百合科百合属
形态特征 ｜ 多年生草本。地下鳞茎宽卵形，鳞片多数矩圆形，先端急尖，无节，淡黄色或乳白色。茎高45~90厘米，有紫色条纹，无毛。叶轮生，少有散生，披针形，长6.5~11厘米，宽1~2厘米。花2~17朵排列成总状花序；苞片叶状，披针形，长2~4厘米，宽5~6毫米，先端渐尖，边缘、下面及基部腋间均具白毛；花梗先端弯曲，长4.5~6厘米；花下垂，紫红色，有斑点，外面被长而卷的白毛；花被片长椭圆形，长3.2~3.8厘米，宽8~9毫米，蜜腺两边具乳头状突起；花丝长2.2~2.4厘米，花药长椭圆形，长9毫米；子房圆柱形，长8~9毫米，宽2~3毫米，花柱长1.5厘米，柱头膨大。蒴果倒卵状矩圆形，淡褐色。

生境分布 | 生于海拔1 200~2 500米的山坡、草原或林下灌木丛中。分布于阿尔泰山及萨吾尔山，吉木乃、哈巴河、布尔津、阿勒泰、福海和富蕴等地山区较为集中。

养蜂价值 | 花期6月初至7月初。花期长，花朵多，蜜粉丰富，蜜蜂喜采，有利于蜂群繁殖和采集杂花蜜。花粉红褐色，花粉粒近圆形。

其他用途 | 鳞茎可食用；茎入药。

● **百合** *Lilium brownii* var. *viridulum*

科　属 | 百合科百合属

形态特征 | 多年生鳞茎植物。其鳞茎二三十瓣重叠。茎高60~120厘米，无毛。叶散生，线形、披针形、宽披针形或椭圆形，长6~12厘米，宽2.5~4厘米，先端渐尖，基部渐狭或近圆形，具3~5脉，两面无毛，边缘具小乳头状突起，有短柄，柄长约5毫米。有花1~5朵顶生，排列成总状花序或近伞形花序，花色有乳白色、紫红色、橙黄色、粉红色及各色带有喷点、斑块的色彩组合等；花瓣6枚；苞片叶状，卵形，长3.5~4厘米，宽2~2.5厘米；花梗长达11厘米；蜜腺两边有红色的流苏状突起和乳头状突起；雄蕊向中心靠拢；花丝长6~8厘米，无毛，花药长约1.2厘米，绛红色；子房圆柱形；花柱长为子房的2倍，柱头膨大，3裂。蒴果近球形，淡褐色。

生境分布 | 喜温暖干燥、土层深厚的环境。新疆各地普遍栽培。

养蜂价值 | 花期7~8月。花色艳，有蜜有粉，诱蜂力强，蜜蜂喜采，有利于蜂群繁殖和采蜜。花粉黄褐色，花粉粒长圆形。

其他用途 | 可作鲜切花；可作园林栽培观赏植物。

● **阿尔泰独尾草** *Eremurus altaicus* (Pall.) Stev.

科　属 | 百合科独尾草属

形态特征 | 多年生草本植物，植株高60~120厘米。茎无毛或有疏短毛。叶宽0.8~1.7厘米。苞片长15~20毫米，先端有长芒，背面有1条褐色中脉，边缘有或多或少长柔毛；花梗长13~15毫米，上端有关节；花被窄钟形，淡黄色或黄色，有的后期变为黄褐色或褐色；花被片长约1厘米，下部有3脉，到中部合成1脉，花萎谢时花被片顶端内卷，到果期又从基部向后反折；花丝比花被长，明显外露。蒴果平滑，直径6~10毫米，通常带绿褐色；种子三棱形，两端有不等宽的窄翅。

生境分布 | 生于海拔1 300~2 200米的高山草甸、山谷、石坡，以瘠薄土层或砾石阳坡为多。分布于天山北麓和阿尔泰山，布尔津、奇台、尼勒克、新源和特克斯等地较为集中。

养蜂价值 | 花期6月下旬至7月下旬。分布广，数量多，蜜粉较多，有利于蜂群的繁殖。

其他用途 | 根入药。

● **异翅独尾草** *Eremurus anisopterus* (Kar. et Kir.) Regel

科　　属 | 百合科独尾草属

形态特征 | 多年生草本植物，植株高40～60厘米。茎较粗，总状花序宽阔而舒展；苞片长达3厘米，宽3～5毫米，膜质，披针形，先端有短芒，边缘有长柔毛，背部有一条棕褐色中脉；花梗长2.5～4厘米，无关节，初时近直立，后期斜展；花大，花被宽钟形，白色或淡粉色；花被片长约1.5厘米，有一条暗褐色脉，基部有黄褐色色斑；雄蕊比花被约短2/5。蒴果球形，直径1.5～2厘米，果瓣厚而硬；种子三棱形，有等宽的翅。

生境分布 | 生于海拔400～600米的固定沙丘上。分布于准噶尔盆地边缘的玛纳斯、沙湾、和布克赛尔等地。

养蜂价值 | 花期4月下旬至5月中旬。花朵多，花期长，蜜粉丰富，花色鲜艳，诱蜂力强，有利于早春蜂群的繁殖。花粉黄褐色，花粉粒圆球形。

其他用途 | 它是专性沙生植物，只生长在沙丘、沙地，对稳定沙面有重要贡献；根可食。

本属还有粗柄独尾草 [*E. inderiensis* (M. Bieb.) Regel]，产于青河、阜康、沙湾、裕民等地，为早春沙地蜜粉源植物。

● **新疆黄精** *Polygonatum roseum* (Ledeb.) Kunth

科　　属 | 百合科黄精属

形态特征 | 多年生草本，高40～80厘米。根状茎细圆柱形，叶大部分每3～4枚轮生，下部少数可互生或对生，披针形至条状披针形，先端尖，长7～12厘米，宽9～16毫米。总花梗平展或俯垂，长1～1.5厘米，花梗长1～4毫米；苞片极微小，位于花梗上；花被淡紫色，全长10～12毫米，裂片长1.5～2毫米；花丝极短，花药长1.5～1.8毫米；子房长约2毫米，花柱与子房近等长。浆果球形，熟时红色。

生境分布 ｜ 生于海拔1 450~1 900米的河谷草甸，林缘灌丛，山坡及针叶林缘。天山北坡和阿尔泰山东南部均有分布。

养蜂价值 ｜ 花期6—8月。数量虽少，但蜜粉丰富，蜜蜂喜采，有利于蜂群繁殖和取蜜。花粉黄褐色，花粉粒近球形。

其他用途 ｜ 根茎入药。

● 伊犁郁金香 *Tulipa iliensis* Regel.

别　　名 ｜ 山慈姑

科　　属 ｜ 百合科郁金香属

形态特征 ｜ 具鳞茎的多年生草本，通常高10~30厘米。鳞茎直径1~2厘米，鳞茎皮黑褐色。茎上部通常有密柔毛或疏毛，极少无毛。叶3~4枚，条形或条状披针形，通常宽0.5~1.5厘米，彼此疏离或紧靠而似轮生，伸展或反曲，边缘平展或呈波状。花常单朵顶生，黄色；花被片长25~35毫米，宽4~20毫米；外花被片背面有绿紫红色、紫绿色或黄绿色，内花被片黄色；当花凋谢时，颜色通常变深，甚至外3枚变成暗红色，内3枚变成淡红色或淡红黄色；6枚雄蕊等长，花丝无毛，中部稍扩大，向两端逐渐变窄；几乎无花柱。蒴果卵圆形，种子扁平，近三角形。

生境分布 ｜ 生于海拔400~1 000米的山前平原和低山坡地，往往成大面积生长。分布于天山北坡，东至乌鲁木齐，西到伊犁地区各地。

养蜂价值 ｜ 花期4—5月。分布广，数量多，花期早，有粉有蜜，有利于早春蜂群的繁殖。花粉黄色，花粉粒近球形。

其他用途 ｜ 早春优质牧草；也是很好的观赏植物；鳞茎入药。

本属还有新疆郁金香（*T. sinkiangensi* Z. M. Mao），产于乌鲁木齐、玛纳斯、奎屯等地，阿尔泰郁金香（*T. altaica* Pall. ex Spreng.），产于布尔津、塔城、裕民、额敏、托里等地，准噶尔郁金香（*T. schrenkii* Regel），产裕民、托里、温泉及伊犁一带，均为早春辅助蜜粉源植物。

新疆郁金香

● **郁金香** *Tulipa gesneriana* L.

别　　名 | 洋荷花、草麝香、郁香
科　　属 | 百合科郁金香属
形态特征 | 郁金香为多年生草本植物，高25～60厘米。鳞茎扁圆锥形或扁卵圆形，长约2厘米。茎叶光滑具白粉，3～5枚，长椭圆状披针形或卵状披针形，长10～21厘米，宽1～6.5厘米；基生叶2～3枚，较宽大，茎生叶1～2枚。花茎高6～10厘米，花单生茎顶，大形直立，杯状，基部常黑紫色。花葶长35～55厘米；花单生，直立，长5～7.5厘米；花瓣6枚，倒卵形，花色有白色、粉红色、洋红色、紫色、褐色、黄色、橙色等，深浅不一，单色或复色。雄蕊6枚，离生，花药长0.7～1.3厘米，基部着生，花丝基部宽阔；雌蕊长1.7～2.5厘米，花柱3裂至基部，反卷。花形有杯形、碗形、卵形、球形、钟形、漏斗形、百合花形等，有单瓣也有重瓣。蒴果室背开裂，种子扁平。
生境分布 | 喜向阳、避风、土层深厚、肥沃的沙性土壤中，其根系生长忌积水。乌鲁木齐、奇台、昌吉、石河子、五家渠、库尔勒等地有栽培。
养蜂价值 | 郁金香室外栽培的花期在4月下旬至5月中旬。花色鲜艳，花粉较多，诱蜂力强，蜜蜂爱采，有利于春季蜂群的繁殖和修脾。花粉黄褐色，花粉粒近球形。
其他用途 | 园林栽培观赏植物；鳞茎及根可供药用。

● **萱草** *Hemerocallis fulva* L.

别　　名 | 黄花菜、金针菜、鹿葱、川草花、忘郁、丹棘
科　　属 | 百合科萱草属
形态特征 | 多年生草本。叶基生、宽线形，对排成2列，宽2～3厘米，长可达50厘米以上，背面有龙骨状突起，嫩绿色。花葶细长坚挺，高60～80厘米，花6～10朵，呈顶生聚伞花序。初夏清晨开花，颜色以橘黄色为主，有时可见紫红色，花大，漏斗形，内部颜色较深，直径10厘米左右，花被6片，开展，向外反卷，外轮3片，宽1～2厘米，内轮3片，宽达2.5厘米，边缘稍作波状；雄蕊6枚，花丝长，着生花被喉部；子房上位，花柱细长。蒴果，背裂，内有亮黑色种子数粒。
生境分布 | 适应性强，耐寒、耐旱，对土壤选择性不强。新疆各地均有栽培。
养蜂价值 | 花期6月上旬至7月中旬。数量多，花色艳，幼蕾分泌甜汁，蜜蜂喜采，是较好的辅助蜜粉源植物。
其他用途 | 园林观赏植物；根入药。

● **黄花菜** *Hemerocallis citrina* Baroni

别　　名 | 萱草、忘忧草、金针菜、萱草花、健脑菜、安神菜

科　　属 | 百合科萱草属
形态特征 | 多年生草本。根簇生，肉质，根端膨大成纺锤形。叶基生，狭长带状，下端重叠，向上渐平展，长40～60厘米，宽2～4厘米，全缘，中脉于叶下面突出。花茎自叶腋抽出，茎顶分枝开花，有花数朵，花葶高40～80厘米；花冠漏斗状，橙黄色；苞片披针形，花被6裂；雄蕊6枚；子房矩圆形，3室。蒴果，革质，椭圆形。种子黑色光亮。
生境分布 | 黄花菜耐瘠、耐旱，对土壤要求不严。新疆各地均有栽培。
养蜂价值 | 花期6—7月。黄花菜的幼蕾夜间能分泌甜汁，加之花蜜和花也很丰富，蜜蜂喜采，有利于蜂群的繁殖和采蜜。花粉淡黄色，花粉粒椭圆形。
其他用途 | 可作观赏植物；花可作鲜菜和干菜；根入药。

● 伊贝母 *Fritillaria pallidiflora* Schrenk

别　　名 | 贝母、天山贝母、伊犁贝母
科　　属 | 百合科贝母属
形态特征 | 多年生草本，植株高30～60厘米。鳞茎由2枚鳞片组成，直径1.5～3.5厘米，鳞片上端延伸为长的膜质物，鳞茎皮较厚。叶通常散生，有时近对生或近轮生，但最下面的决非真正的对生或轮生，从下向上由狭卵形至披针形，长5～12厘米，宽1～3厘米，先端不卷曲。花1～4朵，淡黄色，内有暗红色斑点，每花有1～2枚叶状苞片，苞片先端不卷曲；花被片匙状矩圆形，长3.7～4.5厘米，宽1.2～1.6厘米，外3枚明显宽于内3枚，蜜腺窝在背面明显突出；雄蕊6枚，长约为花被片的2/3，花药近基着，柱头3裂，裂片长约2毫米。蒴果长圆形，棱上有宽翅。
生境分布 | 生于海拔1 300～2 000米的林下、草坡或林缘灌丛中。主要分布于阿勒泰、塔城、伊犁等北疆山区。伊犁州直、塔城、木垒、吉木萨尔等地有栽培。
养蜂价值 | 花期5—6月。花期早，泌蜜十分丰富，诱蜂力强，蜜蜂喜采，非常有利于蜜蜂的早春繁殖。花粉黄色，花粉粒圆球形。
其他用途 | 鳞茎入药。

本属还有乌恰贝母（*F. ferganensis* Losinsk.），产于南疆地区；阿尔泰贝母（*F. meleagria* L.）产于阿尔泰山区；草原贝母（*F. olgae*）、黄花贝母（*F. verticillata* Willd.）产于阿尔泰山区及塔城山区；新疆贝母（*F. walujewii* Regel.）产于天山北坡各地。这些植物均为较好的辅助蜜粉源植物。

● 波叶玉簪 *Hosta undulata* Bailey

别　　名	花叶玉簪
科　　属	百合科玉簪属

形态特征 | 多年生宿根草本植物，株高30～50厘米。叶基生成丛，叶片卵状心形、卵形或长卵形，叶缘微波状，浓绿色，长14～24厘米，宽8～16厘米，先端近渐尖，基部心形，具6～10对侧脉；叶柄长20～40厘米；叶面中部有乳黄色和白色纵纹及斑块。总状花序顶生，花葶出叶，高40～80厘米，着花5～9朵。花的外苞片卵形或披针形，长2.5～7厘米，宽1～1.5厘米；内苞片很小。花单生或2～3朵簇生，管状漏斗形；花冠长6厘米，白色或淡蓝色，芬芳；花梗长约1厘米；雄蕊与花被近等长或略短。蒴果圆柱状，有三棱，长约6厘米。

生境分布 | 新疆各地均有栽培。

养蜂价值 | 花期6月下旬到8月中旬。花期较长，开花时清香四溢，蜜粉丰富，诱蜂力较强，蜜蜂喜采，有利于蜂群繁殖。

其他用途 | 可供园林观赏，可作鲜切花。

● 毛梗顶冰花 *Gagea alberti* Regel

科　　属	百合科顶冰花属

形态特征 | 多年生草本，高15～20厘米。鳞茎卵球形，直径5～10毫米，鳞茎皮褐黄色，无附属小鳞茎。基生叶1枚，条形，长15～22厘米，宽3～10毫米，扁平，中部向下收狭，无毛。总苞片披针形，与花序近等长，宽4～6毫米；花3～5朵，排成伞形花序；花梗不等长，无毛；花被片条形或狭披针形，长9～12毫米，宽约2毫米，黄色；雄蕊6枚，长为花被片的2/3；花药矩圆形，花丝基部扁平；子房矩圆形，柱头不明显的3裂。蒴果卵圆形至倒卵形。

生境分布 | 生于海拔1 400~2 600米的山坡草地、山前平原、灌丛或河岸草地。北疆山区均有分布，伊犁州直山区及博乐、塔城、青河、木垒等地较为集中。

养蜂价值 | 花期4月下旬至5月中下旬。数量多，分布广，花期早，花粉丰富，蜜蜂喜采，有利于早春蜂群的繁殖。花粉淡黄色，花粉粒圆球形。

其他用途 | 鳞茎药用。

本属还有腋球顶冰花 [*G. bulbifera* (Pall.) Roem. et. Schult.]，产于天山北坡的乌鲁木齐、玛纳斯及伊犁等地；草原顶冰花 (*G. stepposa* L. Z. Chue) 产于乌鲁木齐、伊犁及博乐等地；粒鳞顶冰花 (*G. granulose* Turcz.)、钝瓣顶冰花 (*G. emarginata* Kar. et Kir.) 产于伊犁地区；新疆顶冰花 (*G. subalpina* L. Z. Shue) 产于北疆山区，均为早春蜜粉源植物。

● **野苜蓿** *Medicago falcata* L.

别　　名 | 苜蓿草、黄花苜蓿、黄苜蓿
科　　属 | 豆科苜蓿属
形态特征 | 多年生草本。根粗壮，茎斜升或平卧，长30~70厘米，多分枝。三出复叶，小叶倒披针形、倒卵形或长圆状倒卵形，边缘上部有锯齿；托叶披针形，先端尖。总状花序密集成头状，20~30朵；花萼钟形或罐状漏斗形，萼齿披针形，先端尖；花冠黄色，蝶形。荚果稍扁，镰刀形，被伏毛；种子长圆状卵形，淡黄色。

生境分布 | 生于丘陵及平原的河滩、河谷等低湿地，是草甸草原的伴生种。北疆各地均有分布。

养蜂价值 | 花期5月下旬至7月上旬。数量多，分布广，花朵数多，花期长，蜜蜂喜采，有利于蜂群繁殖和取蜜。花粉黄褐色，花粉粒长球形。

其他用途 | 优良牧草；全草入药。

● 天蓝苜蓿 *Medicago lupulina* L.

科　　属｜豆科苜蓿属

形态特征｜一年生或二年生草本，高 15～40厘米，全株被柔毛或有腺毛。茎平卧或上升，多分枝。叶互生，羽状三出复叶；托叶卵状披针形，长可达1厘米；小叶倒卵形或倒心形，先端钝圆，微凹，边缘在上半部具不明显尖齿，两面均被毛，侧脉近10对；顶生小叶较大，小叶柄长2～6毫米，侧生小叶柄甚短。花序小头状，具花10～20朵；总花梗挺直，比叶长，密被贴伏柔毛；苞片刺毛状，甚小；花萼钟形，密被毛，萼齿线状披针形；花冠黄色，旗瓣近圆形，顶端微凹，翼瓣和龙骨瓣近等长，均比旗瓣短；子房阔卵形，被毛，花柱弯曲，胚珠1粒。荚果肾形，被稀疏毛，种子1粒，褐色。

生境分布｜生于中山带的河谷、草坡及平原带的耕地、荒地、盐碱地和低湿地。新疆各地均有分布。

养蜂价值｜花期6—7月。数量多，分布广，蜜粉丰富，蜜蜂喜采，有利于蜂群繁殖。

其他用途｜可作牧草；可作草坪和绿肥植物。

本属还有天山苜蓿（*M. tianschanica* Vass.）、大花苜蓿（*M. trautvetteri* Sum.）、小花苜蓿（*M. rivularis* Vass.）等，亦为辅助蜜粉源植物。

● 苦豆子 *Sophora alopecuroides* L.

科　　属｜豆科槐属

形态特征｜苦豆子为多年生草本植物，株高20～50厘米，全株有灰白色伏生绢状柔毛。根茎发达，茎直立，上部多分枝。奇数羽状复叶互生，小叶15～25枚，灰绿色，矩形，长1.5～2.5厘米，两面被绢毛，顶端小叶较小；托叶小，钻形，宿存。总状花序顶生，长12～15厘米；花密生，萼密被灰绢毛，顶端有短三角状萼齿；花冠蝶形，黄色或黄白色。荚果为念珠状，灰褐色或灰黑色；种子淡黄色，卵形。

生境分布 │ 常生于阳光充足，排水良好的低湿地、湖盆沙地、绿洲边缘及农区的沟旁和田边地头。适应性强，抗旱、耐寒、耐盐碱。分布于新疆各地，哈密盆地、吐鲁番盆地至准噶尔盆地较多。阿勒泰、哈巴河、布尔津、北屯、塔城、乌鲁木齐、伊宁、霍城、尼勒克、新源、察布查尔、巩留、昭苏、喀什和疏附等地较为集中。

养蜂价值 │ 花期5月下旬至6月中旬。数量多，分布广，花期长，泌蜜丰富，诱蜂力强，有利于蜂群繁殖和采蜜，每群可生产15～20千克蜂蜜。蜜洁白透明，味芳香，结晶较细。

其他用途 │ 苦豆子是优良的固沙植物与可利用牧草；全草入药；还可作绿肥。

● 香花槐 *Robinia pseudoacacia cv. idaho*

别　　名 │ 香槐花、紫花槐、富贵树
科　　属 │ 豆科槐属
形态特征 │ 富贵树是中等落叶乔木，高达15米。树皮浅灰色，深纵裂。二回至三回羽状复叶，叶轴长约30厘米，无毛；小叶4～7对，对生或近互生，纸质，卵状披针形或卵状长圆形，长2.5～6厘米，宽1.5～3厘米，先端渐尖，具小尖头，基部宽楔形或近圆形，稍偏斜；小托叶2枚，钻状。圆锥花序顶生，常呈金字塔形，长达30厘米；花梗比花萼短；小苞片2枚，形似小托叶；花萼浅钟状，长约4毫米，萼齿5枚，圆形或钝三角形，被灰白色短柔毛，萼管近无毛；花冠白色或淡黄色，花瓣粉红色；旗瓣近圆形，具短柄，有紫色脉纹，先端微缺，基部浅心形；翼瓣卵状长圆形，长10毫米，宽4毫米，先端浑圆，基部斜截形，无皱褶，龙骨瓣阔卵状长圆形，与翼瓣等长；雄蕊近分离，宿存；子房近无毛。荚果串珠状；种子卵球形，黑褐色。

生境分布 │ 适应性较强，喜生于高温多湿、阳光充足的环境。乌鲁木齐、昌吉、石河子、库尔勒、喀什和莎车等地栽培较多。

养蜂价值 │ 花期5月。花期长，花色鲜艳，蜜粉丰富，诱蜂力强，蜜蜂爱采，是优质蜜粉源植物，有利于蜂群的繁殖和修脾。花粉黄色，花粉粒椭圆形。

其他用途 │ 具有观赏、绿化、固沙、保土等经济、生态价值。

● 槐 *Styphnolobium japonicum* (L.) Schott

别　　名 ｜ 国槐、槐树、豆槐、家槐

科　　属 ｜ 豆科槐属

形态特征 ｜ 落叶乔木，高达25米。树皮灰褐色，具纵裂纹。当年生枝绿色，无毛。奇数羽状复叶长达25厘米；叶轴初被疏柔毛，旋即脱净；叶柄基部膨大，包裹着芽；托叶形状多变，有时呈卵形、叶状，有时线形或钻状，早落；小叶7～15枚，对生或近互生，纸质，卵状披针形或卵状长圆形，长2.5～6厘米，宽1.5～3厘米，先端渐尖，具小尖头，基部宽楔形或近圆形，稍偏斜，下面灰白色，初被疏短柔毛，旋变无毛；小托叶2枚，钻状。圆锥花序顶生，常呈金字塔形，长达30厘米；花梗比花萼短；小苞片2枚，形似小托叶；花萼浅钟状，长约4毫米，萼齿5枚，近等大，圆形或钝三角形，被灰白色短柔毛，萼管近无毛；花冠白色或淡黄色，旗瓣近圆形，具短柄，有紫色脉纹，先端微缺，基部浅心形，翼瓣卵状长圆形，长10毫米，宽4毫米，先端浑圆，基部斜戟形，无皱褶，龙骨瓣阔卵状长圆形，与翼瓣等长，宽达6毫米；雄蕊近分离，宿存；子房近无毛。荚果串珠状，长2.5～5厘米或稍长，直径约10毫米；种子间缢缩不明显，种子排列较紧密，具肉质果皮，成熟后不开裂，具种子1～6粒，卵球形，干后黑褐色。

生境分布 ｜ 喜光而稍耐阴，能适应较冷气候，根深而发达，适深厚的沙质土壤。多栽培于村旁、路边、院内。乌鲁木齐、石河子、伊宁、哈密、吐鲁番、阿克苏及喀什、莎车、和田伊宁等地均有栽培，其中南疆各地栽培较多。

养蜂价值 ｜ 花期7—8月。花期长，花朵多，蜜粉丰富，诱蜂力强，蜜蜂喜采，有利于蜂群繁殖和采蜜。花粉黄色，花粉粒椭圆形。

其他用途 ｜ 木材富弹性，可作建筑用材；种子可供酿酒；花、果可入药。

● 紫穗槐 *Amorpha fruticosa* L.

别　　名 ｜ 棉槐、椒条、棉条、穗花槐、紫翠槐

科　　属 ｜ 豆科紫穗槐属

形态特征 ｜ 落叶灌木，丛生，高1～4米。小枝灰褐色，被疏毛，后变无毛，嫩枝密被短柔毛。叶互生，奇数羽状复叶，长10～15厘米，有小叶11～25枚，基部有线形托叶；叶柄长1～2厘米；小

叶卵形或椭圆形，长1～4厘米，先端圆形，锐尖或微凹，有一短而弯曲的尖刺，基部宽楔形或圆形，上面无毛或被疏毛，下面有白色短柔毛，具黑色腺点。穗状花序常1至数个顶生和枝端腋生，长7～15厘米，密被短柔毛；花有短梗；苞片长3～4毫米；花萼长2～3毫米，被疏毛或几乎无毛，萼齿三角形，较萼筒短；旗瓣心形，紫色，无翼瓣和龙骨瓣；雄蕊10枚，下部合生成鞘，上部分裂，包于旗瓣之中，伸出花冠外。荚果下垂，长6～10毫米，宽2～3毫米，微弯曲，顶端具小尖，棕褐色，表面有突出的疣状腺点。

生境分布 │ 耐寒、耐旱，在沙地、黏土、中性土、盐碱土、酸性土、低湿地及土质瘠薄的山坡上均能生长。乌鲁木齐、昌吉、库尔勒、喀什、阿克苏和伊宁等地栽培较多。

养蜂价值 │ 花期5月中旬至6月上旬。数量多，分布广，花朵多，蜜粉丰富，诱蜂力强，蜜蜂爱采，有利于春季蜂群的繁殖和采收花粉。花粉褐色，花粉粒椭圆形。

其他用途 │ 枝叶可作绿肥、家畜饲料；茎皮可提取栲胶，枝条可编制篓筐；果实含芳香油，种子含油率10%，可作油漆、甘油和润滑油之原料；有护堤防沙、防风固沙的作用。

● **合欢** *Albizia julibrissin* Durazz.

别　　名 │ 绒花树、夜合花
科　　属 │ 豆科合欢属
形态特征 │ 落叶乔木，高可达4～15米，树冠开展。小枝有棱角，嫩枝、花序和叶轴被茸毛或短柔毛。托叶线状披针形，较小叶小，早落；二回羽状复叶，总叶柄近基部及最顶1对羽片着生处各有1枚腺体；羽片4～12对；小叶10～30对，线形至长圆形，向上偏斜，先端有小尖头，有缘毛，有时在下面或仅中脉上有短柔毛；中脉紧靠上边缘。头状花序于枝顶排成圆锥花序；花粉红色；花萼管状，长3毫米；花冠长8毫米，裂片三角形，长1.5毫米，花萼、花冠外均被短柔毛；花丝长2.5厘米。荚果带状，长9～15厘米，宽1.5～2.5厘米。

生境分布 | 性喜光，喜温暖，耐寒、耐旱、耐土壤瘠薄及轻度盐碱。喀什、疏勒、疏附、岳普湖、泽普和莎车等地有栽培。

养蜂价值 | 花期7—8月。蜜粉较丰富，有利于蜂群繁殖。花粉黄色，花粉粒扁球形。

其他用途 | 绿化观赏树种；合欢树皮和花入药。

● 新疆山黧豆 *Lathyrus gmelinii* (Fisch.) Fritsch

科　　属 | 豆科山黧豆属

形态特征 | 多年生草本，具块根，高60～150厘米。茎直立，圆柱状，具纵沟，无毛。托叶半箭形，长1.5～3厘米，宽4～10厘米，下面裂片具齿，植株上部的较狭；叶轴末端具针刺；小叶3～4对，卵形、长卵形、椭圆形、长椭圆形，偶有披针形，长3～6厘米，宽1～5厘米，先端急尖至渐尖，基部宽楔形，上面绿色，下面苍白色，两面无毛，具羽状脉。腋生总状花序长于叶，有花7～12朵，无毛；花梗长3～5毫米；花萼钟状，无毛，长1厘米，萼齿不等，最下1枚长2毫米；花杏黄色，长2.5～3厘米；旗瓣长2.9厘米，瓣片卵形，长1.5厘米，宽1.4厘米，先端微缺，瓣柄略呈倒三角形，长1.4厘米，翼瓣长2.6厘米，瓣片倒卵形，长1.4厘米，宽5毫米，具耳，线形瓣柄长1.3厘米；龙骨瓣长2.5厘米，瓣片长卵形，先端急尖，长1.5厘米，具耳，线形瓣柄长1.3厘米；子房线形，长1.8厘米，宽1.5毫米，无毛。荚果线形，棕褐色，长6～8厘米，宽6～10毫米；种子平滑，淡棕色。

生境分布 | 生于海拔1 400～2 350米的林下、草原、溪边阴湿处。分布于天山山区、阿尔泰山区。

养蜂价值 | 花期6—7月。花期较长，有蜜有粉，蜜蜂喜采，有利于蜂群繁殖和采蜜。花粉黄色，花粉粒圆球形。

其他用途 | 可作牧草。

● 玫红山黧豆 *Lathyrus tuberosus* L.

别　　名 | 块茎香豌豆

科　　属 | 豆科山黧豆属

形态特征 | 多年生草本，高25～70厘米，全株无毛。具根状茎。茎由基部分枝，斜升或匍匐。托叶半边箭头形，长5～20毫米；叶轴末端常形成分枝的卷须；双数羽状复叶，具小叶2，矩圆状卵形或矩圆状倒卵形，长2～4.5厘米，宽7～13毫米，先端钝。总状花序较叶长，具花3～7朵；花紫红色，长1.5～2厘米；花萼钟状，萼齿筒等长或较短，三角形；旗瓣近圆形，顶端微凹；翼瓣短于旗瓣；龙骨瓣较翼瓣稍长；花柱扭曲。荚果矩圆状，含种子4～6粒。

生境分布 | 生于绿洲田边、路旁、渠边至山地、河谷，适应性强，对土壤要求不严。分布于天山西部、阿尔泰山、塔尔巴哈台山。

养蜂价值 | 花期6月下旬至8月中旬，数量多，分布广，花期长，花色鲜艳，蜜粉丰富，诱蜂力强，蜜蜂喜采，集中连片区域可生产商品蜜。该植物是夏、秋季较好的辅助蜜粉源植物。花粉黄褐色，花粉粒近球形。

其他用途 | 茎叶可作牧草；种子含油；叶及花果入药。

● 广布野豌豆 *Vicia cracca* L.

别　　名 | 广布野豌豆子、草藤、细叶落豆秧、肥田草

科　　属 | 豆科野豌豆属

形态特征 | 多年生蔓生草本，高50～120厘米，有棱，被微毛。羽状复叶，有卷须；小叶8～24枚，狭椭圆形或狭披针形，长10～30毫米，宽2～8毫米，先端凸尖，基部圆形，上面无毛，下面有短柔毛；叶轴有淡黄色柔毛；托叶披针形或戟形，有毛。总状花序腋生，花多数，向着一面生于总花序轴上部；萼斜钟形，萼齿5枚，上面2齿较长，有疏短柔毛，花冠紫色、蓝紫色或紫红色，长0.8～1.5厘米；子房无毛，有长柄，花柱顶端四周被黄色腺毛。荚果矩圆形，褐色，膨胀，两端急尖，具柄；种子黑色。

生境分布 ｜ 生于田边、草坡、山地、灌丛等处。分布于新疆各地，北疆地区较多。

养蜂价值 ｜ 花期5—6月。数量多，分布广，花色艳，有蜜有粉，诱蜂力强，蜜蜂爱采，有利于蜂群繁殖。在集中生长区可生产商品蜜。该植物是很好的辅助蜜粉源植物。

其他用途 ｜ 全草为优良的绿肥饲料；全草入药。

● 新疆野豌豆 *Vicia costata* Ledeb.

科　　属 ｜ 豆科野豌豆属

形态特征 ｜ 多年生攀缘草本，高20～80厘米。茎斜升或近直立，多分枝，具棱，被微柔毛或近无毛。偶数羽状复叶顶端卷须分支，托叶半箭头形，脉两面凸出；小叶3～8对，长圆披针形或椭圆形，长0.6～1.8厘米，宽0.1～0.5厘米，先端钝或锐尖，具生尖头，基部圆或宽楔形，叶脉明显凸出，上面无毛，下面被疏柔毛。总状花序明显长于叶，有花3～11朵；花萼钟状，中萼齿近三角形或披针形；花冠黄色，淡黄色或白色，具蓝紫色脉纹，旗瓣倒卵圆形，先端凹，中部缢缩，翼瓣与旗瓣近等长，龙骨瓣略短；子房线形，柱头头状。荚果扁线形，先端较宽，长2.6～3.5厘米；种子扁圆形，种皮棕黑色。

生境分布 ｜ 生于草甸、丘陵、砾石山坡及干旱荒漠。分布于北疆各地，乌鲁木齐、奇台、阿勒泰、乌苏和青河等地较多。

养蜂价值 ｜ 花期5—7月。数量多，分布广，蜜粉丰富，蜜蜂喜采，有利于蜂群的繁殖。花粉褐色，花粉粒椭圆形。

其他用途 ｜ 可作牧草；全草入药。

本属还有多茎野豌豆（*V. multicaulis* Ledeb.），产于北疆山区；阿尔泰野豌豆（*V. lilacina* Ledeb.）产于阿勒泰、布尔津、哈巴河等地。这些植物均为辅助蜜粉源植物。

● 蚕豆 *Vicia faba* L.

别　　名 ｜ 罗汉豆、胡豆、南豆、佛豆

科　　属 ｜ 豆科野豌豆属

形态特征 ｜ 一年生草本。茎直立，不分枝，高30～120厘米。偶数羽状复叶，叶轴顶端卷须短缩为短尖头；托叶戟头形或近三角状卵形，长1～2.5厘米，宽约0.5厘米，略有锯齿，具深紫色密腺点；小叶通常1～3对，互生，上部小叶可达4～5对，基部较少，小叶椭圆形或倒卵形，稀圆形，先端圆钝，具短尖头，基部楔形，全缘，两面均无毛。总状花序腋生，花梗近无；花萼钟形，萼齿披针形，下萼齿较长；具花2～4朵，呈丛状着生于叶腋，花冠白色，具紫色脉纹及黑色斑晕，旗瓣中部缢缩，基部渐狭，翼瓣短于旗瓣，长于龙骨瓣。荚果肥厚，长5～10厘米，宽2～3厘米；种子长方圆形，中间内凹，灰绿色至棕褐色。

生境分布 ｜ 新疆各地均有栽培，乌鲁木齐、奇台、吉木萨尔和焉耆等地栽培较多。

养蜂价值 ｜ 花期5—6月。数量较多，蜜多粉足，诱蜂力强，蜜蜂喜采，有利于蜂群繁殖。

其他用途 ｜ 该植物为粮食、蔬菜和饲料、绿肥兼用作物。

● 豌豆 *Pisum sativum* L.

别　　名 ｜ 青豆、豌豆、麦豌豆、寒豆、麦豆、雪豆

科　　属 ｜ 豆科豌豆属

形态特征 ｜ 一年生缠绕草本，矮生品种高30～60厘米，蔓生品种高达2米以上。茎圆柱形，中空而脆，有分枝，全株绿色，光滑无毛，被粉霜。双数羽状复叶，具小叶4～6枚，叶轴顶端有羽状分枝的卷须；托叶呈叶状，通常大于小叶，下缘具疏齿；小叶卵形或椭圆形，先端钝圆或尖，基部宽楔形或圆形，全缘，有时具疏齿。花白色或紫红色，单生或1～3朵排列成总状腋生，花柱内侧有须毛，闭花授粉；花萼钟状，花冠蝶形。荚果长椭圆形或扁形，长5～10厘米，宽1～1.5厘米；种子球形或椭圆形，青绿色，干后为黄白色、绿色、褐色等。

生境分布 ｜ 新疆各地均有栽培，北疆旱作区种植面积较大。

养蜂价值 ｜ 花期5月中旬至6月下旬，每朵花开放2～3天，每株开花期约为35天。数量多，分布广，花期长，蜜粉较多，蜜蜂喜采，有利于蜂群繁殖和生产商品蜜。花粉淡黄色，花粉粒圆球形。

其他用途 ｜ 豌豆为营养价值较高的饲用植物；茎、叶及种子药用；茎叶也可作绿肥；豌豆淀粉可加工粉丝、粉条供食用。

● 菜豆 *Phaseolus vulgaris* L.

别　　名 ｜ 芸豆、白肾豆、架豆、刀豆、扁豆、豆角

科　　属 ｜ 豆科菜豆属

形态特征 ｜ 一年生、缠绕或近直立草本。茎被短柔毛或老时无毛。羽状复叶具3小叶；托叶披针形，基着。小叶宽卵形或卵状菱形，侧生的偏斜，长4～16厘米，宽2.5～11厘米，先端长渐尖，有细尖，基部圆形或宽楔形，全缘，被短柔毛。总状花序比叶短，有数朵生于花序顶部的花；小苞片卵形，有数条隆起的脉，约与花萼等长或稍较其长，宿存；花萼杯状，上方的2枚裂片连合成一微凹的裂片；花冠白色、黄色、紫堇色或红色；旗瓣近方形，翼瓣倒卵形，子房被短柔毛，花柱压扁。荚果带形，长10～15厘米，略膨大，顶有喙；种子长椭圆形或肾形，白色、褐色、蓝色或有花斑，种脐通常白色。

生境分布 | 栽培植物，新疆各地均有分布。

养蜂价值 | 花期5—8月。数量多，分布广，花期长，蜜粉较丰富，蜜蜂喜采，有利于蜂群繁殖和采蜜。花粉黄褐色，花粉粒椭圆形。

其他用途 | 该植物主要为蔬菜作物。

● 豇豆 *Vigna unguiculata* (L.) Walp.

别　　名 | 角豆、姜豆、带豆

科　　属 | 豆科豇豆属

形态特征 | 一年生缠绕、草质藤本或近直立草本，有时顶端缠绕状。茎近无毛。羽状复叶具3小叶；托叶披针形，着生处下延成一短距，有线纹；小叶卵状菱形，长5～15厘米，宽4～6厘米，先端急尖，边全缘或近全缘，有时淡紫色，无毛。总状花序腋生，具长梗；花2～6朵聚生于花序的顶端，花梗间常有肉质蜜腺；花萼浅绿色，钟状，裂齿披针形；花冠黄白色而略带青紫，长约2厘米，各瓣均具瓣柄，旗瓣扁圆形，翼瓣略呈三角形，龙骨瓣稍弯；子房线形，被毛。荚果线形，长7.5～70厘米；种子长椭圆形或圆柱形，黄白色或暗红色。

生境分布 | 栽培蔬菜，新疆各地均有分布。

养蜂价值 | 花期5—8月。数量多，分布广，花期长，蜜粉较多，蜜蜂爱采，有利于蜂群繁殖和生产商品蜜。花粉黄褐色，花粉粒近球形。

其他用途 | 该植物主要为蔬菜作物。

● 大豆 *Glycine max* (L.) Merr.

别　　名 | 黄豆、青仁乌豆、泥豆、马料豆

科　　属 | 豆科大豆属

形态特征 | 一年生草本，高30～80厘米。茎粗壮，直立，密被褐色长硬毛。通常具3小叶；托叶宽卵形，渐尖，被黄色柔毛；小叶纸质，近圆形或椭圆状披针形，侧生小叶较小，斜卵形，通常两面散生糙毛或下面无毛；侧脉每边5条。总状花序腋生，苞片及小苞片披针形，被糙伏毛；花萼钟状，常深裂成二唇形，裂片5枚；花冠较小，花紫色、淡紫色或白色，稍较萼长。荚果长圆形，稍弯，下垂，黄绿色；种子2～5粒，近圆形。

生境分布 | 新疆各地均有栽培，以伊犁州直、塔城、石河子、昌吉、哈密和乌鲁木齐等地

较多。

养蜂价值 | 大豆花期7—8月。为偶然泌蜜植物，在高温干旱条件下流蜜，并受品种影响。

其他用途 | 油料作物，油可食用，豆饼为牲畜饲料。

● 扁豆 *Lablab purpureus* (L.) Sweet

别　名 | 火镰扁豆、膨皮豆、藤豆、沿篱豆、鹊豆、皮扁豆

科　属 | 豆科扁豆属

形态特征 | 一年生草本植物。茎蔓生，长可达6米，常呈淡紫色。羽状复叶具3小叶；托叶基着，披针形；小叶宽三角状卵形，长6~10厘米，宽约与长相等，侧生小叶两边不等大，偏斜，先端急尖或渐尖，基部近截平。总状花序直立，长15~25厘米，花序轴粗壮，总花梗长8~14厘米；小苞片2枚，近圆形，脱落；花2至多朵簇生于每一节上；花萼钟状，上方2裂齿几乎完全合生，下方的3枚近相等；花冠白色或紫色，旗瓣圆形，翼瓣宽倒卵形，龙骨瓣呈直角弯曲；子房线形，无毛，花柱比子房长。荚果长圆状镰形，扁平，直或稍向背弯曲，顶端有弯曲的尖喙，基部渐狭；种子长椭球形，在白花品种中为白色，在紫花品种中为紫黑色，种脐线形。

生境分布 | 栽培植物，新疆各地均有分布。

养蜂价值 | 花期5—10月。数量多，花期长，花色鲜艳，诱蜂力强，蜜蜂喜采，有利于蜂群繁殖和生产商品蜜。花粉黄褐色，花粉粒椭圆形。

其他用途 | 嫩荚是普通蔬菜。

● 黄刺条 *Caragana frutex* (L.) C. Koch

别　　名 | 金雀锦鸡儿

科　　属 | 豆科锦鸡儿属

形态特征 | 落叶灌木，高0.5~2米，最高可达3米。枝条细长，褐色、黄灰色或暗灰绿色，有条棱，无毛。假掌状复叶有4枚小叶；托叶三角形，先端钻形，脱落或硬化成针刺，长1~3毫米；叶柄长2~10毫米，短枝者脱落，长枝者硬化成针刺，宿存；小叶倒卵状倒披针形，长6~10毫米，宽3~5毫米，先端圆形或微凹，具刺尖，基部楔形，两面绿色，无毛或稀被毛。花梗单生或并生，长9~21毫米，上部有关节，无毛；花萼管状钟形，长6~8毫米，基部偏斜，萼齿很短，具刺尖；花冠黄色，长20~22毫米，旗瓣近圆形，宽约16毫米，瓣柄长约5毫米，翼瓣长圆形，先端稍凹入，柄长为瓣片的1/2，耳长为瓣柄的1/4~1/3，龙骨瓣长约22毫米，瓣柄较瓣片稍短，耳不明显；子房无毛。荚果筒状，长2~3厘米。

生境分布 | 生于干山坡、林间、河谷。分布于喀什、莎车、阿图什、乌恰、塔城、额敏、巩留和霍城等处。

养蜂价值 | 花期5—6月。分布广，数量多，花期较长，有蜜有粉，蜜蜂爱采，有利于春季蜂群繁殖和修脾。

其他用途 | 黄刺条花入药；也是荒漠地区骆驼和山羊的良等饲用植物。

● 树锦鸡儿 *Caragana arborescens* Lam.

别　　名 | 蒙古锦鸡儿、小黄刺条

科　　属 | 豆科锦鸡儿属

形态特征 | 为小乔木或大灌木，高2~6米。老枝深灰色，平滑，稍有光泽，小枝有棱，幼时被柔毛，绿色或黄褐色。羽状复叶有4~8对小叶；托叶针刺状，长枝者脱落；小叶长圆状倒卵形或椭圆形，先端圆钝，具刺尖，基部宽楔形，幼时被柔毛。花梗2~5个簇生，每梗1花，长2~5厘米，关

节在上部，苞片小，刚毛状；花萼钟状，长6～8毫米，宽7～8毫米，萼齿短宽；花冠黄色，长16～20毫米，旗瓣菱状宽卵形，具短瓣柄，翼瓣长圆形，较旗瓣稍长，瓣柄长为瓣片的3/4，耳距状，长不及瓣柄的1/3，龙骨瓣较旗瓣稍短，瓣柄较瓣片略短，耳钝或略呈三角形；子房无毛或被短柔毛。荚果圆筒形，无毛。

生境分布 ｜ 生于天山北坡的林间、林缘。伊犁山区分布较多。精河和莫索湾等地引种该植物作为防沙林生长良好。

养蜂价值 ｜ 花期5月上旬至6月上旬。数量多，分布广，花朵多，花期长，蜜蜂喜采，有利于蜂群的繁殖。花粉淡黄色，花粉粒圆球形。

其他用途 ｜ 庭园观赏及绿化用，为较好的水土保持和固沙造林树种；种子含油率10%～14%，可作肥皂及油漆用。

本属还有鬼箭锦鸡儿 [*C. jubata* (Pall.) Poir.]，分布于奇台、乌鲁木齐、尼勒克、新源等山地；准噶尔锦鸡儿（*C. soongorica* Grub.）分布于天山北坡；新疆锦鸡儿（*C. turkestanica* Kom.）分布于吉木乃、哈巴河及伊犁地区；北疆锦鸡儿（*C. camilli-schneideri* Kom.）分布于阿勒泰、福海、塔城、霍城等山区；柠条锦鸡儿（*C. korshinskii*）在乌鲁木齐、精河及石河子等地有栽培，新疆有共20多种，均为较好的辅助蜜粉源植物。

鬼箭锦鸡

鬼箭锦鸡

柠条锦鸡儿

柠条锦鸡儿

● **披针叶野决明** *Thermopsis lanceolata* R. Br.

别　　名 ｜ 披针叶黄华

科　　属 ｜ 豆科野决明属

形态特征 ｜ 多年生草本，高10～40厘米，全株无毛。根茎细长，淡黄褐色，具少数须根。茎直立，稍分枝，表面有细纵纹。三出复叶，互生；小叶片倒卵状长圆形或倒披针形，长2.5～8.5厘米，宽7～20毫米，先端急尖，基部楔形，上面平滑，下面密生平伏短柔毛；托叶2枚，对生，基部连合。总状花序顶生；苞片3枚，基部连合；花长约3厘米；萼筒状，长约1.6厘米；花冠蝶形，黄色。荚果条形，长5～9厘米，宽7～12毫米。种子肾形，黑褐色，有光泽。

生境分布 ｜ 生于河岸草地、沙丘、路旁及田边。分布于塔城、阿勒泰、布尔津、哈巴河、奇台和乌鲁木齐等地。

养蜂价值 ｜ 花期5月底至7月初。数量多，分布广，蜜粉丰富，蜜蜂喜采，有利于蜂群繁殖和采蜜。蜂蜜浅琥珀色，花粉蛋黄色，花粉粒圆球形。

其他用途 ｜ 全草入药。

● 红车轴草　*Trifolium pratense* L.

别　　名｜红三叶、红花苜蓿、三叶草

科　　属｜豆科车轴草属

形态特征｜短期多年生草本植物，生长期5年以上。茎粗壮，具纵棱，直立或平卧上升，高30～80厘米，疏生柔毛或秃净。掌状三出复叶；托叶近卵形，膜质，每侧具脉纹8～9条，基部抱茎，先端离生部分渐尖，具锥刺状尖头；叶柄较长，茎上部的叶柄短，被伸展毛或秃净；小叶卵状椭圆形至倒卵形，先端钝，有时微凹，基部阔楔形，两面疏生褐色长柔毛，侧脉约15对，小叶无柄。花序球状或卵状，顶生；无总花梗或具甚短总花梗，包于顶生叶的托叶内，托叶扩展成焰苞状，具花30～70朵，密集；花长12～14毫米；几乎无花梗，萼钟形，被长柔毛，具脉纹10条，萼齿丝状；花冠紫红色至淡红色，旗瓣匙形，先端圆形，微凹缺，基部狭楔形，明显比翼瓣和龙骨瓣长，龙骨瓣稍比翼瓣短；子房椭圆形，花柱丝状细长，胚珠1～2粒。荚果卵形；通常有1粒扁圆形种子。

生境分布｜生于草地、林缘、路旁等处。阿尔泰山、天山均有分布，伊犁州直、塔城、阿勒泰、奇台、乌鲁木齐等地较多。

养蜂价值｜红车轴草花期6—7月。数量多，花期长，蜜粉丰富，诱蜂力强，蜜蜂喜采，对蜂群繁殖和山区生产杂花蜜有很大作用。

其他用途｜优良牧草；红车轴草提取物可用于保健食品中；全草可作绿肥。

● 草莓车轴草　*Trifolium fragiferum* L.

科　　属｜豆科车轴草属

形态特征｜多年生草本，长10～30厘米。具主根。茎平卧或匍匐，节上生根。全株除花萼外几乎无毛。掌状三出复叶；托叶卵状披针形，膜质，抱茎呈鞘状，先端离生部分狭披针形，尾尖；叶柄细长，长5～10厘米；小叶倒卵形或倒卵状椭圆形，先端钝圆，微凹，基部阔楔形，两面无毛或中脉被稀疏毛；小叶柄短，长约1毫米。花序半球形至卵形，直径约1厘米，花后增大，果期直径可达2～3厘米；总苞由基部10～12朵花的较发育苞片合生而成，先端离生部分披针形；萼钟形，萼齿丝状，锥形，下方3齿几乎无毛，上方2齿稍长，连萼筒上半部均密被绢状硬毛；花冠淡红色或黄色，旗瓣长圆形，明显比翼瓣和龙骨瓣长；子房阔卵形，花柱比子房稍长。荚果长圆状卵形。种子扁圆形。

生境分布｜生于山地河谷、草坡、林缘、渠边等处。新疆各地均有分布，北疆山区尤多，以伊犁州直各地最为集中。

养蜂价值 ｜ 花期6—7月。数量多，分布广，蜜多粉足，诱蜂力强，蜜蜂喜采，有利于蜂群繁殖和生产商品蜜。花粉黄褐色，花粉粒椭圆形。

其他用途 ｜ 可作牧草。

● **野火球** *Trifolium lupinaster* L.

别　　名 ｜ 野车轴草

科　　属 ｜ 豆科车轴草属

形态特征 ｜ 多年生草本，高30～60厘米。茎直立，单生，基部无叶，秃净，上部具分枝，被柔毛。掌状复叶，通常小叶5枚，稀3枚或7枚；托叶膜质，大部分抱茎呈鞘状，先端离生部分披针状三角形；小叶披针形至线状长圆形，先端锐尖，基部狭楔形，中脉在下面隆起，被柔毛，侧脉多达50对以上，两面均隆起，分叉直伸出叶边成细锯齿。头状花序着生于顶端和上部叶腋，具花20～35朵；花萼钟形，被长柔毛，脉纹10条，萼齿丝状，锥尖，比萼筒长2倍；花冠淡红色至紫红色，旗瓣椭圆形，翼瓣长圆形，下方有一钩状耳，龙骨瓣长圆形，比翼瓣短，先端具小尖喙；子房狭椭圆形，无毛，具柄，花柱丝状。荚果长圆形，棕灰色；种子阔卵形，橄榄绿色。

生境分布 ｜ 生于山地草原、林缘、林间空地及河岸边。分布于天山西部及阿勒泰、布尔津和塔城等地。

　　养蜂价值 │ 花果期6月下旬至8月上旬，约35天。分布广，花朵数多，花色艳丽，诱蜂力强，蜜粉丰富，蜜蜂喜采，有利于蜂群繁殖和生产商品蜜。花粉黄褐色，花粉粒长球形。

　　其他用途 │ 优质牧草；全草入药。

● 高山黄耆 *Astragalus alpinus* L.

　　科　　属 │ 豆科黄耆属

　　形态特征 │ 多年生草本，高10~45厘米。被单毛。茎较细，斜升或近直立，常有下部分枝。奇数羽状复叶，有小叶17~25枚，小叶卵状椭圆形或长椭圆形，长5~13厘米，托叶基部与叶柄连合。总状花序腋生，密集于总花梗顶端，花序长1.5~3厘米；花冠黄色，花冠于结实期脱落，花萼钟状，长4~6毫米，萼筒短，龙骨瓣顶端蓝紫色，翼瓣顶端全缘，翼瓣和龙骨瓣基部不与雄蕊管合生。荚果镰状弯曲，下垂，长8~12厘米。

　　生境分布 │ 生于海拔1 600~2 800米的中山至高山带的林缘、山谷坡地，尤其在针叶林缘最常见。分布于天山和阿尔泰山，以伊犁州直、阿勒泰、布尔津、塔城等地较多。

　　养蜂价值 │ 花期7—8月。数量多，分布广，花期长，蜜粉丰富，蜜蜂喜采，有利于蜂群繁殖，也是山区采集杂花蜜的蜜源之一。

　　其他用途 │ 可作牧草。

● 阿克苏黄耆 *Astragalus aksuensis* Bge.

　　别　　名 │ 黄芪

　　科　　属 │ 豆科黄耆属

　　形态特征 │ 多年生草本，高30~90厘米。茎由基部分枝或单生，直立，圆柱状，光滑无毛，淡绿色，有细沟纹。托叶对生，披针形或卵形，草质，先端渐尖，边全缘，叶长7~10厘米；叶柄短于轴，小叶为奇数羽状复叶，5~9枚，长圆状椭圆形或卵圆形。总状花序腋生和顶生，花梗长3毫米；花冠淡黄色，蝶形，旗瓣近于圆形，翼瓣长圆状，顶端圆形；苞片单生，长圆状卵形，花萼筒状，萼齿5枚，线状，锥形；雄蕊九合一离，不伸出花冠之外，花药黄色；子房线形，有长柄。荚果，淡黄色，长圆形；种子肾形，淡绿褐色。

生境分布 | 生于中山带草原、山坡及云杉林下。分布于天山、阿尔泰山及准噶尔西部山区，伊犁州直地区较为集中。

养蜂价值 | 花期6—8月。数量多，分布广，花期长，蜜粉丰富，蜜蜂喜采，有利于蜂群繁殖和生产商品蜜。花粉蛋黄色，花粉粒近圆形。

其他用途 | 根入药。

● **长尾黄耆** *Astragalus alopecias* Pall.

别　　名 | 金毛胯萼黄芪

科　　属 | 豆科黄耆属

形态特征 | 多年生草本，植株密被白茸毛。小叶较小，阔披针形或倒卵形。花序长10~15厘米；

花萼长20~25毫米，萼齿长于萼筒，花萼膨大，不开裂；花冠宿存，翼瓣与龙骨瓣基部与雄蕊管合生。荚果藏于萼内，小形，2室或不完全2室；种子少数。

　　生境分布　│　生于荒漠、前山坡及河谷。分布于天山西部和阿拉套山等地。

　　养蜂价值　│　花期5月下旬至6月下旬。花期较长，蜜粉丰富，蜜蜂爱采，有利于蜂群繁殖。花粉淡黄色，花粉粒椭圆形。

　　其他用途　│　可作牧草；观赏植物。

● **弯花黄耆**　*Astragalus flexus* Fisch.

　　科　　属　│　豆科黄耆属

　　形态特征　│　多年生草本。茎短缩，高20~30厘米，被开展的白色柔毛或近无毛。奇数羽状复叶，具15~25枚小叶，长12~30厘米；叶柄长4~7厘米；托叶白色，膜质；小叶近圆形或倒卵形，长5~20毫米，先端钝圆或微凹，基部近圆形，上面无毛，下面被白色柔毛，边缘被长缘毛，具短柄。总状花序生10~15花，稍稀疏；总花梗长5~15厘米，通常较叶短，散生白色长柔毛；苞片披针形至线状披针形，白色，膜质；花萼管状，萼齿线状披针形；花冠黄色，旗瓣长圆状倒卵形，长30~35毫米，先端微凹，下部1/3处稍膨大，翼瓣较龙骨瓣短，瓣片线状长圆形，瓣柄较瓣片长1.5~2倍，龙骨瓣长24~27毫米，瓣片半卵形，瓣柄长为瓣片的1.5~2倍；子房狭卵形。荚果卵状长圆形；种子肾形。

　　生境分布　│　生于沙漠及周边的沙土地上。分布于北疆的准噶尔盆地，奇台、阜康、石河子、玛纳斯和沙湾等地较多。

　　养蜂价值　│　花期4月下旬至5月中旬，约20天。花期较长，蜜粉丰富，有利于春季蜂群繁殖。花粉黄色，花粉粒圆球形。

　　其他用途　│　开花前家畜采食；沙漠及荒漠地区固沙植物。

● **木垒黄耆**　*Astragalus nicolaii* Borissova

　　科　　属　│　豆科黄耆属

　　形态特征　│　多年生草本，高10~30厘米，密被淡黄色长柔毛。茎基部分枝。奇数羽状复叶，具21~33枚小叶，长8~22厘米；叶柄较叶轴短，长3~5厘米，连同叶轴密被开展的淡黄色柔毛；托叶离生，基部多少与叶柄合生，白色，膜质，披针形，长12~16毫米，先端长渐尖，下面被开展的淡黄色长柔毛；小叶卵圆形至长圆状卵形，长10～22毫米，宽5～8毫米，先端钝或具短尖头，基部近圆形，上面无毛或散生长柔毛，下面毛较密，具短柄。总状花序生5～8花，稍稀疏；总花梗较叶短，长3～5厘米；苞片白色，膜质，披针形或线形，长10～15毫米，下面被长柔毛；花梗长3～5毫米；花萼管状，长15～20毫米，被开展的白色长柔毛，萼齿披针形，与萼筒近等长或稍短；花冠黄色，旗瓣长圆状倒卵形，长25～30毫米，外面被短柔毛，先端微凹，中下部稍肥大呈角棱状，翼瓣长22～26毫米，瓣片狭长圆形，上部被短柔毛，基部具短耳，瓣柄与瓣片近等长，龙骨瓣长16～20毫米，瓣片半卵形，顶部被柔毛，瓣柄与瓣片近等长，子房线形，密被淡黄色长柔毛。

生境分布 ｜ 生长于海拔900米至2 000米的山坡草地、灌丛下。分布天山北部，木垒、奇台、吉木萨尔、巴里坤和青河等地较多。

养蜂价值 ｜ 花期5月上旬至6月上旬。花期长，花色艳，蜜粉丰富，诱蜂力强，蜜蜂喜采，有利于蜂群修脾和繁殖。花粉黄色，花粉粒长圆形。

其他用途 ｜ 可作饲草。

● **中天山黄耆** *Astragalus chomutovii* B. Fedtsch.

科　　属 | 豆科黄耆属

形态特征 | 多年生低矮小草本，高2～8厘米。茎短缩，具多数短缩分枝，密丛状。三出或羽状复叶，有3～5枚小叶，长1～4厘米；托叶小，合生，膜质，被白色毛和缘毛；小叶长圆形或倒披针形，长5～15毫米，两面被白色伏贴毛。总状花序的花序轴短缩，长1～3厘米，生5～15花，排列密集；总花梗纤细，与叶等长或稍短；苞片线状披针形，膜质；花萼管状，密被黑白混生的伏贴毛，萼齿线状披针形；花冠浅蓝紫色，旗瓣长15～20毫米，瓣片长圆状椭圆形，先端微凹，基部渐狭，翼瓣长12～18毫米，瓣片长圆形，先端微凹或近于全缘，与瓣柄等长，龙骨瓣长10～14毫米，瓣片较瓣柄稍短或与其等长。荚果长圆形，微弯，被白色短茸毛，近1室。

生境分布 | 产于新疆南部（塔什库尔干）和西部。生长于海拔1 800～2 600米的高山草甸、草原、砾石山坡。分布于天山西部的伊犁山区和天山南部的塔什库尔干等地。

养蜂价值 | 花期6—8月。分布较广，花期长，蜜粉丰富，蜜粉喜采，有利于蜂群繁殖和采蜜。花粉黄褐色，花粉粒圆球形。

其他用途 | 可作饲草。

● 木黄耆 *Astragalus arbuscula* Pall.

别　　名 | 木黄芪

科　　属 | 豆科黄耆属

形态特征 | 灌木或半灌木，高50～120厘米，被黄灰色伏贴毛。羽状复叶5～13枚，有短柄，披针状线形，少长圆形或线形，长5～20毫米，宽1～4毫米，两面被茸毛。总状花序因花序轴短缩，呈头状，生8～20花，排列紧密；花红紫色，总花梗比叶长2～3倍，被伏贴毛；苞片卵圆形或披针形，长1～3毫米，被黑白混生毛；花萼短管状，萼齿丝状钻形；花冠淡红紫色，旗瓣菱形，先端微凹，下部急狭成瓣柄，长15～19毫米，翼瓣长14～17毫米，瓣片线状长圆形，先端圆钝，与瓣柄等长，龙骨瓣较翼瓣短。荚果向上直立，无柄，长圆形，微弯，具斜喙。

生境分布 | 生于海拔1 400～1 600米的山坡、草原、山地草甸、林缘。分布于天山、阿尔泰山、萨乌尔山等地，乌鲁木齐、伊宁、塔城和布尔津等地较为集中。

养蜂价值 | 花期6—8月。数量较多，花期较长，蜜粉丰富，诱蜂力强，蜜蜂喜采，有利于蜂群繁殖和生产商品蜜。花粉黄褐色，花粉粒近圆形。

其他用途 | 根入药；可作牧草。

本属植物在新疆还有80余种，都是较好的辅助蜜粉源植物。其中被养蜂利用较多的有天山黄耆（*A. lepsensis* Bge.）、伊犁黄耆（*A. iliensis* Bge.），产于天山北坡伊犁地区；绵果黄

耆（*A. sieversianus* Pall.）产于北疆地区；茧荚黄耆（*A. lehmannianus* Bge.）产于准噶尔盆地；环荚黄耆（*A. contortuplicatus* L.）产于尉犁、轮台、阿勒泰等地；阿拉套黄耆（*A. alatavicus* Kar. et Kir.）产于天山、阿尔泰山、阿拉套山等地；大翼黄耆（*A. macropterus* DC.）产于北疆各地山区草原带；驴豆叶黄耆（*A. onobrychis* L.）产于阿尔泰山、天山西部和准噶尔西部山区；准噶尔黄耆（*A. gebleri* Fisch. ex Bong.）产于准噶尔盆地。

准噶尔黄耆

准噶尔黄耆

● 山岩黄耆 *Hedysarum alpinum* L.

别　　名 | 高山岩黄芪
科　　属 | 豆科岩黄耆属
形态特征 | 多年生草本或半灌木，高50～80厘米。基部明显木质化，茎发达，直立或稍斜升，多分枝，无毛或被伏贴柔毛。奇数羽状复叶，小叶3～7对，卵圆形或椭圆形，长1.5～3厘米，宽

0.5~1厘米，先端略钝，全缘，下面被毛；托叶较大，褐色，膜质。总状花序，总花梗粗长，有小花10~35朵；花萼无毛或被毛，萼齿较萼短；蝶形花粉红色或红紫色，长1.6~1.8厘米，旗瓣倒卵形，翼瓣较旗瓣短，具长耳，龙骨瓣较旗瓣显著长，有爪及短耳；子房无毛或被毛。荚果念珠状，具3~4节，荚节卵圆形，边缘有翅状齿。

生境分布 ｜ 生于海拔1 600~2 800米的中、低山带的河谷、林缘、林中空地、草甸草原中的黑钙土或暗栗钙土上。分布于阿尔泰山南坡以及准噶尔西部山地。

养蜂价值 ｜ 花期6—7月。数量较多，花期较长，蜜粉丰富，蜜蜂喜采，有利于蜂群繁殖和生产商品蜜。花粉黄褐色，花粉粒近圆形。

其他用途 ｜ 根及根状茎入药；可供观赏；可作优良牧草。

本属还有天山岩黄耆（*H. Semenovii* Rgl. et Herd.），产于天山北坡；细枝岩黄耆（*H. scoparium* Fisch. et Mey.）、红花岩黄耆（*H. multijugum* Maxim.）产于北疆地区；伊犁岩黄耆（*H. iliense*）产于伊犁和塔城等地，均为较好的辅助蜜粉源植物。

● 猫头刺 *Oxytropis aciphylla* Ledeb.

别　　名 ｜ 刺叶柄棘豆

科　　属 ｜ 豆科棘豆属

形态特征 ｜ 垫状矮小半灌木，高10~30厘米。茎多分枝，开展，呈球状密丛。偶数羽状复叶；小叶4~6枚，对生，线形或长圆状线形，长5~18毫米，宽1~2毫米，先端渐尖，具刺尖，基部楔形，两面密被贴伏白色绢状柔毛。叶轴先端刺状；托叶膜质，彼此合生。1~2花组成腋生总状花序；总花梗长3~10毫米，密被贴伏白色柔毛；花萼筒状，萼齿锥状；花冠红紫色、蓝紫色以至白色；旗瓣倒卵形，先端钝，基部渐狭成瓣柄；子房圆柱形，花柱先端弯曲，无毛。荚果硬革质，长圆形，腹缝线深陷，密被白色贴伏柔毛。种子圆肾形，深棕色。

生境分布 ｜ 生于砾石质平原、薄层沙地、丘陵坡地及沙荒地上。北疆山地均有分布，阿勒泰、巴里坤、木垒和奇台等地较多。

养蜂价值 ｜ 花期5月下旬至7月中旬。数量较多，蜜粉丰富，蜜蜂喜采，有利于蜂群繁殖。花粉黄色，花粉粒长圆形。

其他用途 ｜ 可作牧草；在荒漠草原地区也是一种固沙植物。

● **多花棘豆** *Oxytropis floribunda* (Pall.) DC.

科　　属 ｜ 豆科棘豆属

形态特征 ｜ 多年生草本，高7～35厘米。根直径2～5毫米。茎细，平卧或匍匐，长2～25厘米，被白色柔毛。羽状复叶长4～10厘米；托叶膜质，卵形，于基部与叶柄贴生，于中部彼此合生，被白色柔毛；叶柄与叶轴被贴伏白色柔毛；小叶17～27枚，披针形、卵形，有时对折，长5～15毫米，宽1～3毫米，先端尖。多花组成长总状花序；总花梗长于叶，或与之等长，被白色开展柔毛，上部混生黑色柔毛；苞片线状披针形，长2～4毫米，被白色和黑色柔毛；花长10毫米；花萼钟形，长4～6毫米，被开展白色和黑色绵毛，萼齿线形，长2.5～3毫米；花冠鲜红色，旗瓣长8～10毫米，宽6～8毫米，瓣片宽卵形，先端微缺，翼瓣长7～8毫米，龙骨瓣与旗瓣等长，喙长2毫米。荚果长圆状卵形，向上，长15～20毫米，腹面具深沟，被白色短柔毛，不完全2室。种子圆肾形，褐色。

生境分布 ｜ 生于中山带石质山坡和草丛中。分布博乐、塔城、阿勒泰等地区。

养蜂价值 ｜ 花期5底至6月底。花期长，花色艳，诱蜂力强，蜜蜂喜采，有利于春季蜂群的繁殖。花粉黄褐色，花粉粒椭圆形。

其他用途 ｜ 可作牧草。

● **阿尔泰棘豆** *Oxytropis altaica* (Pall.) Pers.

科　　属 ｜ 豆科棘豆属

形态特征 ｜ 多年生草本，高10～16厘米。根粗壮。茎缩短，分枝多，疏丛生，绿色。羽状复叶长5～15厘米；托叶膜质，于基部与叶柄贴生，彼此合生；叶柄与叶轴扁平，小叶之间被少数腺体，微被疏柔毛，至几乎无毛；小叶17～25枚，披针形、卵状披针形，长10～20毫米，宽3～5毫米，先端尖，两面微被柔毛，后变无毛。多花组成头形总状花序；总花梗直立，长于叶，或与之等长，无毛，花序下部密被黑色绵毛，并混生白色柔毛；苞片膜质，长圆状披针形、卵形，被黑色和白色硬毛；花长20毫米；花萼筒状钟形，长8～10毫米，被黑色与白色绵毛；萼齿线形，长2～3毫米，密被黑色长柔毛，并混生较稀白色柔毛，下部的与萼筒等长，上部的较萼筒短；花冠紫色，旗瓣长15～20毫米，

瓣片长倒卵形，或长圆形，宽5毫米，先端2浅裂，翼瓣长12～14毫米，瓣片向上扩展，先端微凹，龙骨瓣长10～12毫米。荚果聚生，长卵形，膨大，直立。

生境分布 ｜ 生于高山和亚高山河谷、草甸和潮湿的石质山坡。分布于阿尔泰山区。

养蜂价值 ｜ 花期6中旬至7月中旬。花期长，花色艳，诱蜂力强，蜜蜂喜采，有利于春季蜂群的繁殖。花粉黄褐色，花粉粒椭圆形。

其他用途 ｜ 可作牧草。

● 米尔克棘豆 *Oxytropis merkensis* Bge.

科　　属 ｜ 豆科棘豆属

形态特征 ｜ 多年生草本，高25～35厘米。茎分枝，被浅灰色短柔毛。羽状复叶长5～15厘米；托叶与叶柄贴生很高，分离部分披针状钻形，基部三角形；叶柄与叶轴短，被贴伏或半开展柔毛；小叶13～25枚，长圆形或广椭圆状披针形，长5～7毫米，宽2～4毫米，先端尖，两面被疏柔毛，边缘微卷。多花组成疏散总状花序；总花梗比叶长1～2倍，被贴伏白色疏柔毛；苞片锥形，长于花梗；花萼钟状，萼齿钻形，短于萼筒；花冠紫色或淡白色，旗瓣长7～10毫米，瓣片近圆形，先端微缺，翼瓣与旗瓣等长或稍短，龙骨瓣等于或长于翼瓣，先端具暗紫色斑点，喙长锥状。荚果椭圆状长圆形，下垂，先端短渐尖；种子圆肾形，锈色。

生境分布 | 生于中山带的石质草原、林缘和阳坡山地。分布于天山中部至西部的伊犁山区，奇台、乌鲁木齐、尼勒克、新源和巩留等地较为集中。

养蜂价值 | 花期6月中旬至7月中旬。数量多，分布广，花期长，花色艳，蜜粉丰富，诱蜂力强，蜜蜂喜采，有利于蜂群的繁殖和生产商品蜜。花粉黄褐色，花粉粒椭圆形。

其他用途 | 可作牧草。

新疆棘豆属植物近80种，多数种类为辅助蜜粉源植物。

● 网脉胡卢巴 *Trigonella cancellata*

科　属 | 豆科胡卢巴属

形态特征 | 一年生草本，高10～30（50）厘米。茎平卧或上升，多分枝，疏被细柔毛。羽状三出复叶；托叶线状披针形，基部具齿，脉纹清晰；叶柄与小叶短；小叶倒三角形或倒卵状三角形，近等大，长7～10毫米，宽4～7毫米，先端截平，基部楔形，边缘上半部具三角形尖齿，上面无毛，下面被铁斧柔毛；顶生小叶有较长小叶柄。花序头状，伞形，具花4～7朵；总花梗腋生，长1～1.8厘米，与复叶等长；苞片锥刺状，长约1毫米；花长4～5毫米；萼筒形，被毛，脉纹5条，萼齿线状披针形，与萼筒等长；花冠黄色，旗瓣长圆状卵形，比翼瓣和龙骨瓣长；子房线形，花柱短，胚珠多数。荚果线状圆柱形，4～5个呈伞状着生于总梗顶端，弯曲成弧状半圆形，被白色柔毛。种子长圆形，种皮具深褐色斑块状隆起。

生境分布 | 生于山坡沙壤及河滩沙砾地，喜碱性土壤，为常见的农田杂草。新疆各地均有分布。

养蜂价值 | 花期5—6月。数量较多，蜜粉丰富，蜜蜂喜采，有利于蜂群的繁殖。花粉淡黄色，花粉粒长圆形。

其他用途 | 可作香料；种子入药，具有温肾助阳、散寒止痛之功效。

本属还有胡卢巴（*T. foenum-graecum* L.），新疆各地平原地区有栽培；弯果胡卢巴（*T. arcuata* C. A. Mey.）、单花胡卢巴（*T. geminiflora* Bge.）产于北疆山地荒地、草坡；直果胡卢巴（*T. orthoceras* Kar. et Kir.）产于伊犁、阿尔泰等地。这些植物均为蜜粉源植物。

● 百脉根 *Lotusc corniculatus* L.

别　　名 | 五叶草、牛角花黄金花、五叶草、鸟距草。

科　　属 | 豆科百脉根属

形态特征 | 多年生草本，高15~50厘米，全株散生稀疏白色柔毛或秃净。具主根。茎丛生，平卧或上升，实心，近四棱形。羽状复叶，小叶5枚；叶轴长4~8毫米，疏被柔毛，顶端3小叶，基部2小叶呈托叶状，纸质，斜卵形至倒披针状卵形，长5~15毫米，宽4~8毫米，中脉不清晰；小叶柄甚短，长约1毫米，密被黄色长柔毛。伞形花序；总花梗长3~10厘米；花3~7朵集生于总花梗顶端，长9~15毫米；花梗短，基部有苞片3枚；苞片叶状，与萼等长，宿存；萼钟形，长5~7毫米，宽2~3毫米，无毛或稀被柔毛，萼齿近等长，狭三角形，渐尖，与萼筒等长；花冠黄色或金黄色，干后常变蓝色；旗瓣扁圆形，瓣片和瓣柄几乎等长，长10~15毫米，宽6~8毫米；翼瓣和龙骨瓣等长，均略短于旗瓣；龙骨瓣呈直角三角形弯曲，喙部狭尖；雄蕊两体，花丝分离部略短于雄蕊筒；花柱直，等长于子房，成直角上指，柱头点状，子房线形，无毛，胚珠35~40粒。荚果直，线状圆柱形，长20~25毫米，直径2~4毫米，褐色，2瓣裂，扭曲；有多数种子，细小，卵圆形，灰褐色。

生境分布 | 生于海拔800~1 600米的沙地草原、山坡、林缘、河滩湿地。天山山区、阿尔泰山区、准噶尔西部山区均有分布，阜康山区、乌鲁木齐南山、伊犁州直山区、阿勒泰及布尔津分布较多。伊犁州直和阿勒泰等地有栽培。

养蜂价值 | 花期5—9月。数量多，花期长，蜜粉丰富，诱蜂力强，蜜蜂爱采，有利于蜂群繁殖和生产商品蜜。花蜜浅琥珀色，芳香，结晶颗粒细腻，奶油色。花粉黄色，花粉粒圆球形。

其他用途 | 根入药；耐践踏，再生性强，适于放牧，是优质饲草；根茎地翻耕后能增加土壤有机质和氮素，改土肥田效果好，是优质绿肥作物；耐瘠薄、固土防冲刷能力强，是很好的水土保持植物。

● 矮小忍冬 *Lonicera humilis* Kar. et Kir.

别　　名 | 烂皮袄（新疆）

科　　属 | 忍冬科忍冬属

形态特征 | 落叶灌木，高达2米。幼枝及叶柄和总花梗均被开展的腺毛；枝淡黄褐色。冬芽有

数对鳞片。叶纸质，圆卵形至卵形，长2～4.5厘米，顶端稍尖或钝而有小尖头，基部圆形至截形。花于叶后开放，生于当年小枝基部叶腋；苞片卵形或卵状披针形，两面被短糙毛和腺毛；相邻两萼筒分离，有腺毛，萼檐浅碟状，有疏腺毛；花冠淡黄色，长约1.5厘米，外面疏生小腺毛，唇形，筒长约6毫米，基部有明显的囊，上唇长7～8毫米，下唇平展或稍反曲，长约8毫米；雄蕊和花柱约与花冠等长；花柱基部疏生糙毛。果实鲜红色，圆形；种子淡黄褐色，矩圆形或椭圆形。

生境分布 │ 生于海拔1 000～2 500米的山地草原、针叶林下、林缘、灌丛中。分布于阿尔泰山、准噶尔西部山地和天山北坡山地；哈巴河、木垒、奇台、阜康、乌鲁木齐、玛纳斯、裕民、霍城、察布查尔、新源和昭苏等地较集中。

养蜂价值 │ 花期5—6月。分布广，数量多，花期早，蜜粉丰富，蜜蜂喜采，有利于蜂群的繁殖和修脾。花粉黄色，花粉粒椭圆形。

其他用途 │ 可作绿化、观赏植物。

● **小叶忍冬** *Lonicera microphylla* Willd. ex Roem. et Schult.

科　　属 │ 忍冬科忍冬属

形态特征 │ 落叶灌木，高2～3米。幼枝无毛或疏被短柔毛，老枝灰黑色。叶纸质，倒卵形、椭圆形或矩圆形，长5～22毫米，顶端钝或稍尖，基部楔形，具短柔毛状缘毛，叶柄很短。总花梗成对生于幼枝下部叶腋，长5～12毫米，稍弯曲或下垂；苞片钻形，长略超过萼檐或达萼筒的2倍；相邻两萼筒几乎全部合生，无毛，萼檐浅短；花冠黄色或白色，长7～10毫米，唇形，上唇裂片直立，矩圆形，下唇反曲；雄蕊着生于唇瓣基部，与花柱均稍伸出，花丝有极疏短糙毛，花柱有密或疏的糙毛。果实红色或橙黄色，圆形；种子淡黄褐色，卵状椭圆形。

生境分布 ｜ 生于海拔1 100～3 600米的多石山坡、草地、灌丛、林缘及河谷疏林下。天山山区、阿尔泰山、准噶尔西部山区均有分布。

养蜂价值 ｜ 花期5—6月。数量多，分布广，有蜜有粉，蜜蜂喜采，有利于修脾和蜂群的繁殖。花粉黄色，花粉粒圆球形。

其他用途 ｜ 可作绿化、观赏植物。

● 刚毛忍冬 *Lonicera hispida* Pall. ex Roem. et Schult.

别　　名 ｜ 子弹把子

科　　属 ｜ 忍冬科忍冬属

形态特征 ｜ 落叶灌木，高达2～3米。幼枝常带紫红色，叶柄和总花梗均具刚毛和腺毛，很少无毛，老枝灰褐色。叶厚纸质，形状、大小和毛被变化很大，卵状椭圆形，顶端尖或稍钝，基部有时微心形，边缘有毛。总花梗长1～1.5厘米；苞片宽卵形，长1.2～3厘米，有时带紫红色，毛被与叶片相同；相邻两萼筒分离，常具刚毛和腺毛，稀无毛；萼檐波状；花冠白色或淡黄色，漏斗状，外面有短糙毛或刚毛，筒基部具囊，裂片直立，短于筒；雄蕊与花冠等长；花柱伸出。浆果红色，卵圆形；种子淡褐色，矩圆形。

生境分布 ｜ 生于海拔1 700～2 500米的林缘、灌丛或山坡林下。北疆山区均有分布，伊犁州直山区较多。

养蜂价值 ｜ 花期5—6月。数量多，分布广，花朵多，蜜粉丰富，蜜蜂喜采，极有利于蜂群繁殖。花粉淡黄色，花粉粒长球形。

其他用途 ｜ 花入药。

本属还有蓝锭果（*L. caerulea* var. *edulis* Turcdz. ex Herd.）产于布尔津喀纳斯河上游；阿尔泰忍冬（*L. caerulea* var. *altaica* Pall.）产于阿尔泰山区；伊犁忍冬（*L. iliensis* Pojark.）产于伊犁山区。这些植物均是很好的辅助蜜粉源植物。

● 锦带花 *Weigela florida* (Bunge) A. DC.

科　　属 | 忍冬科锦带花属

形态特征 | 落叶灌木，植株高1.5～1.8米，冠幅1.4米。嫩枝淡红色，老枝灰褐色。单叶对生，长椭圆形，先端渐尖，叶缘有锯齿，幼枝及叶脉具柔毛。花鲜红色，繁茂艳丽，整个生长季叶片为金黄色。聚伞花序生于叶腋或枝顶，花冠胭脂红色，5裂，漏斗状钟形，花冠筒中部以下变细，雄蕊5枚，雌蕊1枚，高出花冠筒。蒴果柱状，黄褐色。

生境分布 | 性喜光，抗寒、抗旱，管理比较粗放。新疆各地城市均有栽培。

养蜂价值 | 花期5月初始花，每修剪一次，发一次芽，花更旺，可延续到7月上旬。花粉较多，有利于城市养蜂业的发展。

其他用途 | 园林观赏树种，可丛植或作花篱。

● 接骨木 *Sambucus williamsii* Hance

别　　名 | 公道老，扦扦活、马尿骚、大接骨丹

科　　属 | 忍冬科接骨木属

　　形态特征 ｜ 落叶灌木或小乔木，高4～8米。老枝有皮孔，枝心中空。奇数羽状复叶对生，小叶2～3对，托叶狭带形或退化成带蓝色的突起；侧生小叶片卵圆形、狭椭圆形，长5～15厘米，宽1.2～7厘米，先端尖，基部楔形或圆形，边缘具不整齐锯齿；顶生小叶卵形或倒卵形，先端渐尖或尾尖，基部楔形，具长约2厘米的柄。花与叶同出，圆锥聚伞花序顶生，花冠裂片5枚，雄蕊5枚，与花冠近等长，具总花梗，花序分枝多成直角开展，花小而密；萼筒杯状，花冠辐射状，白色或淡黄色。花药黄色；子房3室，花柱短，柱头3裂。浆果状核果近球形，黑紫色或红色。

　　生境分布 ｜ 生长于海拔1 000～1 400的林中，山坡岩缝、林缘等处。阿勒泰、布尔津、富蕴和哈巴河等地山区有分布。

　　养蜂价值 ｜ 花期5—6月。花期早，有蜜有粉，有利于春季蜜蜂繁殖和修脾。

　　其他用途 ｜ 接骨木茎枝入药；可栽培，作观赏树木。

● 紫苞鸢尾 *Iris ruthenica* Ker.-Gawl.

　　别　　名 ｜ 俄罗斯鸢尾、紫石蒲、苏联鸢尾、细茎鸢尾

　　科　　属 ｜ 鸢尾科鸢尾属

　　形态特征 ｜ 多年生草本植物。根状茎斜伸，二歧分枝。叶条形，灰绿色，长20～25厘米，宽3～6毫米，顶端长渐尖，基部鞘状，有3～5条纵脉。花茎纤细，略短于叶，高15～20厘米，有2～3枚茎生叶；苞片2枚，膜质，绿色，边缘带红紫色，披针形或宽披针形，长约3厘米，宽0.8～1厘米，中脉明显，内包含有1朵花；花蓝紫色，直径5～5.5厘米；花梗长0.6～1厘米；花被管长1～1.2厘米，外花被裂片倒披针形，长约4厘米，宽0.8～1厘米，有白色及深紫色的斑纹，内花被裂片直立，狭倒披针形，长3.2～3.5厘米，宽约6毫米；雄蕊长约2.5厘米，花药乳白色；花柱分枝扁平，长3.5～4厘米，顶端裂片狭三角形，子房狭纺锤形，长约1厘米。蒴果球形或卵圆形；种子球形或梨形。

　　生境分布 ｜ 生于海拔1 800～2 800米的山地草原、草甸草原、灌木林缘及水边湿地。天山和阿尔泰山均有分布。

　　养蜂价值 ｜ 花期5—6月。数量多，分布广，花期早，有蜜有粉，蜜蜂喜采，有利于蜂群繁殖。花粉褐色，花粉粒长圆形。

　　其他用途 ｜ 可作牧草；园林栽培观赏植物。

● 喜盐鸢尾 *Iris halophila* Pall.

科　　属 | 鸢尾科鸢尾属

形态特征 | 多年生草本。根状茎紫褐色，粗壮而肥厚。叶剑形，灰绿色，长20～60厘米，宽1～2厘米，略为弯曲，有10多条纵脉。花茎粗壮，高20～40厘米，直径约0.5厘米，比叶短，上部有1～4个侧枝，中下部有1～2枚茎生叶；在花茎分枝处生有3枚苞片，草质，绿色，内包含有2朵花；花黄色，直径5～6厘米；花梗长1.5～3厘米；花被管长约1厘米，外花被裂片提琴形，长约4厘米，宽约1厘米，内花被裂片倒披针形；雄蕊长约3厘米，花药黄色；花柱分枝扁平，片状，长约3.5厘米，呈拱形弯曲，子房狭纺锤形。蒴果椭圆状柱形，绿褐色或紫褐色，种子近梨形，黄棕色。

生境分布 | 生于海拔800～2 000米的草甸草原、砾质坡地、山坡荒地和潮湿的盐碱地上。分布于天山、阿拉套山、塔尔巴哈台山和阿尔泰山。

养蜂价值 | 花期5—6月。数量多，分布广，花期早，有蜜有粉，蜜蜂喜采，有利于蜂群的繁殖。

其他用途 | 喜盐鸢尾花、种子及根入药。

● 马蔺 *Iris lactea* Pall.

别　　名 ｜ 马兰花，马莲花、马莲、旱蒲

科　　属 ｜ 鸢尾科鸢尾属

形态特征 ｜ 为多年生草本植物，高10～45厘米，密丛生，根系茎粗短，须根长而坚硬。叶基生，多数，坚韧，条形，无主脉，灰绿色，两面具稍突出的平行脉。花梗直立，高10～30厘米，顶生1～3朵花，蓝紫色或天蓝色。花被6枚，外轮3枚花被裂片较大，匙形，中部有黄色条纹；内轮3枚较小；花柱分枝3枚，花瓣状，顶端2裂。蒴果长椭圆形，顶端有短喙；种子粒较大，近球形，有棱角，多数。

生境分布 ｜ 生于路旁、草原、草甸、碱性草地等处。分布于天山北坡、阿尔泰山等地。

养蜂价值 ｜ 花期5—6月，每朵花花期7～10天。主要流蜜期约15天，花期长，数量多，分布广，泌蜜丰富，蜜蜂喜采；分布集中处可采集到蜂蜜。花粉黄色，花粉粒长球形。

其他用途 ｜ 种子入药；开花前收割晾干，为冬季优质牧草。

本属还有细叶鸢尾（*I. tenuifolia* Pall.），产于伊犁、阿勒泰等地；天山鸢尾（*I. loczyi* Kanitz.），产于新疆各地山坡灌丛中；黄菖蒲（*I. pseudacorus* L.），别名黄鸢尾、黄花鸢尾，新疆各城市引种栽培，亦为较好的辅助蜜粉源植物。

天山鸢尾

天山鸢尾

黄菖蒲

黄菖蒲

● **蓝花老鹳草**　*Geranium pseudosibiricum* J. Mayer

科　　属 ｜ 牻牛儿苗科老鹳草属

形态特征 | 多年生草本，高25～40厘米，根状茎短而直立。茎多数，下部仰卧，具明显棱槽，假三叉状分枝，被倒向短柔毛，上部混生腺毛。叶基生和对生；托叶三角形，先端长渐尖，外被短柔毛；基生叶和茎下部叶具长柄，柄长为叶片的2～3倍，被短柔毛和腺毛，向上叶柄渐短；叶片肾圆形，掌状5～7裂近基部，裂片菱形或倒卵状楔形，下部全缘，上部羽状浅裂至深裂，下部小裂片条状卵形，具短尖头，表面被疏伏毛；聚伞花序顶生，总花梗具1～2花；苞片钻状披针形；萼片长卵形或椭圆状长卵形，外被短柔毛和长腺毛；花瓣宽倒卵形，蓝色，长为萼片的2倍，先端钝圆，基部楔形，被长柔毛；雄蕊稍长于萼片，花药棕色，花丝下部扩展成长卵状；雌蕊密被微柔毛，花柱暗紫红色，无毛。蒴果长2～2.5厘米，被短柔毛。

生境分布 | 生于海拔2 000～2 500米的山坡草地、河谷、林间空地及林缘灌丛中。分布于阿尔泰山、塔尔巴哈台山和阿拉套山区。

养蜂价值 | 花期6—7月。数量多，分布广，蜜粉丰富，蜜蜂喜采，有利于蜂群繁殖和生产商品蜜。花粉黄褐色，花粉粒长球形。

其他用途 | 可作牧草。

● **白花老鹳草** *Geranium albiflorum* Ledeb.

别　　名 | 白背安息香、白花树
科　　属 | 牻牛儿苗科老鹳草属

形态特征 ｜ 多年生草本，高20～60厘米。根茎短粗，近木质化，斜生。茎单一或2～3分枝，直立，具棱槽，上部假二叉状分枝，被短柔毛或下部几乎无毛。叶基生和茎上对生；托叶三角形；基生叶具长柄，下部茎生叶叶柄等于或稍长于叶片，向上叶柄渐短，最上部叶无柄；叶片圆肾形，长5～7厘米，宽7～10厘米，掌状5～7深裂，裂片菱形，下部全缘，上部不规则齿状羽裂，下部小裂片常有1～2齿，表面被疏伏毛，背面被疏柔毛。花序腋生或顶生，总花梗被毛，每梗具2花；萼片卵形或椭圆状卵形，先端具长尖头，外被疏柔毛；花瓣倒卵形，白色，先端微凹，基部楔形，被柔毛；雄蕊稍长于萼片，花丝下部扩展，被缘毛；雌蕊被长柔毛。蒴果长约3厘米，被柔毛。

生境分布 ｜ 生于山地林缘、山地草甸、河谷及灌丛。分布于天山、阿尔泰山和准噶尔西部山区。

养蜂价值 ｜ 花期6—7月。数量多，分布广，蜜粉丰富，诱蜂力强，蜜蜂喜采，有利于蜂群繁殖和生产商品蜜。花粉黄褐色，花粉粒近球形。

其他用途 ｜ 可作牧草；全草入药。

● 串珠老鹳草 *Geranium linearilobum* Candolle

别　　名 ｜ 小珠老鹳草

科　　属 ｜ 牻牛儿苗科老鹳草属

形态特征 ｜ 串珠老鹳草为多年生草本植物，高20～40厘米。有串珠状的卵形或球形的地下根。茎直立，细瘦，下有长而无叶的节间，上部有分枝或仅在花序着生处分枝。基生叶近圆形，直径约4厘米，7～9深裂几乎达基部；裂片矩圆状楔形，羽状深裂，小裂片短条形，钝头，上下两面略有微毛。花序顶生，柄长2～5厘米，有2～3花，萼片卵形，长约5毫米，花瓣5枚，顶端深凹，淡紫色。蒴果长约1.5厘米。

生境分布 ｜ 适应寒冷湿润的气候，生于海拔600～1 300米的低山丘陵和平原谷地。分布于天山北坡，以木垒、奇台、吉木萨尔、乌鲁木齐、玛纳斯及伊犁州直等地较为集中，是春季蒿属荒漠和针茅、羊茅荒漠草原草地常见的伴生种。

养蜂价值 ｜ 花期为4—5月。数量多，分布广，花期早，蜜粉丰富，有利于蜂群的早春繁殖和修脾。

其他用途 ｜ 早春优质牧草。

● **丘陵老鹳草** *Geranium collinum* Steph. ex Willd.

科　　属 ｜ 牻牛儿苗科老鹳草属

形态特征 ｜ 多年生草本，高15～40厘米。茎丛生，直立或基部仰卧，被倒向短柔毛，上部1～2次假二叉状分枝。叶基生和茎上对生；托叶披针形；基生叶和茎下部叶具长柄，向上叶柄渐短，被短柔毛或有时混生星散腺毛；叶片五角形，基生叶近圆形，长4～5厘米，宽5～7厘米，裂片菱形，下部楔形，全缘。花序腋生和顶生，长于叶，总花梗密被短柔毛和腺毛，每梗具2花；花梗与总花梗相似，长与花相等或为花的2倍；萼片椭圆状卵形，外被短柔毛和腺毛；花冠淡紫红色，具深紫色脉纹，开展近辐射状；花瓣倒卵形，长约1厘米，先端钝圆，基部锲形，基部两侧和蜜腺被簇生状毛；雄蕊与萼片近等长，花药棕褐色，花丝下部扩展，中部以下具缘毛；雌蕊稍长于雄蕊，密被短柔毛，花柱分枝深褐色。蒴果被短柔毛。

生境分布 ｜ 常生于海拔1 000～3 000米的山地草甸、河谷、林缘、灌丛及平原绿洲。分布于新疆各山区。

养蜂价值 ｜ 花期7—8月，数量多，分布广，蜜粉丰富，诱蜂力强，蜜蜂喜采，是山区生产杂花蜜的重要辅助蜜源之一。

其他用途 ｜ 可作牧草。

● **鼠掌老鹳草** *Geranium sibiricum* L.

别　　名 | 鼠掌草、西伯利亚老鹳草

科　　属 | 牻牛儿苗科老鹳草属

形态特征 | 一年生或多年生草本，高30～90厘米。茎纤细，仰卧或近直立，多分枝，具棱槽，被倒生柔毛。叶对生，基生叶和茎下部叶具长柄，柄长为叶片的2～3倍；下部叶片肾状五角形，基部宽心形，长3～6厘米，宽4～8厘米，掌状5深裂，裂片倒卵形、菱形或长椭圆形；中部以上叶片齿状羽裂或齿状深缺刻，下部楔形，两面被疏伏毛；上部叶片具短柄，3～5裂。总花梗丝状，单生于叶腋，长于叶，被倒向柔毛或伏毛，具1花或偶具2花；苞片对生，棕褐色，膜质，生于花梗中部或基部；萼片卵状披针形，具短尖头，背面沿脉被疏柔毛；花瓣倒卵形，淡紫色或粉白色，等于或稍长于萼片，先端微凹或缺刻状，基部具短爪。蒴果被疏柔毛，果梗下垂。种子肾状椭圆形，黑色。

生境分布 | 生于海拔1 500～2 400米的山地草坡、河谷、林缘等处。北疆各地均有分布，伊犁州直、阿勒泰、塔城等地区较多。

养蜂价值 | 花期7—8月。数量多，分布广，蜜粉丰富，诱蜂力强，蜜蜂喜采，有利于蜂群繁殖和采蜜。

其他用途 | 优质牲畜饲料草。

本属还有森林老鹳草（*G. sylvocticum* L.），分布于新疆山区草原带，均为很好的辅助蜜粉源植物。

● **葱** *Allium fistulosum* L.

别　　名 | 大葱、青葱、细香葱、小葱、四季葱

科　　属 | 葱科葱属

形态特征 | 多年生草本，高可达50厘米。全体具辛臭，折断后有辛味的黏液。须根丛生，白色。鳞茎圆柱形，先端稍肥大，鳞叶成层，白色，上具白色纵纹。叶基生，圆柱形，中空，长约45厘米，直径1.5～2厘米，先端尖，绿色，具纵纹；叶鞘浅绿色。花茎自叶丛抽出，雌雄同体，通常单一，中央部分膨大，中空，绿色，亦有纵纹；伞形花序圆球状；总苞膜质，卵形或卵状披针形；花被6枚，披针形，白色，外轮3枚较短小，内轮3枚较长大，花被片中央有1条纵脉；雄蕊6枚，花丝伸出，花药黄色；子房3室。蒴果三棱形；种子黑色，三角状半圆形。

生境分布 | 喜冷凉，不耐涝，对光照强度要求不高。新疆各地均有栽培。

养蜂价值 ｜ 花期6—7月，开花泌蜜约20天。蜜粉丰富，蜜蜂爱采，有利于蜂群繁殖和采蜜。蜜具葱味。花粉黄褐色，花粉粒长球形。

其他用途 ｜ 葱可作香料调味品或蔬菜；葱白及种子入药。

本属还有洋葱（*A. cepa* L.），别名球葱、圆葱、葱头、皮牙子，新疆各地均有栽培，也是辅助蜜粉源植物。

● **韭** *Allium Tuberosum* Rottl. ex Spreng

科　　属 ｜ 韭菜、山韭、长生韭、韭芽

科　　属 ｜ 葱科葱属

形态特征 ｜ 多年生宿根草本植物，高20～45厘米，具特殊强烈气味。根状茎横卧，鳞茎狭圆锥形，簇生；分为营养茎和花茎。叶片扁平带状，可分为宽叶和窄叶。叶片表面有蜡粉，气孔陷入角质层。伞形花序，内有小花20～30朵；小花为两性花，花冠白色，花被片6枚，雄蕊6枚。子房上位，异花授粉。蒴果倒心形；种子黑色。

生境分布 ｜ 适应性强，耐寒、耐热，新疆各地广为栽培。

养蜂价值 ｜ 花期7—8月。数量较多，花期较长，蜜粉丰富，有利于蜂群繁殖和采蜜。蜜浅琥珀色，芳香。花粉黄褐色，花粉粒长球形。

　　其他用途 | 可作蔬菜；种子入药。

● **宽苞韭** *Allium platyspathum* Schrenk

　　科　　属 | 葱科葱属

　　形态特征 | 多年生草本。具直生根状茎。鳞茎卵状柱形，粗1~2厘米，1~2枚聚生；鳞茎外皮黑褐色，纸质。花葶高30~70厘米，中部以下具叶鞘。叶3~6枚，宽条形，近与花葶等长，宽3~17毫米，扁平，钝头。总苞2裂，与花序近等长，初时紫色，后渐变无色，宿存；伞形花序球形或半球形，多花；花梗等于或为花被的1.5倍长，无苞片；花淡红色至淡紫色，有光泽；花被片6枚，长6~8毫米，披针形至条状披针形，外轮的略短；花丝单一，锥形，在基部合生并与花被贴生，等于或长为花被片的1.5倍，基部略扩大；子房球状，腹缝线基部具凹陷蜜穴；花柱伸出花被。蒴果稍长于花被，倒卵形。种子黑色。

　　生境分布 | 生于海拔1 500~3 500米的阴湿山坡、草地及林下。分布于尼勒克、新源、巩留、博乐、乌鲁木齐、奇台、阜康、阿勒泰和布尔津等地。

　　养蜂价值 | 宽苞韭花期6月中旬至7中旬月。数量多，分布广，花期长，蜜粉丰富，蜜蜂喜采，有利于蜂群繁殖和造脾，分布集中的地区，可以采到蜂蜜。蜜浅琥珀色，花粉黄色，花粉粒长球形。

　　其他用途 | 可供观赏；可作冬季牧草。

● **山韭** *Allium senescens* L.

　　科　　属 | 葱科葱属

　　形态特征 | 多年生草本。具粗壮的横生根状茎。鳞茎单生或数枚聚生，近狭卵状圆柱形或近圆锥状。叶狭条形至宽条形，肥厚，基部近半圆柱状，上部扁平，有时略呈镰状弯曲，短于或稍长于花葶，宽2~10毫米，先端钝圆，叶缘和纵脉有时具极细的糙齿。花葶圆柱状，具2纵棱，高10~65厘米，粗1~5毫米，下部被叶鞘；总苞2裂，宿存；伞形花序半球状至近球状，具多而稍密集的花；小花梗近等长，比花被片长2~4倍，基部具小苞片；花紫红色至淡紫色；花被片内轮的矩圆状卵形至卵形，先端钝圆并具不规则的小齿，外轮的卵形，舟状，略短；花丝等长，从比花被片略长直至为其长的1.5倍，仅基部合生并与花被片贴生，内轮的扩大成披针状狭三角形，外轮的锥形；子房倒卵状球形，腹缝线基部具有凹陷蜜穴；花柱伸出花被外。蒴果三棱形。种子多数，黑褐色。

　　生境分布 | 生于海拔700~2 000米以下的草原、草甸或山坡上。分布于乌鲁木齐、昌吉、阜康

及伊犁州直等地。

养蜂价值 ┃ 花期5—6月。数量多，分布广，有蜜有粉，蜜蜂喜采，有利于蜂群繁殖和修脾。

其他用途 ┃ 全草入药，具有益肾补虚之功效。

● **碱韭** *Allium polyrhizum* Turcz. ex Regel

别　　名 ┃ 多根葱、碱葱、紫花韭

科　　属 ┃ 葱科葱属

形态特征 ┃ 多年生草本，植株呈丛状。多数圆柱状鳞茎簇生在一起，鳞茎皮黄褐色，破裂成纤维状，呈近网状；叶基生，半圆柱形，肉质，深绿色，比花葶短。花葶圆柱形，高7～35厘米。总苞2～3裂，宿存；伞形花序近球形，花多数，淡紫红色至白色，花被片6枚，长圆形至卵形；花丝等长或稍长于花被，内轮花丝基部扩大，每侧通常各具1小齿，外轮锥形，子房卵形，花柱比子房长。蒴果。

生境分布 ┃ 生于海拔1 000～2 700米的向阳山坡以及草地上。天山南北坡、北塔山、准噶尔西部山地等广大地区均分布的数量较多。

养蜂价值 ┃ 花期6—7月。数量多，分布广，蜜粉丰富，蜜蜂喜采，有利于蜂群繁殖和采蜜。花粉黄褐色，花粉粒圆球形。

其他用途 ｜ 优质牧草；碱韭可作食物调味品。

● 蒙古韭 *Allium mongolicum* Regel

别　　名 ｜ 沙葱、蒙古葱

科　　属 ｜ 葱科葱属

形态特征 ｜ 多年生草本。鳞茎密集地丛生，圆柱状；鳞茎外皮褐黄色，破裂成纤维状，呈松散的纤维状。叶半圆柱状至圆柱状，比花葶短，粗0.5～1.5毫米。花葶圆柱状，高10～30厘米，下部被叶鞘；总苞单侧开裂，宿存；伞形花序半球状至球状，具多而通常密集的花；小花梗近等长，从与花被片近等长直到比其长1倍，基部无小苞片；花淡红色、淡紫色至紫红色，大；花被片卵状矩圆形，长6～9毫米，宽3～5毫米，先端钝圆，内轮的常比外轮的长；花丝近等长，为花被片长度的1/2～2/3，基部合生并与花被片贴生，内轮的基部约1/2扩大成卵形，外轮的锥形；子房倒卵状球形；花柱略比子房长，不伸出花被外。

生境分布 ｜ 耐干旱，生于海拔800～2 000米的荒漠、沙地或干旱山坡。分布于新疆东北部，以巴里坤、木垒、奇台、吉木萨尔、阜康、乌鲁木齐、昌吉、富蕴、阿勒泰和青河等地较多。

养蜂价值 ｜ 花期6月。分布广，数量多，有蜜有粉，有利于蜂群的繁殖。花粉黄褐色，花粉粒长圆形。

其他用途 ｜ 优良的花坛、地被或室内盆栽材料；叶可作蔬菜食用；茎可药用。

● 天蓝韭 *Allium cyaneum* Regel

别　　名 ｜ 白狼葱、野葱、蓝花葱、野韭菜

科　　属 ｜ 葱科葱属

形态特征 ｜ 多年生草本，具鳞茎。鳞茎狭柱形，簇生；鳞茎外皮黑褐色，老时纤维质近网状。花葶纤细，圆柱形，长30～50厘米。叶基生，叶片狭条形，长5～25厘米，宽1.5～2毫米。总苞单侧开裂，比花序短，宿存；伞形花序半球形，多花，花梗长4～12毫米；无小苞片，花被片卵形，天蓝色或紫蓝色；花被片6枚，内轮的卵状长圆形，钝头，外轮的椭圆状长圆形，有时先端微凹，常较短；花丝伸出花被，长5～8毫米，基部合生并与花被贴生，内轮的基部扩大，有时两侧各具1齿；子房球形，基部具3个凹陷蜜穴；花柱伸出花被。朔果三棱形。种子黑褐色。

生境分布 ｜ 生于海拔1 200～2 200米的山坡草甸、灌丛和林缘。伊犁、塔城和阿勒泰等北疆山区均有分布，伊犁州直地区较多。

养蜂价值 ｜ 花期6月中旬至7月上旬，约30天。数量多，分布广，花朵数多，花色鲜艳，诱蜂力强，泌蜜丰富，有利于蜂群繁殖和取蜜。花粉淡黄色，花粉粒长球形。

其他用途 ｜ 全草入药，具有发散风寒、通阳、健胃之功效。

本属还有阿尔泰葱（*A. altaicum* Pall.），均产于北疆山区，也是较好的辅助蜜粉源植物。

● **管丝韭** *Allium semenovii* Regel

| 科　　属 | 葱科葱属 |

形态特征 ｜ 多年生草本，高8～50厘米。鳞茎单生或数枚聚生，圆柱状，粗0.6～1.5厘米；鳞茎外皮污褐色，破裂成纤维状，常近网状。叶宽条形，常比花葶长，稀稍短，宽0.5～1.5厘米。花葶圆柱状，高8～50厘米，中部粗2～5毫米，常中部以下被叶鞘；总苞带色，2裂，宿存；伞形花序卵球状至球状，具多而密集的花；小花梗不等长，外层的远比花被片短，内层的近与花被片等长或略长，基部无小苞片；花大，黄色，后变红色、紫红色，有光泽；花被片披针形至卵状披针形，长

9.5～16.8毫米，宽3～5.1毫米，向先端渐尖，边缘有时具1至数枚不规则的小齿，内轮的比外轮的短；子房近球状，腹缝线基部具有3个蜜穴；花柱比子房短；柱头3裂。朔果三棱形。种子黑色，褐色。

生境分布 ｜ 生于海拔2 000～3 000米的阴湿山坡、草地和林缘。分布于天山山区和准噶尔西部山区。

养蜂价值 ｜ 花期5月上旬至下旬。花期早，花色艳，蜜多粉足，诱蜂力强，蜜蜂喜采，有利于春季山区蜂群修脾和繁殖。花粉黄色，花粉粒圆球形。

其他用途 ｜ 鳞茎入药。

● 天山韭 *Allium tianschanicum* Ruprecht

科　　属 | 葱科葱属

形态特征 | 多年生草本，高20～60厘米。鳞茎常单生，极少双生，狭卵状，粗7～10毫米；鳞茎外皮栗色至淡棕色，破裂成纤维状，呈明显的网状。叶2～4枚，细条形，上面具沟槽，比花葶短，宽0.5～1毫米。花葶圆柱状，高20～60厘米，粗1～3毫米，约1/3被疏离的光滑叶鞘；总苞膜质，2裂，长卵形，具比裂片长2～3倍的喙，宿存；伞形花序有花10～20朵，松散；小花梗不等长，比花被片长2～7倍，基部具小苞片；花淡红色；花被片矩圆状披针形，长6～8毫米，宽约2毫米，先端具短尖；花丝为花被片长的2/3～3/4，基部1～1.5毫米合生并与花被片贴生，内轮的狭长三角形，外轮的锥形，内轮的基部比外轮的宽2～3倍；子房圆锥状狭卵形，腹缝线基部具凹陷的蜜穴；花柱长约2毫米。蒴果倒卵形。种子多数，褐色。

生境分布 | 生于海拔800～1 600米的灌丛、干燥山坡、石崖上。分布于天山山区。

养蜂价值 | 花期7月中旬至8月上旬。花期较长，花色艳，蜜粉丰富，蜜蜂喜采，有利于蜂群繁殖和采蜜。花粉黄色，花粉粒长圆形。

其他用途 | 野菜。

● 长穗柽柳 *Tamarix elongata* Ledeb.

科　　属 | 柽柳科柽柳属

形态特征 | 大灌木，高1～3（5）米，枝短而粗壮，老枝灰色，去年生枝淡灰黄色或淡灰棕色；营养小枝淡黄绿色。生长枝上的叶披针形。总状花序侧生在去年生枝上，春天于发叶前或发叶时出现，单生，粗壮，长6～20厘米，通常长约12厘米，粗0.4～1厘米，基部有具苞片的总花梗，总花梗长1～2厘米；苞片线状披针形或宽线形，渐尖，淡绿色或膜质，长3～6毫米，明显地超出花萼；花梗比花萼略短或等长；花较大，4数，花萼深钟形，萼片卵形，钝或急尖，边缘膜质，具齿；花瓣卵状椭圆形或长圆状倒卵形，两侧不等，先端圆钝，盛花时充分张开向外折，粉红色，花后即落；雄蕊4枚，

花药粉红色；子房卵状圆锥形，几乎无花柱，柱头3枚。蒴果卵状，果皮枯草质。

生境分布 | 耐寒、耐旱、耐盐碱，生于荒漠地区河谷阶地干河床和沙丘上。广泛分布于新疆塔里木盆地、准噶尔盆地和吐鲁番盆地。

养蜂价值 | 花期4—6月。秋季偶二次开花。开花泌蜜约30天。分布广，数量多，花朵鲜艳，蜜粉丰富，诱蜂力强，蜜蜂喜采，有利于蜂群繁殖和采集蜜粉。花粉土黄色，花粉粒近球形。

其他用途 | 可作为防风、固沙、改良盐碱地的重要造林树种；柽柳的枝干坚硬、燃烧时间长，枯枝可作燃料；粗枝可用作农具把柄；柽柳嫩枝为羊、骆驼的饲料。

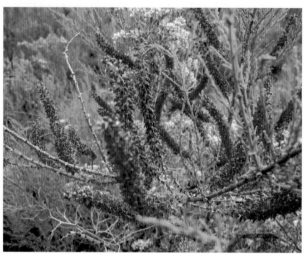

● **多枝柽柳** *Tamarix ramosissima* Ledeb.

别　　名 | 红柳

科　　属 | 柽柳科柽柳属

形态特征 | 灌木或小乔木状，高2~3米。老枝的树皮暗灰色，当年生木质化的生长枝淡红色或

橙黄色，长而直伸，有分枝，二年生枝则颜色渐变淡。木质化生长枝上的叶披针形，基部短，半抱茎，微下延；绿色营养枝上的叶短卵圆形或三角状心形，长2～5毫米，急尖，略向内倾，几乎抱茎，下延。总状花序生在当年生枝顶，集成顶生圆锥花序，长3～5厘米，总花梗长0.2～1厘米；苞片披针形、卵状披针形或条状钻形，渐尖，长1.5～2毫米，与花萼等长或超过花萼；花5数；萼片广椭圆状卵形或卵形，渐尖或钝，内面3枚比外面2枚宽，边缘窄膜质，有不规则的齿牙，无龙骨；花瓣粉红色或紫色，倒卵形至阔椭圆状倒卵形，顶端微缺，比花萼长1/3，直伸，靠合，形成闭合的酒杯状花冠，果时宿存；花盘5裂，裂片顶端有或大或小的回缺；雄蕊5枚，与花冠等长，或者超出花冠1.5倍，花丝基部不变宽，着生在花盘裂片间边缘略下方；子房瓶状具三棱，花柱3枚，棍棒状。蒴果三棱状瓶形。

生境分布 │ 多生长在绿洲地带的渠旁路边、冲积平原、固定沙丘、河湖边沙地、荒漠盐渍化沙地。广泛分布于新疆塔里木盆地、准噶尔盆地和吐鲁番盆地。

养蜂价值 │ 花期5—8月。秋季偶二次开花，二次花为5数。开花泌蜜约30天。分布广，数量多，花多，蜜粉丰富，蜜蜂爱采，有利于蜂群繁殖和采集蜜粉。蜂蜜淡琥珀色，清香可口。花粉土黄色，花粉粒近球形。

其他用途 │ 该植物是荒漠地区平原沙区的主要绿化和固沙造林树种；枝条可编织筐篮。

在新疆各地广泛分布的还有刚毛柽柳（*T. hispida* Willd.）、多花柽柳（*T. hohenackeri* Bge.）、细穗柽柳（*T. leptostachys* Bge.）、塔里木柽柳（*T. tarimensis* P. Y. Zhang et M. T. Liu）、莎车柽柳（*T. sachuensis* P. Y. Zhang et M. T. Liu）、沙生柽柳（*T. taklamakanensis* M. T. Liu）等多种，均为蜜粉源植物。

● 宽苞水柏枝 *Myricria bracteata* Royle

别　　名 │ 河柏、水柽柳、长序水柏枝

科　　属 │ 柽柳科水柏枝属

形态特征 │ 灌木，高1～2米。枝淡黄色或棕色。叶小，条形或条状披针形，长1～6毫米，顶端钝或圆钝，有时近锐尖。花序顶生少有侧生。苞片宽卵形或宽长卵形，常有尾状内弯长尖，有白色、膜质、具圆齿的宽边，几乎等于或长于花瓣；花密生；萼片5枚，矩圆形，有膜质边，略短于花瓣；花瓣5枚，矩圆状椭圆形，淡红色；雄蕊8～10枚，子房圆锥形，无花柱。蒴果狭圆锥形。

生境分布 │ 生于山沟、山坡、河岸、河床。分布于新疆各地，塔城以及天山山区较多。

养蜂价值 │ 花期7—8月。花色艳，花期长，花粉丰富，有利于蜂群繁殖和采集蜜粉。

其他用途 │ 枝含黑色染料和单宁；叶含维生素C。

● 红砂 *Reaumuria soongarica* (Palls) Maximowicz

别　　名 | 枇杷柴、红砂、红虱、海葫芦根

科　　属 | 柽柳科琵琶柴属

形态特征 | 超旱生盐柴类小灌木植物，高15～30厘米。老枝灰棕，叶肉质，圆柱形，上部稍粗，长1～5毫米，宽1毫米，顶端钝，常4～6枚簇生。花单生于叶腋或为少花的穗状花序，无梗，直径4毫米；萼钟形，质厚，5裂，下半部合生；花瓣5枚，张开，白色略带淡红，长圆形，长3～4.5毫米，近中部有2个倒披针形附属物。蒴果纺锤形。

生境分布 | 生于海拔600～2 200米的沙砾戈壁、石质山坡、荒漠及盐渍化沙地，常成片生长。分布于新疆各地，奇台、吉木萨尔、阜康、乌鲁木齐、沙湾、乌苏、精河、和布克赛尔、福海、富蕴和青河等地较多。

养蜂价值 | 花期6月上旬至7月上旬。数量多，分布广，有蜜有粉，蜜蜂喜采，有利于蜂群繁殖和采蜜。

其他用途 | 可作牧草。

● 小米草 *Euphrasia pectinata* Ten

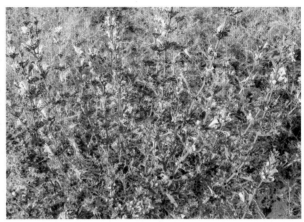

科　属 | 玄参科小米草属

形态特征 | 一年生草本，茎直立，高20~45厘米。不分枝或下部分枝，被白色柔毛。叶与苞叶无柄；叶卵形至卵圆形，长5~20毫米，基部楔形，每边有数枚稍钝、急尖的锯齿。穗状花序顶生，长3~15厘米，初花期短而花密集，逐渐伸长，至果期果疏离；花萼管状，被刚毛，裂片狭三角形，渐尖；花冠白色或淡紫色，外面被柔毛，背部较密，其余部分较疏，下唇比上唇长约1毫米，下唇裂片顶端明显凹缺；花药棕色。蒴果长矩圆状；种子白色。

生境分布 | 生于山坡草地及林缘灌丛中。天山、阿尔泰山及准噶尔西部山地均有分布，伊犁各地山区较为集中。

养蜂价值 | 花期7—8月。数量较多，分布较广，蜜粉丰富，蜜蜂喜采，有利于蜂群繁殖。花粉黄色，花粉粒长圆形。

其他用途 | 可作鱼饲料；全草入药。

本属短腺小米草（*E. regelii* Wettst.）和长腺小米草（*E. hirtella* Jord. ex Reuter）产于伊犁各地山区，亦为辅助蜜粉源植物。

● 野胡麻 *Dodartia orientalis* L.

别　名 | 倒打草、道爪草、牛含水、牛汗水、牛哈水

科　属 | 玄参科野胡麻属

形态特征 | 多年生草本，高15~50厘米，无毛或幼枝时被柔毛。茎单一或簇生，从基部起至顶端，多回分枝，枝伸直，具棱角。叶疏生，下部的对生，上部的互生，线形，长1~4厘米，全缘或疏有齿缺。总状花序生于枝顶，花稀疏，单生于苞腋；花萼钟形，宿存，萼齿5枚；花冠紫色或深紫红色，长1.5~2.5厘米，花冠管圆柱状或上部张开，二唇形，上唇短而直，卵形，中部2浅裂，下唇长而宽，3裂，有两条隆起的褶襞，褶襞上密被腺毛；雄蕊4枚，2长2短，花药紫色，肾形，着生于花冠筒中上部，内藏，药室分离而叉开；子房卵圆形，花柱稍突出，柱头头状，浅2裂；蒴果近球形，开裂；种子多颗。

生境分布 ｜ 生于海拔700～1 400米多沙的山坡及田野。新疆各地均有分布，昌吉州、乌鲁木齐、伊犁州直、阿勒泰地区、喀什地区较多。

养蜂价值 ｜ 花期5月上旬至6月上旬。数量多，分布广，有蜜有粉，诱蜂力强，蜜蜂爱采，有利于蜂群繁殖和修脾。花粉土灰色，花粉粒椭圆形。

其他用途 ｜ 根或全草入药。

● 鼻花 *Rhinanthus glaber* Lam.

科　　属 ｜ 玄参科鼻花属

形态特征 ｜ 植株直立，高15～60厘米。茎有棱，有4列柔毛，不分枝或分枝，分枝及叶几乎垂直向上，紧靠主轴。叶无柄，条形至条状披针形，长2～6厘米，与节间近等长，两面有短硬毛，背面的毛着生于斑状突起上，叶缘有规则的三角状锯齿，齿尖朝向叶顶端，齿缘胼胝质加厚，并有短硬毛。苞片比叶宽，花序下端的苞片边缘齿长而尖，花序上部的苞片具短齿；花梗很短，长仅2毫米；花萼长约1厘米；花冠黄色，长约17毫米，下唇贴于上唇。蒴果直径8毫米，藏于宿存的萼内；种子长达4.5毫米，边缘有宽达1毫米的翅。

生境分布 ｜ 生于高山草甸草原、灌丛、林缘。分布于阿勒泰、富蕴、布尔津、哈巴河、奇台、玛纳斯、新源、尼勒克、巩留和特克斯等地。

养蜂价值 ｜ 花期6—8月。分布广，数量多，花期较长，诱蜂力强，蜜蜂爱采，是辅助蜜粉源植物。

其他用途 ｜ 可供观赏。

● 毛蕊花　*Verbascum thapsus* L.

别　　名 ｜ 牛耳草、大毛叶、一柱香、虎尾鞭、霸王鞭

科　　属 ｜ 玄参科毛蕊花属

形态特征 ｜ 二年生草本，高50~150厘米。茎直立，全株被密而厚的浅黄色星状毛。基生叶和下部的茎生叶倒披针状矩圆形，基部渐狭成短柄状，长达15厘米，宽达6厘米，边缘具浅圆齿；上部茎生叶逐渐缩小而渐变为矩圆形至卵状矩圆形，基部下延成狭翅，质厚柔软，全缘。穗状花序圆柱状，长达30厘米，直径达2厘米，花密集，数朵簇生在一起，花梗很短；花萼5裂达基部，长约7毫米，裂片披针形；花冠黄色，直径1~2厘米；雄蕊5枚，前2枚的花丝略长，花药略下延，其他3枚的花丝被白毛。蒴果卵圆形。种子多数，细小，粗糙。

生境分布 ｜ 喜生于阳坡草地、路旁、山间河谷岸边。北疆山区均有分布，伊犁州直山区和奇台、阜康山地较多。

养蜂价值 ｜ 毛蕊花花期6—8月。数量多，分布广，花期长，花色鲜艳，诱蜂力强，蜜蜂爱采，有利于蜂群繁殖和取蜜。花粉淡黄色，花粉粒椭圆形。

其他用途 ｜ 全草入药。全草含挥发油，为芳香植物。

本属还有准噶尔毛蕊花（*V. songoricum* Schrenk.）、毛瓣毛蕊花（*V. blattaria* L.）等，均为蜜粉源植物。

● 兔儿尾苗　*Pseudolysimachion longifolium* (Linnaeus) Opiz

科　　属 ｜ 车前科兔尾苗属

形态特征 ｜ 多年生草本。茎单生或数枝丛生，近于直立，不分枝或上部分枝，高40~100厘米；

茎无毛或上部有极疏的白色柔毛。叶对生，偶3～4枚轮生，节上有1个环连接叶柄基部，叶腋有不发育的分枝，叶片披针形，渐尖，基部圆钝至宽楔形，有时浅心形，边缘为深刻的尖锯齿，常夹有重锯齿，两面无毛或有短曲毛。总状花序常单生，少复出，长穗状，各部分被白色短曲毛；花梗直，长约2毫米；花冠紫色或蓝色，长5～6毫米，筒部长占2/5～1/2，裂片开展，后方1枚卵形，其余长卵形；雄蕊伸出。蒴果长约3毫米，无毛，宿存花柱长7毫米。

　　生境分布 | 生于海拔1 500～2 500米的山地草原、河谷、灌丛、林缘。北疆山区均有分布，阿勒泰、塔城、伊犁州直等地较多。

　　养蜂价值 | 花期5月中旬至6月中旬。数量虽少，但蜜粉丰富，花色鲜艳，诱蜂力强，蜜蜂爱采，有利于蜂群的繁殖。花粉黄色，花粉粒长卵形。

　　其他用途 | 可供观赏。

● **尖果水苦荬** *Veronica oxycarpa* Boiss.

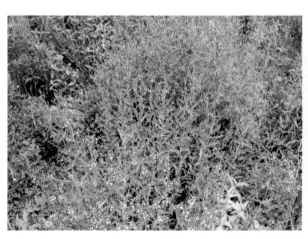

　　科　　属 | 玄参科婆婆纳属

　　形态特征 | 多年生草本，植株高30～100厘米，无毛或上部疏被腺毛。根状茎长。茎直立或基部倾卧，不分枝或有倾卧的分枝。叶无柄而半抱茎或下部的具短柄，卵形至长椭圆形，上部的为披针

形，长3~8厘米，宽1~3厘米，近于全缘或有尖锯齿，分枝上的叶常小而具短柄。总状花序常弯曲上升，长可达15厘米；花梗远长于苞片，弯曲上升；花萼裂片卵状披针形；花冠蓝色、淡紫色或白色，直径6毫米。蒴果卵状三角形，顶端尖，稍微凹，与萼近等长或稍过之，长3~4毫米，宽2.5~3毫米，花柱长约3毫米。蒴果卵状三角形，顶端尖。

　　生境分布　｜　生林下水边及开旷水边、湿地。产于北疆各地。

　　养蜂价值　｜　花期5月下旬至6月下旬。数量多，分布广，花期较长，花色艳，诱蜂力强，有利于蜂群的繁殖。花粉黄褐色，花粉粒长圆形。

　　其他用途　｜　全草入药。

● **有柄水苦荬** *Veronica beccabunga* L.

　　科　　属　｜　玄参科婆婆纳属

　　形态特征　｜　多年生草本，全体无毛，植株高30~50厘米。茎下部倾卧，节上生根，上部上升，分枝或不分枝。叶有短而明显的柄，叶片卵形，矩圆形或披针形，长1~3.5厘米，宽0.5~2厘米，全缘或有浅刻的锯齿或圆齿。总状花序，长3~6厘米，有花10~20朵；花梗长3~10毫米，直或弯曲，几乎横叉开；花萼裂片卵状披针形，果期反折或多少离开蒴果；花冠淡紫色或淡蓝色，直径约1厘米；花柱长1.5~2毫米。蒴果近圆形，顶端凹口明显，种子膨胀，有浅网纹。

　　生境分布　｜　生于海拔1 600~2 600米的砾石山坡、亚高山草原。分布于天山北部山区、阿尔泰山山区、奇台、吉木萨尔、乌鲁木齐、富蕴、阿勒泰、布尔津和哈巴河等地较多。

　　养蜂价值　｜　花期5月下旬至6月下旬。花期较长，花朵多，花色艳，诱蜂力强，蜜蜂喜采，有利于山区蜂群的繁殖。花粉淡黄色，花粉粒圆球形。

　　其他用途　｜　全草入药。

● **大穗花** *Pseudolysimachion dauricum* (Steven) Holub

　　别　　名　｜　灯笼草

　　科　　属　｜　车前科兔尾苗属

　　形态特征　｜　多年生草本。茎单生或数枝丛生，直立，高可达1米，不分枝或稀上部分枝，通常被腺毛或柔毛。叶对生，在茎节上有1个环连接叶柄基部；叶柄长1~1.5厘米，少有较短的；叶片卵形、卵状披针形或披针形，基部常心形，顶端常钝，少急尖，长2~8厘米，宽1~3.5厘米，两面被短腺毛，边缘具深刻的粗钝齿，常夹有重锯齿，基部羽状深裂过半；裂片外缘有粗齿，叶腋有不发育的分枝。总状花序长穗状，单生或因茎上部分枝而复出，各部分均被腺毛；花梗长2～3毫米；花冠白色或粉色，长8毫米，筒部占1/3长，檐部裂片开展，卵圆形至长卵形；雄蕊略伸出。蒴果与萼近等长，花柱长近1厘米。

　　生境分布 │ 生于草地、灌丛及疏林下。分布于天山、阿尔泰山以及准噶尔西部山区，奇台、阜康、巩留、特克斯、阿勒泰和布尔津等地较多。

　　养蜂价值 │ 花期6月下旬至7月中旬。数量多，花期长，花色艳，蜜粉丰富，诱蜂力强，蜜蜂喜采，有利于蜂群繁殖和生产商品蜜。花粉黄色，花粉粒圆球形。

　　其他用途 │ 全草入药。

● 白婆婆纳 *Veronica incana* L.

　　科　　属 │ 车前科兔尾苗属

　　形态特征 │ 多年生草本植物，高40～60厘米。全株密被白色绵毛，仅叶上面较稀而呈灰绿色。茎数枝丛生，直立或上升，不分枝。叶对生，上部的有时互生；上部叶近无柄，下部叶柄长2厘米；下部的叶片为长圆形至椭圆形，上部的常为宽条形，长1.5～5厘米，宽0.3～1.5厘米，先端钝至急尖，基部楔形渐狭，全缘或具圆钝齿。花萼长约2毫米；花冠蓝色、蓝紫色或白色；裂片常反折，卵圆形至卵形；雄蕊2枚，略伸出；子房及花柱下部被多细胞腺毛。蒴果近圆形，被毛；种子多数。

生境分布 | 生于海拔2 500米以下的草地、林下、河谷边等处。天山和阿尔泰山均有分布。

养蜂价值 | 花期6月上旬至7月上旬。花色鲜艳，泌蜜丰富，诱蜂力强，蜜蜂爱采，有利于蜂群繁殖和采集山区杂花蜜。花粉深黄色，花粉粒长球形。

其他用途 | 可供观赏；全草入药。

本属还有裂叶婆婆纳（*V. verna* L.）、穗花婆婆纳（*V. spicata* L.）、北水苦荬（*V. anagallis-aquatica* L.）、阿拉套婆婆纳（*V. alatavica* M.），均产于北疆山区，皆为较好的蜜粉源植物。

● **欧氏马先蒿** *Pedicularis oederi* Vahl.

科　属 | 玄参科马先蒿属

形态特征 | 多年生草本，植株低矮，高10～15厘米，干时变为黑色。茎草质多汁，常为花葶状，其大部分长度均为花序所占，多少有绵毛，有时几乎变光滑，有时很密。叶多基生，宿存成丛，有长柄，叶片线状披针形至线形，羽状全裂。花序顶生，变化极多，常占茎的大部分长度，仅在茎相当高升的情况中较短，长者可达10厘米以上，一般仅5厘米左右，其花开次序明显离心；苞片多少披针形至线状披针形，短于花或等长，几乎全缘或上部有齿，常被绵毛，有时颇密；萼狭而圆筒形；花冠多二色，盔端紫黑色，其余黄白色，有时下唇及盔的下部亦有紫斑，管长12～16毫米；雄蕊花丝前方1对被毛，后方1对光滑；花柱不伸出于盔端。蒴果因花序离心，一般较小，长卵形至卵状披针形；种子灰色。

生境分布 | 生于海拔1 400～3 500米的高山草坡、高山灌丛草甸、高山林缘、石缝、石坡。分布于阿尔泰山、天山北坡、塔尔巴哈台山等。阿勒泰、塔城、奇台、阜康、乌鲁木齐、伊宁、特克斯和新源等地较多。

养蜂价值 | 花期6—7月。数量多，分布广，泌蜜丰富，蜜蜂爱采，对蜂群繁殖有利。

其他用途 | 全草药用。

● **鼻喙马先蒿** *Pedicularis proboscidea* Stev.

科　属 | 玄参科马先蒿属

形态特征 | 多年生草本。茎粗壮直立，高达45～80厘米，除花序轴上有蛛丝状毛外其余部分均光滑。叶基出者具长柄，柄短于叶片；叶片披针形，羽状全裂，轴有狭翅，裂片线状披针形，羽状

深裂，小裂片偏三角形，有具有细尖的齿，齿有胼胝质，茎叶向上渐小而柄亦较短，上部者无柄。花序长而密，长达20厘米；苞片有蛛丝状毛，线形；萼卵圆形，长5～6毫米，膜质，无毛，具5条主脉和5条较细的脉，前方深裂，上端具5枚三角状披针形而全缘的萼齿，有柔毛，仅为萼管的1/2长；花冠黄色，长16～17毫米，管长5毫米，下部伸直，前端渐细成一直而细的喙，下唇宽过于长，宽15毫米，长9毫米，被长柔毛，裂片中间1枚近圆形，宽约5毫米，侧方者较大；雄蕊花丝1对全部有毛，另1对仅变宽的基部稍有毛。蒴果斜卵形，急缩成短喙，长9～10毫米。

　　生境分布 ｜ 生于海拔1 400～3 000米的天山北部山区、准噶尔西部山区和阿尔泰山区的亚高山及高山草原中。木垒、奇台、吉木萨尔、阜康、乌鲁木齐、玛纳斯、尼勒克、新源、特克斯、塔城、布尔津、哈巴河和阿勒泰等地较多。

　　养蜂价值 ｜ 花期6月上旬至7月上旬。数量多，花期长，蜜粉丰富，蜜蜂喜采，有利于蜂群繁殖和采蜜。花粉淡黄色，花粉粒圆球形。

　　其他用途 ｜ 可供观赏。

● 春黄菊叶马先蒿 *Pedicularis anthemifolia* Fisch.

　　科　　属 ｜ 玄参科马先蒿属

　　形态特征 ｜ 多年生草本，高8～30厘米。根多数，多少肉质而变粗，圆柱形，根颈有褐色鳞片数对。茎单一或自根颈发出数条，上部不分枝，直立，无毛或有2～4条成行之毛。叶基出者多数或稍稀，有长柄，柄长3～4厘米，细弱，似具翅；茎生者4枚轮生，柄长短不一，长3～5毫米，有毛或光滑；叶片卵状长圆形至长圆状披针形，羽状全裂，裂片每边8～12枚，间距较宽，线形，锐尖头。花序顶生穗状，长2～8厘米，上部之花轮生而密集，下部者疏离；花梗长1～2毫米；

苞片明显，下部羽状浅裂至全裂，上部3裂，羽状浅裂或羽状深裂；萼杯状膜质，有脉10条而无网纹，有疏毛或光滑，长约3～4毫米，有极明显的5齿；花冠紫红色，长约1.5厘米，管长1厘米，在萼上膝屈，侧裂圆形，中裂小向前伸出；雄蕊着生于管基，药室基部尖头，后方1对的花丝上半部有毛；花柱伸出。

生境分布 │ 生于海拔1 800～2 500米的草坡中。分布于天山北部、阿尔泰山区以及准噶尔西部山区，乌鲁木齐、新源、特克斯、巩留、昭苏、温泉、裕民、布尔津和阿勒泰等地较多。

养蜂价值 │ 花期4月下旬至5月中旬。花期早，花朵多，花色艳，蜜粉丰富，诱蜂力强，蜜蜂喜采，有利于山区定地饲养蜂群的繁殖。花粉黄褐色，花粉粒圆球形。

其他用途 │ 根入药。

● 碎米蕨叶马先蒿 *Pedicularis cheilanthifolia* Schrenk

科　　属 │ 玄参科马先蒿属

形态特征 │ 多年生草本，高5～30厘米，干时略变黑。根茎很粗，肉质。茎单出直立，或成丛而多达10余条，不分枝，暗绿色，有4条深沟纹，沟中有成行之毛，2～4节，节间最长者可达8厘米。叶基出者宿存，有长柄；叶片线状披针形，羽状全裂，裂片8～12对，卵状披针形至线状披针形，有重齿。花序近头状至总状；萼长圆状钟形，脉上有密毛，前方开裂至1/3处，长8～9毫米，宽3.5毫米，齿5枚，后方1枚三角形全缘；花冠紫红色至钝白色，管在花初放时几乎伸直，后约在基部以上4毫米处几乎以直角向前膝屈，上段向前方扩大，长达11～14毫米，下唇裂片圆形而等宽；雄蕊花丝着生于管内，长约等于子房中部的地方，仅基部有微毛，上部无毛；花柱伸出。蒴果披针状三角形；种子卵圆形。

生境分布 │ 生于海拔2 100～3 000米的亚高山至高山草甸；亦见于阴坡林缘、草坡中。分布于天山北坡、塔尔巴哈台山，玛纳斯、沙湾、乌苏和塔城等地较多。

养蜂价值 │ 花期6—7月。花期长，花色鲜艳，诱蜂力强，蜜粉丰富，有利于蜂群的繁殖。

其他用途 │ 可供观赏。

本属还有堇色马先蒿（*P. violascens* Schrenk），产于天山、准噶尔西部山区；蓍草叶马先蒿（*P. achilleifolia* Steph. ex Willd.）产于北疆各地山地草坡；阿尔泰马先蒿（*P. altaica* Steph. ex Stev.）产于阿尔泰山区；蒿叶马先蒿（*P. abrotanifolia*）产于阿尔泰山区，均为可利用的辅助蜜粉源植物。

● 白花泡桐 *Paulownia fortunei* (Seem.) Hemsl.

别　　名 ｜ 毛泡桐、光泡桐、楸叶泡桐、泡桐、大果泡桐

科　　属 ｜ 玄参科泡桐属

形态特征 ｜ 落叶乔木，树冠圆锥形、伞形或近圆柱形，幼时树皮平滑而具显著皮孔，老时纵裂；通常假二歧分枝。单叶对生，叶大，卵形，厚纸质，长15～25厘米，宽10～20厘米，全缘或有浅裂，具长柄，柄上有茸毛。花大，淡紫色或白色，顶生圆锥花序，由3～5朵聚伞花序复合而成。花萼钟状或盘状，肥厚，5深裂，裂片不等大。花冠钟形或漏斗形，上唇2裂，反卷，下唇3裂，直伸或微卷；雄蕊4枚，2长2短，着生于花冠筒基部；雌蕊1枚，花柱细长。蒴果卵形或椭圆形，熟后背缝开裂；种子多数为长圆形，小而轻，两侧具有条纹的翅。

生境分布 ｜ 喜光，耐寒、耐风沙。乌鲁木齐、昌吉州、石河子市、伊犁州直、吐鲁番市、库尔勒市、阿克苏地区、喀什地区、和田地区、哈密市等地均有栽培。

养蜂价值 ｜ 花期5—6月。数量多，花期长，花朵多，蜜粉丰富，诱蜂力强，蜜蜂喜采，非常有利于蜂群繁殖。栽培数量较多区域可生产商品蜜。蜜为浅琥珀色，味清香。花粉灰白色，花粉粒长圆形。

其他用途 ｜ 易繁殖，生长快，材质好，是固沙、防风、绿化、提供蜜源的优良树种。花、果、叶入药，皮入药。

● 毛泡桐 *Paulownia tomentosa* (Thunb.) Steud.

别　　名 ｜ 紫花泡桐、日本泡桐

科　　属 ｜ 玄参科泡桐属

形态特征 ｜ 乔木，高达20米。树冠宽大伞形，树皮褐灰色；小枝有明显皮孔，幼时常具黏质短腺毛。叶片心形，长达40厘米，顶端锐尖头，全缘或波状浅裂，上面毛稀疏，下面毛密或较疏，老叶下面的灰褐色树枝状毛常具柄和3～12条细长丝状分枝，新枝上的叶较大，其毛常不分枝，有时具黏质腺毛，叶柄常有黏质短腺毛。花序枝的侧枝不发达，长约为中央主枝的1/2或稍短，故花序为金字塔形或狭圆锥形，长一般在50厘米以下，少有更长；小聚伞花序的总花梗长1～2厘米，几乎与花梗等长，具花3～5朵；萼浅钟形，长约1.5厘米，外面茸毛不脱落，分裂至中部或裂过中部，萼齿卵状长圆形，在花中锐头或稍钝头至果中钝头；花冠紫色，漏斗状钟形，长5～7.5厘米，在离管基部约5毫米处弓曲，向上突然膨大，外面有腺毛，内面几乎无毛，檐部二唇形，直径约5厘米；雄蕊长达2.5厘米；子房卵圆形，有腺毛，花柱短于雄蕊。蒴果卵圆形，幼时密生黏质腺毛。

生境分布 ｜ 耐寒、耐旱、耐盐碱、耐风沙、抗性强，新疆各城市有栽培。喀什、阿克苏、库尔勒、伊宁等地栽培较多。

养蜂价值 ｜ 花期4月上旬至下旬。花朵多，花色艳，有蜜有粉，诱蜂力强，蜜蜂喜采，有利于春季蜂群的繁殖。花粉土灰色，花粉粒椭圆形。

其他用途 ｜ 叶片被毛，分泌一种黏性物质，能吸附大量烟尘及有毒气体，是城镇绿化及营造防护林的优良树种；木材用于制作胶合板、乐器、模型等。

本属还有兰考泡桐（*P. elongata* S. Y. Hu.），喀什、疏勒、疏附及石河子等地有栽培，亦为辅助蜜粉源植物。

● 新疆玄参 *Scrophularia heucheriiflora* Schrenk ex Fisch. et Mey.

科　　属 ｜ 玄参科玄参属

形态特征 ｜ 高达80厘米的草本植物，根多少变粗。茎具白色髓心，基部各节有鳞片状苞叶，下部多少四棱形，被白色之毛，上部尚有腺毛。叶片多为三角状卵形，基部深浅不同的心形，稀宽楔形，边缘具不规则三角形锯齿，长达13厘米，宽达9厘米，下面有极短的白毛；叶柄长达5厘米，密生白毛。花序为圆筒形的狭聚伞圆锥状，长达30厘米，宽不达3.5厘米，密被短腺毛，总梗长不及10毫米，花梗长约5毫米；花萼长约2.5毫米，裂片条状矩圆形，微有膜质边缘，花冠略长于花萼，上唇稍长于下唇，裂片均圆形；雄蕊长约5毫米，伸出花冠之外，退化雄蕊很大，舌状，高出上唇；子房长仅1毫米，具长达5毫米的花柱。蒴果圆形，连同尖喙长约6毫米，有明显的网脉。

生境分布 ｜ 生于海拔1 500米以下的山坡林下、荒地、河滩、路旁及草丛中。分布于新疆北部地区。奇台、乌鲁木齐、玛纳斯、尼勒克、新源和阿勒泰等地较多。

养蜂价值 | 花期5月下旬至6月中旬。分布较广，有蜜有粉，蜜蜂喜采，有利于蜂群的繁殖和修脾。花粉土黄色，花粉粒长圆形。

其他用途 | 根入药。

● **毛地黄** *Digitalis purpurea* L.

别　　名 | 洋地黄、自由钟、指顶花、金钟、心脏草

科　　属 | 玄参科毛地黄属

形态特征 | 二年生或多年生草本，高60～120厘米。茎单生或数条成丛，全体被灰白色短柔毛和腺毛，有时茎上几乎无毛。基生叶多数成莲座状，叶柄具狭翅，长可达15厘米；叶片卵形或长椭圆形，长5～15厘米，先端尖或钝，基部渐狭，边缘具带短尖的圆齿，少有锯齿；下部的茎生叶与基生叶同形，向上渐小，叶柄短直至无柄而成为苞片。萼钟状，长约1厘米，果期略增大，5裂几乎达基部；裂片矩圆状卵形，先端钝至急尖；花冠紫红色，内面具斑点，长3～4.5厘米，裂片很短，先端被白色柔毛。蒴果卵形，种子短棒状。

生境分布 | 较耐寒、耐旱，喜阳且耐阴，适宜在湿润而排水良好的土壤上生长。新疆各地城市均有栽培。

养蜂价值 | 花期8—9月。花朵多，花期长，有蜜有粉，有利于蜂群繁殖。

其他用途 | 可供园林观赏；茎叶可提取洋地黄毒苷。

● 蓬子菜 *Galium verum* L.

别　　名 | 松叶草、铁尺草、月经草

科　　属 | 茜草科拉拉藤属

形态特征 | 多年生近直立草本，基部稍木质，高25~45厘米。茎有4角棱，被短柔毛或秕糠状毛。叶纸质，6~10枚轮生，线形，顶端短尖，边缘极反卷，常卷成管状，上面无毛，稍有光泽，下面有短柔毛，稍苍白，干时常变黑色，1脉，无柄。聚伞花序顶生和腋生，常排列成长15厘米、宽12厘米的圆锥花序；花小，稠密；萼管无毛；花冠黄色，辐状，无毛，直径约3毫米，花冠裂片卵形，顶端稍钝；花药黄色；花柱顶部2裂。果小，果片双生，近球状，无毛。

生境分布 | 生于山坡、旷野、路旁草丛中。天山、阿尔泰山区有分布，奇台、布尔津及伊犁州直地区较为集中。

养蜂价值 | 花期6—7月。数量多，分布广，花色鲜艳，诱蜂力强，蜜蜂喜采，有利于蜂群繁殖和山区杂花蜜的采集。花粉淡黄色，花粉粒近圆形。

其他用途 | 茎可提取绛红色染料；全草入药。

● 北方拉拉藤 *Galium boreale* L.

科　　属 | 茜草科拉拉藤属

形态特征 | 多年生直立草本，高40~66厘米。茎通常不分枝，具4棱，仅节上有微柔毛，节间长5~9厘米。叶纸质，每轮6枚，狭披针形，长5~6.5厘米，宽5~12毫米，顶端渐尖，基部楔形或稍钝，两面无毛或在上面中脉上被疏微柔毛，边具短缘毛，1脉，无柄或具极短的柄。聚伞花序顶生，长和宽均为8~16厘米，扩展，疏花，二至三歧分枝；苞片常2枚，披针形，长2~3毫米；花梗纤细，长2~2.5毫米；花冠白色，钟状，直径3.5~5毫米，长约4毫米，花冠裂片4枚，与冠管等长或较短，雄蕊4枚，着生在花冠管上，花丝极短；花柱极短，柱头球形，子房卵形。果卵形或近球形，无毛，单生或双生。

生境分布 ｜ 生于海拔1 300～1 900米的山坡、沟旁、草丛、灌丛或林下。分布于天山北坡，以吉木萨尔、阜康、乌鲁木齐、新源、尼勒克、巩留和特克斯等地较多。

养蜂价值 ｜ 花期6—7月。数量多，分布广，蜜粉丰富，蜜蜂喜采，有利于蜂群繁殖和取蜜。花粉淡黄色，花粉粒长圆形。

其他用途 ｜ 全草入药。

● 猪殃殃 *Galium spurium* L.

别　　名 ｜ 拉拉藤、爬拉殃、八仙草

科　　属 ｜ 茜草科拉拉藤属

形态特征 ｜ 多枝、蔓生或攀缘状草本，通常高30～90厘米。茎有4棱；棱上、叶缘、叶脉上均有倒生的小刺毛。叶纸质或近膜质，6～8枚轮生，稀为4～5枚，带状倒披针形或长圆状倒披针形，长1～5.5厘米，宽1～7毫米，顶端有针状凸尖头，基部渐狭，两面常有紧贴的刺状毛，常萎软状，干时常卷缩，1脉，近无柄。聚伞花序腋生或顶生，少至多花，花小，4数，有纤细的花梗；花萼被钩毛，萼檐近截平；花冠黄绿色或白色，辐状，裂片长圆形，长不及1毫米，镊合状排列；子房被毛，花柱2裂至中部，柱头头状。果干燥，有1或2个近球状的分果爿，直径达5.5毫米，膨大，密被钩毛，每爿

有1粒平凸的种子。

  生境分布 | 生于山坡、旷野、沟边、河滩、田中、林缘、草地。新疆各地均有分布。

  养蜂价值 | 花期5—7月。数量多，分布广，有蜜有粉，有利于蜂群繁殖和采蜜。花粉淡黄色，花粉粒长圆形。

  其他用途 | 全草入药。

● 天山梣 *Fraxinus sogdiana* Bge.

  别　　名 | 天山白蜡、欧洲白蜡、小叶白蜡、小叶梣、新疆白蜡树

  科　　属 | 木犀科梣属

  形态特征 | 落叶乔木，高10～25米。芽黑褐色，外被秕糠状毛。奇数羽状复叶，对生，连叶柄长15～20厘米。总叶轴中间具沟槽，无毛或于小叶柄之间有锈色簇毛，小叶7～13枚，纸质，光亮，卵状披针形或狭披针形，长3.5～10厘米，宽1.7～5厘米，先端渐尖或钝，基部宽楔形，下面密生细腺点。聚伞圆锥花序侧生或顶生于当年生枝条上，长10～15厘米，疏松；总花梗无毛，花梗纤细，长约5毫米；花萼钟状，不规则分裂；雄花花萼小，杯状，萼齿尖三角形，花冠白色至淡黄色，裂片线形，长4～6毫米；雄蕊与裂片近等长，花药小，椭圆形，花丝细；两性花花萼较大，萼齿锥尖，花冠裂片长达8毫米，雄蕊明显短，雌蕊具短花柱，柱头2浅裂。翅果倒披针形。

  生境分布 | 生于河边、林缘湿地、山坡和开阔落叶林中，野生林分布于伊犁州直。新疆各地广为引种栽培。乌鲁木齐、昌吉、石河子、吐鲁番、库尔勒、喀什等地栽培较多。

  养蜂价值 | 花期4月。数量多，分布广，花朵多，蜜粉丰富，蜜蜂爱采，有利于春季蜂群繁殖。花粉黄褐色，花粉粒圆球形。

  其他用途 | 该植物为绿化、用材和防护林树种；树皮、叶、花入药。

● 花曲柳 *Fraxinus chinensis* subsp. *rhynchophylla* (Hance) E. Murray

  别　　名 | 大叶梣、大叶白蜡

  科　　属 | 木犀科梣属

  形态特征 | 落叶乔木，高8～15米。树皮褐灰色，一年生枝条褐绿色，后变灰褐色，光滑，老时浅裂。芽广卵形，密被黄褐色茸毛或无毛。叶对生，奇数羽状复叶，小叶3～7枚，多为5枚，大形，广

卵形、长卵形或椭圆状倒卵形；长5～15厘米；顶端中央小叶特大，基部楔形或阔楔形，先端尖或钝尖，边缘有浅而粗的钝锯齿，下面脉上有褐毛，叶基下延，微呈翅状或与小叶柄结合。圆锥花序顶生于当年枝先端或叶腋；萼钟状或杯状；无花冠。翅果倒披针状，多变化，先端钝或凹，或有小尖。

生境分布 │ 喜光、耐寒，对土壤要求不严。新疆各地均有栽培。

养蜂价值 │ 花期4—5月。花期早，蜜粉丰富，诱蜂力强，蜜蜂喜采，有利于春季蜂群繁殖。花粉黄色，花粉粒椭圆形。

其他用途 │ 果形独特美观，可用作庭荫树、行道树或风景林。

本属还有尖叶白桦（*F. szaboana* Lingelsh.），别名尖叶白蜡树、绒毛梣、毡毛梣，分布于乌鲁木齐、昌吉、石河子等地，也是很好的辅助蜜粉源植物。

● 紫丁香 *Syringa oblata* Lindl.

别　　名 │ 华北紫丁香

科　　属 │ 木犀科丁香属

形态特征 │ 紫丁香属灌木或小乔木，高可达5米；树皮灰褐色或灰色。小枝、花序轴、花梗、苞片、花萼、幼叶两面以及叶柄均无毛而密被腺毛。小枝较粗，疏生皮孔。叶片革质，卵圆形至肾形，长2～14厘米，宽2～15厘米，先端短凸尖至长渐尖或锐尖，基部心形、截形至近圆形，或宽楔形，上面深绿色，下面淡绿色；萌枝上叶片常呈长卵形，先端渐尖，基部截形至宽楔形。圆锥花序直立，由侧芽抽生，近球形或长圆形，长4～16厘米，宽3～7厘米；花萼长约3毫米；花冠紫色，长1.1～2厘米，花冠管圆柱形，长0.8～1.7厘米，裂片呈直角开展，卵圆形、椭圆形，先端内弯略呈兜状或不内弯；花药黄色。果卵形至倒卵状椭圆形。

生境分布 │ 丁香喜温暖、湿润及阳光充足的条件，具有一定的耐寒能力。乌鲁木齐、昌吉、石河子、库尔勒、阿克苏和喀什等地有栽培。

　　养蜂价值｜花期4月下旬至5月上旬。花朵芳香，诱蜂力强，蜜粉较为丰富，有利于春季蜂群繁殖。花粉淡黄色，花粉粒椭圆形。

　　其他用途｜该植物是绿化和观赏树种；花可提取芳香油；丁香的树皮、树干和枝条药用。

● 白花欧丁香　*Syringa vulgaris* f. *alba* (Weston) Voss.

　　别　　名｜白花洋丁香、白花丁香

　　科　　属｜木犀科丁香属

　　形态特征｜灌木或小乔木，高3～7米。树皮灰褐色。小枝、叶柄、叶片两面、花序轴、花梗和花萼均无毛，或具腺毛，老时脱落。小枝棕褐色，略带四棱形，疏生皮孔。叶片卵形、宽卵形或长卵形，长3～13厘米，宽2～9厘米，先端渐尖，基部截形、宽楔形或心形，上面深绿色，下面淡绿色；叶柄长1～3厘米。圆锥花序近直立，由侧芽抽生，宽塔形至狭塔形，或近圆柱形，长10～20厘米；花序轴疏生皮孔；花梗长0.5～2毫米；花芳香；萼齿锐尖至短渐尖；花冠白色，长0.8～1.5厘米，直径约1厘米，花冠管细弱，近圆柱形，长0.6～1厘米，裂片呈直角开展，椭圆形、卵形至倒卵圆形，先端略呈兜状，或不内弯；花药黄色，位于距花冠管喉部0～1毫米处，稀伸出。果倒卵状椭圆形、卵形至长椭圆形，先端渐尖或骤凸，光滑。

生境分布 │ 喜光，耐旱、耐寒，有较强的抗逆性。新疆城市均有栽培。

养蜂价值 │ 花期5月。数量多，花期长，有蜜有粉，花具芳香，诱蜂力强，蜜蜂喜采，有利于蜂群修脾和繁殖。花粉黄色，花粉粒椭圆形。

其他用途 │ 园林观赏植物；根入药。

● 暴马丁香 *Sryinga reticulata* subsp. *amurensis* (Ruprecht) P. S. Green & M. C. Chang

别　名 │ 暴马子、白丁香、荷花丁香、阿穆尔丁香

科　属 │ 木犀科丁香属

形态特征 │ 落叶小乔木或大乔木，高4~10米，具直立或开展枝条。树皮紫灰褐色，具细裂纹。枝灰褐色，无毛，当年生枝绿色或略带紫晕，无毛，疏生皮孔，二年生枝棕褐色，光亮，无毛，具较密皮孔。叶片厚纸质，宽卵形、卵形至椭圆状卵形，或为长圆状披针形，长2.5~13厘米，宽1~6厘米，先端短尾尖至尾状渐尖或锐尖，基部常圆形，或为楔形，上面黄绿色，干时呈黄褐色，侧脉和细脉明显凹入使叶面呈皱缩状，下面淡黄绿色，秋时呈锈色，无毛，稀沿中脉略被柔毛，中脉和侧脉在下面凸起；叶柄长1~2.5厘米，无毛。花萼长1.5~2毫米，花冠白色，呈辐状，长4~5毫米，裂片卵形，花药黄色。果长椭圆形。

生境分布 │ 喜光，喜温暖湿润气候，耐严寒，对土壤要求不严。乌鲁木齐、昌吉、石河子、伊犁州直、喀什等地有栽培。

养蜂价值 │ 暴马丁香花期6—7月。花朵多，花期长，芳香，有蜜有粉，诱蜂力强，蜜蜂爱采，有利于蜂群繁殖和造脾。花粉淡黄色。

其他用途 │ 树皮、树干及茎枝入药。

● 水蜡 *Ligustrum obtusifolium* Sieb. et Zucc.

科　属 │ 木犀科女贞属

形态特征 │ 落叶灌木，高达3米。幼枝具柔毛。单叶对生，叶片纸质，叶椭圆形至长圆状倒卵形，长3~5厘米，宽0.5~2.2厘米，全缘，先端尖或钝，背面或中脉具短柔毛。圆锥花序顶生，下垂，长4~5厘米，生于侧面小枝上，花白色；花具短梗；花萼钟状，长1.5~2毫米，4浅裂，具微柔毛；

花冠管长于花冠裂片2～3倍，长3.5～6毫米，裂片狭卵形至披针形；花药披针形，雄蕊2枚；子房上位，柱头2裂。核果黑色，宽椭圆形，稍被蜡状白粉。

生境分布 ｜ 适应性较强，喜光照、稍耐阴、耐寒，对土壤要求不严。新疆均有栽培。

养蜂价值 ｜ 花期5月下旬至6月中旬。花朵多，花期长，蜜粉丰富，芳香，诱蜂力强，蜜蜂喜采，有利于蜂群繁殖。花粉黄色，花粉粒椭圆形。

其他用途 ｜ 该植物是行道树、园路树及盆景的优良选择树种。

● **连翘** *Forsythia suspensa* (Thunb.) Vahl

别　　名 ｜ 黄花条、连壳、青翘、落翘、黄奇丹

科　　属 ｜ 木犀科连翘属

形态特征 ｜ 连翘属落叶灌木。枝开展或下垂，棕褐色或淡黄褐色，小枝土黄色或灰褐色，略呈四棱形。叶通常为单叶，或3裂至三出复叶，叶片卵形或椭圆状卵形，先端锐尖，基部圆形、宽楔形至楔形，叶缘除基部外具锐锯齿或粗锯齿。花通常单生或2至数朵着生于叶腋，先于叶开放；花萼绿色，裂片长圆形，先端钝或锐尖，边缘具睫毛，与花冠管近等长；花冠黄色，裂片倒卵状长圆形或长圆形。蒴果卵球形，先端开裂，表面疏生皮孔。

生境分布 ｜ 耐寒、耐旱、耐瘠，对气候、土质要求不高，适生范围广。新疆各地均有栽培。

养蜂价值 ｜ 连翘花期4月上旬至下旬。蜜粉丰富，极有利于春季蜂群的繁殖。

其他用途 | 园林观赏植物；种子含油率高，精炼后是良好的食用油。

● 二色补血草 *Limonium bicolor* (Bge.) Kuntze

别　　名 | 燎眉蒿、补血草、扫帚草、匙叶草、血见愁、秃子花

科　　属 | 白花丹科补血草属

形态特征 | 多年生草本，高达60厘米，全体光滑无毛。茎丛生，直立或倾斜。叶多根出；匙形或长倒卵形，基部窄狭成翅柄，近于全缘。花茎直立，多分枝，花序着生于枝端而位于一侧，或近于头状花序；萼筒漏斗状，棱上有毛，缘部5裂，折叠，干膜质，白色或淡黄色，宿存；花瓣5枚，匙形至椭圆形；雄蕊5枚，着生于花瓣基部；子房上位，1室，花柱5裂，分离，柱头头状。蒴果具5棱，包于萼内。

生境分布 | 生于草原群落、沙质草原、荒漠地区的盐碱土地上，属盐碱土指示植物。分布于准噶尔盆地边缘。富蕴、青河、奇台、吉木萨尔、阜康、乌鲁木齐、沙湾和乌苏等地较多。

养蜂价值 | 花期为7月中旬至8月中旬。花粉丰富、流蜜期长，且不受干湿气候影响，在春季雨水充足、秋季干旱高温的年份，长势好，开花多，可生产商品蜜，对蜂群繁殖极为有利，是重要的辅助蜜粉源植物。花粉土黄色，花粉粒椭圆形。蜂蜜浅琥珀色，易结晶，一般不宜作蜂群的越冬饲料。

其他用途 | 全草入药；可灭蝇。

● 繁枝补血草 *Limonium myrianthum* (Schrenk) Kuntze

科　　属 | 白花丹科补血草属

形态特征 | 多年生草本，高40～100厘米。叶基生，较厚硬，匙形或倒卵状匙形，长10～15厘米，宽2～6厘米，先端通常近截形或半圆形，基部渐狭成扁平的柄。花序大型圆锥状，花序轴1至数枚，圆柱状，节部鳞片通常小，常由中部以上作三至五回分枝，下部分枝形成多数不育枝；小枝细短而繁多，平滑或有疣状突起，有时被白色微小毛簇。穗状花序列于细弱分枝的上部至顶端，由3～7个小穗疏松排列而成；小穗含1（2）花；外苞长约1毫米，宽卵形或近圆形，先端通常钝或急尖，除下部1/3外全为膜质，第一内苞长约2毫米，先端通常圆，草质部分约与外苞相等或略长；萼长2.5～3毫米，狭漏

斗状，萼筒常于一侧的脉上被长毛，有时完全无毛，萼檐白色，裂片先端急尖或钝，脉不达裂片基部；花冠蓝紫色。果实倒卵形，黄褐色。

生境分布 | 生于海拔400~1 000米的荒漠河谷、盐渍化荒滩、草甸、沙地等处。分布于准噶尔盆地，奇台、阜康、乌鲁木齐、沙湾、克拉玛依、乌苏和托里等地较多。

养蜂价值 | 花期7月中旬至8月底。数量较多，花期长，花色艳，诱蜂力强，蜜蜂喜采，有利于蜂群繁殖和采蜜。花粉黄色，花粉粒长圆形。

其他用途 | 观赏植物，可作干切花；全草入药。

● 大叶补血草 *Limonium gmelinii* (Willd.) Kuntze

科　　属 | 白花丹科补血草属

形态特征 | 多年生草本，高40~80厘米，光滑（除萼外）。根粗状。叶基生，莲座状，多数，绿色或灰绿色，长圆状倒卵形或宽椭圆形，长12~30厘米，宽3~8厘米，先端微圆，向下渐收缩成宽的叶柄；茎生叶退化为鳞片状，棕褐色，边缘呈白色膜质，花轴1个或几个，上面分枝，有少数不育细枝或无。花蓝紫色，聚集成短而密的小穗，由小穗组成聚伞花序，长圆盾状或塔形，集生于花轴分

枝顶端，一般花1～3朵；花萼倒圆锥形，萼管长2～2.5毫米，直径1毫米，密被长茸毛，萼裂片5枚，圆状三角形，先端微钝或微尖，有脉（丛基部至1/2处），萼裂片之间有细小的中间齿或无，无脉，萼瓣白色或淡紫色。种子长卵圆形，深紫棕色。

生境分布 | 生于1 000～2 000米的山坡草原、河湖边、荒漠、沙地。分布于阿尔泰山、塔尔巴哈台山和天山北坡，阿勒泰、富蕴、布尔津、巴里坤、奇台、阜康、乌鲁木齐、玛纳斯、石河子、沙湾、托里、塔城、霍城、伊宁、新源和巩留等地较多。

养蜂价值 | 花期7—8月。分布广，花期长，花朵多，蜜粉丰富，诱蜂力强，蜜蜂喜采，有利于蜂群的繁殖和采蜜，是很好的蜜粉源植物。花粉黄褐色，花粉粒长圆形。

其他用途 | 全草和根入药。

● 耳叶补血草 *Limonium otolepis* (Schrenk) Kuntze

科　　属 | 白花丹科补血草属

形态特征 | 多年生草本，高30～90厘米，全株无毛。叶基生并在花序轴上互生；基生叶倒卵状匙形，长3～6厘米，宽1～2厘米，先端钝或圆，基部渐狭成细扁的柄，开花时凋落；花序轴下部5～7节上和侧枝下部2～3节上有阔卵形至肾形抱茎的叶，花期开始凋落。花序圆锥状，花序轴单生，或数枚分别由不同的叶丛间伸出，圆柱状，平滑或小枝上略具疣，常由中部向上作四至七回分枝，下方分枝形成多数不育枝，小枝细短而繁多；穗状花序列于细弱分枝的上部至顶端，由2～5个小穗略疏排列而成；小穗含1（偶为2）花；外苞长约1毫米，宽卵形，先端通常钝或圆，第一内苞长约2毫米，草质部分约与外苞等大；萼筒无毛或在一侧近基部的脉上略有毛，萼檐白色，裂片先端钝；花冠淡蓝紫色。果实长卵形，黄褐色。

生境分布 | 生于平原地区盐土和盐渍化土壤上，常伴生于柽柳植株附近。分布于北疆准噶尔盆地，奇台、阜康、乌鲁木齐、玛纳斯、沙湾和克拉玛依等地较多。

养蜂价值 | 花期6—7月。数量多，分布广，花期长，花色艳，蜜粉丰富，诱蜂力强，有利于蜂群繁殖和采蜜。花粉褐色，花粉粒圆球形。

其他用途 | 观赏植物，可作干切花；全草入药。

本属黄花补血草 [*L. aureum* (L.) Hill.] 产于新疆各地；簇枝补血草 [*L. chrysocomum* (Kar. et Kir.) Ktze.] 产于北疆各地；精河补血草 [*L. leptolobum* (Rgl.) Ktze.] 产于天山北坡前沿地区和伊犁

盆地；木本补血草 [*L. suffruticosum* (L.) Ktze.] 产于准噶尔盆地边缘及伊犁谷地；珊瑚补血草 [*L. coralloides* (Tausch) Lincz.] 产于阿尔泰山地区；喀什补血草 [*L. kaschgaricum* (Rupr.) Ik.-Gal.] 产于南疆西部至天山南坡，亦为很好的辅助蜜粉源植物。

● 火炬树 *Rhus typhina* Nutt

科　　属 | 漆树科盐肤木属

形态特征 | 落叶小乔木，高达10～12米。柄下芽。分枝少，小枝粗壮密生灰褐色茸毛。奇数羽状复叶互生，小叶19～23枚，长椭圆状至披针形，长5～13厘米，缘有锯齿，先端长渐尖，基部圆形或广楔形，叶上面深绿色，下面粉白色，两面被茸毛，老时脱落，叶轴无翅。圆锥花序顶生，直立，密生茸毛，花淡绿色，雌雄异株，雌花花柱有红色刺毛。核果深红色，密生茸毛，花柱宿存，密集成火炬形。

生境分布 | 喜光、耐寒，对土壤适应性强，耐干旱瘠薄、耐水湿、耐盐碱。乌鲁木齐市、昌吉州、石河子市、巴州、伊犁州直、喀什地区等地有栽培。

养蜂价值 | 花期5—6月。花期长，约35天，花朵多，蜜粉丰富，诱蜂力强，蜜蜂喜采，有利于蜂群的繁殖和修脾，是非常好的辅助蜜粉源植物。花粉蛋黄色，花粉粒椭圆形。

其他用途 | 良好的护坡、固堤、固沙与水土保持树种，也是观赏树种；可作薪炭。

● 阿月浑子 *Pistacia vera* L.

别　　名 | 胡榛子、无名子、开心果
科　　属 | 漆树科黄连木属
形态特征 | 落叶小乔木，高5～7米。小枝粗壮，圆柱形，具条纹，具凸起小皮孔。奇数羽状复叶互生，有小叶3～5枚，通常3枚；小叶革质，卵形或阔椭圆形，长4～10厘米，宽2.5～6.5厘米；顶生小叶较大，先端钝或急尖，具小尖头，基部阔楔形、圆形或截形；侧生小叶基部常不对称，全缘，有时略呈皱波状，叶面无毛，略具光泽，叶背疏被微柔毛；叶无柄或几乎无柄。圆锥花序长4～10厘米，花序轴及分枝被微柔毛，具条纹；雄花序宽大，密集；雄蕊5～6枚；雌花序较窄，稀疏；子房卵圆形。果较大，长圆形，先端急尖，具细尖头，成熟时黄绿色至粉红色。
生境分布 | 喜光、抗寒、抗旱，耐瘠能力强。喀什地区、伊犁州直等地引种栽培。
养蜂价值 | 花期4月上中旬至5月上旬。有蜜有粉，蜜蜂喜采，有利于蜂群繁殖。
其他用途 | 果仁为高级营养食品；树皮和种仁入药；种子可榨油；木材坚硬细致，为细木工和工艺用材。

● 三角槭 *Acer buergerianum* Miq.

别　　名 | 三角枫
科　　属 | 槭树科槭属
形态特征 | 落叶乔木，高5～15米。树皮褐色或深褐色，粗糙。小枝细瘦；当年生枝紫色或紫绿色，近于无毛。冬芽小，褐色，长卵圆形，鳞片内侧被长柔毛。叶纸质，基部近于圆形或楔形，椭圆形或倒卵形，长6～10厘米，通常浅3裂；裂片向前延伸，稀全缘，中央裂片三角卵形，急尖、锐尖或短渐尖；侧裂片短钝尖或甚小；叶柄长2.5～5厘米，淡紫绿色，无毛。花多数常成顶生被短柔毛的伞房花序，直径约3厘米，总花梗长1.5～2厘米，开花在叶长大以后；萼片5枚，黄绿色，卵形，无毛，长约1.5毫米；花瓣5枚，淡黄色，雄蕊8枚，与萼片等长或微短，花盘无毛，微分裂，位于雄蕊外侧；子房密被淡黄色长柔毛，花柱2裂，柱头平展或略反卷。翅果黄褐色；翅与小坚果共长2～2.5厘米，两翅张开成锐角或近于直立。
生境分布 | 喜温暖、湿润环境及中性至酸性土壤。乌鲁木齐市、伊犁州直、喀什地区等地有栽培。
养蜂价值 | 花期4月下旬至5月上旬。蜜粉丰富，诱蜂力强，蜜蜂喜采，非常有利于蜂群繁殖和提高蜂群群势。花粉黄褐色，花粉粒圆球形。
其他用途 | 绿化观赏植物；木材优良，可制作农具。

● 元宝枫　*Acer truncatum* Bge.

别　　名 | 平基槭、华北五角槭、色树、元宝树、枫香树

科　　属 | 槭树科槭树属

形态特征 | 落叶乔木，高8~10米。树皮纵裂。单叶对生；主脉5条；掌状5裂；裂片先端渐尖，有时中裂片或中部3裂片又3裂，叶柄长3~5厘米。叶基通常截形，最下部两裂片有时向下开展。聚伞花序顶生；花小而黄绿色，花与叶同放。翅果扁平，翅较宽而略长于果核，形似元宝。

生境分布 | 耐阴，喜温凉湿润气候，耐寒性强，对土壤要求不严，在酸性土、中性土及石灰性土中均能生长。乌鲁木齐市、伊犁州直、昌吉州、喀什地区等地均有栽培。

养蜂价值 | 花期4月中旬至5月中旬。花期较长，有蜜有粉，蜜蜂采其花粉，有利于蜂群群势的提高和繁殖。花粉黄色，花粉粒长圆形。

其他用途 | 嫩叶红色，秋叶黄色、红色或紫红色，树姿优美，叶形秀丽，为优良的观叶树种；宜作庭荫树、行道树或风景林树种，现多用于道路绿化；对二氧化硫、氟化氢的抗性较强，吸附粉尘的能力亦较强；木材坚硬，为优良的建筑、家具、雕刻、细木工用材；树皮纤维可造纸及代用棉；种子颗粒大，含油量高，机榨出油率35%。

本属还有天山槭（*A. semenovii* Regel et Herder），产于伊犁河谷；秀丽槭（*A. elegantulum* Fang et P. L. Chiu）在乌鲁木齐市、伊犁州直、喀什地区有栽培；茶条槭（*A. ginnala* Maxim.）在乌鲁木齐市、昌吉州有栽培；色木槭（*A.mono* Maxim.）在乌鲁木齐市、伊犁州直、喀什地区有栽培。这些植物均为蜜粉源植物。

● 异果小檗　*Berberis heteropoda* Schrenk

科　　属 | 小檗科小檗属

形态特征 | 灌木，高1~2米。幼枝红褐色，有条棱，老枝灰色，刺单一或3分叉，长1~3厘米，米黄色。叶革质，绿色，倒卵形，长2~3厘米，宽1.5~2厘米，无毛，先端圆，基部渐窄成柄，全缘或具不明显的刺状齿。总状花序稀疏，花3~9朵簇生，花黄色；花梗长4~5毫米；苞片2枚，披针形；萼片6~8枚，花瓣状，宽卵形至倒卵形，长4~7毫米，宽3~4.5毫米；花瓣6枚，宽倒卵形或宽椭圆形，长5.5~6毫米，宽5~5.5毫米，基部有蜜腺2，雄蕊6，短于花瓣；雌蕊筒状，柱头盘状。

浆果，广椭圆形或球形，紫黑色，具一层灰粉；种子长卵形。

生境分布 | 生于海拔1 000～1 500米的低山和森林地带的河谷以及山坡灌木丛中。分布于富蕴、阿勒泰、布尔津、额敏、塔城、托里、裕民、博乐、温泉、精河、沙湾、乌鲁木齐、阜康、吉木萨尔、奇台、木垒、巴里坤、尼勒克、新源、巩留、特克斯、昭苏、温宿、阿克苏、阿克陶和叶城等地。

养蜂价值 | 花期5—6月。数量多，分布广，花朵多，有蜜有粉，有利于蜂群的繁殖和采蜜。蜜深琥珀色。花粉淡黄色，花粉粒近球形。

其他用途 | 根皮及茎皮入药；果可食。

● 二球悬铃木 *Platanus acerifolia* Willd.

别　　名 | 英国梧桐、法桐悬、法国梧桐

科　　属 | 悬铃木科悬铃木属

形态特征 | 落叶乔木，株高10～30米，树皮光滑，片状剥落。嫩枝有黄褐色茸毛；老枝光滑，红褐色。叶大，阔卵形或掌形，宽10～22厘米，长10～21厘米，掌形叶3～5裂至中部，长比宽略短，基部截形、阔心形或稍呈楔形，裂片宽三角形，边缘有数个粗大锯齿，两面幼时被灰黄色茸毛，后变无毛；叶柄长3～10厘米，密被黄褐色茸毛；托叶长1～1.5厘米，基部鞘状，上部开裂。花小，单性同株，成球形头状花序；雄花4枚，比花瓣长，盾状药隔有毛；雌花约有6个心皮，离生，花柱长2～3毫米。果枝有球形果序，通长2个，常下垂；小坚果长约0.9厘米，基部有长毛。

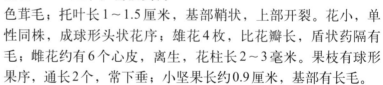

生境分布 | 喜光，喜湿润温暖气候，较耐寒。吐鲁番、阿克苏、库尔勒、喀什、疏勒、疏附、岳普湖、泽普、莎车和伊宁等地栽培较多。

养蜂价值 | 花期5月。花期早，花朵较多，有蜜有粉，有利于蜂群的繁殖。花粉黄褐色，花粉粒长球形。

其他用途 | 绿化观赏树种。种子、叶入药。

● 沙棘 *Hippophae rhamnoides* L.

别　　名　｜　醋柳、黄酸刺、酸刺柳、黑刺、酸刺

科　　属　｜　胡颓子科沙棘属

形态特征　｜　落叶灌木或乔木，高1～5米，生长在高山沟谷中可达10米，棘刺较多，粗壮，顶生或侧生。嫩枝褐绿色，密被银白色而带褐色的鳞片或有时具白色星状柔毛，老枝灰黑色，粗糙。单叶通常近对生，纸质；狭披针形或矩圆状披针形，长30～80毫米，宽4～10毫米，两端钝形或基部近圆形，基部最宽；上面绿色，初被白色盾形毛或星状柔毛，下面银白色或淡白色，被鳞片，无星状毛。花黄色，花瓣4枚，花芯淡绿色，花苞球状，嫩绿色。果实圆球形，橙黄色或橘红色；种子小，阔椭圆形至卵形，黑色或紫黑色。

生境分布　｜　生于高山河流两岸冲积滩地、草原和前山沟谷边及平原河谷区。新疆各地均有分布。伊犁州直、博尔塔拉、塔城、昌吉、克孜勒苏、和田、喀什等地较为集中。新疆人工栽培面积也很大。

养蜂价值　｜　花期4月下旬至5月中下旬，约30天。数量多，分布广，花期长，蜜粉丰富，蜜蜂喜采，非常有利于春季蜂群的繁殖。花粉黄褐色，花粉粒椭圆形。

其他用途　｜　沙棘果实入药。

● 新疆缬草 *Valeriana fedtschenkoi* Coincy

天山缬草

科　　属 │ 败酱科缬草属

形态特征 │ 多年生草本，高50～70厘米。根状茎细柱状，灰褐色。茎单一，直立，无毛。基生叶1～2对，近圆形，顶端圆或钝三角形，长约2厘米，叶柄长4～6厘米；茎生叶3～4对，茎下部叶全部披针形或卵形，稀羽状浅裂，茎中部叶披针形，叶全部无毛。花序密生成聚伞圆锥状花序，初为头状，后渐疏长；小苞片长2～3毫米，卵圆状披针形，边缘膜质；花冠粉红色，长5～6毫米，花冠裂片长方形，为花冠长度的1/3；雌、雄蕊与花冠等长，花开时伸出花冠外。果卵状椭圆形，光秃。

生境分布 │ 生于海拔2 000米左右的山坡林下或山顶草地。北疆各地山区均有分布，阿勒泰、布尔津、和布克赛尔、塔城、新源和昭苏等地较多。

养蜂价值 │ 花期7—8月。分布较广，花期较长，蜜粉丰富，蜜蜂喜采，有利于蜂群繁殖和采蜜。花粉淡黄色，花粉粒长球形。

其他用途 │ 根入药。

本属还有天山缬草（*V. dubia* Bge.）、芥叶缬草（*V. sisymbriifolia* Vahl.）、北疆缬草（*V. turczaninovii*）、缬草（*V. officinalis* L.），均产于北疆各地，皆为蜜粉源植物。

● **中败酱** *Patrinia intermedia* (Horn.) Roem. et Schult.

科　　属 │ 败酱科败酱属

形态特征 │ 多年生草本，高20～40厘米。根状茎粗厚，肉质，长达20厘米。基生叶丛生，长圆形至椭圆形，长10厘米，宽5.5厘米，一至二回羽状全裂，裂片近圆形，线形至线状披针形，下部叶裂片具钝齿，上部叶裂片全缘，两面被微糙毛或几乎无毛，具长柄或无柄。由聚伞花序组成顶生圆锥花序或伞房花序；总苞叶与茎生叶同形或较小，上部分枝处总苞叶明显变小；小苞片卵状长圆形；萼齿不明显，呈短杯状；花冠黄色，钟形，基部一侧有浅囊肿状，内有蜜腺，裂片椭圆形、长圆形或卵形；雄蕊4枚，花丝不等长，花药长圆形；子房长圆形，柱头头状或盾状。瘦果长圆形。

生境分布 │ 生于海拔1 000～2 500米的山坡草地、高山草原、林缘或灌丛中。北疆各地山区均有分布，阿勒泰、塔城、精河、温泉、特克斯、昭苏、和静、乌鲁木齐、玛纳斯和沙湾等地较多。

养蜂价值 │ 花期5—7月。数量多，分布广，花期长，蜜粉丰富，蜜蜂喜采，有利于蜂群繁殖和采蜜。

其他用途 │ 根入药。

● 败酱 *Patrinia scabiosifolia* Fisch. ex Trev.

别　　名 | 黄花龙牙

科　　属 | 败酱科败酱属

形态特征 | 多年生草本，高可达150厘米。根状茎粗壮，斜生，有陈败的豆酱气。根出叶丛生，有长柄，叶片卵状披针形，先端尖，基部下延。茎生叶对生，叶片通常羽状全裂，长5～15厘米，顶裂片较大，椭圆形或披针形，有短柄或近无柄。聚伞圆锥花序伞房状，顶生或腋生，花萼极小，萼齿5裂，不明显；花冠黄色，冠筒短，上部5裂，直径2～4毫米；雄蕊4枚，由背部向两侧延展成窄翅状。瘦果，椭圆形，具3棱，不开裂。

生境分布 | 生于山坡、林缘、林间向阳草地、草甸、草原。天山、阿尔泰山、准噶尔西部山地均有分布。

养蜂价值 | 花期6月下旬至7月下旬。数量多，花期长，有蜜有粉，诱蜂力强，蜜蜂喜采，有利于蜂群的繁殖。花粉黄褐色，花粉粒圆球形。

其他用途 | 根茎入药。

● 聚花风铃草 *Campanula glomerata* Subsp. *speciosa* (Sprengel) Domin

别　　名 | 北疆风铃草、灯笼花
科　　属 | 桔梗科风铃草属
形态特征 | 聚花风铃草为多年生草本，高40～120厘米。茎直立，有时在上部分枝。茎生叶下部的具长柄，叶片长卵形至心状卵形；上部的无柄，椭圆形、长卵形至卵状披针形；叶片长7～15厘米，宽1.7～7厘米；全部叶边缘有尖锯齿，茎叶几乎无毛或疏生白色硬毛或密被白茸毛。花数朵集成头状花序，生于茎中上部叶腋间，无总梗，亦无花梗，在茎顶端，由于节间缩短，多个头状花序集成复头状花序，越向茎顶，叶越短越宽，最后成为卵圆状三角形的总苞状，每朵花下有1枚大小不等的苞片，在头状花序中间的花先开，其苞片最小；花萼裂片钻形；花冠紫色、蓝紫色或蓝色，管状花钟形，长1.5～2.5厘米，5裂；雄蕊5枚；子房下位。蒴果倒卵状；种子扁圆状。
生境分布 | 生于海拔1 200～2 600米的草地、亚高山草甸、灌丛、山坡草地。北疆各山区均有分布，伊犁各地山区草原带较为集中。
养蜂价值 | 花期6—7月。数量多，分布广，花色鲜艳，蜜粉丰富，诱蜂力强，有利于蜂群繁殖和生产商品蜜。花粉黄褐色，花粉粒圆球形。
其他用途 | 可供观赏；全草入药。

● **新疆风铃草** *Campanula stevenii* subsp. *albertii* (Trautvetter) Viktorov

科　　属 | 桔梗科风铃草属
形态特征 | 多年生草本，植株全体无毛。横走根状茎细长，裸露，直立的茎基常为往年的残叶所包裹。茎丛生，直立，高20～50厘米，顶生单花或着生数朵花。基生叶匙形或椭圆形，基部渐狭成长柄，边缘有圆齿；茎生叶无柄，宽条形，长在2厘米以上。花萼筒部倒圆锥状，长约4毫米，裂片钻形，长约7毫米；花冠紫色，漏斗状，分裂至1/2，长1.5～2厘米。蒴果椭圆状，长1.2～1.6厘米，直径约5毫米；种子椭圆状，长近1毫米，棕黄色。
生境分布 | 生于海拔1 100～2 500米的山坡阴处、林中空地或干旱草地上。天山、准噶尔西部山区、阿尔泰山区均有分布。奇台、富蕴、青河、托里、塔城、昭苏和尼勒克等地较多。
养蜂价值 | 花期6月中旬至7月中旬。数量多，分布广，有蜜有粉，蜜蜂喜采，有利于蜂群繁殖和采蜜。
其他用途 | 可作牧草；可供观赏。

● 刺毛风铃草 *Campanula sibirica* L.

别　　名 | 西伯利亚风铃草
科　　属 | 桔梗科风铃草属
形态特征 | 多年生草本植物，根粗，胡萝卜状，有时木质化。茎直立，多分枝，高35厘米，圆柱状，带紫色。基生叶及下部茎生叶全长5～8厘米，宽约1厘米，具带翅的叶柄，叶片长椭圆形，边缘疏生圆齿；茎叶被开展的白色硬毛。狭圆锥花序顶生于主茎及分枝上，由于分枝紧靠主茎，因而花密集，下垂；花梗长约5毫米，长于条状的苞片；花萼筒部无毛，倒圆锥状，裂片条

状钻形，边缘生芒状长刺毛，其间附属物卵状长圆形或卵状披针形，反折，稍短于萼筒，边缘为芒状长刺毛；花冠狭钟状，淡蓝紫色，有时近于白色，长9～12毫米，内面疏生须毛，裂片卵状三角形，长为花冠全长的1/4～1/3；花柱与花冠等长或稍短于花冠，柱头3裂。蒴果倒圆锥状。种子椭圆状，长1毫米。

生境分布 | 生于山地草原、灌丛、林缘及河谷等处。分布于温泉、塔城、裕民、额敏、和布克赛尔、布尔津和哈巴河等地。

养蜂价值 | 花期5—7月。花朵多，花色艳，有蜜有粉，蜜蜂喜采，有利于蜂群繁殖和采蜜。

其他用途 | 可作牧草；观赏植物。

● 桔梗 *Platycodon grandiflorus* (Jacq.) A. DC.

别　　名 | 铃当花
科　　属 | 桔梗科桔梗属
形态特征 | 多年生草本。茎高20～120厘米，通常无毛，偶密被短毛，不分枝，极少上部分枝。叶全部轮生、部分轮生至全部互生，无柄或有极短的柄，叶片卵形，卵状椭圆形至披针形，长2～7厘米，宽0.5～3.5厘米，基部宽楔形至圆钝，急尖，上面无毛而绿色，下面常无毛而有白粉，有时脉上有短毛或瘤突状毛，边缘顶端具细锯齿。花单朵顶生，或数朵集成假总状花序，或有花序分枝而集成圆锥花序；花萼钟状，5裂片，被白粉，裂片三角形，或狭三角形，有时齿状；花冠大，长1.5～4厘米，蓝色、紫色或白色。蒴果球状或球状倒圆锥形，或倒卵状，长1～2.5厘米，直径约1厘米。
生境分布 | 新疆城市均有栽培。
养蜂价值 | 花期7—8月。花期长，有蜜有粉，诱蜂力强，蜜蜂喜采，有利于蜂群的繁殖。
其他用途 | 可作观赏植物；根入药；根还可腌制为咸菜。

● 无毛紫露草 *Tradescantia virginiana* L.

科　　属 | 鸭跖草科紫露草属
形态特征 | 多年生宿根草本植物。株高30～40厘米。茎多分枝，簇生，带肉质，紫红色，粗壮，直立。叶片线形或线状披针形，渐尖、稍有弯曲，近扁平或向下对折。萼片3枚，绿色，有紫色斑纹，卵圆形，宿存，宽3～4厘米；花瓣3枚，蓝紫色、紫红色，广卵形，直径1.4～2.1厘米；雄蕊6枚，能育2枚，退化3枚，另有1花丝短而纤细，无花药；雌蕊1枚，子房卵形，3室，花柱丝状而长，柱头头状。蒴果椭圆形；种子淡棕色，长圆形。

生境分布 | 耐旱、耐寒、耐瘠薄，喜阳光。新疆各地均有栽培。

养蜂价值 | 5—6月为盛花期，7—9月为续花期。花期特长，花色艳丽，蜜粉丰富，诱蜂力强，蜜蜂喜采，有利于蜂群繁殖和采蜜。花粉蛋黄色，花粉粒近球形。

其他用途 | 适宜盆栽；可供园林绿化观赏。

本属还有紫露草（*T. ohiensis* Raf.），新疆各城市园林有栽培，亦为辅助蜜粉源植物。

● 庭荠 *Alyssum desertorum* Stapf.

别　　名 | 荒漠庭荠
科　　属 | 十字花科庭荠属
形态特征 | 一年生草本，茎高5～20厘米，全株被星状毛，呈银灰色，多由基部分枝。叶条状长圆形或条状倒披针形，长1～1.5厘米，先端锐尖，向基部渐狭，全缘。总状花序生于枝端，果期延伸；花小，花萼淡红色，早落；花瓣淡黄色，条形或长圆形，顶端微缺；长雄蕊花丝基部稍宽，短雄蕊花丝基部具先端分裂的附片；子房无毛。短角果，双凸透镜形，周围有翅，先端微凹，表面无毛；种子圆形，棕黄色。
生境分布 | 生于1 300米以下的荒漠、砾石戈壁、宅旁及盐渍化的草甸等地。北疆各地均有分

布，准噶尔盆地边缘分布较多。

养蜂价值 ｜ 花期5—6月。数量多，分布广，有蜜有粉，蜜蜂喜采，有利于蜂群繁殖。花粉黄褐色，花粉粒圆球形。

其他用途 ｜ 该植物是荒漠区的中等饲用植物。

本属还有新疆庭荠［*A. minus*（L.）Rothm.］，产于北疆各地；哈密庭荠（*A. magicum* Z. X. An）产于哈密、巴里坤、木垒等地，亦为蜜粉源植物。

● **香雪球** *Lobularia maritima*（L.）Desv.

别　　名 ｜ 庭荠、香荠、阿里斯母、小白花

科　　属 ｜ 十字花科香雪球属

形态特征 ｜ 多年生草本，株高15～30厘米，多分枝，铺散，株形半圆，被灰白色短毛。单叶互生，披针形或条形，全缘，叶上被灰白色短毛。总状花序生于枝条顶端，花梗丝状，萼片长圆卵形，花朵细小，花瓣白色，4枚，呈"十"字形，瓣片长圆形，顶端钝圆，花直径2毫米，多而密集。花后花序延长，可连开不绝。短角果小，椭圆形；种子扁平，短椭圆形，黄色。

生境分布 ｜ 能耐轻度霜寒，忌炎热，对土壤要求不严，能自播繁殖。新疆各城市均有栽培。

养蜂价值 ｜ 花期5—6月，秋季也能开花。花芳香，有粉有蜜，诱蜂力强，有利于蜂群的繁殖。

其他用途 ｜ 可供园林观赏。

● 两节荠 *Crambe kotschyana* Boiss.

科　　属 ｜ 十字花科两节荠属

形态特征 ｜ 多年生草本，高1.5～2米。茎粗，直径可达2厘米，中空，有分枝，具多数纵肋，有开展柔毛。基生叶心状肾形或卵状圆形，长达35厘米，顶端急尖，基部宽心形，有大圆裂片，边缘疏生三角形尖齿，叶脉粗，上面有硬毛，下面有柔毛，两侧具棱；叶柄粗，长约4厘米；茎生叶卵形或菱状长圆形，有钝裂片。总状花序有多数花，成大圆锥花序；萼片长圆形，长4～5毫米，外面有锐刚毛；花瓣白色，倒卵形，长7～10毫米。短角果2节，上节球形，直径5.5～6毫米，平滑，具不明显网纹，有4棱，下节有短柔毛；果梗细，长2～4厘米。种子球形，直径4.5～5毫米。

生境分布 ｜ 生在山坡草原、野生果林中。分布于天山西部山区，新源、巩留等地比较集中。

养蜂价值 ｜ 花期5—6月。数量不太多，但泌蜜丰富，诱蜂力强，蜜蜂喜采，非常有利于蜂群的恢复与繁殖。花粉黄色，花粉粒圆球形。

其他用途 ｜ 可作观赏植物。

● 小果亚麻荠 *Camelina microcarpa* Andrz

科　　属 ｜ 十字花科亚麻荠属

形态特征 ｜ 一年生草本，高20～60厘米，具长单毛与短分枝毛。茎直立，多在中部以上分枝，下部密被长硬毛。基生叶与下部茎生叶长圆状卵形，长1.5～8厘米，宽3～15毫米，顶端急尖，基部渐窄成宽柄，边缘有稀疏微齿或无齿；中上部茎生叶披针形，顶端渐尖，基部具披针状叶耳，边缘外卷，中下部叶被毛，以叶缘和叶脉上显著较多，向上毛渐少至无毛。花序伞房状，结果时可伸长达20～30厘米；萼片长圆卵形，长2.5～3毫米，白色膜质边缘不达基部，内轮的基部略成囊状；花瓣条状长圆形，长3.3～3.8毫米，

爪部不明显。短角果倒卵形至倒梨形，长4～7毫米，宽2.5～4毫米，略扁压，有窄边；果瓣中脉基部明显，顶部不显，两侧有网状脉纹；花柱长1～2毫米。种子长圆状卵形，棕褐色。

生境分布 | 生于林缘、山地、平原及农田。分布于北疆各地，木垒、奇台、乌鲁木齐、尼勒克、新源和阿勒泰等地较多。

养蜂价值 | 花期4月下旬至5月中旬。数量多，分布广，有蜜有粉，蜜蜂喜采，有利于春季蜂群繁殖。花粉黄色，花粉粒长圆形。

其他用途 | 该植物是早春中等牧草。

● **舟果荠** *Tauscheria lasiocarpa* Fisch. ex DC.

别　　名 | 毛舟果芥

科　　属 | 十字花科舟果荠属

形态特征 | 一年生草本，高15～30厘米，除角果外无毛。茎光滑，带蓝紫色，有时微具白粉。基生叶有柄或无柄，叶片条状倒卵形，常早落；茎生叶无柄，叶片卵状长圆形、披针形或窄长圆状条形，长1～7厘米，宽1～2.5毫米，顶端钝圆，基部具耳，箭形或戟形，全缘。花序伞房状，顶生或腋生，果期伸长；花梗长1～2毫米；花瓣黄色，长约2.5毫米。果梗长3～5毫米，下垂，末端翘起；果瓣上具窄翅，翅向上折转，使果实成上凹下凸，连同顶端三角，形成舟状，果瓣密被毛；种子卵圆状椭圆形。

生境分布 | 多生于荒漠草原，少数生于砾石戈壁、路边、田边、河岸。北疆各地有分布。

养蜂价值 | 花期5月初至月底。花期较长，蜜粉较多，蜜蜂喜采，有利于蜂群繁殖。花粉淡黄色，花粉粒球形。

其他用途 | 可供观赏；早春优质牧草。

● **灰毛庭荠** *Alyssum canescens* de Candolle

科　　属 | 十字花科庭荠属

形态特征 | 半灌木草本，基部木质化，高10～30厘米。密被小星状毛，分枝毛或分叉毛，植株灰绿色。茎直立，或基部稍铺散而上部直立，近地面处分枝。叶密生，条形或条状披针形，长7～15毫米，宽0.7～1.1毫米，顶端急尖，全缘。花序伞房状，果期极伸长，花梗长约3.5毫米；外轮萼片宽于内轮萼片，灰绿色或淡紫色，长1.5～2毫米，有白色边缘并有星状缘毛；花瓣白色，宽倒卵形，长3～5毫米，宽2～3.5毫米，顶端钝圆，基部渐窄成爪；子房密被小星状毛，花柱长，柱头头状。短角果卵形；

花柱宿存；种子每室1粒，悬垂于室顶，长圆卵形，深棕色。

生境分布 ｜ 生长在干燥石质山坡、草地、草原。新疆各地均有分布，准噶尔盆地周边较多。

养蜂价值 ｜ 花期6月下旬至7月中旬。花期长，花朵多，蜜粉丰富，蜜蜂喜采，有利于蜂群繁殖和生产商品蜜。

其他用途 ｜ 可作牧草。

● 独行菜 *Lepidium apetalum* Willd.

科　　属 ｜ 十字花科独行菜属

别　　名 ｜ 腺茎独行菜、北葶苈子、昌古

形态特征 ｜ 一年生或二年生草本，高5～30厘米。茎直立，有分枝，无毛或具微小头状毛。基生叶窄匙形，一回羽状浅裂或深裂，长3～5厘米，宽1～1.5厘米；叶柄长1～2厘米；茎上部叶线形，有疏齿或全缘。总状花序在果期可延长至5厘米；萼片早落，卵形，长约0.8毫米，外面有柔毛；花瓣不存或退化成丝状，比萼片短；雄蕊2或4枚。短角果近圆形或宽椭圆形，扁平；种子椭圆形，棕红色。

生境分布 ｜ 生于海拔400～2 000米的山地、沟谷、村边、路旁、田间撂荒地等处。新疆各地均有分布。

养蜂价值 ｜ 花期6—7月。数量较多，花期较长，有蜜有粉，有利于蜂群的繁殖。花粉淡黄色，花粉粒近球形。

其他用途 ｜ 种子入药。

● 宽叶独行菜 *Lepidium latifolium* var. *affine* C. A. Mey.

别　　名 ｜ 北独行菜、大辣辣、光果独行菜、光苞独行菜

科　　属 ｜ 十字花科独行菜属

形态特征 ｜ 多年生草本，高30～85厘米。茎直立，多分枝，基部木质化，无毛或近基部有稀疏毛。叶革质，基生叶及下部茎生叶长圆形或卵形，长3～9厘米，宽3～4厘米，顶端锐尖，基部楔形，全缘或有牙齿，叶柄长约4厘米；茎生叶无柄，披针形。总状花序分枝呈圆锥状；萼片宽卵形，有宽的膜质边缘，背部有柔毛；花瓣白色，长约2毫米，瓣片近圆形；雄蕊6枚；侧蜜腺不连合，圆球状，中蜜腺锥形；花柱短或近无，柱头头状。短角果宽椭圆形；种子每室1粒，红褐色，卵形。

生境分布 ｜ 生于海拔400～1 500米的田边、宅旁，含盐的沙滩、低山带的冲积扇。新疆各地均有分布，阿勒泰、富蕴、塔城、和布克赛尔、伊宁、奇台、乌鲁木齐、玛纳斯、石河子、沙湾、吐鲁番、喀什、和田、民丰和焉耆等地较多。

养蜂价值 ｜ 花期5—7月。数量多，分布广，花期长，蜜多粉足，蜜蜂喜采，有利于蜂群繁殖和采蜜。花粉淡黄色，花粉粒长球形。

其他用途 ｜ 种子入药。

● 钝叶独行菜 *Lepidium obtusum* Basin.

科　　属 ｜ 十字花科独行菜属

形态特征 ｜ 多年生草本，高70～100厘米，灰蓝色。茎直立，分枝，无毛。叶革质，长圆形，长1.5～12厘米，宽3～20毫米，顶端钝，基部渐狭，全缘或边缘稍有1～2锯齿，两面无毛，中脉及侧脉明显；无柄或近无柄。总状花序在果期呈头状；花梗长1～3毫米，有柔毛；萼片宿存，卵形，长约1毫米，外面有细柔毛；花瓣白色，倒卵形，长约2毫米。短角果宽卵形，长及宽均为1.5～2毫米，顶端圆形，基部心形，无毛也无翅；果瓣无中脉，网脉不显明；无花柱，柱头宿存；果梗细，长2～3毫米；种子卵形，长约1毫米，棕色。

生境分布 ｜ 多生长在草地、田边、戈壁滩、荒地、海拔1 800米山坡。新疆各地均有分布，乌鲁木齐、阜康和玛纳斯等地较多。

养蜂价值 │ 花期6月初至7月初。数量较多，分布较广，花期较长，有蜜有粉，蜜蜂喜采，有利于蜂群繁殖与采蜜。花粉深黄色，花粉粒近球形。

其他用途 │ 全草入药；可作牧草。

● 心叶独行菜 *Lepidium cordatum* Willdenow ex Steven.

科　　属 │ 十字花科独行菜属

形态特征 │ 多年生草本，高15～40厘米。茎直立，无毛，从基部分枝。基生叶倒卵形，羽状分裂，在果期枯萎；茎生叶多数，密生，近革质，长圆形，长5～30毫米，宽2～10毫米，顶端骤急尖，基部心形或箭形，抱茎，边缘有不显著小齿或全缘，微有粉霜，无叶柄。总状花序呈金字塔状圆锥花序或伞房状花序；花瓣4枚，白色，雄蕊6枚；短角果圆形或宽卵形，直径2～2.5毫米，无翅，顶端钝，基部心形，无毛，稍有网纹，具短花柱；种子长圆形，棕色。

生境分布 │ 生长在草原、荒地、林带、路旁或盐化低地。分布于北疆各地。

其他用途 │ 可作牧草；全草及种子入药。

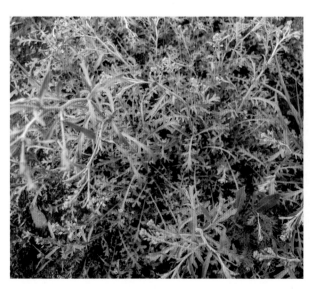

● 芥菜 *Brassica juncea* (L.) Czern. et Coss.

科　　属 ｜ 十字花科芸薹属

形态特征 ｜ 一年生或二年生草本。茎直立，高1～1.2米。基生叶具长柄，宽卵形至倒卵形，微羽状，叶缘锯齿或波状，全缘或有深浅不同、大小不等的裂片；茎生叶具短柄，边缘具缺刻及锯齿，上部叶披针形至条形，具不明显疏齿或全缘。总状花序顶上，花冠"十"字形，黄色，直径0.7～1厘米；花梗长4～9毫米；萼片淡黄色，长椭圆形，花瓣倒卵形，长0.8～1厘米；四强雄蕊，异花传粉，自交也能结实。长角果线形；种子圆形或椭圆形，黄色，辛辣。

生境分布 ｜ 喜肥沃、疏松、湿润的土壤。新疆各地均有栽培，也有逸生为杂草者。

养蜂价值 ｜ 花期6月初至7月初，约25天。球形蜜腺位于雄蕊基部，泌蜜丰富，花粉量多，有利于蜂群繁殖和取蜜。花粉黄色，花粉粒长球形。

其他用途 ｜ 芥菜嫩叶为蔬菜；种子可榨油；芥面可作调味品；芥菜可药用。

● 白菜 *Brassica rapa* var. *glabra* Regel

别　　名 ｜ 大白菜、小白菜、结球白菜、不结球白菜

科　　属 ｜ 十字花科芸薹属

形态特征 ｜ 二年生草本，高30～50厘米。基生叶多数，质薄，着生于短缩茎上呈莲座状，叶片卵形或宽倒卵形，长30～60厘米，有毛或无毛，先端圆钝，边缘具波状齿，中脉宽，侧脉粗壮；茎生叶矩圆形至披针形，抱茎或具柄。总状花序顶生，花淡黄色至黄色，直径1.2～1.5厘米；花梗长4～6毫米；萼片长圆形或卵状披针形，淡黄色至黄色；花瓣倒卵形，长7～8毫米，基部渐窄成爪。长角果；种子球形，褐色。

生境分布 ｜ 新疆各地广为栽培。

养蜂价值 | 花期4—5月。花期较早，蜜粉较多。留种地开花可供蜜蜂利用，对蜂群繁殖甚为有利。
其他用途 | 可作蔬菜。

● 荠 *Capsella bursa-pastoris* (L.) Medic.

别　　名 | 白花菜、花荠菜、荠荠菜
科　　属 | 十字花科荠菜属
形态特征 | 一年生或二年生草本，高25～50厘米。茎直立，上部分枝。基生叶丛生，呈莲座状，具长叶柄，叶片大头羽状分裂，顶生裂片较大，卵形至长卵形，侧生裂片较小；茎生叶狭披针形或披针形，基部箭形，抱茎，边缘有缺刻或锯齿，两面有细毛或无毛。总状花序顶生或腋生，"十"字形花冠，花瓣白色，匙形或卵形，有短爪；萼片长圆形；雄蕊6枚，四强雄蕊，基部有2个蜜腺。短角果，扁平，倒卵状三角形；种子细小，椭圆形，浅褐色。
生境分布 | 为常见杂草，生于田野、路旁和庭院等处。新疆各地均有分布。
养蜂价值 | 花期4月下旬至5月下旬。数量多，分布广，有蜜有粉，有利于春季蜂群的繁殖。花粉黄色，花粉粒圆球形。
其他用途 | 可作野菜；荠菜种子油可制油漆、肥皂。

● 绿花菜 *Brassica oleracea* var. *italica* Plenck

别　　名 | 绿花菜、西兰花、青花菜、花菜

科　　属 | 十字花科芸薹属

形态特征 | 为一年生或二年生草本植物，植株高大，高30～60厘米。叶色蓝绿色，互生，逐渐转为深蓝绿色，蜡质层增厚。叶柄狭长。叶形有阔叶和长叶两种。根茎粗大表皮薄，中间髓腔含水量大，鲜嫩，根系发达。叶片生长20枚左右抽出花茎，顶端群生花蕾。紧密群集成花球状，形状为半球形，花蕾青绿色。花茎长20～30厘米，花朵簇生，多数，花梗长1～3厘米，花瓣黄色。种子球形，褐色。

生境分布 | 喜光，具有很强的耐热性和抗寒性。新疆各地均有栽培。

养蜂价值 | 花期7—8月，花期长，花朵多，蜜粉丰富，蜜蜂喜采，为辅助蜜粉源植物。花粉褐色，花粉粒椭圆形。

其他用途 | 营养价值较高的蔬菜。

● 播娘蒿 *Descurainia sophia* (L.) Webb. ex Prantl

别　　名 ｜ 大蒜芥、婆婆蒿

科　　属 ｜ 十字花科播娘蒿属

形态特征 ｜ 一年生草本，高30～80厘米，全株呈灰白色。茎直立，上部分枝，具纵棱槽，密被分枝状短柔毛。叶轮廓为矩圆形或矩圆状披针形，长3～7厘米，宽1～2厘米，二至三回羽状全裂或深裂，最终裂片条形或条状矩圆形，长2～5毫米，宽1～1.5毫米，先端钝，全缘，两面被分枝短柔毛；茎下部叶有柄，向上叶柄逐渐缩短或近于无柄。总状花序顶生，花多数，具花梗；萼片4枚，条状矩圆形，先端钝，边缘膜质；花瓣4枚，黄色，匙形，与萼片近等长；雄蕊6枚，比花瓣长1/3。长角果狭条形，长2～3厘米，宽约1毫米，淡黄绿色，无毛。种子黄棕色，矩圆形。

生境分布 ｜ 多生于田野、山坡湿地、河岸、沟谷等地。分布于新疆各地，北疆较多。

养蜂价值 ｜ 花期5—6月。数量多，分布广，花期早而长，蜜粉丰富，蜜蜂爱采，有利于蜂群的繁殖。集中分布区域也能采到少量的商品蜜。花粉淡黄色，花粉粒长圆形。

其他用途 ｜ 嫩枝可作蔬菜；种子入药。

● 葶苈 *Draba nemorosa* L.

别　　名 ｜ 葶苈子、宽叶葶苈、光果葶苈

科　　属 ｜ 十字花科葶苈属

形态特征 ｜ 一年生或二年生草本。茎直立，高5～45厘米，单一或分枝，疏生叶片或无叶，但

分枝茎有叶片；下部密生单毛、叉状毛和星状毛，上部渐稀至无毛。基生叶莲座状，长倒卵形，顶端稍钝，边缘有疏细齿或近于全缘；茎生叶长卵形或卵形，顶端尖，基部楔形或渐圆，边缘有细齿，无柄，上面被单毛和叉状毛，下面以星状毛为多。总状花序有花25～90朵，密集成伞房状，花后显著伸长，疏松，小花梗细，长5～10毫米；萼片椭圆形，背面略有毛；花瓣黄色，花期后成白色，倒楔形，长约2毫米，顶端凹；雄蕊长1.8～2毫米；花药短心形；雌蕊椭圆形，密生短单毛，花柱几乎不发育，柱头小。短角果长圆形或长椭圆形，长4～10毫米，宽1.1～2.5毫米，被短单毛；种子椭圆形，褐色。

生境分布 ｜ 生于海拔400～2 000米的山坡、荒地、田野、沟旁、河谷湿地、路旁及村庄附近，为常见的田间杂草。天山、阿尔泰山均有分布。

养蜂价值 ｜ 花期4月上中旬至6月中旬。花期长，数量多，蜜粉较丰富，蜜蜂喜采，有利于蜂群繁殖和采集蜂蜜。花粉淡黄色，花粉粒椭圆形。

其他用途 ｜ 种子入药，称为"葶苈子"；种子含油，可供制工业用皂。

● **西伯利亚葶苈** *Draba sibirica* (Pall.) Thell.

科　　属 ｜ 十字花科葶苈属

形态特征 ｜ 多年生草本，高10～30厘米。根茎长7～8厘米，下部宿存稀疏的枯叶，呈纤维状鳞片，禾秆色。基生叶近于莲座状，上部叶互生。花茎从旁抽出，向上生长，高8～18厘米，结实时可达25厘米，无叶，疏生单毛。叶披针形或长椭圆形，长8～27毫米，宽3～7毫米，全缘，顶端渐尖，基部缩窄，疏生紧贴叶面的单毛、叉状毛，有时无毛。总状花序着花6～15朵，密集成头状，结实时显著伸长；小花梗细，无毛，开花时偏离花序轴；花大，萼片卵形，无毛或稍有单毛；花瓣黄色，瓣脉稍深，长倒卵状楔形，长4～6毫米，顶端微凹；雄蕊长约2.5毫米，花药心形，花丝基部扩大；雌蕊瓶状。短角果卵状披针形，长4～8毫米，扁平，稍向内弯，无毛。

生境分布 ｜ 生于海拔1 800～2 900米亚高山草甸、山地阳坡、山地阴湿陡坡。分布于天山西部山区、巴尔鲁克山、阿尔泰山区，尼勒克、新源、昭苏、裕民、阿勒泰、布尔津和富蕴等地较多。

养蜂价值 ｜ 花期4月下旬至5月中旬。数量多，分布广，花色艳，诱蜂力强，蜜蜂喜采，有利于春季蜂群的繁殖。花粉黄色，花粉粒长圆形。

其他用途 ｜ 全草入药。

● **北香花芥** *Hesperis sibirica* L.

别　　名 ｜ 雾灵香花芥、北香花草

科　　属 ｜ 十字花科香花芥属

形态特征 ｜ 二年生草本，高35～130厘米。茎直立，上部分枝、叶及花梗具长单毛及短单毛，并杂有腺毛。茎下部叶卵状披针形，长3～7厘米，宽5～20毫米，顶端急尖或渐尖，基部楔形，边缘有小齿；叶柄长1～1.5厘米；茎生叶无柄，窄披针形，长1.5～3.5厘米，有锯齿至近全缘。总状花序顶生或腋生；花直径约1.5厘米，玫瑰红色或紫色；花梗长4～12毫米；萼片椭圆形，外面有长毛；花瓣倒卵形，长15～20毫米，具长爪；花粉淡黄色，花粉粒近球形。长角果窄线形，无毛或具腺毛；种子长圆形，棕色。

生境分布 ｜ 生于山坡草地、沟边及林缘等处。天山北坡各地均有分布，奇台、阜康、乌鲁木齐南山、尼勒克、新源、巩留、特克斯和昭苏等地较为集中。

养蜂价值 ｜ 花期5月下旬至6月下旬。数量多，分布广，花色鲜艳，蜜粉丰富，诱蜂力强，蜜蜂爱采，是较好的辅助蜜粉源植物。

其他用途 ｜ 可作牧草；可供观赏。

● 大蒜芥 *Sisymbrium altissimum* L.

别　　名 ｜ 粗柄大蒜芥、田大蒜芥、田蒜芥

科　　属 ｜ 十字花科大蒜芥属

形态特征 ｜ 一年生或二年生草本，高20～80厘米。茎直立，下部及叶均散生长单毛，上部近无毛。茎上部分枝，枝开展。基生叶及下部茎生叶有柄，叶片长8～16厘米，宽3～6毫米，羽状全裂或深裂，裂片长圆状卵形至卵圆状三角形，全缘或具不规则波状齿；中、上部茎生叶长2～12厘米，羽状分裂，裂片条形。总状花序顶生，萼片长圆状披针形，长4～5毫米，顶端背面有1兜状突起；花瓣黄色，后变为白色，长圆状倒卵形；花粉淡黄色，花粉粒圆球形。长角果略呈四棱状。种子长圆形，淡黄褐色。

生境分布 ｜ 喜生于荒漠草原、荒地、路边等处。北疆各地均有分布，伊犁州直各县及温泉、哈巴河等地较多。

养蜂价值 ｜ 花期5—6月。数量多，分布广，蜜粉丰富，蜜蜂喜采，有利于蜂群繁殖，是很好的辅助蜜粉源植物。

其他用途 ｜ 可供观赏；可作牧草。

● 无毛大蒜芥 *Sisymbrium brassiciforme* C. A. Mey.

科　　属｜十字花科大蒜芥属

形态特征｜二年生草本，高45～80厘米，无毛。茎直立，上部分枝，劲直，茎常带淡蓝色，基部常呈紫红色。茎生叶大头羽状裂，上、下部的叶大小相差悬殊；下部叶长2～2.5厘米，顶端裂片大，长圆形至长卵形，边缘有大小不等、规则或不规则的齿或波状齿，基部常扩大成耳状，侧裂片1～2对，较小，披针状卵形至三角形；中部叶顶端裂片三角形或三角状卵圆形，基部两侧常为戟形；上部的叶不裂，近无柄，叶片披针形至长圆条形。总状花序顶生；萼片条状长圆形，长5～6毫米，略呈盔状；花瓣黄色，倒卵形，长7～9毫米，具爪；花粉黄色，花粉粒圆球形。长角果线形，长7.5～10厘米，向外弓曲，水平展开或略向下垂；花柱短；果梗8～10毫米，比果实细，近水平展开或稍斜上伸；种子小，长约1毫米，淡褐色；子叶背倚胚根。

生境分布｜生于山坡草甸、石坡石地、沟边沙地、路边或砾石堆中。新疆各地均有分布；天山北坡、阿勒泰等地较多。

养蜂价值｜花期5月初至6月初。数量多，花期较长，蜜粉丰富，诱蜂力强，蜜蜂喜采，有利于蜂群繁殖。

其他用途｜可供观赏；可作牧草。

● 新疆大蒜芥 *Sisymbrium loeselii* L.

科　　属｜十字花科大蒜芥属

形态特征｜一年生草本，高20～100厘米，具长单毛。茎上部毛稀疏或近无毛，茎直立，多在中部以上分枝。叶羽状深裂至全裂，中、下部茎生叶顶端裂片较大，三角状长圆形、戟形至长戟形，基部戟形，两侧具波状齿或小齿，侧裂片具倒锯齿，顶端具不规则齿；上部叶顶端裂片向上渐次加长，长圆状条形，其他特征与中、下部叶同，但渐小。伞房状花序顶生，果期伸长；萼片长圆形，长

3~4毫米，多在背面具长单毛；花瓣黄色，长圆形至椭圆形，长5.5~7毫米，宽2.2~2.5毫米，与瓣爪等长；子房无毛，柱头圆形，微2裂。长角果圆筒状；种子椭圆状长圆形，淡橙黄色。

生境分布 | 生于田野、路边、山坡、村落。分布于新疆各地，以乌鲁木齐、玛纳斯、沙湾、霍城、伊宁和哈巴河等地较为集中。

养蜂价值 | 花期6月上旬至7月上旬，约30天。数量多，分布广，蜜粉丰富，蜜蜂喜采，有利于蜂群的繁殖和采蜜。花粉黄色，花粉粒近球形。

其他用途 | 可供观赏，可作牧草。

本属准噶尔大蒜芥 [*S. polymorphum* var. *soongaricum* (Regel et Herder.) O. E. Schulz]，产于阜康、乌鲁木齐；垂果大蒜芥 (*S. heteromallum* C. A. Mey.) 产于新疆各地山坡草甸、沙漠戈壁带，均为辅助蜜粉源植物。

● 离子芥 *Chorispora tenella* (Pall.) DC.

科　属 | 十字花科离子芥属

形态特征 | 一年生草本，高5~30厘米，植株具稀疏单毛和腺毛。根纤细，侧根很少。基生叶丛生，宽披针形，长3~8厘米，宽5~15毫米，边缘具疏齿或羽状分裂；茎生叶披针形，较基生叶小，长2~4厘米，宽3~10毫米，边缘具数对凹波状浅齿或近全缘。总状花序疏展，果期延长，花淡紫色或淡蓝色；萼片披针形，长约0.5毫米，宽不及1毫米，具白色膜质边缘；花瓣长7~10毫米，宽约1毫米，顶端钝圆，下部具细爪。长角果圆柱形，长1.5~3厘米，略向上弯曲，具横节，喙长1~1.5厘米，向上渐尖，与果实顶端的界线不明显；果梗长3~4毫米，与果实近等粗；种子长椭圆形，褐色；子叶（斜）缘倚胚根。

生境分布 | 生于海拔700~2 200米的干燥荒地、荒滩、牧场、山坡草丛、路旁沟边及农田中。分布于天山山区、阿尔泰山区、准噶尔西部山区，乌鲁木齐、呼图壁、沙湾、哈巴河及伊犁等地较多。

养蜂价值 | 花期4月底至5月中旬。花期较长，花色鲜艳，诱蜂力强，蜜蜂喜采，有利于蜂群繁殖。花粉黄色，花粉粒近圆形。

其他用途 | 嫩枝可作野菜食用；可作饲草。

● 高山离子芥 *Chorispora bungeana* Fisch. et Mey.

科　　属 │ 十字花科离子芥属

形态特征 │ 多年生高山草本，高3～10厘米。茎短缩，植株具白色疏柔毛。叶多数，基生，叶片长椭圆形，羽状深裂或全裂，裂片近卵形，全缘，顶端裂片最大，背面具白色柔毛；叶柄扁平，具毛。花单生，花柄细，长2～3厘米；萼片宽椭圆形，长7～8毫米，宽1.5～2毫米，背面具白色疏毛，内轮2枚略大，基部呈囊状；花瓣紫色，宽倒卵形，长1.6～2厘米，宽6～8毫米，顶端凹缺，基部具长爪。长角果念珠状，长1～2.5厘米，顶端具细而短的喙，果梗与果实近等长。种子淡褐色，椭圆形而扁；子叶缘倚胚根。

生境分布 │ 生于海拔1 000～2 000米的山坡草地、砾石地或沼泽地。分布于乌鲁木齐、呼图壁、玛纳斯、沙湾、精河、哈巴河及伊犁州直等地。

养蜂价值 │ 花期5—6月。数量较多，分布较广，蜜粉丰富，蜜蜂喜采，有利于蜂群繁殖和采集山花蜜。花粉黄褐色，花粉粒圆球形。

其他用途 │ 可供观赏；可作牧草。

● 西伯利亚离子芥 *Chorispora sibirica* (L.) DC.

科　　属 ｜ 十字花科离子芥属

形态特征 ｜ 一年生至多年生草本，高8~30厘米，自基部多分枝，植株被稀疏单毛及腺毛。基生叶丛生，叶片披针形至椭圆形，长2.5~10厘米，宽1~2厘米，边缘羽状深裂至全裂，基部具柄，长0.5~4厘米；茎生叶互生，与基生叶同形而向上渐小。总状花序顶生，花后延长；萼片长椭圆形，长4~6毫米，边缘白色膜质，背面具疏毛；花瓣鲜黄色，近圆形至宽卵形，长8~12毫米，宽2~5毫米，具脉纹，顶端微凹，基部具爪。长角果圆柱形，长1.5~2.5厘米，微向上弯曲，在种子间紧缢成念珠状，顶端具喙，喙长5~10毫米，与果实顶端有明显界线；果梗较细，长8~12毫米，具腺毛；种子小，宽椭圆形而扁，褐色，无膜质边缘；子叶缘倚胚根。

生境分布 ｜ 生于海拔750~1900米的路边荒地、田边、山脚河滩及山坡草地，常成片生长。分布于新疆北部和东部，奇台、乌鲁木齐、福海、布尔津及伊犁、吐鲁番较为集中。

养蜂价值 ｜ 花期5—6月。数量多，分布广，蜜粉丰富，蜜蜂喜采，有利于蜂群繁殖和采集花蜜。花粉黄色，花粉粒圆球形。

其他用途 ｜ 可供观赏；可作牧草。

● 具莛离子芥 *Chorispora greigii* Regel

科　　属 ｜ 十字花科离子芥属

形态特征 ｜ 一年生草本，高10~25厘米，自基部分枝，植株近无毛。叶自基部丛生，多数，叶片长椭圆形，羽状半裂至羽状深裂，两侧裂片常交错排列，近长卵形，全缘或有疏齿，基部具柄；茎生叶少数，与基生叶同形而渐小。总状花序最长达30厘米，花疏松排列，花梗纤细，结果时延长并增粗；萼片宽披针形或披针形，长7~8毫米，宽1~2毫米，内轮2枚较大，基部呈囊状，边缘白色膜质，背面被疏毛；花瓣紫色至紫红色，宽倒卵形，长17~18毫米，顶端凹缺，基部具长爪，脉纹明显。长角果念珠状，长2~3厘米，顶端具细喙，喙长5~10毫米，基部具柄，长2~4厘米；种子褐色，椭圆形；子叶缘倚胚根。

生境分布 ｜ 生于海拔1900~2100米山坡路旁或山坡草地。分布于伊犁州直的新源、巩留、特克斯、昭苏等县。

养蜂价值 ｜ 花期4月底至5月底。分布广、花色鲜艳，蜜多粉足，诱蜂力强，蜜蜂喜采，有利于蜂群繁殖。花粉黄褐色，花粉粒椭圆形。

其他用途 ｜ 可供观赏；可作牧草。

● 甘新念珠芥 *Torularia korolkowii* (Rgl. et Schmalh.) O. E. Schulz

科　　属 ｜ 十字花科念珠芥属

形态特征 ｜ 一年生或二年生草本，高10~25厘米，密被分枝毛，有时杂有单毛，也有时毛较少。茎于基部多分枝，稍斜向上升，或于基部铺散，然后上升。基生叶大，有长柄，叶片长圆状披针形，长2~5（9）厘米，宽4~6（12）毫米，顶端急尖，基部渐窄成叶柄，边缘有不规则波状齿至长圆形裂片；茎生叶叶柄向上渐短或无，叶片长圆状卵形，长1~3.5厘米，宽2~6毫米，其他同基生叶片。花序伞房状，果期伸长；萼片长圆形，长2~3毫米，内轮的基部略呈囊状；花瓣黄色，干后土黄色，倒卵形，长4~6毫米，顶端截平或微缺，基部渐窄；子房有毛。长角果圆柱形，长15~18毫米，略弧曲或于末端卷曲，成熟后在种子间略缢缩；果梗长3~6毫米；果实每室1行种子，种子长圆形，长约1毫米，黄褐色。

生境分布 ｜ 生于河边、沙滩、荒地、农田、路边。天山北坡、准噶尔盆地边缘有分布，木垒、阜康、乌鲁木齐南山、呼图壁、阿勒泰、塔城及伊犁州直等地较为集中。

养蜂价值 ｜ 花期5月中旬至6月中旬。数量多，分布广，花期长，蜜粉丰富，蜜蜂喜采，有利于春季蜂群繁殖。花粉淡黄色，花粉粒圆球形。

其他用途 ｜ 可供观赏；可作牧草；全草入药。

● 棱果糖芥 *Erysimum siliculosum* (Marschall von Bieberstein) de Candolle

科　　属 ｜ 十字花科糖芥属

形态特征 ｜ 二年生草本，高30~40厘米。基生叶窄线形，长3~5厘米，宽1.5~2毫米，顶端急尖或圆钝，基部渐狭，全缘，两面密生灰色贴生"丁"字毛；叶柄长5~15毫米；茎生叶丝状，长5~20毫米，无柄。总状花序顶生；萼片长圆状线形，长8~10毫米，有细毛；花瓣鲜黄色，长圆形，长13~20毫米，顶端裂到5~8毫米，基部渐狭；花柱长5~7毫米，伸出花外，柱头2裂，裂片长约1毫米。长角果长圆形，长6~10毫米，宽2.5~3毫米，有4棱，具细灰白色"丁"字毛，果瓣有龙骨状突起；果梗长1.4~4毫米，有棱角；种子椭圆形，长约1毫米，红棕色，稍有棱角。

生境分布 ｜ 生于沙地或沙丘上。新疆各地均有分布，准噶尔盆地、阿勒泰南部地区较多。

养蜂价值 | 花期5月底至6月中下旬。花期长，花色艳，有蜜有粉，诱蜂力强，蜜蜂喜采，有利于蜂群繁殖。花粉黄色，花粉粒近球形。

其他用途 | 可供观赏；可作牧草。

● 紫爪花芥 *Sterigmostemum matthioloides* (Franch.) Botsch.

别　名 | 福海棒果芥
科　属 | 十字花科棒果芥属
形态特征 | 多年生草本植物。叶片长圆形、椭圆形或披针形，长1～5厘米，宽5～25毫米，顶端圆钝，基部楔形，羽状深裂，具线状裂片，或边缘具数个逆锯齿，或近全缘；叶柄长4～20毫米。总状花序顶生及腋生；花梗粗，长1～4毫米；萼片长圆形，长6～10毫米；花瓣褐紫色，倒卵形，长10～15毫米，基部成爪。长角果圆筒形，长2～4厘米，坚硬，开展或弯曲，顶端有极短2裂柱头；果梗短而粗，长3～4毫米。种子椭圆形，长约2毫米，褐色，边缘有翅。

生境分布 | 生于山坡、河滩荒漠等处。分布于北疆地区、准噶尔盆地较多。

养蜂价值 | 花期5—6月。花期长，花色艳，诱蜂力强，蜜蜂喜采，有利于蜂群繁殖。花粉黄褐色，花粉粒近球形。

其他用途 | 可供观赏；可作牧草。

● 涩荠 *Malcolmia africana* (L.) R. Br.

別　　名 ｜ 水萝卜棵、马康草、离蕊芥、千果草、麦拉拉

科　　属 ｜ 十字花科涩荠属

形态特征 ｜ 一年生草本。全株有灰色分枝茸毛；叶全缘，长圆形或椭圆形，长1.5～8厘米，宽5～8毫米，顶端圆形，有小短尖，基部楔形，边缘有波状齿或全缘；叶柄长5～10毫米或近无柄。总状花序有18～30朵花，疏松排列，果期长达15～20厘米；萼片长圆形，长4～5毫米；花瓣紫色或粉红色，长8～10毫米。长角果（线细状）圆柱形或近圆柱形，长3.5～7厘米，近4棱，倾斜、直立或稍弯曲；柱头圆锥状；果梗粗；种子长圆形，浅棕色。

生境分布 ｜ 生在路边荒地或田间。新疆各地均有分布。

养蜂价值 ｜ 花期6月中旬至7月上旬。花色艳，诱蜂力强，蜜蜂喜采，有利于蜂群繁殖和采蜜。花粉黄褐色，花粉粒近圆形。

其他用途 ｜ 全株具有芳香，可园林栽培，还可作切花、花坛。

● 天山条果芥 *Parrya beketovii* Krassnov

科　　属 ｜ 十字花科条果芥属

形态特征 ｜ 多年生小草本，高15～25厘米。根状茎极短，被有灰白色枯萎叶柄残基。叶、花葶和花梗均密被有柄腺毛及白色单毛。叶基生，叶片卵形或长倒卵形，边缘呈不均匀的羽状半裂、浅裂或疏齿裂，很少为全缘的披针形；叶柄扁窄，与叶片近于等长或稍短。无茎；花葶无叶，单一，直立，总状花序顶生；萼片暗紫色，长10～12毫米；花瓣4枚，粉红色或玫红色，长20～23毫米，具爪，超过花萼。果期高约25厘米，其上疏生长角果数个。长角果条形而扁，稍弯曲，长5～9厘米，宽3～4毫米；果梗粗，近四棱形，长1～2（4）厘米。果实每室1行种子，多粒，种子椭圆形而扁，长约3毫米，宽约2毫米，

深褐色，周围有薄膜质宽翅。果期7月。

生境分布 ｜ 生于海拔1 600～2 500米的山坡草丛中。分布于天山北部山区、塔尔巴哈台山山区。

养蜂价值 ｜ 花期4月底至5月底。花期长，花色艳，诱蜂力强，蜜蜂喜采，有利于蜂群繁殖。花粉黄色，花粉粒近球形。

其他用途 ｜ 可作牧草。

本属还有羽裂条果芥（*P. pinnatifida* Kar. et Kir.），产于天山东部山区；灌丛条果芥（*P. fruticulosa* Regel et Schmalh）产于天山西部山区。这些植物均为辅助蜜粉源植物。

● 垂果南芥 *Arabis pendula* L.

别　　名 ｜ 唐芥

科　　属 ｜ 十字花科南芥属

形态特征 ｜ 二年生草本植物，高50～100厘米。茎直立，被毛，上部分枝。叶互生，长椭圆形、倒卵形或披针形；先端尖，基部耳状，稍抱茎，边缘有细锯齿，无柄，总状花序顶生；萼片4枚，有星状毛；花瓣4枚，"十"字形，较小，白色。长角果扁平，下垂。种子多数，边缘有狭翅。

生境分布 ｜ 生于海拔1 000～2 000米的山坡草地、林缘、灌木丛、河沟及路旁的杂草地。分布于天山北麓、准噶尔西部山区、阿尔泰山等地。

养蜂价值 ｜ 花期4月下旬至5月中旬。花期早，有蜜有粉，有利于春季蜜蜂的繁殖。花粉黄褐色，花粉粒长圆形。

其他用途 ｜ 果实可入药。

● 糖芥 *Erysimum amurense* Kitagawa

科　　属 ｜ 十字花科糖芥属

形态特征 ｜ 一年生或二年生草本，高30～60厘米，密生伏贴二叉毛；茎直立，不分枝或上部分枝，具棱角。叶披针形或长圆状线形，基生叶长5～15厘米，宽5～20毫米，顶端急尖，基部渐狭，全缘，两面有二叉毛；叶柄长1.5～2厘米；上部叶有短柄或无柄，基部近抱茎，边缘有波状齿或近全缘。总状花序顶生，有多数花；萼片长圆形，长5～7毫米，密生二叉毛，边缘白色膜质；花瓣橘黄色，倒披针形，长10～14毫米，有细脉纹，顶端圆形，基部具长爪；雄蕊6枚，近等长；柱头2裂。长角果线形，长4.5～8.5厘米，宽约1毫米，稍呈四棱形；果

实每室1行种子，长圆形，侧扁，深红褐色。

生境分布 | 生于海拔900~1 800米的山地草原、石坡、田边、荒地。分布于天山北麓、准噶尔西部山区等地。

养蜂价值 | 花期5月。花期早，花色艳，蜜粉丰富，诱蜂力强，蜜蜂喜采，有利于春季蜂群的繁殖。

其他用途 | 全草和种子入药。

● 菥蓂 *Thlaspi arvense* L.

别　　名 | 遏蓝菜、败酱草、犁头草

科　　属 | 十字花科菥蓂属

形态特征 | 一年生草本，高20~40厘米，无毛。茎直立，不分枝或分枝，具棱。基生叶倒卵状长圆形，长3~5厘米，宽1~1.5厘米，顶端圆钝或急尖，基部抱茎，两侧箭形，边缘具疏齿；叶柄长1~3厘米。总状花序顶生；花白色，直径约2毫米；花梗细，长5~10毫米；萼片直立，卵形，长约2毫米，顶端圆钝；花瓣长圆状倒卵形，长2~4毫米，顶端圆钝或微凹。短角果倒卵形或近圆形，长13~16毫米，宽9~13毫米，扁平，顶端凹入，边缘有翅宽约3毫米。果实每室2~8粒种子，倒卵形，长约1.5毫米，稍扁平，黄褐色，有同心环状条纹。

生境分布 | 生于海拔400~1 200米的平原地区的路旁、田野、沟边或村落旁。新疆各地均有分布，以北疆为多。

养蜂价值 | 花期6—7月。数量多，分布广，蜜粉丰富，诱蜂力强，有利于蜂群繁殖。花粉淡黄色，花粉粒长圆形。

其他用途 | 种子油可供工业用。

● 沼生蔊菜 *Rorippa palustris* (Linnaeus) Besser

别　　名 | 野油菜

科　　属 | 十字花科蔊菜属

形态特征 | 一年生或二年生草本，高20~50厘米。茎直立，单一成分枝，无毛，下部常带紫色，具棱。基生叶多数，具柄；叶片羽状深裂或大头羽裂，长圆形至狭长圆形，长5~10厘米，宽1~3厘米，裂片3~7对，边缘不规则浅裂或呈深波状，顶端裂片较大，基部耳状抱茎，有时有缘毛；茎生叶向上渐小，近无柄，叶片羽状深裂或具齿，基部耳状抱茎。总状花序顶生或腋生，果期伸长，花小，多数，黄色至淡黄色；萼片长椭圆形，花瓣长倒卵形至楔形，等于或稍短于萼片；雄蕊6枚，近等长，花丝线状。短角果椭圆形；种子卵形，褐色。

生境分布 │ 生于潮湿环境或近水处、溪岸、路旁、田边、山坡草地。新疆各地均有分布，以准噶尔盆地边缘最多。

养蜂价值 │ 花期6—7月。数量多，蜜粉丰富，蜜蜂爱采，有利于蜂群繁殖。花粉淡黄色，花粉粒长球形。

其他用途 │ 种子可榨油；全草入药。

本属欧亚蔊菜 [R. sylvestris (L.) Bess.] 产于伊宁等地，也是辅助蜜粉源植物。

● **萝卜** *Raphanus sativus* L.

别　名 │ 菜头

科　属 │ 十字花科萝卜属

形态特征 │ 一年生或二年生草本，高20～100厘米。直根肉质，长圆形、球形或圆锥形，外皮绿色、白色或红色。茎有分枝，无毛，稍具粉霜。基生叶和下部茎生叶大头羽状半裂，长8～30厘米，宽3～5厘米，顶裂片卵形，侧裂片4～6对，长圆形，有钝齿，疏生粗毛；上部叶长圆形，有锯齿或近全缘。总状花序顶生及腋生；花白色或粉红色，直径1.5～2厘米；萼片长圆形；花瓣倒卵形，长1～1.5厘米，下部有爪。长角果圆柱形；种子卵形，微扁，红棕色。

生境分布 │ 适应性较强，新疆各地均有栽培。

养蜂价值 │ 花期因各地而异，春播的7—8月开花；秋播的翌年4—5月开花。萝卜品种多，分布广，春花粉多，秋花蜜多，有利于蜂群繁殖，有时也能生产商品蜜。萝卜花粉为黄色，花粉粒长球形。

其他用途 │ 可作蔬菜；可作绿肥；也是重要的油料作物。

● **山芥** *Barbarea orthoceras* Ledeb.

别　名 │ 假芹菜、角蒿、白花石芥菜

科　　属 | 十字花科山芥属

形态特征 | 二年生草本，高18～70厘米，全株无毛，茎直立，不分枝或少分枝。下部及中部茎生叶长4～6厘米，大头羽裂，顶端裂片大，广椭圆形或近圆形，先端圆钝，基部心形、圆形或楔形，抱茎，边缘浅波状圆裂；侧裂片小，1～5对，长圆形；茎上部叶浅裂或不裂，具微缺状圆齿。总状花序顶生，花密集，果期伸长；萼片长圆状披针形；花瓣黄色，有时白花，长圆状狭倒卵形，长约5毫米，有明显的爪；在短雄蕊两侧各具一蜜腺，子房近四棱形，柱头头状，2浅裂。长角果直立，圆柱状四棱形。种子卵形，褐色。

生境分布 | 生于500～2 200米的草原、湿草甸、河岸、溪谷及山坡湿阴杂木林内。分布于北疆各地，天山西部山区较多。

养蜂价值 | 花期6—7月。数量多，分布广，蜜粉丰富，蜜蜂喜采，有利于蜂群的繁殖，在集中生长区域，可生产商品蜜。花粉淡黄色，花粉粒近球形。

其他用途 | 全草可入药。

● **团扇荠** *Berteroa incana* (L.) DC.

科　　属 | 十字花科团扇荠属

形态特征 | 二年生草本，全株被星状毛，高20～60厘米。茎直立，通常从基部分枝，有时混有单毛。基生叶有柄，叶片倒披针形；茎生叶几乎无柄，叶片长圆形或长圆状倒披针形；长2～4厘米，

宽4~8毫米,基部渐狭,先端微急尖,两面密生星状毛。总状花序,花密集,花后伸长,花梗混有单毛,花白色;萼片狭卵形,内侧萼片先端稍尖,背部皆有星状毛;花瓣广楔形,长4~5毫米,基部渐狭有短爪,先端2深裂;裂片长圆形,先端钝;雄蕊6枚,长雄蕊基部无蜜腺,花丝无齿,短雄蕊的花丝基部内侧有齿,两侧各有一半月形蜜腺;子房无柄,密被星状毛,花柱有星状毛,柱头头状。短角果椭圆形,果瓣有星状毛;种子多数,暗褐色。

生境分布 | 生于荒漠地带、山前冲积扇、丘陵、水边、荒地和路旁。北疆地区均有分布,阿勒泰和塔城地区各县市分布较广。

养蜂价值 | 花期5—6月。数量多,分布广,有蜜有粉,蜜蜂喜采,有利于蜂群繁殖。花粉淡黄色,花粉粒近球形。

其他用途 | 全草及种子入药。

● 诸葛菜 *Orychophragmus violaceus*

别　　名 | 菜子花、二月兰、紫金草

科　　属 | 十字花科诸葛菜属

形态特征 | 一年生或二年生草本,株高20~50厘米,全体无毛。茎单一,直立。基生叶和下部茎生叶羽状深裂,叶基心形,叶缘有钝齿;上部茎生叶长圆形或窄卵形,叶基抱茎呈耳状,叶缘有不整齐的锯齿状结构。总状花序顶生,着生5~20朵花,花瓣中有幼细的脉纹,花多为蓝紫色或淡红色,随着花期的延续,花色逐渐转淡,最终变为白色;花瓣4枚,长卵形,具长爪;雄蕊6枚,花丝白色,花药黄色;花萼细长呈筒状,蓝紫色。果实为长角果,圆柱形;种子卵圆形,紫色。

生境分布 | 耐寒、耐阴,具有较强的自繁能力,一次播种年年能自成群落。新疆各地均有栽培。

养蜂价值 | 花期4—5月。花期长,花色艳,有蜜有粉,蜜蜂喜采,有利于春季蜂群繁殖和修脾。花粉黄褐色,花粉粒近球形。

其他用途 | 可供观赏;常被栽植作为绿化、美化及地被用植物;嫩茎叶可作为野菜食用。

● 欧洲菘蓝　*Isatis tinctoria* L.

别　　名 ｜ 大青叶、板蓝根

科　　属 ｜ 十字花科菘蓝属

形态特征 ｜ 二年生草本，高30～80厘米。主根粗，直径5～10毫米，灰黄色。茎直立，上部多分枝，无毛，稍有粉霜。基生叶有长柄，叶片长圆状椭圆形，基部渐狭，先端稍尖，通常全缘或略具波状齿；茎生叶无柄，披针形或长圆形，长3～6厘米，宽1～2厘米，基部箭形，抱茎，先端钝，全缘；茎上部叶线形。总状花序呈圆锥状；花黄色，直径7～10毫米；花梗纤细，下垂；萼片长圆形；花瓣狭倒卵形，长5～6毫米，有短爪；雄蕊6枚，花丝扁平，无齿；蜜腺在短雄蕊基部者呈环状，一侧微缺，在每对长雄蕊基部外侧者呈半月状；子房1室。短角果不开裂，两侧压扁，长圆形；种子长圆状椭圆形，黄褐色。

生境分布 ｜ 生于山区向阳地及林缘。北疆地区有分布，布尔津、阿勒泰、伊犁州直等地有栽培。

养蜂价值 ｜ 花期6月下旬至7月中旬。花期较长，蜜多粉多，诱蜂力强，蜜蜂喜采，集中连片种植可生产商品蜜。菘蓝蜜浅琥珀色，味清香。花粉黄色，花粉粒近球形。

其他用途 ｜ 根入药；叶可提取蓝色染料；种子榨油，供工业用。

● 长圆果菘蓝　*Isatis costata* C. A. Meyer

别　　名 ｜ 矩叶大青

科　　属 ｜ 十字花科菘蓝属

形态特征 ｜ 二年生草本，高30～80厘米。茎直立，分枝，无毛。茎下部叶柄长1～2厘米；叶片卵状披针形，长2～4厘米，宽1～1.5厘米，先端圆形，基部渐狭，全缘，两面无毛；茎生叶披针形，长2～13厘米，宽0.7～2.5厘米，先端急尖，基部箭形，抱茎，全缘，中脉显著。总状花序顶生；萼片长圆形；花瓣黄色，长圆形；雄蕊6枚，4长2短；雌蕊1枚，子房圆柱形，花柱界线不明，柱头平截。短角果长圆形，长10~15毫米，先端短钝尖，两侧渐窄，中部以上较宽，无毛，中肋显著隆起，两侧脉不显著，有纵条纹；种子长椭圆形，黑棕色。

生境分布 │ 生长在草原带及荒漠草原带的山坡上。北疆山区均有分布，富蕴、额敏、伊宁、新源、昭苏、阜康、乌鲁木齐、木垒和巴里坤等地较多。

养蜂价值 │ 花期6—7月。数量多，分布广，花期长，蜜粉丰富，蜜蜂喜采，有利于蜂群繁殖和生产商品蜜。花蜜浅琥珀色，芳香，结晶颗粒细腻。花粉黄色，花粉粒长球形。

其他用途 │ 根（板蓝根）、叶（大青叶）均可供药用。

● **芝麻菜** *Eruca vesicaria* subsp. *sativa* (Miller) Thellung

别　　名 │ 臭菜、芸芥

科　　属 │ 十字花科芝麻菜属

形态特征 │ 一年生草本，高20~90厘米。茎直立，上部常分枝，疏生长硬毛或近无毛。基生叶及下部叶大头羽状分裂或不裂，长4~7厘米，宽2~3厘米，顶裂片近圆形或短卵形，有细齿，侧裂片卵形或三角状卵形，全缘，仅下面脉上疏生柔毛；叶柄长2~4厘米；上部叶无柄，具1~3对裂片，顶裂片卵形，侧裂片长圆形。总状花序有多数，疏生花；单株开花，每朵花开 5～7 天，有 4 个发育良好的蜜腺，球形，位于单生雄蕊和子房之间，内藏于花萼基部内侧；花直径 1～1.5 厘米；花梗长 2～3 毫米，具长柔毛；萼片长圆形，长 8～10 毫米，带棕紫色，外面有蛛丝状长柔毛；花瓣黄色，后变白色，有紫纹，短倒卵形，长 1.5～2 厘米，基部有窄线形长爪。长角果圆柱形，长 2～3 厘米，果瓣无毛，有一隆起中脉，喙剑形，扁平，长 5～9 毫米，顶端尖，有 5 纵脉；果梗长 2～3 毫米；种子近球形或卵形，直径 1.5～2 毫米，棕色，有棱角。

生境分布 | 耐瘠薄、干旱，在荒地或撂荒地上生长。新疆各地有栽培。

养蜂价值 | 花期 5 月下旬至 7 月上旬，约 35 天。花期长，蜜腺多，泌蜜量大，花粉丰富，有利于蜂群繁殖和采集商品蜜。花粉黄色，花粉粒长球形。

其他用途 | 嫩茎叶可作野菜食用，凉拌、熬汤或煮菜等；种子含油量达 30%，可榨油，供食用及医药用。

● 花荵 *Polemonium caeruleum* L.

别　　名 | 电灯花，灯音花儿

科　　属 | 花荵科花荵属

形态特征 | 多年生草本。茎直立，高 0.5～1 米，无毛或被疏柔毛。羽状复叶互生，茎下部叶长可达 20 多厘米，茎上部叶长 7～14 厘米，小叶互生，11～21 枚，长卵形至披针形，顶端锐尖或渐尖，基部近圆形，全缘，两面有疏柔毛或近无毛；叶柄长 1.5～8 厘米，生下部者长，上部具短叶柄或无柄，与叶轴同被疏柔毛或近无毛。聚伞圆锥花序顶生或上部叶腋生，疏生多花；花梗长 3～5 毫米；花萼钟状，裂片长卵形或卵状披针形，与萼筒近等长；花冠紫蓝色，钟状，长 1～1.8 厘米，裂片倒卵形，边缘有疏缘毛或无缘毛；雄蕊着生于花冠筒基部之上，通常与花冠近等长，花药卵圆形，子房球形，柱头稍伸出花冠之外。蒴果卵形；种子褐色，纺锤形。

生境分布 | 生于海拔 1 500～2 600 米的山坡草原、灌丛及草甸。分布于天山北坡、阿尔泰山、塔尔巴哈台山等地，伊犁山区较多。

养蜂价值 | 花期 6 月 10 日至 7 月 10 日。数量多，分布广，花朵多，花色鲜艳，诱蜂力强，有利于蜂群的繁殖和生产商品蜜。花粉淡黄色，花粉粒近球形。

其他用途 | 全草入药。

● 蓝蓟 *Echium vulgare* L.

科　　属 | 紫草科蓝蓟属

形态特征 | 二年生草本，高30~90厘米，密被长刚毛和短伏毛，不分枝或多分枝。基生叶和下部叶条状倒披针形，长达12厘米，宽达1.4厘米，基部渐狭成柄，两面有长糙毛；茎下部以上叶无柄，披针形。花序狭长，花朵密集；苞片狭披针形，长0.4~1.5厘米；花萼长约6毫米，有长硬毛，5裂至基部，裂片条状披针形；花冠紫蓝色，斜漏斗状，长约12毫米，外面有短柔毛，5不等浅裂；雄蕊5枚，伸出花冠之外；子房4裂，花柱伸出，有短柔毛，顶端2裂。小坚果4个，卵形，有疣状突起。

生境分布 | 生于山坡草地、林缘、河谷和路边。适应性强，耐旱、耐瘠。分布于北疆山区，以天山西部、阿尔泰山及塔尔巴哈台山较为集中。

养蜂价值 | 花期6月中旬至7月下旬，约40天。数量多，分布广，花期长，蜜粉丰富，诱蜂力强，蜜蜂喜采，极有利于蜂群繁殖和采蜜。在集中分布区域，每群蜂可采蜜10~15千克。该植物是一种有栽培价值的蜜粉源植物。花粉黄褐色，花粉粒扁球形。

其他用途 | 可作绿肥；种子可提取芳香油。

● 长柱琉璃草 *Lindelofia stylosa* (Kar. et Kir.) Brand

科　　属 | 紫草科长柱琉璃草属

形态特征 | 多年生草本。根粗壮，直径约2厘米。茎高20~100厘米，有贴伏的短柔毛，上部通常分枝。基生叶长可达35厘米，叶片长圆状椭圆形至长圆状线形，长8~25厘米，两面疏生短伏毛，基部渐狭，叶柄扁，有狭翅，几乎无毛；下部茎生叶近线形，有柄；中部以上茎生叶无柄或近无柄，狭披针形。花序初时长3~7厘米，果期伸长可达20厘米，花序轴、花梗、花萼都密生贴伏短柔毛；花梗长2.5~4毫米，果期伸长可达3厘米；花萼裂片钻状线形，稍不等大，长5~6毫米；花冠紫色或紫红色，长8~11毫米，无毛，筒部直，与萼近等长，檐部裂片线状倒卵形，长3.5~4.5毫米，近直伸，附属物鳞片状，无毛；花丝丝形，花药线状长圆形，先端具2小尖；子房4裂，花柱长1.2~1.5厘米，通常稍弯曲，基部稍有毛，柱头头状，细小。小坚果背腹扁，卵形；种子卵圆形，黄褐色。

生境分布 | 生于海拔1 200~2 800米山坡草地、林下及河谷等处。分布于天山、准噶尔西部阿拉套山、阿尔泰山；乌鲁木齐、玛纳斯、尼勒克、新源、巩留、博乐和阿勒泰等地较多。

养蜂价值 ｜ 花期6月，约20天。数量较多，花期较长，蜜粉丰富，有利于蜂群繁殖。花粉黄褐色，花粉粒圆球形。

其他用途 ｜ 可供观赏。

● 大果琉璃草　*Cynoglossum divaricatum* Steph.

科　　属 ｜ 紫草科琉璃草属

形态特征 ｜ 多年生草本，高25~100厘米，根长，直生，暗褐色。茎中空，微有棱，有贴伏的短柔毛。基生叶和茎下部叶有长柄，叶片长圆状披针形或披针形，稀椭圆状披针形，长7~13厘米，宽1.5~4厘米，两面密生贴伏的短柔毛，茎上部叶无柄，狭披针形。圆锥花序，侧枝多，疏松，呈塔状；花萼裂片5枚，卵形，长3~4毫米，外面密生短柔毛，果期不明显增大；花初开时紫红色，后变为蓝紫色；花冠直径4~5毫米，裂片5枚，卵圆形；喉部附属物5

枚，长圆形，雄蕊5枚，内藏；子房4裂，花柱短，内藏。小坚果卵形，腹背压扁，长约5毫米，密生锚状刺，花托金字塔形。

生境分布 ｜ 生于海拔800~2 300米的半固定沙丘、草坡、干旱河谷、沙砾质冲积地及路旁。分布于北疆各地，奇台、阜康、布尔津、哈巴河、塔城、裕民、新源、巩留、特克斯等地较多。

养蜂价值 ｜ 花期7—8月。数量多，分布广，蜜粉丰富，有利于蜂群繁殖和采集杂花蜜。

其他用途 ｜ 根入药。

● 绿花琉璃草　*Cynoglossum viridiflorum* Pall. ex Lehm.

科　　属 ｜ 紫草科琉璃草属

形态特征 ｜ 多年生草本，高50~100厘米。茎粗壮，具肋棱，有毛。基生叶及茎下部叶长圆状椭圆形，长15~25厘米，宽7~9厘米，先端渐尖，基部渐狭成柄，上面绿色，无毛，下面灰绿色，密

生短柔毛；茎中部叶长圆形，长10～15厘米，宽3～5厘米，具短柄；茎上部叶渐小，披针形，无柄，上面散生长柔毛，下面密生短柔毛。花序集为圆锥状，无苞片；花梗长1.5～3毫米，密生白柔毛，花后增长，长达1厘米，下弯；花萼长2.5～4毫米，外面被贴伏的短柔毛，裂片长圆状线形；花冠黄绿色，裂片圆形；花药长圆形，与附属物近等长，花丝极短，着生花冠筒中部；花柱短粗。小坚果卵形或菱状卵形，密生锚状刺，背面凹陷，中央无龙骨状凸起，边缘增厚而凸起。

生境分布 ｜ 生于海拔700～2000米的山地草原、灌木林缘及平原绿洲。分布于阿尔泰山和天山北麓，青河、福海、阿勒泰、哈巴河、吉木乃、玛纳斯、石河子、托里、沙湾、乌鲁木齐、吉木萨尔、木垒和哈密等地较多。

养蜂价值 ｜ 花期5—6月。数量多，分布广，花期较长，蜜粉丰富，有利于蜂群繁殖。花粉黄色，花粉粒圆球形。

其他用途 ｜ 可供观赏。

● 狼紫草 *Anchusa ovata* Lehmann

别　　名 ｜ 牛舌草

科　　属 ｜ 紫草科狼紫草属

形态特征 ｜ 一年生草本，茎高15～40厘米，常自下部分枝，有开展的稀疏长硬毛。基生叶和茎下部叶有柄，其余无柄，倒披针形至线状长圆形，长4～14厘米，宽1.2～3厘米，两面疏生硬毛，边缘有微波状小齿。花序花期短，花后逐渐伸长达25厘米；苞片比叶小，卵形至线状披针形；花梗长约2毫米，果期伸长可达1.5厘米；花萼5裂，裂片钻形；花冠蓝紫色，长约7毫米，无毛，筒下部稍膝曲，裂片开展，附属物疣状至鳞片状，密生短毛；雄蕊着生花冠筒中部之下，花丝极短，柱头球形，2裂。小坚果肾形，淡褐色；种子褐色。

生境分布　｜　生于平原绿洲田边、湖旁和中山带山坡及河谷等处。新疆各地均有分布。

养蜂价值　｜　花果期5—6月。数量多，分布广，有蜜有粉，蜜蜂喜采，有利于蜂群繁殖。花粉褐色，花粉粒近球形。

其他用途　｜　中药外用。

● 黄花软紫草　*Arnebia guttata* Bge.

科　　属　｜　紫草科软紫草属

形态特征　｜　多年生草本。茎通常2～4条，有时1条，直立，多分枝，高10～25厘米，密生开展的长硬毛和短伏毛。叶无柄，匙状线形至线形，长1.5～5.5厘米，宽3～11毫米，两面密生白色长硬毛，先端钝。镰状聚伞花序，长3～10厘米，花多数；苞片线状披针形。花萼裂片线形；花冠黄色，筒状钟形，外面有短柔毛，檐部直径7～12毫米，裂片宽卵形或半圆形，常有紫色斑点；雄蕊着生花冠筒中部；花药长圆形；子房4裂，花柱丝状，先端浅2裂，柱头肾形。小坚果三角状卵形，淡黄褐色。

生境分布　｜　生于海拔1 000～3 000米的山地、浅山荒漠、石质山坡等处。分布于阿尔泰山、准噶尔西部山区、天山、帕米尔高原及昆仑山等地。

养蜂价值　｜　花期6—8月。数量多，分布广，花期长，蜜粉丰富，有利于蜂群繁殖。花粉黄色，花粉粒圆球形。

其他用途　｜　根含紫色素，可作工业原料；根入药。

本属还有软紫草 [*A. euchroma* (Royle) Johnst] 产于天山南北坡，天山软紫草 [*A. tschimganica* (Fedtsch.) G. L. Chu] 产于天山西部山区，也是辅助蜜粉源植物。

● 勿忘草　*Myosotis alpestris* F. W. Schmidt

别　　名　｜　勿忘我、星辰花、不凋花

科　　属　｜　紫草科勿忘草属

形态特征　｜　多年生草本，高15～35厘米。茎多单一，少分枝，基部被有残余的枯叶，被有短的糙伏毛。基生叶长1～5厘米，宽3～10毫米，椭圆形或长圆状椭圆形或倒披针状椭圆形，顶端钝圆，基部渐狭为柄，上面被短糙毛，下面无毛或仅沿脉被稀的短柔毛；茎生叶披针形或长圆形，长1～7厘米，宽2～8毫米，无柄，先端具短的尖，基部狭形，上面被短糙毛，下部被稀柔毛。花序紧缩，有花梗，花后等于或稍长于花萼，花萼5裂至2/3处，裂片披针状线形，长0.5～1毫米，密被有顶端弯曲的毛；花冠天蓝色，冠檐直径0.7～0.9厘米，花冠裂片小，卵圆形，长约2毫米，宽约2.5毫米，喉部淡黄色，具5附属物；子房4裂，柱头扁球状。小坚果4个，卵圆形，长达2毫米，黑褐色，光滑。

草原勿忘草

　　生境分布　|　生于阿尔泰山、天山北坡的山地草甸，海拔1 500～1 800米。产于阿勒泰、阜康和乌鲁木齐等地。

　　养蜂价值　|　花期6—7月。数量多，分布广，有蜜有粉，诱蜂力强，蜜蜂喜采，有利于蜂群繁殖和采集山区杂花蜜。花粉黄褐色，花粉粒近球形。

　　其他用途　|　可供观赏。

　　本属还有高山勿忘草（*M. alpestris* F. W. Sehmidt.）、湿地勿忘草（*M. caespitosa* Sehultz）和草原勿忘草（*M. suaveolens* W. et K.），产于北疆山区，均为辅助蜜粉源植物。

● 狭果鹤虱　*Lappula semiglabra* (Ledeb.) Gurke

　　科　　属　|　紫草科鹤虱属

　　形态特征　|　一年生，稀二年生草本。茎高15～30厘米，多分枝，有白色糙毛。基生叶多数，呈莲座状，匙形或狭长圆形或线状披针形，无柄，扁平，长2～3厘米，宽2～4毫米，先端钝，基部渐狭，全缘；茎生叶与基生叶相似，通常狭长圆形或倒披针形。花序在花期较短，果期急剧伸长，长可达12厘米；叶状苞片披针形或狭卵形；花有短梗，花萼5深裂，裂片长圆形，被糙毛，长1～1.5毫米；花冠淡蓝色，钟状，长约3毫米，檐部直径约2毫米，裂片圆钝。小坚果4个，皆同形，狭披针形。

　　生境分布　|　生于低山草坡、田边、沙丘以及荒漠地带。分布于新疆各地。

　　养蜂价值　|　花期4—5月。数量多，花期早，有蜜有粉，有利于蜂群春季繁殖。

　　其他用途　|　可供观赏。

● 椭圆叶天芥菜　*Heliotropium ellipticum* Ldb.

　　科　　属　|　紫草科天芥菜属

　　形态特征　|　多年生草本，高20～50厘米。茎直立或斜升，自茎基部分枝，被向上反曲的糙伏毛或短硬毛。叶椭圆形或椭圆状卵形，长1.5～4厘米，宽1～2.5厘米，先端钝或尖，基部宽楔形或圆形，上面绿色，被稀疏短硬毛，下面灰绿色，密被短硬毛；叶柄长1～4厘米。镰状聚伞花序顶生及腋生，二叉状分枝或单一，长2～4厘米；花无梗，在花序枝上排为2列；萼片狭卵形或卵状披针形，长2～3毫米，

宽1~1.5毫米；花冠白色，长4~5毫米，基部直径1.5~2毫米，喉部稍收缩，檐部直径3~4毫米，裂片短，近圆形，直径约1.5毫米，皱折或开展，外面被短伏毛，内面无毛；花药卵状长圆形，无花丝，着生花冠筒基部以上1毫米处；子房圆球形，具明显的短花柱，柱头长圆锥形，不育部分被短伏毛，下部膨大的环状部分无毛。核果直径2.5~3毫米，分果卵形，长约2毫米，具不明显的皱纹及细密的疣状突起。

生境分布 | 生于海拔700~1 100米的低山草坡、山沟、路旁及河谷等处。分布于塔尔巴哈台山、天山、昆仑山、阿尔泰山；吐鲁番市也有分布。奇台、阜康、乌鲁木齐、玛纳斯、塔城、裕民、布尔津和阿勒泰等地较多。

养蜂价值 | 花期6月下旬至7月下旬。数量极多，花期较长，蜜粉丰富，蜜蜂喜采，有利于蜂群繁殖和采蜜。

其他用途 | 全草入药。

● **金叶莸** *Caryopteris clandonensis* 'Worcester Gold'

科　属 | 马鞭草科莸属

　　形态特征 ｜ 小灌木，株高1.2米，冠幅1米。枝条圆柱形。单叶对生，叶楔形，长3～6厘米，叶面光滑，淡黄色，叶先端尖，基部钝圆形，边缘有粗齿；聚伞花序，花冠蓝紫色，高脚碟状腋生于枝条上部，自下而上开放；花萼钟状，二唇形5裂，下裂片大而有细条状裂，雄蕊4枚；花冠、雄蕊、雌蕊均为淡蓝色，当年栽植即可开花。金叶莸有两种，一种是叶色金黄，另一种是叶色翠绿。

　　生境分布 ｜ 喜光，也耐半阴、耐旱、耐热、耐寒。新疆各地城市园林均有栽培。

　　养蜂价值 ｜ 花期7—9月，在夏末秋初的少花季节，可持续2～3个月。花期长，花色艳，蜜粉丰富，蜜蜂喜采，有利于蜂群的繁殖和采集越冬蜜。花粉黄褐色，花粉粒圆球形。

　　其他用途 ｜ 叶色优雅，是优良的园林造景灌木。

● 菟丝子　*Cuscuta chinensis* Lam.

　　别　　名 ｜ 豆寄生、无根草、黄丝

　　科　　属 ｜ 旋花科菟丝子属

　　形态特征 ｜ 菟丝子，一年生寄生草本。茎缠绕，黄色，纤细，直径约1毫米，多分枝，随处可生出寄生根，伸入寄主体内。叶稀少，鳞片状，三角状卵形。花两性，多花和簇生成小伞形或小团伞花序；苞片小，鳞片状；花梗稍粗壮，裂片5枚，三角状，先端钝；花冠白色，壶形，5浅裂，裂片三角状卵形，先端锐尖或钝，向外反折，花冠筒基部具鳞片5枚，长圆形，先端及边缘流苏状；雄蕊5枚，着生于花冠裂片弯缺微下处，花丝短；雌蕊2枚，心皮合生，子房近球形，2室，花柱2裂，柱头头状。蒴果扁球形；种子2～4粒，黄褐色卵形。

　　生境分布 ｜ 生于田边、路边荒地、灌木丛中、河边、山坡向阳处，多寄生在豆科、菊科、蓼科及木本等植物上。新疆各地均有分布，北疆山区较多。

　　养蜂价值 ｜ 花期7—8月。泌蜜丰富，蜜蜂喜采，有利于蜂群繁殖和采蜜。花粉淡黄色，花粉粒近球形。

　　其他用途 ｜ 菟丝子种子入药。

● 欧洲菟丝子　*Cuscuta europaea* L.

　　科　　属 ｜ 旋花科菟丝子属

　　形态特征 ｜ 一年生寄生草本。茎缠绕，带黄色或带红色，纤细，毛发状，直径不超过1毫米，无叶。花序侧生，少花或多花密集成团伞花序，花梗长1.5毫米或更短；花萼杯状，中部以下连合，裂

片4～5枚，有时不等大，三角状卵形，长1.5毫米；花冠淡红色，壶形，长2.5～3毫米，裂片4～5枚，三角状卵形，通常向外反折，宿存；雄蕊着生花冠凹缺微下处，花药卵圆形，花丝比花药长；鳞片薄，倒卵形，着生花冠基部之上花丝之下，顶端2裂或不分裂，边缘流苏较少；子房近球形，花柱2裂，柱头棒状，下弯或叉开，与花柱近等长，花柱和柱头短于子房。蒴果近球形，直径约3毫米。种子通常4枚，淡褐色，椭圆形。

生境分布 ｜ 生于海拔840～3 100米的路边草丛处，或河边、山地，寄生于菊科、豆科、藜科等草本植物上。新疆各地均有分布。

养蜂价值 ｜ 花期7—8月。数量多，分布广，花期长，泌蜜丰富，蜜蜂喜采，有利于蜂群繁殖和采蜜。花粉淡黄色，花粉粒近球形。

其他用途 ｜ 种子入药。

本属还有杯花菟丝子（*C. cupulata* Engelm.）产于沙湾、奎屯、塔城、富蕴等地；南方菟丝子（*C. australis* R. Br.）产于伊犁地区，均为蜜粉源植物。

● 田旋花 *Convolvulus arvensis* L.

别　　名 ｜ 小旋花、中国旋花、箭叶旋花、野牵牛、扯扯秧
科　　属 ｜ 旋花科旋花属

形态特征 | 多年生草质藤本。茎平卧或缠绕，有棱。叶柄长1～2厘米；叶片戟形或箭形，长2.5～6厘米，宽1～3.5厘米，全缘或3裂，具柄。花1～3朵腋生；花梗细弱；苞片线性，与萼远离；萼片倒卵状圆形，无毛或被疏毛；缘膜质；花冠漏斗形，粉红色、白色，长约2厘米，外面有柔毛，褶上无毛，有不明显的5浅裂；雄蕊的花丝基部肿大，有小鳞毛；子房2室，有毛，柱头2裂，狭长。蒴果球形；种子椭圆形。

生境分布 | 生于耕地及荒坡草地、村边路旁。新疆各地均有分布。

养蜂价值 | 田旋花花期5—7月。数量多，花期长，蜜粉丰富，对蜂群繁殖有一定作用。

其他用途 | 可药用，全草入药。

● 刺旋花 *Convolvulus tragacanthoides* Turcz.

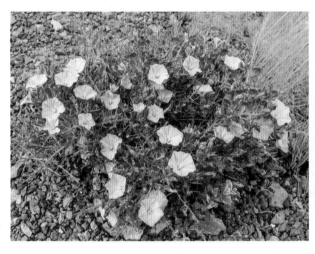

别　名 | 木旋花

科　属 | 旋花科旋花属

形态特征 | 小半灌木，高5～15厘米，全株被有银灰色绢毛。茎分枝多而密集，节间短，老枝宿留成黄色刺，颇似鹰爪，整株呈具刺的座垫状，丛径20～30厘米。叶互生，狭倒披针状条形，长0.5～2厘米，宽0.5～1.5厘米，先端钝圆，基部渐狭，无柄。花单生或2～3朵生于花枝上部，花梗短；萼片5枚，卵圆形，先端尖，外面被黄棕色毛；花冠漏斗状，长约2厘米，粉红色，顶端5浅裂；瓣中带密生毛，褶及花冠下部无毛；雄蕊5枚，不等长；子房有毛，柱头2裂。蒴果，近球形，直径约8毫米，有毛。

灌木旋花

生境分布 | 生于荒漠半荒漠区的沙砾质、砾石质山坡、丘陵。新疆均有分布，北疆准噶尔盆地较多。

养蜂价值 | 花期5月下旬至6月下旬。数量较多，分布较广，花期长，花色艳，蜜粉丰富，蜜蜂喜采，是很好的早春蜜源植物。花粉淡黄色，花粉粒长球形。

其他用途 | 可作牧草；对水土保持和固沙有一定作用。

本属还有灌木旋花（*C. fruticosus* Pall.），新疆各地均有分布，也是春季辅助蜜源植物。

● 牵牛 *Pharbitis nil* (L.) Choisy

别　　名 | 喇叭花、筋角拉子、大牵牛花、勤娘子

科　　属 | 旋花科牵牛属

形态特征 | 一年生缠绕草本。蔓生茎细长，长3～4米，全株多密被短刚毛。叶互生，全缘或具叶裂，叶宽卵形或近圆形，深或浅的3裂，偶5裂，长4～15厘米，宽4.5～14厘米，基部心形，中裂片长圆形或卵圆形，渐尖或骤尖，侧裂片较短，三角形，裂口锐或圆，叶面或疏或密被微硬的柔毛。聚伞花序腋生，1朵至数朵。苞片线形或叶状，被开展的微硬毛；小苞片线形；萼片近等长，披针状线形，内面2枚稍狭；花冠漏斗状，长5～8厘米，蓝紫色或紫红色，花冠管色淡；雄蕊及花柱内藏；雄蕊不等长；花丝基部被柔毛；子房无毛，柱头头状。蒴果近球形，3瓣裂。种子卵状三棱形，黑褐色，被褐色短茸毛。

生境分布 | 生于山坡灌丛、干燥河谷、路边、园边宅旁、山地路边。新疆各地普遍栽培。

养蜂价值 | 花期6—10月。花期长，花色艳，诱蜂力强，粉多蜜少，有利于蜂群繁殖。

其他用途 | 可供观赏；种子入药。

● 醉蝶花 *Tarenaya hassleriana* (Chodat) Iltis

别　　名 | 西洋白花菜，凤蝶草，紫龙须，蜘蛛花

科　　属 | 白花菜科醉蝶花属

形态特征 | 一年生草本，高1～1.5米，全株被黏质腺毛，有特殊臭味，有托叶刺。叶为具5～7

小叶的掌状复叶，小叶草质，椭圆状披针形或倒披针形，中央小叶盛大，最外侧的最小，基部锲形，狭延成小叶柄，常有淡黄色皮刺。总状花序长达40厘米，密被黏质腺毛，花蕾圆筒形，长约2.5厘米，直径4毫米，无毛；花梗长2～3厘米，被短腺毛，单生于苞片腋内；萼片4枚，长圆状椭圆形，外被腺毛；花瓣粉红色，少见白色，在芽中时覆瓦状排列，无毛，瓣片倒卵伏匙形，顶端圆形，基部渐狭；雄蕊6枚，花丝长3.5～4厘米，花药线形，子房线柱形，无毛；几乎无花柱，柱头头状。果圆柱形。

生境分布 | 喜高温湿润土壤，较耐暑热干旱，忌寒冷。乌鲁木齐、喀什、莎车和库尔勒等地有栽培。

养蜂价值 | 醉蝶花花期7—8月。花期长，花色艳丽，诱蜂力强，在雄蕊基部优化内蜜腺，叶柄基部优化外蜜腺，蜜珠成滴，晶莹可见，为优良的蜜源植物。花粉淡黄色，花粉粒近球形。

其他用途 | 醉蝶花为优良花卉；种子入药。

● 马齿苋 *Portulaca oleracea* L.

别　名 | 马苋、长命菜、麻绳菜、马齿菜、蚂蚱菜

科　　属 | 马齿苋科马齿苋属
形态特征 | 一年生草本，全株无毛。茎平卧或斜倚，伏地铺散，多分枝，圆柱形，长10～15厘米，紫红色。叶互生，有时近对生，叶柄粗短，叶片扁平，肥厚，倒卵形，似马齿状，长1～3厘米，宽0.6～1.5厘米，顶端圆钝或平截，有时微凹，基部楔形，全缘，中脉微隆起。花无梗，直径4～5毫米，常3～5朵簇生于枝端，午时盛开；苞片2～6枚，叶状，膜质，近轮生；萼片2枚，对生，绿色，盔形，左右压扁，顶端急尖，背部具龙骨状突起；花瓣5枚，稀4枚，黄色，倒卵形，长3～5毫米，顶端微凹，基部合生；雄蕊通常8枚，或更多，长约12毫米，花药黄色；子房无毛，花柱比雄蕊稍长，柱头4～6裂，线形。蒴果卵球形，种子细小，多数偏斜球形，黑褐色。
生境分布 | 马齿苋常生于荒地、田间、菜园、路旁，分布于新疆各地。
养蜂价值 | 花期6—7月。分布广，数量多，有蜜有粉，蜜蜂喜采，有利于蜂群的繁殖。
其他用途 | 马齿苋生食、烹食均可，具有很高的营养价值和药用价值。

● 大花马齿苋 *Portulaca grandiflora* Hook.

别　　名 | 半支莲、松叶牡丹、龙须牡丹、金丝杜鹃、洋马齿苋、太阳花
科　　属 | 马齿苋科马齿苋属
形态特征 | 一年生草本，高10～30厘米。茎平卧或斜升，紫红色，多分枝，节上丛生毛。叶密集于枝端，较下的叶分开，不规则互生，叶片细圆柱形，有时微弯，长1～2.5厘米，直径2～3毫米，顶端圆钝，无毛；叶柄极短或近无柄，叶腋常生一撮白色长柔毛。花单生或数朵簇生于枝端，直径2.5～4厘米，日开夜闭；总苞8～9枚，叶状，轮生，具白色长柔毛；花瓣5或重瓣，倒卵形，顶端微凹，长12～30毫米，红色、紫色或黄白色。蒴果近椭圆形，盖裂；种子细小，多数，圆肾形，直径不及1毫米。
生境分布 | 适应性较强，公园、花圃广为栽培。
养蜂价值 | 花期6—9月。花期长，蜜粉丰富，蜜蜂喜采，有利于蜂群繁殖和采蜜。花粉黄色，花粉粒长圆形。
其他用途 | 公园、花圃栽培可供观赏；全草可供药用。

● **蓖麻** *Ricinus communis* L.

別　　　名 ｜ 大麻子、老麻了、草麻

科　　　属 ｜ 大戟科蓖麻属

形态特征 ｜ 一年生粗壮草本或草质灌木，高2～4米。小枝、叶和花序通常被白霜。单叶互生，盾状圆形，长和宽达40厘米，掌状7～11裂，裂缺几乎达中部，裂片卵状长圆形或披针形，顶端急尖或渐尖，边缘具锯齿。圆锥花序顶生，长15～30厘米；下部雄花，上部雌花，花冠淡黄绿色，花萼3～5裂；子房卵状，密生软刺或无刺，花柱红色，顶部2裂，密生乳头状突起。蒴果卵球形或近球形，果皮具软刺或平滑；种子椭圆形，微扁平。

生境分布 ｜ 蓖麻适应性强，新疆各地均有栽培。

养蜂价值 ｜ 花期6—9月。数量多，花期长，有花外蜜腺，蜜多粉多，蜜蜂喜采，有利于蜂群繁殖。花粉淡黄色，花粉粒长球形。

其他用途 ｜ 为重要的油料植物。

● **地锦草** *Euphorbia humifusa* Willd.

别　　名 ｜ 血见愁、奶汁草、红莲草、铁线马齿苋、莲子草

科　　属 ｜ 大戟科大戟属

形态特征 ｜ 一年生匍匐草本。茎纤细，近基部二歧分枝，带紫红色，无毛，质脆。叶对生；叶柄极短或无柄；托叶线形，通常3裂。叶片长圆形，长4～10厘米，宽4～6厘米，先端钝圆，基部偏狭，边缘有细齿，两面无毛或疏生柔毛，绿色或淡红色。杯状花序单生于叶腋；总苞倒圆锥形，浅红色，顶端5裂，裂片长三角形；腺体4个，长圆形，有白色花瓣状附属物；子房3室；花柱3枚，2裂。蒴果三棱状球形；种子卵形，黑褐色。

生境分布 ｜ 生于田间、路旁、荒地。新疆各地均有分布。

养蜂价值 ｜ 花期6—8月。数量多，分布广，有蜜有粉，有利于蜂群繁殖。

其他用途 ｜ 全草入药。

● 稻 *Oryza sativa* L.

别　　名 ｜ 水稻、稻谷、谷子

科　　属 ｜ 禾本科稻属

形态特征 ｜ 一年生水生草本。秆直立，高0.5～1.5米，随品种而异。叶鞘松弛，无毛；叶舌披针形，长10～25毫米，两侧基部下延长成叶鞘边缘，具2枚镰形抱茎的叶耳；叶片线状披针形，长40厘米左右，宽约1厘米。圆锥花序大型疏展，长约30厘米，分枝多，棱粗糙，成熟期向下弯垂；两侧孕性花外稃质厚，具5脉，中脉成脊，表面有方格状小乳状突起，厚纸质，遍布细毛，有芒或无芒；雄蕊6枚，花药长2～3毫米。颖果离生，长圆形，两面扁平。

生境分布 ｜ 为水生栽培作物，喜欢湿润，阳光充足，温度适宜的地方。分布于乌鲁木齐、阿克苏、温宿、阿拉尔、喀什、察布查尔和伊宁等地。

养蜂价值 ｜ 花期，南疆5月，北疆6月。花粉充足，有利于蜂群的繁殖。花粉淡黄色，花粉粒卵球形。

其他用途 ｜ 粮食作物；稻米可以酿酒、制糖，作工业原料；稻草可造纸。

● 芨芨草 *Achnatherum splendens* (Trin.) Nevski

别　　名 | 积机草，西芨草

科　　属 | 禾本科芨芨草属

形态特征 | 多年生草本。须根具沙套。丛生，秆直立，坚硬，内具白色的髓，高50～250厘米，直径3～5毫米，节多聚于基部，具2～3节，平滑无毛。叶片纵卷，质坚韧，长30～60厘米，宽5～6毫米，上面脉纹突出，微粗糙，下面光滑无毛。圆锥花序长30～60厘米，开花时呈金字塔形开展；或具角棱而微粗糙，2～6枚簇生，平展斜向上升；小穗灰绿色，基部带紫色，成熟后变成草黄色；颖膜质，披针形，顶端尖或锐尖，第一颖较第二颖短；外稃顶端具2微齿，背部密被柔毛，具5脉，内稃2脉，无脊，脉间具柔毛；花药长2.5～3.5毫米，先端具毫毛。

生境分布 | 生于荒漠、湖盆、丘陵、盐渍化草地。分布于新疆各地，以木垒、奇台、吉木萨尔、乌鲁木齐和昭苏等地较为集中。

养蜂价值 | 花期7月。数量多，分布广，花粉丰富，蜜蜂爱采，有利于蜂群的繁殖。

其他用途 | 嫩叶可作牲畜饲草；秆、叶为造纸原料；根、茎、种子入药。

● 梯牧草 *Phleum pratense* L.

别　　名 | 猫尾草、布狗尾、长穗狸尾草、猫公树

科　　属 | 禾本科梯牧草属

形态特征 | 多年生草本，茎直立，高40～80厘米。叶片扁平细长，光滑无毛，尖端锐，长10～30厘米，宽0.3～0.8厘米，叶鞘松弛抱茎，长于节间；叶舌为三角形；叶耳为圆形。圆锥花序，小穗紧密，呈柱状，长5～10厘米；每个小穗仅有一花。颖圆，具龙骨，边缘有茸毛，前端有短芒；外稃为颖长之半，顶端无芒；内稃狭薄，略短于外稃。种子细小，近圆形。

生境分布 | 生于海拔1 100～2 200米的山地草甸、河谷及阔叶林下。分布于天山和准噶尔西部山地，乌鲁木齐、石河子、和布克赛尔等地较多。除野生种外，新疆有不少栽培品种。

养蜂价值 | 花期7—8月。数量多，分布广，花粉较多，有利于蜂群繁殖。花粉淡黄色，花粉粒长圆形。

其他用途 │ 可作牧草；种子入药。

● **拂子茅** *Calamagrostis epigeios* (L.) Roth

科　　属 │ 禾本科拂子茅属

形态特征 │ 多年生草本，高80～150厘米。秆直立，平滑无毛或花序下稍粗糙。条形叶，叶片长15～27厘米，宽4～8毫米，扁平或边缘内卷，上面及边缘粗糙，下面较平滑。圆锥花序密而狭，圆筒形，常间断，长10～25厘米，中部直径1.5～4厘米，分枝粗糙，直立或斜向上升；小穗长5～7毫米，淡绿色或带淡紫色；含一小花，小穗轴不延伸，雄蕊3枚，花药黄色。颖果椭圆形。

生境分布 │ 适应性较强，喜温暖湿润环境。生于平原绿洲及山地。新疆各地均有分布。

养蜂价值 │ 花期6—7月。数量多，分布广，花粉丰富，蜜蜂喜采，有利于蜂群的繁殖和采集花粉。花粉黄褐色，花粉粒长球形。

其他用途　｜　可作牧草；全草入药。

● 狗尾草　*Setaria viridis* （L.）Beauv.

别　　名　｜　阿罗汉草、稗子草

科　　属　｜　禾本科狗尾草属

形态特征　｜　一年生草本。根为须状。秆直立或基部膝曲，高10～100厘米。叶片扁平，长三角状狭披针形或线状披针形，先端长渐尖或渐尖，基部钝圆形，长4～30厘米，宽2～18毫米，边缘粗糙。圆锥花序紧密呈圆柱状或基部稍疏离，直立或稍弯垂，主轴被较长柔毛，长2～15厘米，宽4～13毫米，刚毛长4～12毫米，通常绿色或褐黄到紫红或紫色；小穗2～5个簇生于主轴上或更多的小穗着生在短小枝上，椭圆形；第一颖卵形，长约为小穗的1/3，先端钝或稍尖，具3脉；第二颖几乎与小穗等长，椭圆形，具5～7脉；第一外稃与小穗等长，具5～7脉，其内稃短小狭窄；第二外稃椭圆形，边缘内卷，狭窄；花柱基分离。颖果灰白色。

生境分布　｜　生于农田、路边、荒地。新疆各地均有分布。

养蜂价值　｜　花期6—8月。数量多，分布广，花期长，花粉较多，有利于蜂群繁殖。

其他用途　｜　可作牧草；全草入药。

● 秦艽　*Gentiana macrophylla* Pall.

别　　名 | 大叶龙胆、大叶秦艽、西秦艽
科　　属 | 龙胆科龙胆属
形态特征 | 多年生草本，高10～30厘米，全株光滑无毛。枝少数丛生，直立或斜升，黄绿色或有时上部带紫红色，近圆形。莲座丛叶卵状椭圆形或狭椭圆形，长6～28厘米，宽2.5～6厘米，先端钝或急尖，基部渐狭，叶脉5～7条，在两面均明显，并在下面突出，叶柄宽；茎生叶2～3对，椭圆状披针形或狭椭圆形，长4.5～15厘米，宽1.2～3.5厘米，先端钝或急尖。花多数，无花梗，簇生于枝顶呈头状或腋生作轮状；花萼筒膜质，黄绿色或有时带紫色，萼齿4～5枚，锥形；花冠筒部黄绿色，冠檐蓝色或蓝紫色，壶形；裂片卵形或卵圆形，全缘；雄蕊着生于冠筒中下部，整齐，花丝线状钻形；花柱线形，2裂，裂片矩圆形。蒴果内藏或先端外露，卵状椭圆形；种子红褐色，矩圆形。

生境分布 | 生于海拔2 000～2 400米的山坡草地、草甸、林下及林缘。天山、阿尔泰山、准噶尔西部山地均有分布。

养蜂价值 | 花期7—8月。数量较多，花期较长，有蜜有粉，有利于蜂群繁殖。花粉褐色，花粉粒圆球形。

其他用途 | 根入药。

● **扁蕾** *Gentianopsis barbata* (Froel.) Ma.

科　　属 | 龙胆科扁蕾属
形态特征 | 一年生或二年生草本，高8～40厘米。茎单生，直立，近圆柱形，下部单一，上部有分枝，条棱明显，有时带紫色。基生叶多对，常早落，匙形或线状倒披针形，花单生于茎或分枝顶端；花梗直立，近圆柱形，有明显的条棱，花冠筒状漏斗形，筒部黄白色，檐部蓝色或淡蓝色，蒴果具短柄，与花冠等长；种子褐色，矩圆形，表面有密的指状突起。

生境分布 | 生于水沟边、山坡草地、林下、灌丛中。分布于天山、阿尔泰及塔尔巴哈台山区。

养蜂价值 | 花期7—8月。有蜜有粉，有利于蜂群繁殖。

其他用途 | 全草入药。

● **新疆假龙胆** *Gentianella turkestanorum* (Gand.) Holub.

科　　属 | 龙胆科假龙胆属
形态特征 | 一年生或二年生草本，高10～35厘米。茎单生，直立，近四棱形，光滑，常带紫红色，常从基部起分枝，枝细瘦。叶无柄，卵形或卵状披针形，长至4.5厘米，宽至2厘米，先端急尖，边缘常外卷，基部钝或圆形，半抱茎，叶脉3～5条，在下面明显。聚伞花序顶生和腋生，多花，密集，其下有叶状苞片；花5数，大小不等，顶花为基部小枝上花的2～3倍大，直径3～5.5毫米；花萼钟状，长为花冠之半至稍短于花冠，分裂至中部，裂片绿色，不整齐，线状椭圆形至线形，先端急尖，具长尖头，近圆形；花冠淡蓝色，具深色细纵条纹，筒状或狭钟状筒形，浅裂，裂片椭圆形或椭圆状三角形，雄蕊着生于冠筒下部，花丝白色，线形，长约7毫米，基部下延于冠筒上成狭翅，花药黄色，矩圆形；子房宽线形，两端渐尖；柱头小，2裂。蒴果；种子黄色，圆球形。

生境分布 ｜ 生于海拔 1 300～3 000 米林下、河边、台地、阴坡草地等处。分布于新疆北部地区，奇台、阜康、乌鲁木齐、玛纳斯、布尔津和阿勒泰等地较多。

养蜂价值 ｜ 花期 7 月初至 8 月中旬。数量多，花期长，蜜粉丰富，蜜蜂喜采，有利于蜂群繁殖和采蜜。花粉黄色，花粉粒长圆形。

其他用途 ｜ 全草入药。

● 白屈菜 *Chelidonium majus* L.

别　　名 ｜ 山黄连、断肠草

科　　属 ｜ 罂粟科白屈菜属

形态特征 ｜ 多年生草本，高 30～60 厘米。主根粗壮，圆锥形，侧根多，暗褐色。茎聚伞状多分枝，分枝常被短柔毛，节上较密，后变无毛。基生叶少，早凋落，叶片倒卵状长圆形或宽倒卵形，长 8～20 厘米，羽状全裂，裂片 2～4 对，倒卵状长圆形，具不规则的深裂或浅裂，裂片边缘圆齿状，表面绿色，无毛，背面具白粉；茎生叶叶片长 2～8 厘米，宽 1～5 厘米；叶柄长 0.5～1.5 厘米，其他同基生叶。伞形花序多花，花梗纤细，苞片小，卵形，萼片卵圆形，早落；花瓣倒卵形，长约 1 厘米，全缘，黄色；雄蕊多数，花丝丝状，黄色，花药长圆形，子房线形，柱头 2 裂。蒴果，圆柱形；种子卵形，暗褐色。

生境分布 ｜ 生于海拔 500～2 200 米的山坡、山谷林缘草地或路旁、石缝。分布于阿尔泰山和天山各地。

养蜂价值 | 花期6月，25～30天。分布广，数量多，蜜粉丰富，蜜蜂喜采，有利于蜂群繁殖。花粉蛋黄色，花粉粒长圆形。

其他用途 | 全草入药。

● **新疆元胡** *Corydalis glaucescens* Regel

别　　名 | 延胡索、玄胡

科　　属 | 罂粟科紫堇属

形态特征 | 为多年生草本植物。茎单一或2～3分枝，高6～20厘米，基部有一鳞片，生2～3枚叶。叶互生，具长柄，二回三裂或五裂，末回裂片倒卵形，全缘。花序轴上的中央总状花序超出叶，生2～4花；苞片披针形，全缘，长于花梗。花紫红色，上花瓣长2～2.5厘米，顶端凹陷，无短尖，矩圆筒形，长于瓣片；蜜腺体长约1厘米；柱头圆形，具星状圆齿。蒴果椭圆状长圆形，下垂果柄延长，超出苞片。

生境分布 | 生于水渠旁、山坡、草地、林下、灌丛中。分布于乌鲁木齐、伊犁州直等地。

养蜂价值 | 花期为4月下旬至5月中下旬，花色艳，花期较长，有蜜有粉，有利于早春蜂群的繁殖。

其他用途 | 块茎入药。

● **虞美人** *Papaver rhoeas* L.

别　　名 | 赛牡丹，锦被花，丽春花，百般娇，蝴蝶满园春

科　　属 | 罂粟科罂粟属

形态特征 | 一年生草本。株高40～60厘米，分枝细弱，被短硬毛。茎叶均有毛，含乳汁，叶互生，羽状深裂，裂片披针形，具粗锯齿。花单生于茎顶，花蕾长圆状倒卵形，下垂，开放时直立，有单瓣或重瓣，花色有红色、淡红色、紫色、白色等，既有单色也有复色，未开放时下垂，花瓣4枚，近圆形，花径5～6厘米，花色丰富，雄蕊多数，花丝丝状，深紫红色，花药

长圆形，黄色。蒴果杯形；种子肾形，内含种子细小、多数。

生境分布 | 耐寒，怕暑热，喜阳光充足的环境，喜排水良好、肥沃的沙壤土。新疆各地均有栽培。

养蜂价值 | 花期5—6月，如分期播种，能从5月陆续开放到9月底。数量多，花色鲜艳，花粉丰富，诱蜂力特强，有利于蜂群繁殖和修脾。花粉黄褐色，花粉粒长球形。

其他用途 | 可用于园林景观。

● **灰毛罂粟** *Papaver canescens* A. Tolm.

别　名 | 阿尔泰黄罂粟、天山罂粟

科　属 | 罂粟科罂粟属

形态特征 | 多年生草本，高10~30厘米，全株被刚毛。根茎分枝或不分枝，密盖覆瓦状排列的残枯叶鞘。叶全部基生，叶片披针形至卵形，长2~5厘米，宽1~2厘米，羽状分裂，裂片2~3对，长圆形或披针形，全缘或再次2~4浅裂或深裂，两面被紧贴的刚毛；叶柄长2~7厘米，平扁，被紧贴的刚毛，基部扩大成鞘。花葶1至数枚，直立或有时弯曲，圆柱形，被紧贴或伸展的刚毛。花单生于花葶先端，直径3~5厘米；花蕾椭圆形或椭圆状圆形，长1~1.2厘米，被褐色或金黄色刚毛；萼片2枚，舟状宽卵形；花瓣4枚，宽倒卵形或扇形，长1.5~3厘米，黄色或橘黄色；雄蕊多数，花丝丝状，长7~10毫米，花药长圆形，长1~2毫米，黄色；子房倒卵状长圆形，被紧贴的刚毛，柱头具6棱，辐射状。蒴果长圆形，长约1厘米，被紧贴的刚毛，柱头盘扁平。

生境分布 | 生于海拔1 500~3 500米的高山草甸、草原、山坡或石坡。分布于新疆北部，布尔津、阿勒泰、裕民、塔城、和布克赛尔、温泉、精河、新源、昭苏和乌鲁木齐等地较多。

养蜂价值 | 花期6—7月。数量较多，分布较广，花粉丰富，诱蜂力强，蜜蜂爱采，有利于蜂群的繁殖和采蜜。花粉蛋黄色，花粉粒圆球形。

其他用途 | 种子入药。

● 红花疆罂粟 *Roemeria refracta* (Stev.) DC.

别　　名	裂叶罂粟、红花裂叶罂粟、红勒米花、红裂叶罂粟、聚折裂叶罂粟
科　　属	罂粟科疆罂粟属

形态特征 │ 一年生草本，高20～50厘米，茎直立，单一或分枝，密被伸展的长刚毛。基生叶片轮廓狭卵形至狭披针形，连叶柄长3～10厘米，一回羽状深裂或全裂，裂片披针形，具疏齿，两面疏被长刚毛，具长柄。花朵生于茎或分枝先端；花梗长3～7厘米，稍压扁，疏被长刚毛。花蕾卵圆形，密被长刚毛，下垂；萼片2枚，舟状，早落；花瓣4枚，扇状倒卵形或近圆形，长2～3.5厘米，红色，近基部具黑色宽环纹；雄蕊多数，花丝丝状，长4～5毫米，向上渐宽，深紫色，花药长圆形，淡紫色；子房卵形，密被黄色刚毛，通常有5～7条纵肋，柱头5～7棱，辐射状。蒴果卵圆形或长圆形，具肋，密被黄色刚毛。种子多数，肾形。

生境分布 │ 生于海拔860～1 100米的低山多石山坡或田边草地。分布于塔城、伊宁、霍城、新源、巩留和乌鲁木齐等地。

养蜂价值 │ 花期4月下旬至5月中旬。花鲜艳，花粉丰富，蜜蜂喜采，有利于春季蜂群的繁殖。花粉黄褐色，花粉粒椭圆形。

其他用途 │ 可供观赏。

● 烟堇 *Fumaria officinalis* Linnaeus

科　　属	罂粟科烟堇属

形态特征 │ 一年生草本，高10～40厘米，直立至铺散，无毛。主根圆柱形，长6～7厘米或更长，粗1～2毫米，具侧根和纤维状细根。茎自基部多分枝，具纵棱，基生叶少数，叶片多回羽状分裂，小裂片线形至线状披针形，长0.5～1.5厘米，叶柄基部具短鞘；茎生叶多，与基生叶同形，但具短柄。总状花序顶生和对叶生，长1.5～2厘米，多花，密集排列，具明显的花序梗；苞片钻形，长1～1.5毫米；萼片卵形，具不规则的缺刻状齿，早落；花瓣粉红色或紫红色，上花瓣先端圆钝或稀微缺刻，绿色带紫，背部具暗紫色的鸡冠状突起，末端下弯；下花瓣舟状狭长圆形，先端绿色带紫，边缘开展，内花瓣匙状长圆形，先端具圆尖突，上部暗紫色；子房卵形，花柱细，柱头具2乳突。坚果近球形至倒卵形，具皱纹。

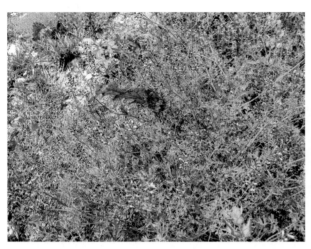

生境分布 | 生于海拔620～2 200米的耕地、果园、村边、路旁或石坡，为常见杂草。新疆各地均有分布。

养蜂价值 | 花期5月。数量多，分布广，花期早，有蜜有粉，有利于蜂群繁殖。

其他用途 | 可作牧草。

● **天山报春** *Primula natans* Georgi

科　　属 | 报春花科报春花属

形态特征 | 多年生草本。根状茎短小，具多数须根。叶全部基生，叶片卵形、矩圆形或近圆形，长1～3厘米，宽0.4～1.5厘米，先端钝圆，基部圆形至楔形，全缘或微具浅齿，两面无毛；叶柄稍纤细，通常与叶片近等长，有时长于叶片1～3倍。花葶高10～25厘米，无毛；伞形花序4～8朵；苞片矩圆形，花萼狭钟状，长5～8毫米，具5棱，外面通常有褐色小腺点，裂片矩圆形至三角形，先端锐尖或钝，边缘密被小腺毛；花冠淡紫红色，冠筒口周围黄色，冠筒长6～10毫米，喉部具环状附属物，冠檐直径1～2厘米，裂片倒卵形，先端2深裂；长花柱花雄蕊着生于冠筒中部，花柱微伸出筒口；短花柱花雄蕊着生于冠筒上部，花药顶端微露出筒口，花柱长略超过冠筒中部。蒴果筒状，顶端5浅裂。

生境分布 | 生于海拔1 000～2 000米的湿草地、林缘和草甸中。分布于天山北部和阿尔泰山。

养蜂价值 | 花期6—7月。花期较长，蜜粉较多，蜜蜂喜采，有利于蜂群繁殖。

其他用途 | 可供观赏。

● **雪山报春** *Primula nivalis* Pall.

科　　属 | 报春花科报春花属

形态特征 | 多年生草本。具多数细长的纤维状须根。叶丛基部有鳞片，叶柄包叠成假茎状；叶长圆状卵形或长圆状披针形，先端钝或稍尖，边缘具明显的小锯齿，基部渐狭成柄；叶片两面无毛，无粉，中肋宽。花葶高10～25厘米，果期长可达35厘米。伞形花序1轮，通常具花8～12枚；苞片矩圆形，花萼狭钟状；裂片矩圆形至三角形，先端锐尖或钝；花冠蓝紫色、紫色或粉红色。

生境分布 | 生于山地草原、高山草甸、河谷、渠边、湖旁。分布于阿尔泰山、天山伊犁地区、青河、福海、阿勒泰、布尔津、新源、巩留和昭苏等地较多。

养蜂价值 | 花期5—6月。花色鲜艳，诱蜂力强，蜜蜂喜采，有利于春季蜂群的繁殖。

其他用途 | 可供观赏。

● **假报春** *Cortusa matthioli* L.

科　　属 | 报春花科假报春属

形态特征 | 多年生草本。株高20～40厘米。叶基生，轮廓近圆形，长3.5～8厘米，宽4～8厘米，基部深心形，边缘掌状浅裂，裂深不超过叶片的1/4，裂片三角状半圆形，边缘具不整齐的钝圆或稍锐尖牙齿，上面深绿色，被疏柔毛或近于无毛，下面淡灰色，被柔毛；叶柄长为叶片的1倍，被柔毛。花葶直立，通常高出叶丛1～2倍，被稀疏柔毛或近于无毛；伞形花序5～8花；苞片狭楔形，顶端有缺刻状深齿；花梗纤细，不等长；花萼长4.5～5毫米，分裂略超过中部，裂片披

针形，锐尖；花冠漏斗状钟形，紫红色，长8~10厘米，分裂超过中部，裂片长圆形，先端钝；雄蕊着生于花冠基部，花药纵裂，先端具小尖头；花柱伸出花冠外。蒴果圆筒形，长于宿存花萼。

生境分布 ｜ 生于云杉、落叶松林下腐殖质较多的阴处。分布于天山、阿尔泰山及准噶尔西部山区。奇台、乌鲁木齐、尼勒克、新源、巩留、特克斯、昭苏、博乐、裕民、哈巴河、布尔津和阿勒泰等地较多。

养蜂价值 ｜ 花期5月下旬至6月下旬。花色鲜艳，蜜粉丰富，诱蜂力强，蜜蜂喜采，有利于山区蜂群繁殖。花粉黄色，花粉粒长圆形。

其他用途 ｜ 可供观赏。

● **海乳草** *Glaux maritima* L.

科　　属 ｜ 报春花科海乳草属

形态特征 ｜ 多年生小草本，高5~25厘米。根常数条束生，较粗壮，直径1~2毫米；根状茎横走，粗达2毫米，节部被对生的卵状膜质鳞片。茎直立或斜生，通常单一或下部分枝，无毛，基部节上被淡褐色卵形膜质鳞片状叶。叶密集，肉质，交互对生、近对生或互生，近无柄或有短柄；叶片线形、长圆状披针形至卵状披针形，长5~15毫米，宽1.8~3.5毫米，基部楔形，先端钝，全缘。花小，腋生，花梗长约1毫米；花萼广钟形，粉白色至蔷薇色，直径5~6毫米，5中裂，裂片长圆状卵形至卵形，全缘；无花冠；雄蕊5枚，与萼近等长或稍短；花丝基部扁宽，长约4毫米，花药心形，背部着生；子房卵形，长约1.3毫米，花柱细长，长约2.5毫米，超出花萼，胚珠8~9粒。蒴果卵状球形，长2毫米，直径约2.5毫米，顶端瓣裂；种子6~8粒，棕褐色，近椭圆形，长约1毫米。

生境分布 ｜ 常生于低湿草甸、河畔滩地、盐化草甸、沼泽草甸、盐渍化草甸、盐渍化低湿地及绿洲村旁。北疆各地均有分布。

养蜂价值 ｜ 花期6月。数量较多，花色艳，诱蜂力强，蜜蜂爱采，有利于蜂群繁殖。

其他用途 ｜ 茎细柔软，多汁，羊、兔、猪及禽类喜食，马、牛、骆驼也采食，为中等饲用植物；种子含油10%~15%，可作肥皂原料。

● **点地梅** *Androsace umbellata*

别　　名 ｜ 喉咙草、铜钱草、白花珍珠草、天星草

科　　属 ｜ 报春花科点地梅属

形态特征 │ 一年生或二年生无茎草本。全株被节状的细柔毛。主根不明显，具多数须根。叶全部基生，平铺地面；叶柄长1～4厘米，被开展的柔毛；叶片近圆形或卵圆形，直径5～20毫米，先端钝圆，基部浅心形至近圆形，边缘具三角状钝牙齿，两面均被贴伏的短柔毛。花葶通常数枚自叶丛中抽出，高4～15厘米，被白色短柔毛。伞形花序4～15花；苞片数枚，卵形至披针形；花萼5深裂，几乎达基部，裂片长卵形或卵状披针形；花冠白色，直径4～6毫米，筒部长约2毫米，短于花萼，喉部黄色，5裂，裂片倒卵状长圆形；雄蕊着生于花冠筒中部，花丝短；子房球形，花柱短，胚珠多数。蒴果近球形，先端5瓣裂，裂瓣膜质，白色，具宿存花萼；种子棕褐色，长圆状多面体形。

生境分布 │ 生于高山和亚高山的向阳地、疏林下及林缘、草地等处。天山、阿尔泰山、准噶尔西部山区均有分布。

养蜂价值 │ 花期4月底至5月底。数量多，花期早，有蜜有粉，有利于春季蜂群的繁殖。

其他用途 │ 全草入药。

● 刺叶 *Acanthophyllum pungens* (Bge.) Boiss.

科　　属 │ 石竹科刺叶属

形态特征 │ 亚灌木状草本，高15～35厘米。主根粗壮。茎丛生，直立，基部分枝，常呈圆球状，被短茸毛。叶平展或反折，叶片锥状针形，长2～4厘米，宽1～1.5毫米，被稀疏短茸毛，从叶腋生出针刺状不育短枝。伞房花序或头状花序顶生，直径2～5厘米；花梗极短；苞片叶状，被毛；花萼筒状，萼管具5齿，有时呈红色，被白色短柔毛，纵脉5条，萼齿宽三棱形，长约1毫米，顶端锥刺状，边缘下部膜质，具缘毛；雌雄蕊柄近无；花瓣5枚，红色或淡红色，椭圆状倒披针形，长约12毫米，宽1.52毫米，顶端圆钝；雄蕊10枚，外露，长达14毫米，花丝无毛；子房1室，具4枚胚珠；花柱2裂，明显外露。蒴果顶端4瓣裂或不裂，有1~2粒种子。

生境分布 ｜ 生于海拔400~1 300米的砾石山坡、沙丘、固定沙地。分布于准噶尔盆地，以富蕴、福海、吉木乃、塔城等地较多。

养蜂价值 ｜ 花期6月上旬至7月上旬。数量多，花期长，花色艳，蜜粉丰富，蜜蜂爱采，有利于蜂群的繁殖和采蜜。花粉黄褐色，花粉粒近圆形。

其他用途 ｜ 可供观赏。

● 薄蒴草 *Lepyrodiclis holosteoides* (C. A. Mey.) Fisch. et Mey.

科　　属 ｜ 石竹科薄蒴草属

形态特征 ｜ 一年生草本，高40~100厘米，全体有腺毛。茎多分枝，具纵条纹，嫩枝上有细而长的柔毛。叶片披针形，长3~7厘米，宽2~5毫米，有时达10毫米，顶端渐尖，基部渐狭，上面被柔毛，沿中脉较密，边缘具腺柔毛。圆锥花序开展；苞片草质，披针形或线状披针形；花梗细，密生腺柔毛；萼片5枚，线状披针形，顶端尖，边缘狭膜质，外面疏生腺柔毛；花瓣5枚，白色，宽倒卵形，与萼片等长或稍长，顶端全缘；雄蕊通常10枚，花丝基部宽扁；花柱2裂，线形。蒴果卵圆形；种子扁卵圆形，红褐色，具突起。

生境分布 ｜ 生于海拔1 200~2 800米的山地草原或林缘。分布于北疆山区。

养蜂价值 ｜ 花期6月下旬至8月上旬。蜜粉丰富，蜜蜂喜采，有利于蜂群繁殖和采蜜。花粉淡黄色，花粉粒近球形。

其他用途 ｜ 花期全草药用。

● 瞿麦 *Dianthus superbus* L.

别　　名 ｜ 野麦、石柱花、十样景花

科　　属 ｜ 石竹科石竹属

形态特征 ｜ 多年生草本，高40~60厘米。茎丛生，直立，上部分枝。单叶对生，线形至线状披针形，长4~7厘米，宽3~8毫米，顶端渐尖，基部呈短鞘状抱茎，全缘或有细齿，两面粉绿色。花单生或数朵集成疏聚伞花序；苞片2~3对，倒卵形，长6~10毫米，约为花萼1/4，宽4~5毫米，顶端

长尖；花萼圆筒形，长2.5～3厘米，常染紫红色晕，萼齿披针形，长4～5毫米；花瓣长4～5厘米，爪长1.5～3厘米，包于萼筒内，瓣片宽倒卵形，边缘檞裂至中部或中部以上，通常淡红色或带紫色，稀白色，喉部具丝毛状鳞片；雄蕊10枚；子房1室，花柱2裂。蒴果长筒形，4齿裂，有宿萼；种子扁平，黑色，边缘有宽于种子的翅。

生境分布 | 生于山坡、草丛、岩石缝中或山地针叶林带。分布于北疆山区中山带，伊宁、尼勒克、精河、博乐、塔城、奇台、阜康、乌鲁木齐等地较多。

养蜂价值 | 花期6月下旬至8月上旬。数量多，分布广，花期长，花色艳，有蜜有粉，有利于蜂群繁殖和取蜜。花粉淡黄色，花粉粒长球形。

其他用途 | 全草入药。可作为观赏花卉。

长萼石竹 *Dianthus kuschakewiczii* Regel et Schmalh.

科　　属 | 石竹科石竹属

形态特征 | 多年生草本，高20～35厘米。茎多数，无毛，分枝。叶片线形，长2～8厘米，宽0.5～2毫米，顶端急尖，无毛，质软，基部合生成叶鞘。花单生于茎枝顶端；苞片4枚，外对长圆

形至椭圆形，内对卵状椭圆形，具短尖头，革质，边缘膜质，长为花萼1/3～1/2；花萼圆筒形，长25～35毫米，直径4毫米，萼齿披针形渐尖，边缘狭膜质；花瓣粉白色，瓣片长圆形，瓣片边缘深细裂成丝状裂片，无毛。蒴果圆筒形。

生境分布 | 生于海拔800～2 500米的草原、山坡、河岸沙砾处。分布于新疆北部的富蕴、阿勒泰、哈巴河、塔城、托里、昭苏、特克斯、玛纳斯、乌鲁木齐、鄯善和哈密等地。

养蜂价值 | 花期6月下旬至8月下旬。花期长，分布广，数量多，花色鲜艳，蜜粉较多，诱蜂力强，是较好的辅助蜜粉源植物。花粉淡黄色，花粉粒长球形。

其他用途 | 可作园林观赏植物；全草入药。

本属大苞石竹（*D. hoeltzeri* Winkl.）产于阿尔泰山南坡、塔尔巴哈台山、阿拉套山、天山北坡等地；准噶尔石竹（*D. soongoricus* Schischk.）产于天山北坡、阿尔泰山南坡、阿拉套山、塔尔巴哈台山以及南疆的和静、乌恰等地；缝裂石竹（*D. orientalis* Adams）产于昭苏、特克斯、巩留、伊宁、霍城、托里、和静、乌鲁木齐、阜康、奇台等地，亦是蜜粉源植物。

● 狗筋麦瓶草 *Silene vulgaris* (Moench.) Garcke

科　　属 | 石竹科蝇子草属

形态特征 | 多年生草本，高40～100厘米，全株无毛，呈灰绿色。根微粗壮，木质。茎疏丛生，直立，上部分枝，常灰白色。叶片卵状披针形或卵形，长4～10厘米，宽1～3厘米，下部茎生叶基部渐狭成柄状，顶端渐尖或急尖，中脉明显，上部茎生叶基部楔形或圆形，微抱茎。二歧聚伞花序大型；花微俯垂；花梗比花萼短或近等长；苞片卵状披针形，草质；花萼宽卵形，呈囊状，萼齿短，宽三角形，边缘具缘毛；雌雄蕊柄无毛；花瓣白色，长15～18毫米，瓣片露出花萼，深2裂几乎达瓣片基部，裂片狭倒卵形；雄蕊明显外露，花丝无毛，花药蓝紫色；花柱明显外露。蒴果近圆球形；种子圆肾形，褐色。

　　生境分布 ｜ 生于海拔150～2 700米的草甸、灌丛中、林下多砾石的草地或撂荒地。分布于天山、阿尔泰山、阿拉套山等地。

　　养蜂价值 ｜ 花期6—8月。数量较多，分比较广，花期较长，有蜜有粉，有利于蜂群的繁殖。花粉黄色，花粉粒扁球形。

　　其他用途 ｜ 幼嫩植株可作野菜食用；可药用。

● 女娄菜 *Silene aprica*

　　科　　属 ｜ 石竹科蝇子草属

　　别　　名 ｜ 罐罐花、对叶草、对叶菜、大叶金石榴、土地榆、金打蛇

　　形态特征 ｜ 一年生、二年生或多年生草本，高20～70厘米。全株密被短柔毛。茎直立，由基部分枝。叶对生，上部叶无柄，下面叶具短柄；叶片线状披针形至披针形，长4～7厘米，宽4～8厘米，先端急尖，基部渐窄，全缘。聚伞花序2～4分歧，小聚伞2～3花；萼管长卵形，具10脉，先端5齿裂；花瓣5枚，白色，倒披针形，先端2裂，基部有爪，喉部有2鳞片；雄蕊10枚，略短于花瓣；子房上位，花柱3枚。蒴果椭圆

蔓茎蝇子草

形，先端6裂，外围宿萼与果近等长；种子多数，黑褐色，有瘤状突起。

　　生境分布 ｜ 生于海拔1 600～3 800米的山坡草地或路旁草丛中。分布于天山山区、阿尔泰山区、准噶尔西部山区；阜康、乌鲁木齐、玛纳斯、新源、阿勒泰、布尔津和塔城等地较多。

　　养蜂价值 ｜ 花期6—7月。数量多，花期长，有蜜有粉，蜜蜂喜采，有利于蜂群的繁殖。

　　其他用途 ｜ 全草入药。

　　本属还有蔓茎蝇子草（*Silene repens* Patrin ex Pers.）分布于天山山区及阿尔泰山区，亦为辅助蜜粉源植物。

● 麦蓝菜 *Vaccaria hispanica*（Miller）Rauschert

　　别　　名 ｜ 王不留行、灯盏窝、大麦牛

　　科　　属 ｜ 石竹科麦蓝菜属

　　形态特征　｜　一年生草本，高30~70厘米，全株无毛，微被白粉，呈灰绿色。根为主根系。茎单生，直立，上部分枝。叶片卵状披针形或披针形，长3~9厘米，宽1.5~4厘米，基部圆形或近心形，微抱茎，顶端急尖，具3基出脉。伞房花序稀疏；花梗细，长1~4厘米；苞片披针形，着生于花梗中上部；花萼卵状圆锥形，后期微膨大呈球形；萼齿小，三角形，顶端急尖，边缘膜质；雌雄蕊柄极短；花瓣淡红色，长14~17毫米，宽2~3毫米，爪狭楔形，淡绿色，瓣片狭倒卵形，斜展或平展，微凹缺；雄蕊内藏；花柱线形，微外露。蒴果宽卵形或近圆球形；种子近圆球形，红褐色至黑色。

　　生境分布　｜　生于路边荒地、山坡、沟渠边和麦田中。分布于吉木乃、布尔津、富蕴、青河、伊吾、巴里坤、木垒、奇台、阜康、乌鲁木齐、玛纳斯、沙湾、特克斯、和布克赛尔、额敏、塔城、裕民、吐鲁番和叶城等地。

　　养蜂价值　｜　花期5—6月。数量多，分布广，有蜜有粉，蜜蜂喜采，有利于春季蜂群繁殖。花粉黄褐色，花粉粒长圆形。

　　其他用途　｜　种子（药名王不留行）入药。

● 六齿卷耳　*Cerastium cerastoides* (L.) Britt.

　　科　　属　｜　石竹科卷耳属

　　形态特征　｜　多年生草本，高10~20厘米。茎丛生，基部稍匍生，节上生根，上部分枝，密生柔毛。叶片线状披针形，长0.8~2厘米，宽1.5~3毫米，顶端渐尖，叶腋具不育短枝。聚伞花序，具3~7花，稀单生；苞片草质，披针形；花梗长1.5~2厘米，密被短腺柔毛，果时下折；萼片宽披针形，长4~7毫米，边缘膜质，具单脉，近无毛；花瓣倒卵形，长8~12毫米，顶端2浅裂至1/4；雄蕊

10枚；花柱3裂。蒴果圆柱状，长10～12毫米，6齿裂；种子圆肾形，略扁，具疣状突起。

生境分布 | 生于海拔1 050～2 400米的山谷草地、河岸边。

养蜂价值 | 花期6月上旬至7月上旬。花期长，蜜粉丰富，蜜蜂喜采，有利于蜂群繁殖和采蜜。花粉黄色，花粉粒长圆形。

其他用途 | 全草入药；嫩茎叶可作野菜食用；可作牧草。

● 天山卷耳 *Cerastium tianschanicum* Schischk.

科　　属 | 石竹科卷耳属

形态特征 | 多年生草本，高15～35厘米，全株密被柔毛。茎上升，上部分枝。基生叶早枯；茎生叶叶片线状披针形，长2～5厘米，宽3～6毫米，无毛或被疏柔毛，顶端渐尖，基部无柄，微抱茎。聚伞花序具2～8朵花；花梗与花萼近等长或为花萼的2～3倍，花后开展或拱曲；萼片5枚，披针形，长6～7.5毫米，宽2～3毫米，顶端钝，边缘膜质，外面被腺柔毛；花瓣5枚，白色，长圆状倒心形，长约9毫米，宽5毫米，顶端微凹；雄蕊10枚，短于花瓣，花丝扁线形，无毛；花柱5裂，线形，与雄蕊近等长。蒴果长圆形，比宿存萼长1倍，10齿裂，裂齿直立；种子肾形或圆形，直径约1毫米，深褐色，具细疣状突起。

生境分布 | 生于海拔1 500～2 700米的山坡针、阔混交林缘、亚高山草甸、河边等处。分布于天山区，奇台、阜康、乌鲁木齐、和静、新源、尼勒克、巩留、特克斯和昭苏等地较多。

养蜂价值 | 花期5月底至6月底。花期较长，蜜粉丰富，蜜蜂喜采，有利于蜂群的繁殖。花粉黄褐色，花粉粒长圆形。

其他用途 | 全草入药；嫩茎叶可食用；可作牧草。

● 卷耳 *Cerastium arvense* L.

别　　名 | 田卷耳

科　　属 | 石竹科卷耳属

形态特征 | 多年生草本，高5～20厘米。植株下部被白色柔毛，上部具腺毛。主根细长，侧根纤细。茎丛生或单生，直立，基部分枝，绿色并常带紫红色。茎下部的叶匙形，长1～1.5厘米，宽2～3.5毫米，先端钝或急尖，基渐狭，呈柄状；茎上部的叶长椭圆状披针形或披针形，长1～2厘米，宽3～5毫米，先端急尖，基部较宽，抱茎；叶两面的腺毛较稀。聚伞状花序，具3～7花或较多；苞

片披针形，先端急尖，边缘有时窄膜质，基部较宽；花梗细，长为萼片的2～3倍，具较密的腺毛；萼片5枚，披针形，先端急尖，边缘膜质，基部较宽，背面密生腺毛；花瓣5枚，倒卵形，长为萼片的1.3～1.5倍，先端2裂至1/3，白色；雄蕊10枚，花丝扁，线形，花药椭圆形，黄色；子房卵圆形，花柱5裂，线形。

生境分布 ｜ 生于海拔1 900～3 200米的云杉疏林下潮湿的草丛中。天山、阿尔泰山均有分布。

养蜂价值 ｜ 花期6—8月。数量多，分布广，花期长，有蜜有粉，蜜蜂喜采，有利于蜂群繁殖和采蜜。花粉黄色，花粉粒长圆形。

其他用途 ｜ 全草入药。

● **新疆种阜草** *Moehringia umbrosa* (Bge.) Fenzl

别　　名 ｜ 耐阴种阜草

科　　属 ｜ 石竹科种阜草属

形态特征 ｜ 多年生小草本，高5～18厘米，全株疏生短柔毛。茎丛生，基部分枝。叶片长圆状披针形、卵状披针形或披针形，长1～3厘米，宽2～5毫米，顶端尖，基部渐狭，无柄，上面疏生短柔毛，下面柔毛较密，中脉较明显。花单生于叶腋或茎顶；花梗细，长1.2～1.7厘米，被短柔毛；萼片卵状披针形，长2～3毫米，顶端急尖，基部具毛；花瓣白色，长圆状倒卵形，比萼片长2～2.5倍；雄蕊花丝有毛；花柱线形，长有子房2倍。蒴果卵圆状，长5~6毫米；种子肾形，直径约0.3毫米，稍扁，褐色，种脐旁有白色膜质种阜。

生境分布 | 生于海拔1 700~2 100米的林下、草地。分布于天山、阿尔泰山；乌鲁木齐、玛纳斯、沙湾、尼勒克和昭苏等地较多。

养蜂价值 | 花期5月中旬至6月上旬。花色艳，花期长，蜜粉丰富，蜜蜂喜采，有利于山区蜂群繁殖。花粉黄褐色，花粉粒圆球形。

其他用途 | 可供观赏。

● 红瑞木 *Swida alba* Opiz

别　　名 | 凉子木、红瑞山茱萸

科　　属 | 山茱萸科梾木属

形态特征 | 落叶灌木，高3米。树皮紫红色；老枝血红色，无毛，常被白粉，叶片卵形至椭圆形，长4~9厘米，宽2.5~5.5厘米；侧脉5~6对。伞房状聚伞花序顶生，较密，宽3厘米，被白色短柔毛；花小，黄白色；萼坛状，裂片4枚，萼齿三角形；花瓣4枚，卵状椭圆形；雄蕊4枚，着生于花盘外侧，花丝微扁，花药淡黄色，2室；花柱圆柱形，子房近于倒卵形，疏被贴伏的短柔毛，柱头盘状，宽于花柱。核果斜卵圆形，成熟时白色稍带蓝紫色。

生境分布 | 红瑞木适应性强，耐寒、耐旱、耐修剪，喜光，喜湿润、半阴及肥沃土壤。新疆均有栽培。

养蜂价值 | 花期5—6月。花期长，蜜粉丰富，蜜蜂喜采，有利于蜂群繁殖。花粉蛋黄色，花粉粒长球形。

其他用途 | 可供观赏，绿化；茎皮入药。

● 苋 *Amaranthus tricolor* L.

别　　名 | 雁来红、老来少、三色苋

科　　属 | 苋科苋属

形态特征 | 一年生草本，高80~150厘米。茎粗壮，绿色或红色，常分枝，幼时有毛或无毛。叶片卵形或披针形，长4~10厘米，宽2~7厘米，绿色、红色或紫色，或部分绿色夹杂其他颜色，顶端圆钝或尖凹，具凸尖，基部楔形，全缘或波状缘，无毛；叶柄长2~6厘米，绿色或红色。花簇腋

生，直到下部叶，或同时具顶生花簇，呈下垂的穗状花序；花簇球形，直径5～15毫米，雄花和雌花混生；苞片及小苞片卵状披针形；花被片矩圆形，绿色或黄绿色，顶端有一长芒尖，背面具一绿色或紫色隆起中脉；雄蕊比花被片长或短。胞果卵状矩圆形；种子近圆形，黑棕色。

生境分布 ｜ 苋菜喜温暖气候，耐热力强，不耐寒冷。新疆各地均有栽培。

养蜂价值 ｜ 花期5—8月。花粉丰富，可为蜂群提供一部分蛋白质饲料。花粉黄褐色，花粉粒近球形。

其他用途 ｜ 茎、叶为蔬菜；全草入药。

● 反枝苋 *Amaranthus retroflexus* L.

别　　名 ｜ 野苋菜、苋菜、西风谷
科　　属 ｜ 苋科苋属
形态特征 ｜ 一年生草本，高20～80厘米，有时达1米多。茎直立，粗壮，单一或分枝，淡绿色，有时具紫色条纹，稍具钝棱，密生短柔毛。叶片菱状卵形或椭圆状卵形，长5～12厘米，宽2～5厘米，顶端锐尖或尖凹，有小凸尖，基部楔形，全缘或波状缘，两面及边缘有柔毛，下面毛较密；叶柄长1.5～5.5厘米，淡绿色，有时淡紫色，有柔毛。圆锥花序顶生及腋生，直立，直径2～4厘米，由多数穗状花序形成，顶生花穗较侧生者长；苞片及小苞片钻形，长4～6毫米，白色，背面有1龙骨状突起，伸出顶端成白色尖芒；花被片矩圆形或矩圆状倒卵形，长2～2.5毫米，薄膜质，白色，有一淡绿色细中脉，顶端急尖或尖凹，具凸尖；雄蕊比花被片稍长；柱头3裂，有时2裂。胞果扁卵形，长约1.5毫米，环状横裂，薄膜质，淡绿色，包裹在宿存花被片内。种子近球形，直径1毫米，棕色或黑色，边缘钝。

生境分布 ｜ 生于农田、果园、荒地和路旁、房前屋后。为常见杂草。新疆各地均有分布。

养蜂价值 ｜ 花期6月下旬至7月下旬。数量多，分布广，蜜粉丰富，蜜蜂喜采，有利于蜂群繁殖。花粉土黄色，花粉粒长圆形。

其他用途 ｜ 嫩茎叶为野菜，也可作家畜饲料；全草可入药。

● 千屈菜 *Lythrum salicaria* L.

别　　名	水枝柳、水柳、对叶莲
科　　属	千屈菜科千屈菜属

形态特征 | 多年生草本。根状茎横卧于地下，粗壮。茎直立，多分枝，高30～100厘米，全株青绿色，略被粗毛或密被茸毛，枝通常具4棱。叶对生或3叶轮生，披针形或阔披针形，长4～6厘米，宽8～15毫米，顶端钝形或短尖，基部圆形或心形，有时略抱茎，全缘，无柄。聚伞花序，簇生，因花梗及总梗极短，花枝全形似一大型穗状花序；苞片阔披针形至三角状卵形，有纵棱12条，稍被粗毛，裂片6裂，三角形；附属体针状，直立；花瓣6裂，红紫色或淡紫色，倒披针状长椭圆形，基部楔形，长7～8毫米，着生于萼筒上部；雄蕊12裂，6长6短，伸出萼筒之外；子房2室，花柱长短不一。蒴果扁圆形。

生境分布 | 生于河岸、沼泽、溪沟边和潮湿草地。新疆各地均有分布，北疆较多。

养蜂价值 | 花期6—7月。数量较多，分比较广，花色鲜艳，诱蜂力强，蜜蜂喜采，有利于蜂群繁殖和采蜜。花粉蛋黄色，花粉粒圆球形。

其他用途 | 可作园林观赏植物；嫩茎叶可作野菜食用。

本属还有帚枝千屈菜（*L. virgatum* L.）产于北疆各地；中型千屈菜（*L. intermedium* Ledeb.）新疆各地均有分布，亦为蜜粉源植物。

● 美人蕉 *Canna indica* L.

别　　名	红艳蕉、小花美人蕉、小芭蕉
科　　属	美人蕉科美人蕉属

　　形态特征 │ 多年生草本植物，高可达80～150厘米，具块状根茎。地上枝丛生，全株绿色无毛。单叶互生，具鞘状的叶柄；叶片卵状长圆形，长10～30厘米，宽达10厘米。总状花序，花单生或对生；萼片3枚，绿白色，先端带红色，长约1厘米；花冠大多红色，外轮退化雄蕊2～3枚，长3～3.5厘米，鲜红色，其中2枚倒披针形；唇瓣披针形，长3厘米，弯曲；花柱扁平，一半和发育雄蕊的花丝连合。蒴果，绿色，长卵形。

　　生境分布 │ 栽培植物，新疆各地均有栽培。

　　养蜂价值 │ 花期6—9月。分布广，花期长，花大色艳、色彩丰富，有蜜有粉，蜜蜂喜采，有利于蜂群的繁殖。花粉淡黄色，花粉粒长球形。

　　其他用途 │ 可作园林观赏植物；根茎入药。

● 柳叶菜 *Epilobium hirsutum* L.

　　别　　名 │ 水丁香、通经草、水兰花、菜子灵

　　科　　属 │ 柳叶菜科柳叶菜属

　　形态特征 │ 多年生草本植物，高30～100厘米。茎圆柱形，绿色，入秋变淡红色，被曲柔毛。茎下部叶对生，上部叶互生，叶近革质，常反折，卵状披针形，先端渐尖，基部圆形或阔楔形。花单生于叶腋，花蕾卵状长圆形，子房灰绿色至紫色，萼片长圆状线形，背面隆起呈龙骨状；花瓣玫瑰红色或紫红色，宽倒心形，先端凹缺；花药乳黄色，长圆形；花柱直立，白色或粉红色；雄蕊8枚，4长4短；柱头白色，4深裂，裂片长圆形。蒴果；种子倒卵状，深褐色。

　　生境分布 │ 生于平原及浅山带的灌丛、河岸、荒坡及路旁。新疆各地均有分布，伊犁地区较多。

　　养蜂价值 │ 花期6—7月。数量多，分布广，花期长，蜜粉丰富，蜜蜂喜采，有利于蜂群繁殖和生产商品蜜。花粉黄色，花粉粒扁球形。

　　其他用途 │ 柳叶菜的嫩叶可作野菜食用；根及全草入药。

● 小花柳叶菜 *Epilobium parviflorum* Schreber

科　属 | 柳叶菜科柳叶菜属

形态特征 | 多年生草本，直立。茎高18～100厘米，粗3～10毫米，在上部常分枝，周围混生长柔毛与短的腺毛，下部被伸展的灰色长柔毛，同时叶柄下延的棱线多少明显。叶对生，茎上部的互生，狭披针形或长圆状披针形，长3～12厘米，宽0.5～2.5厘米，先端近锐尖，基部圆形，边缘每侧具15～60枚不等距的细齿，两面被长柔毛。总状花序直立，常分枝；苞片叶状；花直立，花蕾长圆状倒卵球形，长3～5毫米，直径2～3毫米；子房长1～4厘米，密被直立短腺毛，有时混生少数长柔毛；花梗长0.3～1厘米；花管长1～1.9毫米，直径1.3～2.5毫米，在喉部有一圈长毛；萼片狭披针形，长2.5～6毫米，背面隆起呈龙骨状，被腺毛与长柔毛；花瓣粉红色至鲜玫瑰紫红色，稀白色，宽倒卵形，长4～8.5毫米，宽3～4.5毫米，先端凹缺深1～3.5毫米；雄蕊长圆形；花柱直立，白色至粉红色，无毛；柱头4深裂，裂片长圆形，与雄蕊近等长。蒴果，长3～7厘米，种子倒卵球状。

生境分布 | 生于平原河谷、溪流、低湿润地及向阳荒坡草地。分布于新疆各地平原地区。

养蜂价值 | 花期6—8月。数量多，分布广，花期长，有蜜有粉，有利于蜂群繁殖和生产商品蜜。花粉黄褐色，花粉粒圆球形。

其他用途 | 嫩叶可食用；全草入药。

● 天山柳叶菜 *Epilobium tianschanicum* Pavlov.

科　属 | 柳叶菜科柳叶菜属

形态特征 | 多年生丛生草本。自茎基部生出越冬的肉质根数条，或多叶的莲座状芽，其叶翌年变褐色，并疏生于根状茎上。茎高30～50厘米，粗3～4毫米，不分枝，基部常外倾，上部周围被曲柔毛，下部除棱线被曲柔毛外其余近无毛。叶对生，花序上的互生，狭卵形或披针形，长3～5厘米，宽0.9～1.4厘米，先端锐尖，基部近圆形或宽楔形，边缘每边具14～25枚

细距齿，侧脉每侧4～5条，两面脉上与边缘有稀疏的曲柔毛；叶柄长2～4毫米。花序稍下垂，周围被曲柔毛；花直立；花蕾椭圆状长圆形，被曲柔毛；萼片长圆状披针形，背面具多少龙骨状突起，疏被曲柔毛；花瓣玫瑰紫色，倒卵形，长5.5～6.5毫米，宽2.5～3毫米，先端凹缺深0.7～1毫米；雄蕊长圆形；花柱直立，无毛；柱头棍棒状，稀近头状，顶端全缘，稀具极浅的齿缺，与长的一轮雄蕊近等长。蒴果长4～6厘米，疏被曲柔毛。种子狭倒卵状，具很短的喙，褐色；种缨灰白色，易脱落。

　　生境分布 ｜ 生长于海拔1 000～1 700米的山区河谷、溪流湿处。分布于天山山区，玛纳斯、新源、尼勒克、巩留和特克斯等地较多。

　　养蜂价值 ｜ 花期7—8月。天山山区分布较广，花期长，有蜜有粉，蜜蜂喜采，有利于蜂群的繁殖和采蜜。花粉黄色，花粉粒长圆形。

　　其他用途 ｜ 可供观赏；根及全草入药。

● 沼生柳叶菜 *Epilobium palustre* L.

　　别　　名 ｜ 水湿柳叶菜、沼泽柳叶菜、独木牛，
　　科　　属 ｜ 柳叶菜科柳叶菜属
　　形态特征 ｜ 多年生直立草本，自茎基部底下或地上生出纤细的越冬匍匐枝，长5～50厘米。稀疏的节上生成对的叶，顶生肉质鳞芽，翌年鳞叶变褐色。茎高15～70厘米，粗0.5～5.5毫米，不分枝或分枝，有时中部叶腋有退化枝，圆柱状，无棱线，周围被曲柔毛，有时下部近无毛。叶对生，花序上的互生，近线形至狭披针形，长1.2～7厘米，宽0.3～1.2厘米，先端锐尖或渐尖，有时稍钝，基部近圆形或楔形，边缘全缘或每边有5～9枚不明显浅齿，侧脉每侧3～5条，不明显，下面脉上与边缘疏生曲柔毛或近无毛。花序花前直立或稍下垂，密被曲柔毛，有时混生腺毛；花近直立；花蕾椭圆状卵形；萼片长圆状披针形，先端锐尖，密被曲柔毛与腺毛；花瓣白色至粉红色或玫瑰紫色，倒心形，长5～7毫米，宽2～3毫米，先端的凹缺深0.8～1毫米；花药长圆状；柱头棍棒状至近圆柱状，开花时稍

伸出外轮花药。蒴果长3～9厘米；种子棱形至狭倒卵状，褐色，表面具细小乳突；种缨灰白色或褐黄色，不易脱落。

生境分布 │ 生于海拔800～2 000米的浅山带至山地河谷、溪沟旁、草地湿润处。分布于新疆各地，奇台、阜康、新源、尼勒克、巩留和特克斯等地较多。

养蜂价值 │ 花期6—8月。分布较广，花期长，有蜜有粉，蜜蜂喜采，有利于蜂群的繁殖。花粉黄色，花粉粒长圆形。

其他用途 │ 全草入药。

本属还有新疆柳叶菜（*E. anagallidifolium* Lam.），产于阿尔泰山区；均为辅助蜜粉源植物。

● 宽叶柳兰 *Chamerion latifolium* (L.) Fries et Lange

科　属 │ 柳叶菜科柳兰属

形态特征 │ 多年生草本，直立，常丛生。茎高15～45厘米，粗1.5～5毫米，不分枝或有少数分枝，无毛，有时茎上部尤其花序轴被曲柔毛。叶螺旋状互生或有时在茎下部对生，最下部的叶很小，近膜质，褐色，三角状卵形，中上部的叶近革质，椭圆形或卵形至椭圆状披针形，长3～7厘米，宽0.6～1.8厘米，先端钝或短渐尖，基部楔形或有时近钝圆，边缘全缘至每边有4～7枚稀疏的齿凸，两面淡绿色，近无毛或在脉上被曲柔毛，叶柄无或长仅1～2毫米。总状花序直立，序轴被糙伏毛；花在芽时直立，开放前逐个下垂；花蕾长圆状倒卵球形，长1～1.7厘米，直径5～7毫米，顶端锐尖；子房紫色，密被灰白色柔毛；萼片长圆状披针形，先端锐尖，紫红色，近无毛或疏被曲柔毛；花瓣玫瑰红色或粉红色，通常稍不等大，下面2枚较上面2枚窄，倒卵形或长圆状倒卵形，长1～2.4厘米，宽0.7～1.5厘米，先端圆形，稀微缺；花药长圆形或椭圆状长圆形，花丝近等长。蒴果，种子棱形，顶端具短喙。

生境分布 │ 生于海拔1 600～2 500米的河滩砾石地或草坡。分布于阿尔泰山、天山和帕米尔地区。

养蜂价值 │ 花期6—8月。花期长，花色艳，蜜粉丰富，诱蜂力强，有利于蜂群繁殖和采蜜。花粉黄褐色，花粉粒长圆形。

其他用途 │ 全草入药。

● 莲 *Nelumbo nucifera* Gaertn.

别　　名 ｜ 莲花、水芙蓉、藕花、泽芝、中国莲

科　　属 ｜ 睡莲科莲属

形态特征 ｜ 是多年生水生草本。根状茎横生，肥厚，节间膨大，内有多数纵行通气孔道。叶圆形，盾状，直径30～60厘米，高出水面，表面深绿色，被蜡质白粉，背面灰绿色，下面叶脉从中央射出，有1～2次叉状分枝；叶柄粗壮，圆柱形，长1～2米，中空，外面散生小刺。花梗和叶柄等长或稍长；花单生于花梗顶端，高托于水面之上；花直径10～20厘米，有白色、粉色、深红色、淡紫色或间色等；雄蕊多数；雌蕊离生，埋藏于倒圆锥状海绵质花托内，花托表面具多数散生蜂窝状孔洞，受精后逐渐膨大为莲蓬，每一孔洞内生一小坚果（莲子）；花药条形，花丝细长，着生在花托之下；花柱极短，柱头顶生。

生境分布 ｜ 性喜相对稳定的平静浅水，适宜栽培于湖泊、泽地、池塘等地。北疆各地有栽培。

养蜂价值 ｜ 花期7—8月。花色艳丽，芳香，种植面积虽然不大，但花粉丰富，蜜蜂爱采，有利于蜂群的繁殖，是良好的水生辅助粉源植物之一。

其他用途 ｜ 可作观赏植物；莲子和藕可食。

● 睡莲 *Nymphaea tetragona* Georgi

别　　名 ｜ 子午莲、粉色睡莲、野生睡莲、矮睡莲

科　　属 ｜ 睡莲科睡莲属

形态特征 ｜ 多年生水生草本。根状茎肥厚，直立。叶浮水面，圆形或卵形，长5～12厘米，宽3.5～9厘米，基部具弯缺，约占叶片全长的1/3，叶柄细长。花单生于花梗顶端，浮在或高出水面，花直径3～5厘米；花瓣白色、蓝色、黄色或粉红色，成多轮，有时内轮渐变成雄蕊，雄蕊比花瓣短，花药条形，长3～5毫米；萼片4枚，近离生；心皮环状，贴生且半沉没在肉质杯状花托，上部延伸成花柱，柱头凹入柱头盘，胚珠倒生，垂生在子房内壁。浆果海绵质，球形；种子多数，椭圆形，有肉质杯状假种皮。

生境分布 ｜ 生于池塘中。北疆各地有栽培。

养蜂价值 ｜ 花期7—8月。花色艳丽，花粉丰富，诱蜂力强，蜜蜂喜采，虽数量不多，但在水生蜜源植物中有其特殊意义。

其他用途 | 可作优良观赏植物；根状茎可食用和酿酒。

● **凤仙花** *Impatiens balsamina* L.

别　　名 | 指甲花、急性子、女儿花、金凤花桃红

科　　属 | 凤仙花科凤仙花属

形态特征 | 一年生草本，高30～60厘米。茎粗壮，肉质，直立，不分枝或有分枝，略带红紫色。单叶互生，最下部叶有时对生；叶片披针形、狭椭圆形或倒披针形，长4～12厘米，宽1.5～3厘米，先端尖或渐尖，基部楔形，边缘有锐锯齿。花单生或2～3朵簇生于叶腋，无总花梗，大红色、粉红色或紫色，单瓣或重瓣；花梗长2～2.5厘米，密被柔毛；苞片线形，位于花梗的基部；旗瓣圆形，兜状，先端微凹，背面中肋具狭龙骨状突起，顶端具小尖，翼瓣具短柄，2裂；雄蕊5枚，花丝线形，花药卵球形，顶端钝；子房纺锤形。蒴果宽纺锤形，密被柔毛。种子多数，圆球形，黑褐色。

生境分布 | 喜生于阳光充足和疏松肥沃的土壤。新疆各地庭园广泛栽培。

养蜂价值 ｜ 花期7月下旬至9月上旬。花期长，泌蜜丰富，蜜蜂喜采，有利于蜂群繁殖和采蜜。

其他用途 ｜ 可供观赏；茎及种子入药。

● 短距凤仙花 *Impatiens brachycentra* Kar. et Kir.

科　　属 ｜ 凤仙花科凤仙花属

形态特征 ｜ 一年生草本，高30～60厘米。茎多汁，直立，分枝或不分枝。叶互生，椭圆形或卵状椭圆形，长6～15厘米，宽2～5厘米，先端渐尖，基部楔形，边缘有具小尖的圆锯齿。总花梗腋生，纤细，长5～10厘米；总状花序，有花4～12朵；基部有一披针形苞片，苞片小，宿存；花小，淡白色，直立；侧生萼片2枚，卵形，稍钝；旗瓣宽倒卵形；翼瓣近无柄，2裂，基部裂片矩圆形；上部裂片大，宽矩圆形；唇瓣舟状，有楔状三角形的短距；花药钝。蒴果条状矩圆形。

生境分布 ｜ 生于海拔850～2 100米的山坡林下、山谷水旁、林缘以及沼泽地。分布于天山、准噶尔西部山区，阜康、乌鲁木齐、玛纳斯、沙湾、新源、特克斯、巩留、昭苏、霍城、和静和塔城等地较多。

养蜂价值 ｜ 花期7—8月。有蜜有粉，有利于蜂群繁殖。花粉黄色，花粉粒近圆形。

其他用途 ｜ 可作牧草。

本属还有小凤仙花（*I. paruifora* DC.），产于阿尔泰山、塔城和天山各地，均为可利用的辅助蜜粉源植物。

● 新疆鼠李 *Rhamnus songorica* Gontsch

科　　属 ｜ 鼠李科鼠李属

形态特征 ｜ 灌木，高约1米。树皮灰褐色；小枝互生红褐色，枝端具钝刺。叶纸质，互生，或在短枝上簇生，椭圆形或矩圆形，稀披针状椭圆形，长1～2.2厘米，宽3～12毫米，顶端钝，基部楔形，全缘。花单性，雌雄异株，雄花10～20朵，雌花数个簇生于短枝上，4基数，具花瓣，花梗长2～3毫米；雌花黄绿色，萼片三角状卵形，具3脉，花瓣矩圆状卵形，有退化雄蕊，子房球形，3室，每室有一胚珠，花柱3半裂。核果球形，成熟时黑色；种子矩圆形，黄褐色。

生境分布 ｜ 生于海拔1 000～1 600米的山谷灌丛或山坡林下。北疆山区均有分布，新源、巩留、特

克斯、尼勒克和玛纳斯等地较多。

　　养蜂价值 │ 花期5—6月。蜜腺位于花托上，蜜多粉多，蜜蜂喜采，有利于蜂群繁殖。

　　其他用途 │ 果入药。

　　本属还有药鼠李（*Rh. cathartica* L.），产于塔城、伊犁山区裕民、霍城等地较多；欧鼠李（*Rh. frangula* L.）产于布尔津、玛纳斯等地；乌苏里鼠李（*Rh. ussuriensis* J. Vass.）伊宁市有引种栽培，均为辅助蜜粉源植物。

● **新疆远志** *Polygala hybrida* DC.

　　科　　属 │ 远志科远志属

　　形态特征 │ 多年生草本，高15～40厘米。叶互生，无柄；叶片膜质至薄纸质，椭圆形至狭披针形，长1.5～5厘米，宽3～5毫米。总状花序顶生，花密集，淡紫红色，长约5毫米；萼片5枚，宿存，外轮3枚小，内轮2枚花瓣状，花后略增大；花瓣3枚，中间龙骨瓣背面顶部有6条鸡冠状附属物，两侧花瓣长圆状倒披针形；雄蕊8枚。蒴果长圆形，周围有狭翅。种子2粒，密被绢毛。

　　生境分布 │ 生于海拔1 200～1 600米的山地草原、阴坡灌丛、林缘等处。天山北坡和阿尔泰各地均有分布。

养蜂价值 | 花期6—7月。花期较长，泌蜜丰富，蜜蜂喜采，有利于蜂群繁殖和采集山区杂花蜜。

其他用途 | 可作牧草；根入药。

本属还有西伯利亚远志（*P. sibirica* L.），产于阿尔泰山区，亦为辅助蜜粉源植物。

● **新疆白鲜** *Dictamnus angustifolius* G. Don ex Sweet

别　　名 | 白鲜、山牡丹、白羊鲜、白藓皮、大茴香

科　　属 | 芸香科白藓属

形态特征 | 多年生宿根草本，高50～100厘米。茎直立，全株有强烈香气，基部木质。根斜出，肉质，淡黄白色。单数羽状复叶；小叶9～13，无柄，纸质，卵形至卵状披针形，长3～12厘米，宽1～5厘米，生于叶轴上部的较大，叶缘有细锯齿，叶脉不甚明显，中脉被毛。总状花序顶生，长达30厘米；花梗长1～1.5厘米；花柄基部有条形苞片1，苞片狭披形针；花大型，花瓣白带淡紫红色或粉红带深紫红色脉纹，倒披针形；萼片5枚，宿存；花瓣5枚；雄蕊伸出于花瓣外；萼片及花瓣均密生透明油点。蒴果5室，裂瓣顶端呈锐尖的喙，密被棕黑色腺点及白色柔毛；种子阔卵形或近圆球形，光滑。

生境分布 | 生于海拔1 200～1 800米的山地草甸、林缘、林中空地、河谷、灌丛中。天山、阿尔泰山和塔尔巴哈台山各地均有分布，伊犁地区较为集中。

养蜂价值 | 花期5月下旬至7月上旬，约30天。数量多，分布广，花期长，花大色艳，蜜腺表露，泌蜜丰富，蜜蜂喜采，有利于蜂群繁殖和山区杂花蜜的生产。花粉黄褐色，花粉粒圆球形。

其他用途 | 根皮入药；根茎可制农业杀虫剂；叶可提芳香油。

● **臭椿** *Ailanthus altissima* (Mill.) Swingle

别　　名 | 臭椿皮、大果臭椿

科　　属 | 苦木科臭椿属

形态特征 | 落叶乔木，高达20余米。叶为奇数羽状复叶，长40～60厘米，叶柄长7～13厘米，有小叶13～27枚；小叶对生或近对生，纸质，卵状披针形，先端渐尖，基部偏斜，截形或稍圆，两侧各具1或2个粗锯齿，叶面深绿色。圆锥花序长10～30厘米；花淡绿色，花梗长1～2.5毫米；萼片5枚，覆

瓦状排列；花瓣5枚，基部两侧被硬粗毛；雄蕊10枚，花丝基部密被硬粗毛，雄花中的花丝长于花瓣，雌花中的花丝短于花瓣；花药长圆形；心皮5枚，花柱黏合，柱头5裂。翅果长椭圆形，种子扁圆形。

生境分布 │ 适应性强，耐寒、耐旱。新疆各地均有栽培，南疆较多。

养蜂价值 │ 花期5月中旬至6月中旬。具有花外蜜腺，泌蜜丰富，蜜蜂喜采，有利于蜂群繁殖。

其他用途 │ 是良好的观赏树和行道树；木材纹理细，质坚，供桥梁、家具用材；茎皮纤维制人造棉和绳索；茎皮含树胶；木材坚韧，可作造纸原料；种子含脂肪油30%～35%，残渣可作肥料；臭椿树皮、根皮、果实均可入药。

● **天山茶藨子** *Ribes meyeri* Maxim.

科　　属　｜　虎耳草科茶藨子属

形态特征　｜　落叶灌木，高1～2米。多分枝，老枝灰棕色，皮长条状剥离，嫩枝浅红色。叶掌状5裂，近圆形，长3～7厘米，宽与长相似，基部浅心形；裂片三角形或卵状三角形，先端急尖或稍钝，顶生裂片比侧生裂片稍长或近等长，边缘具粗锯齿；叶柄长2.5～4厘米。总状花序长3～5厘米，下垂，具花7～17朵，花朵排列紧密；花序轴和花梗具短柔毛或几乎无毛；苞片卵圆形，先端急尖或微凸，微具短柔毛；花萼紫红色或浅褐色而具紫红色斑点和条纹，外面无毛；萼筒钟状短圆筒形，萼片匙形或倒卵圆形，先端圆钝；花瓣狭楔形或近线形，先端圆钝；雄蕊稍长于花瓣，着生在低于花瓣处，花丝丝状，花药卵圆形，白色；子房无毛；花柱长于雄蕊，先端2裂。果实圆形，紫黑色。

生境分布　｜　生于海拔1 400～3 900米的山坡疏林内、沟边、云杉林下或阴坡路边灌丛中。北疆山区均有分布。

养蜂价值　｜　花期5月中旬至6月中下旬。数量多，花期长，泌蜜丰富，蜜蜂喜采，有利于蜂群繁殖和采蜜。花粉蛋黄色，花粉粒圆球形。

其他用途　｜　茎皮、果实入药。

● 黑茶藨子　*Ribes nigrum* L.

别　　名　｜　黑加仑、黑果茶藨、旱葡萄、茶藨子

科　　属　｜　虎耳草科茶藨子属

形态特征　｜　落叶灌木，高1～2米。枝条较多，丛生，直立，嫩枝灰褐色，老枝紫褐色，分基生枝或结果枝，基生枝当年形成花芽，第二年结果。叶柄长2.5～3.5厘米；叶片掌状3裂或不明显的5裂，长5～7厘米，宽6～10厘米，基部心形，先端尖，边缘具锯齿，背面叶脉隆起，沿叶脉疏生短柔毛，具黄色腺点，有香味。总状花序具5～20朵花，萼筒钟形，萼片5枚，带紫红色；花瓣5枚，白色，比萼片小；雄蕊5枚；花柱基部合生，中部2裂。浆果近球形，熟时紫黑色。

生境分布　｜　生于海拔1 500～2 300米的河谷岸边、林间空地及林缘灌丛中。北疆各地均有分布，阿尔泰山区较多。

养蜂价值　｜　花期5月中旬至6月下旬，约30天。数量多，花期长，泌蜜特别丰富，诱蜂力强，蜜蜂喜采，有利于蜂群繁殖和商品蜜的生产。花粉黄色，花粉粒近球形。

其他用途　｜　浆果多汁，可加工果酒、果糖、果酱果汁、饮料等；种子含油16%，可榨油。

● 石生茶藨子 *Ribes saxatile* Pall.

科　　属 | 虎耳草科茶藨子属

形态特征 | 落叶低矮灌木，高0.5～1米。枝灰棕色，皮呈纵向长条状剥裂，幼枝棕色或棕褐色，微具短柔毛或无毛，在叶下部的节上常具1对小刺，节间具稀疏针状细刺或无刺。叶倒卵圆形，长1～2.5厘米，宽几乎与长相似，基部楔形，上面灰绿色，下面色较浅，上半部掌状浅3裂，裂片先端钝或微尖，顶生裂片稍长于侧生裂片，边缘具粗钝锯齿。花单性，雌雄异株，组成总状花序；雄花序长3～6厘米，直立；雌花序长3～5厘米，具花10余朵；苞片长圆形或舌形，先端钝或微尖，边缘有细短柔毛，具单脉；花萼浅绿色，外面无毛；萼筒盆形或浅杯形，长1.5～2毫米，宽大于长；萼片舌形或倒卵圆形，先端圆钝，向外反折；花瓣小，扇形，先端平截；雄蕊与花瓣近等长；雌花中雄蕊花丝极短，花药无花粉；子房光滑无毛，雄花中子房退化；花柱先端2裂。果实球形，熟时暗红色，无毛。

生境分布 | 生于低海拔地区的干旱山坡灌丛中及岩石坡地。天山、准噶尔西部山区、阿尔泰山区均有分布。阿勒泰、特克斯、塔城和乌鲁木齐等地较多。

养蜂价值 | 花期5—6月。数量较多，泌蜜丰富，蜜蜂喜采，有利于蜂群的繁殖。花粉黄褐色，花粉粒长圆形。

其他用途 | 可供绿化观赏。浆果多汁，可加工果酒、果糖、果酱、果汁等。

● 梅花草 *Parnassia palustris* L.

科　　属 ｜ 虎耳草科梅花草属

形态特征 ｜ 多年生草本，高达20～50厘米。基生叶丛生，卵圆形至心形，长1～3厘米，宽1.5～3.5厘米，先端尖，基部心形，全缘，叶柄长；花茎中部生叶1枚，无柄，基部抱茎，形与基生叶同。花单一，顶生，白色至淡黄色，直径2～3.5厘米，形似梅花；萼片5枚，长椭圆形；花瓣5枚，卵状圆形；雄蕊5枚，与花瓣互生，退化雄蕊中上部丝状分裂，裂瓣先端有头状腺体；花柱短，先端4裂。蒴果卵圆形，上部4裂。种子多数。

生境分布 ｜ 生于云杉林下、山坡、山沟及湿草地。天山、阿尔泰山区均有分布，伊犁特克斯和昭苏等地较集中。

养蜂价值 ｜ 花期6—7月。数量多，分布广，泌蜜丰富，蜜蜂喜采，有利于蜂群繁殖和取蜜。花粉蛋黄色，花粉粒近圆形。

其他用途 ｜ 全草可入药。

● **球茎虎耳草** *Saxifraga sibirica* L.

科　　属 ｜ 虎耳草科虎耳草属

形态特征 ｜ 多年生草本，高6.5～25厘米，具鳞茎。茎密被腺柔毛。基生叶具长柄，叶片肾形，长0.7～1.8厘米，宽1～27厘米，7～9浅裂，裂片卵形、阔卵形至扁圆形，两面和边缘均具腺柔毛，叶柄长1.2～4.5厘米，基部扩大，被腺柔毛；茎生叶肾形、阔卵形至扁圆形，长0.45～1.5厘米，宽0.5～2厘米，基部肾形、截形至楔形，5～9浅裂，两面和边缘均具腺毛，叶柄长1～9毫米。聚伞花序伞房状，长2.3～17厘米，具2～13花，稀单花；花梗纤细，长1.5～4厘米，被腺柔毛；萼片直立，披针形至长圆形，长3～4毫米，宽0.6～1.8毫米，先端急尖或钝，腹面无毛，背面和边缘具腺柔毛，3～5脉于先端不汇合、半汇合至汇合（同时交错存在）；花瓣白色，倒卵形至狭倒卵形，长6～14.5毫米，宽1.5～4.7毫米，基部渐狭呈爪状，3～8脉，无痂体；雄蕊长2.5～5.5毫米，花丝钻形；2心皮中下部合生，长2.6～4.9毫米；子房卵球形，长1.8～3毫米，花柱2裂，长0.8～2毫米，柱头小。种子小，具纵棱和小瘤突。

生境分布 ｜ 生于海拔1 200～3 600米的林下、灌丛、高山草甸和石隙。分布于天山山区、帕米尔高原；巴里坤、木垒、奇台、乌鲁木齐、玛纳斯、沙湾和塔什库尔干等地较多。

养蜂价值 ｜ 花期5月。数量多，花期较长，有蜜有粉，蜜蜂喜采，有利于蜂群繁殖。花粉黄色，花粉粒长圆形。

其他用途 ｜ 全草入药。

● 越橘 *Vaccinium vitis-idaea* L.

别　　名 | 越桔、蓝莓、笃斯越桔

科　　属 | 杜鹃花科越桔属

形态特征 | 常绿半灌木。地上茎较矮，直立，高13厘米。地下茎较长，匍匐，长达80厘米左右，枝上具柔毛。叶片倒卵形或椭圆形，较厚，革质，长1.1～2.1厘米，宽0.7～0.9厘米，顶端微缺，基部楔形，叶片上半部边缘具波状微齿，具腺点；叶柄较短而具柔毛。花生在去年生枝的顶端，2～8朵花聚生形成较短的总状花序，花序梗生柔毛，具2枚卵形小苞片，脱落；花萼短，钟状，4裂，无毛；花冠钟状，4裂，淡红色或白色；雄蕊8枚，花药不具距，花丝具柔毛；子房下位，5室。果实为浆果，直径0.6～0.9厘米，近球形，红色。果实可食，叶可药用。

生境分布 | 生于阿尔泰山的山地草原、针叶林下，海拔1 300～2 300米。产于阿勒泰、布尔津和哈巴河等县。

养蜂价值 | 花期6—7月。数量较多，花内、花外均有蜜腺，泌蜜丰富，蜜蜂喜采，有利于蜂群繁殖和取蜜。花粉褐色，花粉粒长球形。

其他用途 | 果可食，也可酿酒和制果酱；叶可提取栲胶。

本属红莓苔子（*V. oxycoccus* L.）分布于阿尔泰山区针叶林带；笃斯（*V. uliginosum* L.）分布于北疆山区湿润山坡和林下，均为辅助蜜粉源植物。

● 鸢尾蒜 *Ixiolirion tataricum* (Pall.) Herb.

科　　属 | 石蒜科鸢尾蒜属

形态特征 | 多年生草本植物。鳞茎卵球形，长1.5～2.5厘米，直径达2.5厘米，外有褐色鳞茎皮。叶通常3～8枚，簇生于茎的基部，狭线形。花茎春天抽出，高10～40厘米，下部着生1～3枚较小的叶，顶端由3～6朵花组成的伞形花序，或总状花序缩短呈伞状，总苞片膜质，2～3枚，白色或绿色，披针形，长可达3.5厘米，顶端渐尖呈芒状，花茎除顶端着生花序外，有时下部叶腋内也能抽生1～3朵花；花梗长短不一；小苞片较小，膜质；花被蓝紫色至深蓝紫色；花被片离生，倒披针形或较狭，长2～3.5厘米，宽3～7毫米，顶端近急尖，中央有3～5条肋；雄蕊着生于花被片基部，2轮，内

轮3枚较长，外轮3枚较短，花丝无毛，近丝状，花药基着；子房下位，近棒状，3室，柱头3裂。蒴果；种子小，黑色。

生境分布 ｜ 生于海拔500～2 400米的山谷和荒草地。分布于天山及准噶尔盆地绿洲边缘。

养蜂价值 ｜ 花期5—6月。花期较长，有蜜有粉，诱蜂力强，蜜蜂喜采，有利春季蜂群繁殖。

其他用途 ｜ 可供观赏。

● **准噶尔鸢尾蒜** *Ixiolirion songaricum*

科　　属 ｜ 石蒜科鸢尾蒜属

形态特征 ｜ 多年生草本，具鳞茎。叶聚生于花茎的基部，成簇；花茎下部也有叶。花序近伞形或稍呈总状，有时近中部分枝呈圆锥花序，有花2～8朵，通常其中1～2朵花位置较低；花具梗；花被整齐；无花被管或仅花被片基部彼此松散黏合而呈假花被管，花被片6枚；雄蕊6枚，着生于花被片基部，排成2轮，短于花被片，花丝近丝状或狭线形，花药基着，直立；子房下位，近棒状，3室，每室具多数叠生的胚珠，花柱较粗，所有花的柱头均位于长、短雄蕊花药之间，柱头3裂。蒴果；种子小，黑褐色。

生境分布 | 新疆北部特有且生长在荒漠和荒漠草原带的早春短命植物。分布于天山及准噶尔盆地绿洲边缘。

养蜂价值 | 花期4月中旬至5月中旬。花期较早，有蜜有粉，诱蜂力强，蜜蜂喜采，有利春季蜂群繁殖。

其他用途 | 可供观赏。

● 黄盆花 *Scabiosa ochroleuca* L.

科　　属 | 川续断科蓝盆花属

形态特征 | 一年生或多年生草本。根圆柱形，外皮棕褐色，里面黄白色，顶端常丛生分枝。茎单一或数分枝，高25~80厘米。基生叶具柄，椭圆形至披针形，不分裂或2~4对羽裂，叶全缘至深裂；茎生叶对生，基部相连，2~5对，长4~10厘米，一至二回羽状深裂至全裂，裂片不等长，最终裂片披针形或线状披针形，渐尖头。头状花序扁球形，总苞苞片线状披针形，8~10枚，长1~1.2厘米；苞片倒披针形，上部较宽，先端急尖，边缘有不整齐浅裂，疏生短柔毛，向下渐窄狭，呈柄状；弯齿5枚，刺毛状，基部合生，宿存；花冠淡黄色或鲜黄色，长7~10毫米，边花较中心花为大，筒部长6~7毫米，外面密生白色柔毛，裂片5枚；雄蕊4枚，着生于花冠管中部，花丝伸出花冠管外；子房下位，1室，子房下位，包藏在小总苞内。瘦果椭圆形，黄白色。

生境分布 | 生于海拔1 300~2 200米的草原、草甸草原及山坡草地上。分布于天山、阿尔泰山区。新源、特克斯、昭苏、布尔津和阿勒泰等地较多。

养蜂价值 | 花期7月中旬至8月中旬。花期较长，蜜粉丰富，诱蜂力强，蜜蜂喜采，有利于蜂群繁殖和采蜜。

其他用途 | 可供观赏。

● 中亚卫矛 *Euonymus semenovii* Regel et Herd.

别　　名 ｜ 鬼箭羽、卫矛、新疆卫矛、天山卫矛

科　　属 ｜ 卫矛科卫矛属

形态特征 ｜ 小灌木，高30~150厘米。枝条常具4条栓棱或窄翅。叶卵状披针形、窄卵形或线形，长1.5~6.5厘米，宽4~25毫米，先端渐窄，基部圆形或楔形，边缘有细密浅锯齿，侧脉较多而密接，7~10对，细弱；叶柄长3~6毫米。聚伞花序多具2次分枝，7花，少为3花；花序梗细长，通常长2~4厘米，分枝长，中央小花梗明显较短；花紫棕色，4数，直径约5毫米；雄蕊无花丝，着生于花盘四角的突起上；子房无花柱，柱头平坦，微4裂，中央"十"字沟状。蒴果稍呈倒心状，4浅裂，长7~10毫米，直径9~12毫米；种子黑棕色，种脐近三角形，假种皮红色，大部包围种子，近顶端一侧开裂。

生境分布 ｜ 生于海拔1 000~2 000米的山地灌丛中。分布于伊犁山区的伊宁、霍城、巩留和特克斯等地。

养蜂价值 ｜ 花期5—6月。花期较长，泌蜜丰富，蜜蜂喜采，有利于蜂群的繁殖。花粉黄褐色，花粉粒椭圆形。

其他用途 ｜ 嫩枝及根入药。

● 夏栎 *Quercus robur* L.

别　　名 ｜ 英国栎、夏橡

科　　属 ｜ 壳斗科栎属

形态特征 ｜ 落叶乔木，高达30米。幼枝被毛，不久即脱落；小枝赭色，无毛，被灰色长圆形皮孔；冬芽卵形，芽鳞多数，紫红色，无毛。树皮褐灰色，细裂纹，幼枝棕灰色。叶互生，较厚，平滑，具光泽，长倒卵形或椭圆形，长6~20厘米，宽3~8厘米，先端钝圆微裂，叶缘具4~7对波状羽形裂片，深度为叶片1 /4~1/2。叶面淡绿色，叶背粉绿色，侧脉每边6~9条；叶柄长3~5毫米。花雌雄同株，单性异花。坚果椭圆形。果序纤细，长4~10厘米，直径约1.5厘米，着生果实2~4个。壳斗钟形，直径1.5~2厘米，包着坚果基部约1/5；小苞片三角形，排列紧密，被灰色细茸毛。坚果当年成熟，卵形或椭圆形，直径1~1.5厘米，高2~3.5厘米，无毛。

生境分布 ｜ 原产于欧洲法国、意大利等地。新疆乌鲁木齐、昌吉、石河子、伊宁、霍城、塔城和喀什等地均有栽培。

　　养蜂价值 │ 花期5月中下旬。分早熟和晚熟两个类型，相差10天左右。花粉丰富，蜜蜂喜采，有利于蜂群的繁殖。花粉黄色，花粉粒长圆形。

　　其他用途 │ 可供绿化观赏；木材坚重，供建筑、桥梁、车辆、家具用材；坚果含淀粉54.4%、单宁6.9%、蛋白质5.7%、油脂4.6%。

● **文冠果** *Xanthoceras sorbifolium* Bge.

　　别　　名 │ 文冠木、文官果、土木瓜、木瓜、温旦革子

　　科　　属 │ 无患子科文冠果属

　　形态特征 │ 落叶灌木或小乔木，高2～5米。小枝粗壮，褐红色，无毛，顶芽和侧芽有覆瓦状排列的芽鳞。叶连柄长15～30厘米；小叶4～8对，膜质或纸质，披针形或近卵形，两侧稍不对称，长2.5～6厘米，宽1.2～2厘米，顶端渐尖，基部楔形，边缘有锐利锯齿，顶生小叶通常3深裂，腹面深

绿色。花序先于叶抽出或与叶同时抽出，两性花的花序顶生，雄花序腋生，长12~20厘米，直立，总花梗短，基部常有残存芽鳞；花梗长1.2~2厘米；苞片长0.5~1厘米；萼片长6~7毫米，两面被灰色茸毛；花瓣白色，基部紫红色或黄色，有清晰的脉纹，长约2厘米，宽7~10毫米，爪之两侧有须毛；花盘的角状附属体橙黄色，长4~5毫米；雄蕊长约1.5厘米，花丝无毛；子房被灰色茸毛。蒴果长达6厘米；种子长达1.8厘米，黑色而有光泽。

生境分布 | 对土壤适应性强，耐瘠薄、耐盐碱，抗寒能力强。乌鲁木齐、昌吉、伊犁等地有栽培。

养蜂价值 | 花期5月，约20天。花朵多，花色艳，蜜粉十分丰富，诱蜂力强，蜜蜂喜采，有利于蜂群繁殖和修脾。花粉黄褐色，花粉粒长圆形。

其他用途 | 绿化观赏植物；木材坚实致密，纹理美，可制作家具及器具；具有较高的工业价值和营养价值，其种子含油量达50%~70%，种仁除可加工食用油外，还可制作高级润滑油、高级油漆、增塑剂、化妆品等工业原料。

● **大桥薹草** *Carex atrata* L. subsp. *aterrima* (Hoppe) S.Y.Liang

科　　属 | 莎草科苔草属

形态特征 | 多年生草本。具细长根状茎。秆高10~30厘米，三棱形。叶基生，成束，叶片细，长3~9厘米，宽3~5毫米。花穗顶生，花茎长20~30厘米，小穗具少数花，紧密排成卵状，红褐色；苞片广卵形，膜质，红褐色，背具1脉，先端锐尖；小穗雄雌性，雄花在上，花药线形，长约2.5毫米；雌花鳞片卵形，先端尖锐，膜质，背具1脉，中部红褐色，具透明膜质边缘。果囊卵状披针形，下部黄褐色，顶部具喙，膜质，口部具不显著2裂；柱头2枚。小坚果倒卵形或倒卵状矩圆形，长约2毫米。

生境分布 | 生长在海拔1 000~2 500米的山坡草甸、草原、灌丛及河岸砾石地。分布于天山山区、阿尔泰山和准噶尔西部山区。

养蜂价值 | 花期6月上旬至7月下旬。数量多，花粉丰富，诱蜂力强，蜜蜂喜采，有利于蜂群繁殖。花粉黄褐色，花粉粒圆球形。

其他用途 | 可作牧草。

五

新疆有毒
蜜粉源植物

在蜜粉源植物中，有少数植物的花蜜、花露和花粉，含有毒素，蜜蜂采食含有毒素的花蜜和花粉，能使成蜂、幼虫和蜂王发病、致残和致死；人食用了有毒蜂蜜和花粉，能致病和致死，这些植物称之为有毒蜜粉源植物。

新疆各地植物种类繁多，特别是在山区，约有30多种有毒蜜粉源植物，给养蜂业的生产布局和发展造成一定损失。为此，我们在养蜂生产中，要正确识别有毒蜜粉源植物，采取积极有效的预防措施，减少有毒蜜粉源植物对养蜂的危害。主要的有毒蜜粉源植物种类如下：

● 准噶尔乌头 *Aconitum soongaricum*

| 别　　名 | 圆叶乌头、草乌 |
| 科　　属 | 毛茛科乌头属 |

形态特征 ｜ 多年生草本植物，高50~100厘米。茎直立，单一，无毛，等距离生叶，不分枝或分枝。茎下部叶有长柄，在开花时枯萎，中部叶有稍长柄；叶片五角形，长约8厘米，宽约12厘米，3全裂，中央全裂片宽卵形，基部突变狭成短柄，近羽状深裂，深裂片2~3对，末回裂片线形或披针状线形。顶生总状花序长14~18厘米，有7~15花；轴和花梗均无毛；下部苞片叶状，中部以上的线形；花梗长1.5~3.2厘米，向上直伸；小苞片生花梗中部之上，钻形；萼片紫蓝色，上萼片无毛，盔形，高约1.8厘米，基部至喙长约1.6厘米，侧萼片长约1.4厘米，只疏被缘毛，下萼片狭椭圆形；花瓣无毛，瓣片大，向后弯曲；雄蕊无毛，花丝全缘；心皮3枚，无毛。种子倒圆锥形，有3纵棱。

生境分布 ｜ 生于海拔1 200~1 800米的草甸草原、林缘和疏林中。分布于阿勒泰山、天山北坡，克什米尔地区也有分布。伊犁州直山区草原带较多。

花期与毒素性质 ｜ 花期7月底至9月初。花粉丰富。全株具毒，花粉含乌头碱、准噶尔乌头胺等。蜜蜂采食后会引起中毒；酿成的蜜为毒蜜，人食用后也会引起中毒。

其他用途 ｜ 块根有剧毒，可供药用。

● 白喉乌头 *Aconitum leucostomum* Vorosch.

| 科　　属 | 毛茛科乌头属 |

形态特征 ｜ 多年生草本。茎高约1米，中部以下疏被反曲的短柔毛或几乎无毛，上部有开展的腺毛。基生叶约1枚，与茎下部叶具长柄；叶片长14厘米，宽18厘米，表面无毛或几乎无毛，背面疏被短曲毛；叶柄长20~30厘米。总状花序长20~45厘米，有多数密集的花；基部苞片3裂，其他苞片

线形；小苞片生于花梗中部或下部，狭线形或丝形；萼片5枚，蓝紫色，被短柔毛，上萼片圆筒形；花瓣2枚，无毛，有长爪，较瓣片稍长，拳卷；雄蕊多数无毛，花丝全缘；心皮3枚，无毛。蓇葖果长1~1.2厘米；种子倒卵形。

生境分布 ｜ 生于海拔1 400~2 550米的山地草坡或山谷沟边。分布于天山北麓、阿尔泰山和阿拉套山等地。

花期与毒素性质 ｜ 花期7—8月。数量多，分布广，蜜粉丰富，花粉含乌头碱（aconitine）等毒素，可使蜜蜂中毒致死。

其他用途 ｜ 根入药。

● **拟黄花乌头** *Aconitum anthoroideum* DC.

别　　名 ｜ 新疆乌头

科　　属 ｜ 毛茛科乌头属

形态特征 ｜ 一年生至多年生草本。根为多年生直根。茎高20~100厘米，等距离生叶，分枝或不分枝。茎下部叶有长柄，在开花时枯萎。茎中部叶具短柄；叶片五角形，长2~7厘米，宽2.4~7厘米，

3全裂，中央全裂片宽菱形，羽状深裂，末回裂片线形，宽1~3毫米，侧全裂片斜扇形，不等2深裂近基部；表面疏被弯曲的短柔毛，背面几乎无毛。顶生总状花序长2~11厘米，有2~12花；轴和花梗密被淡黄色短柔毛；下部苞片叶状，其他苞片线形；下部花梗长0.6~1.2厘米，上部的长1.5~4毫米；小苞片与花近邻接，线形；萼片淡黄色，外面被伸展的短柔毛，上萼片盔形，高1.2~1.7厘米，侧萼片长1~1.6厘米；花瓣无毛，爪顶部膝状弯曲，瓣片长约7毫米，宽约1.4毫米，唇长约4毫米，微凹，距近球形；雄蕊无毛，花丝全缘；心皮4~5枚，子房密被淡黄色长柔毛。蓇葖果长约1.3厘米；种子三棱形，黑褐色。

生境分布 | 生于海拔1 400~2 000米的山地草坡或灌丛中。分布于天山、阿尔泰山、阿拉套山和塔尔巴哈台山等地。

花期与毒素性质 | 花期8—9月。花粉丰富，花粉含乌头碱（aconitine）等生物碱，蜜蜂采食后会引起中毒，酿成的蜜为毒蜜，人食用后也会引起中毒。

其他用途 | 块根入药。

● 山地乌头 *Aconitum monticola* Steinb.

科　属 | 毛茛科乌头属

形态特征 | 多年生草本植物。茎高约1.2米，粗约8毫米，中部以下几乎无毛，上部近花序处疏被伸展的淡黄色短毛。基生叶及茎下部叶具长柄，通常在开花时枯萎；叶片圆肾形，长约14厘米，宽约22厘米，3深裂稍超过本身长度的3/4处，深裂片稍覆压，中央深裂片菱形，在中部3裂，短渐尖，边缘有少数小裂片及不规则三角形锐齿，背面沿隆起的脉网疏被短毛，侧深裂片斜扇形，不等2深裂，表面无毛，背面沿脉疏被短毛；叶柄长17~20厘米，粗壮，疏被反曲的短毛。总状花序长约25厘米，具密集的花；轴及花梗密被伸展的淡黄色短毛；基部苞片3裂，其他苞片线状披针形至线形；花梗长0.8~2厘米；小苞片生于花梗中部或基部，线形；萼片黄色，外面疏被短毛，上萼片圆筒形，长约1.5厘米，粗约4毫米，外缘中部稍缢缩，喙短，不明显，下缘稍凹，长1~1.3厘米；花瓣与上萼片近等长，无毛，距与唇近等长，末端稍向后下方弯曲；雄蕊无毛，花丝全缘；心皮3枚，无毛。

生境分布 | 生于海拔1 500~2 000米一带的林下和山地草坡。分布于天山西部山区、阿尔泰山山区。特克斯、新源和哈巴河等地较多。

花期与毒素性质 | 花期7月底至8月中旬。花粉丰富，花粉含乌头碱（aconitine）等生物碱，蜜

蜂采食后会引起中毒。

其他用途 ｜ 可作观赏植物；根可入药。

● 林地乌头 *Aconitum nemorum* Popov

科　　属 ｜ 毛茛科乌头属

形态特征 ｜ 多年生草本，高40～90厘米。茎下部叶有长柄，在开花时多枯萎。茎中部叶有稍长柄；叶片五角形，长3.8～5.6厘米，宽4.5～8厘米，3全裂达或近基部，中央全裂片宽菱形，近羽状分裂；叶柄与叶片近等长或较短。顶生总状花序有2～6花，稀疏；轴和花梗疏被伸展的短柔毛；苞片线形或披针形；萼片5枚，紫色，外面疏被伸展的短柔毛，上萼片盔形；花瓣2枚，瓣片向后弯曲；雄蕊多数，花丝全缘；心皮3枚，无毛。种子倒圆锥形，有3纵棱。

生境分布 ｜ 生于海拔2 060～3 000米的山地草坡或云杉林下。天山北坡各地均有分布，伊犁山区较为集中。

花期与毒素性质 ｜ 花期7—8月。数量较多，蜜粉丰富，花粉含多种乌头碱（aconitine）等毒素，蜜蜂采食后可致中毒死亡。

其他用途 ｜ 林地乌头全草入药。

本属还有新疆乌头（*A. sinchiangense* W. T. Wang），分布于阿尔泰山和天山北坡；阿尔泰乌头（*A. smirnovii* Steinb.），分布于阿尔泰山山区；均为有毒蜜粉源植物。

● 密头菊蒿 *Tanacetum crassipes* (Stschgel.) Tzvel.

科　　属 ｜ 菊科菊蒿属

形态特征 ｜ 多年生草本，高40～80厘米，有短根状茎分枝。茎单生，或少数茎簇生，仅上部有极短的花序分枝，有稀疏的"丁"字形毛和单毛。基生叶长8～15厘米，宽2厘米，全形长椭圆形，二回羽状分裂，一至二回全部全裂，一回侧裂片10～15对；末回裂片线状长椭圆形。茎叶少数，与基生叶同形并等样分裂，但无柄；全部叶绿色或暗绿色，有贴伏的"丁"字形毛及单毛。头状花序3～7

个，在茎顶密集排列；总苞片3～4层，硬草质，中外层披针形，内层线状长椭圆形；全部苞片外面有单毛，仅顶端光亮膜质扩大；边缘雌花有时由管状向舌状转化。瘦果。

生境分布 ｜ 生于海拔600～2 100米的草原、石质山坡、针叶林带。分布于天山北麓和阿尔泰山区。

花期与毒素性质 ｜ 花期7—8月。全草有毒，含菊蒿素、菊蒿醇A、菊蒿醇B。花含顺式长蒎烷-2，7-二酮。蜜蜂采其花蜜、花粉时，会引起中毒。

其他用途 ｜ 茎及头状花序含杀虫物质，可作杀虫剂。

本属阿尔泰菊蒿（*T. barclayanum* DC.），产于阿尔泰山区，亦为有毒蜜粉源植物。

● 大麻 *Cannabis sativa* L.

别　　名 │ 山丝苗、线麻、野麻、麻杆
科　　属 │ 桑科大麻属
形态特征 │ 一年生直立草本，高1～3米，皮层富含纤维，基部木质化。叶互生或下部对生，掌状全裂，披针形或线状披针形，表面深绿，微被糙毛，边缘具向内弯的粗锯齿，中脉及侧脉在表面微下陷，背面隆起；叶具长柄，密被灰白色贴伏毛；托叶线形。花单性，雌雄异株；雄花为疏散的圆锥花序，雌花丛生于叶腋；雄花序长约25厘米，花黄绿色，花被5枚，膜质，雄蕊5枚，花丝极短，花药长圆形；雌花绿色，花被1枚，子房近球形，外面包于苞片。瘦果扁卵形，为宿存黄褐色苞片包裹。
生境分布 │ 多为栽培，亦有野生。南疆地区栽培较多，奇台、新源和尼勒克等地有野生。
花期与毒素性质 │ 花期7—8月。蜜粉丰富，花粉毒性较大，含有大麻粉、大麻二酚及四氢大麻酚，即THC等麻醉性物质，蜜蜂采食后，会引起中毒。
其他用途 │ 果实入药。

● 野罂粟 *Papaver nudicaule* L.

别　　名 │ 野大烟、山米壳、山大烟
科　　属 │ 罂粟科罂粟属

形态特征 │ 多年生草本，高20～60厘米。主根圆柱形。叶全部基生，叶片轮廓卵形至披针形，长3～8厘米，羽状浅裂，裂片2～4对，两面稍具白粉，密被或疏被刚毛；叶柄长5～12厘米，基部扩大成鞘，被斜展的刚毛。花葶1至数枚，圆柱形，直立，密被或疏被斜展的刚毛。花单生于花葶先端；花蕾宽卵形至近球形，长1.5～2厘米，密被褐色刚毛，通常下垂；萼片2枚，卵形，被棕灰色硬毛，花开后脱落；花瓣4枚，宽楔形或倒卵形，边缘具浅波状圆齿，淡黄色、黄色或橙黄色，稀红色；雄蕊多数，花丝钻形，黄色或黄绿色，花药长圆形，黄白色；柱头4～8裂，辐射状。蒴果倒卵形或倒卵状长圆形；种子多数，近肾形，褐色。
生境分布 │ 生于山坡草地、灌丛、草原、山区路旁和沟谷地带。伊犁地区中山带、塔城巴尔鲁克山及阿尔泰山有分布。
花期与毒素性质 │ 花期为5月上旬至7月上旬。全草有毒，花、果毒性较大，花含有野罂粟碱、野罂粟醇等生物碱。蜜蜂采其花蜜、花粉时，会引起中毒。
其他用途 │ 果实及全草入药。

● 毛茛 *Ranunculus japonicus* Thunb.

别　　名 ｜ 鱼疗草、鸭脚板、野芹菜、山辣椒、老虎脚爪草

科　　属 ｜ 毛茛科毛茛属

形态特征 ｜ 多年生草本。须根多数簇生。茎直立，高30～70厘米，中空，有槽，具分枝，被柔毛。基生叶多数；叶片圆心形或五角形，基部心形或截形，常3深裂，中裂片倒卵状楔形，3浅裂，边缘有粗齿或缺刻，侧裂片不等2裂，两面贴生柔毛，下面或幼时的毛较密；叶柄长达15厘米，生开展柔毛。下部叶与基生叶相似，渐向上叶柄变短，叶片较小，3深裂，裂片披针形，有尖齿或再分裂；最上部叶线形，全缘，无柄。聚伞花序有多数花，疏散；花直径1.5～2.2厘米；花梗长达8厘米，贴生柔毛；萼片椭圆形，长4～6毫米，生白柔毛；花瓣5枚，倒卵状圆形，雄蕊多于10枚，心皮离生；花托短小，无毛。聚合果近球形；瘦果扁平。

生境分布 ｜ 喜生于海拔200～2 500米的田野、湿地、河岸、沟边及阴湿的草丛中。北疆各地均有分布，伊犁山区较多。

花期与毒素性质 ｜ 花期5—6月。全株有毒，花含有白头翁素、乌头碱及飞燕草碱等成分。蜜蜂采食花蜜后，会引起中毒。

其他用途 ｜ 医用外敷。

● 贯叶连翘 *Hypericum perforatum* L.

别　　名 ｜ 贯叶金丝桃、穿叶金丝桃、千层楼、小对叶草、赶山鞭

科　　属 ｜ 藤黄科金丝桃属

形态特征 ｜ 多年生草本，高40～60厘米。茎直立，多分枝，枝皆腋生。叶较密，对生，椭圆形至椭圆状线形，先端钝，基部抱茎，全缘，叶面散布有透明腺点，叶绿色，有黑色腺点。花着生于茎顶或枝端，聚伞花序顶生；萼片5枚，披针形，边缘有黑色腺点；花瓣5枚，长于萼片，黄色；花瓣和花药都有黑色腺点；雄蕊多数，组成3束；子房卵状，1室，花柱3裂。蒴果长圆形，成熟时开裂；种子多数，碎小，圆筒形。

生境分布 ｜ 喜生于山坡、林下、沟边或草丛中。分布于天山和阿尔泰山，伊犁地区较多。

花期与毒素性质 ｜ 花期6—7月。叶和花瓣腺体内含毒素，成分为一种黏质油。蜜蜂采集蜜粉，

会染上毒素，使蜜含毒。牛、羊误食其叶，会引起轻微中毒。

其他用途 ｜ 庭院绿化和盆栽观赏植物。

● **毒芹** *Cicuta virosa* L.

别　　名 ｜ 野芹菜、毒人参、斑毒芹、走马芹

科　　属 ｜ 伞形科毒芹属

形态特征 ｜ 多年生粗壮草本，高70～100厘米。主根短缩。茎单生，直立，圆筒形，中空，上部有分枝，枝条上升开展。叶互生，二至三回羽状复叶；裂片线状披针形或窄披针形，边缘疏生钝或锐锯齿；最上部的茎生叶一至二回羽状分裂，末回裂片狭披针形，边缘疏生锯齿。复伞形花序顶生或

腋生，总苞片通常无或有一线形的苞片；伞辐6～25个，近等长；小总苞片多数，线状披针形，顶端长尖，中脉1条。小伞形花序有花15～35枚；萼齿明显，卵状三角形；花瓣白色，倒卵形或近圆形，花药近卵圆形，花柱基幼时扁压；花柱短，向外反折。分生果近卵圆形。

生境分布 | 生于海拔800～2 900米的杂木林下、路旁、湿地或水沟边。分布于天山北麓、阿尔泰山，以阿勒泰、布尔津、巴里坤、木垒、乌鲁木齐、玛纳斯及伊犁州直等地较多。

花期与毒素性质 | 花果期6—8月。花及全株含有毒芹素，蜜蜂采集其花粉，会引起中毒死亡。

其他用途 | 根医药外用。

● **天仙子** *Hyoscyamus niger* L.

别　　名 | 莨菪、小天仙子
科　　属 | 茄科天仙子属

形态特征 | 一年生或二年生草本，高40～100厘米，全株被柔毛。茎直立，有分枝。基生叶大，丛生，呈莲座状，茎生叶互生，近花序的叶常交叉互生，呈2列；叶片长圆形，边缘羽状深裂或浅裂。花单生于叶腋，常于茎端密集；花萼管状钟形；花冠漏斗状，黄绿色，具紫色脉纹；雄蕊5枚，不等长，花药深紫色；子房2室。蒴果，卵球形。

生境分布 | 生于草地、林边、田野、路旁等处。新疆各地均有分布，奇台、乌鲁木齐、伊犁州直等地较为集中。

花期与毒素性质 | 花期6—7月。花与全株含剧毒，成分主要是莨菪碱、阿托品等。花蜜和花粉可毒死蜜蜂。

其他用途 | 种子入药。

● **龙葵** *Solanum nigrum* L.

别　　名 | 龙葵果、野茄、天茄子、黑天天
科　　属 | 茄科茄属

生境分布 | 一年生草本，高30～100厘米。茎直立，多分枝。叶卵形，顶端尖锐，全缘或有不规则波状粗齿，基部楔形，渐狭成柄。花序为短蝎尾状或近伞状，侧生或腋外生，有花4～10朵，白色，细小；花萼杯状，绿色，5浅裂；花冠辐状，裂片卵状三角形；雄蕊5枚；子房卵形，花柱中部以下有白色茸毛。浆果球形，熟时黑色；种子近卵形。

生境分布 | 生于田园、路旁、荒地、沟渠边及房前屋后等处。新疆各地均有分布。

花期与毒素性质 | 花果期6—8月。全株含毒，有蜜有粉。主要有毒成分是龙葵碱、澳洲茄碱、澳洲茄边碱等多种生物碱，并以苷的形式存在，蜜蜂采食花蜜、花粉会引起中毒。

其他用途 | 果实入药。

● **藜芦** *Veratrum nigrum* L.

别　　名 | 大芦藜、老旱葱、黑藜芦

科　　属 | 百合科藜芦属

形态特征 | 多年生草本，高70～100厘米。茎直立，粗壮。叶互生，茎生叶宽卵形，先端锐尖或渐尖，基部无柄或生于茎上部的具短柄，两面无毛。全缘；花绿白色或暗紫色，两性或杂性，具短柄，排成顶生的大圆锥花序；总轴和枝轴密生白色绵状毛；花被片6枚，宿存；6雄蕊，与花被片对生，

花丝丝状，花药心形，药室贯连；子房上位，3室；花柱3枚，宿存；蒴果，有3裂，每室有种子数颗。

生境分布 | 生于海拔1 200～3 000米的山坡草原、林缘、林下或草丛中。北疆各地均有分布，阿勒泰和塔城地区较多。

花期与毒素性质 | 花果期6—7月。全株具毒，有毒成分有原藜芦碱A、藜芦马林碱等。蜜蜂采集花蜜、花粉会引起中毒。

其他用途 | 根入药。

● 曼陀罗 *Datura stramonium* L.

别　　名 | 醉心花、狗核桃

科　　属 | 茄科曼陀罗属

形态特征 | 直立草本，高50～100厘米。茎粗壮，圆柱状，淡绿色或带紫色，上部呈二歧状分枝。单叶互生，广卵形，顶端渐尖，基部不对称楔形，有不规则波状浅裂，裂片顶端急尖，有时亦有波状齿，侧脉每边3～5条，直达裂片顶端。花单生于枝叉间或叶腋，直立；花萼筒状，有5棱角，两棱间稍向内陷，基部稍膨大，顶端紧围花冠筒，5浅裂；花冠漏斗状，下半部带绿色，上部白色或淡紫色，檐部5浅裂，裂片有短尖头；雄蕊5枚，不伸出花冠；雌蕊1，与雄蕊等长；子房卵形，密生柔针毛，花柱丝状。蒴果，直立，卵状，直径2～4厘米，表面生有坚硬针刺，成熟后淡黄色，规则4瓣裂；种子卵圆形，黑色。

生境分布 | 常生于山坡、住宅旁、路边、草地及田边。新疆各地均有分布。

花期与毒素性质 | 花期6—10月。全草具毒，主要成分莨菪碱、东莨菪碱、阿托品等。蜜蜂采集花蜜和花粉会引起中毒。

其他用途 | 可供观赏。

● 苦马豆 *Sphaerophysa salsula* (Pall.) DC.

别　　名 | 羊卵蛋、羊尿泡、红花苦豆子、羊卵泡、尿泡草、铃当草

科　　属 | 豆科苦马豆属

形态特征 | 多年生草本植物，高20～60厘米。茎直立，具开展的分枝，全株被灰白色短伏毛。

单数羽状复叶，两面均被短柔毛。奇数羽状复叶；托叶披针形，小叶13～19，倒卵状长圆形或椭圆形，长7～15毫米，基部近圆形或近楔形，先端钝而微凹，有时具一小刺尖，两面均被贴生的短毛，有时表面毛较少或近无毛。总状花序腋生，花冠红色，长12～13毫米，旗瓣开展，两侧向外反卷，瓣片近圆形，顶端微凹，基部具短爪，翼瓣比旗瓣稍短，与龙骨瓣近等长；子房有柄，线状长圆形，密被毛，花柱稍弯，内侧具纵列须毛。荚果卵圆形或长圆形，膨大成囊状，1室。种子小，多数，肾形，褐色。

　　生境分布 ｜ 生于平原、低地草甸、河滩林下、沙质地、碱地或溪流附近以及农田、沟渠边缘。分布于新疆各地。

　　花期与毒素性质 ｜ 花期6—7月。花色鲜艳。其含有吲哚里西啶生物碱—苦马豆素，放牧动物过量采食可导致牲畜患疯草病。蜜蜂未见中毒记载。

　　其他用途 ｜ 全草、果入药；可作绿肥。

● **黄花刺茄** *Solanum rostratum* Dunal

　　别　　名 ｜ 刺萼龙葵、刺茄、堪萨斯蓟
　　科　　属 ｜ 茄科茄属
　　形态特征 ｜ 一年生草本，高20～60厘米。茎直立，基部稍木质化，自中下部多分枝，密被长短不等带黄色的刺，刺长0.5～0.8厘米，并有带柄的星状毛。叶轮生，叶柄长0.5～5厘米，密被刺及星状毛；叶片卵形或椭圆形，长8～18厘米，宽4～9厘米，不规则羽状深裂及部分裂片又羽状半裂，裂片椭圆形或近圆形；先端钝，表面疏被5～7分叉星状毛、背面密被5～9分叉星状毛，两面脉上疏具刺，刺长3～5毫米。蝎尾状聚伞花序腋外生，3～10花；花萼具刺，花黄色，裂为5瓣，长2.5～3.8厘米；雄蕊5枚，花药黄色，异形。浆果球形，直径1～1.2厘米，完全被带刺及星状毛硬萼包被，萼裂片直立靠拢成鸟喙状；种子多数，黑色，具网状凹。

　　生境分布 ｜ 原产北美洲，为我国外来有害杂草。生于干燥草原、村落附近、路旁及荒地。分布于乌鲁木齐市头屯河区、乌鲁木齐县、沙依巴克区及昌吉市、石河子市等地。

花期与毒素性质 | 花期5月下旬至6月下旬。该种植物的叶、心皮和浆果含有茄碱。茄碱是一种毒性较高的神经毒素，对中枢神经系统呼吸中枢有显著的麻醉作用，可引起严重的肠炎和出血，牲畜误食后可导致中毒，中毒症状为运动失调、多涎、急喘、颤抖、恶心、腹泻、呕吐等，严重者致死。

主要参考文献

李都，尹林克，2006．中国新疆野生植物［M］．乌鲁木齐：新疆青少年出版社．

李旭涛，孟文学，2007．西北蜂业全书［M］．兰州：甘肃科学技术出版社．

李艳红，尹林克，徐基平，2016．克拉玛依园林观赏树木［M］．乌鲁木齐：新疆科学技术出版社．

李扬汉，1998．中国杂草志［M］，北京：中国农业出版社．

梁诗魁，1986．西北蜜源植物的开发与利用［M］．银川：宁夏人民出版社．

林盛秋，1989．蜜源植物［M］．北京：中国林业出版社．

米吉提·胡达拜尔地，玉米提·哈里克，1993．新疆蜜源植物及其利用［M］．乌鲁木齐：新疆大学出版社．

王健，尹林克，侯翼国，等，2012．新疆野生观赏植物资源［M］．乌鲁木齐：新疆科学技术出版社．

王兆松，2006．新疆北疆地区野生资源植物图谱［M］．乌鲁木齐：新疆科学技术出版社．

吴杰，邵有全，2011．奇妙高效的农作物增产技术—蜜蜂授粉［M］．北京：中国农业出版社．

新疆维吾尔自治区农业厅，2009．绿色丰碑：新疆农业改革发展三十年［M］．乌鲁木齐：新疆人民出版社．

新疆植物志编辑委员会，1992．新疆植物志（第1卷）［M］．乌鲁木齐：新疆科技卫生出版社．

新疆植物志编辑委员会，1994．新疆植物志（第2卷第1分册）［M］．乌鲁木齐：新疆科技卫生出版社．

新疆植物志编辑委员会，1995．新疆植物志（第2卷第2分册）［M］．乌鲁木齐：新疆科技卫生出版社．

新疆植物志编辑委员会，1996．新疆植物志（第6卷）［M］．乌鲁木齐：新疆科技卫生出版社．

新疆植物志编辑委员会，1999．新疆植物志（第5卷）［M］．乌鲁木齐：新疆科技卫生出版社．

新疆植物志编辑委员会，2004．新疆植物志（第4卷）［M］．乌鲁木齐：新疆科学技术出版社．

新疆植物志编辑委员会，2011．新疆植物志（第3卷）［M］．乌鲁木齐：新疆科学技术出版社．

徐万林，1992．中国蜜粉源植物［M］．哈尔滨：黑龙江科学技术出版社．

尹林克，2006．温带荒漠区药用植物资源及产业化栽培实践［M］．乌鲁木齐：新疆科学技术出版社．

尹林克，2010．植物世界［M］．乌鲁木齐：新疆青少年出版社．

尹林克，侯翼国，王蕾，等，2014．伊犁珍稀特有野生植物［M］．乌鲁木齐：新疆人民出版社．

尹林克，李都，2015．图览新疆野生植物［M］．乌鲁木齐：新疆青少年出版社．

尹林克，谭丽霞，王兵，2006．新疆珍稀濒危特有高等植物［M］．乌鲁木齐：新疆科学技术出版社．

尹林克，王烨，2017．新疆哈密地区林木种质资源［M］．乌鲁木齐：新疆科学技术出版社．

罗术东，吴杰，2018．主要有毒蜜粉源植物识别与分布［M］．北京：化学工业出版社．

罗术东，李勇，2019．西北蜜粉源植物［M］．北京：化学工业出版社．

中国蜂业，2013．美丽中国 大美新疆（第64卷）［M］．北京：中国蜂业杂志社．